高分子材料与工程系列
Polymer Materials and Engineering

高分子物理

Polymer

Physics

焦　剑　主编

顾军渭　张军亮　副主编

新形态教材

扫码获取本书数字资源与在线增值服务

认准正版

1. 扫描左边二维码并关注
"易读书坊"公众号
2. 刮开正版授权码涂层，
点击资源，扫码认证

易读书坊

I403350
刮开涂层
扫码认证

化学工业出版社
·北京·

内 容 简 介

《高分子物理》教材从高分子物理学科的知识体系中，选取了高聚物的"结构与性能关系"这一主线，并以高分子中存在的各种运动单元为立足点，将结构与性能有机地衔接在一起。在此基础上为高聚物的应用选材与成型加工提供依据。全书内容可分为四个部分：第一部分是高分子物理学科的发展及主要研究内容（第1章）；第二部分是高分子的结构，包括高分子的分子链结构及凝聚态结构，主要体现在第2、3章；第三部分是高聚物中存在的各种运动单元及出现的各种转变，包括力学状态、玻璃化转变、结晶与熔融、次级松弛、黏流态转变，主要体现在第4章；第四部分是高聚物的各种性能，包括高聚物屈服与断裂、高弹性、黏弹性、流变性、电性能、溶解性能等，这一部分主要体现在第5~10章。根据各章节的内容，以数字资源的形式介绍了各章节的内容要点、知识点拓展、研究成果与进展，并附有习题与解答等。

本教材可作为高等学校高分子材料与工程、复合材料、分子科学与工程等高分子相关专业的专业基础课教材，也可作为相关专业研究生的参考书；对于从事高分子材料、树脂基复合材料、高分子工程的技术及研究人员也具有重要的参考价值。

图书在版编目（CIP）数据

高分子物理/焦剑主编；顾军渭，张军亮副主编. —北京：化学工业出版社，2024.4
ISBN 978-7-122-45060-9

Ⅰ.①高…　Ⅱ.①焦…　②顾…　③张…　Ⅲ.①高聚物物理学-教材　Ⅳ.①O631.2

中国国家版本馆CIP数据核字（2024）第032905号

责任编辑：王　婧　杨　菁　　文字编辑：毕梅芳　师明远
责任校对：宋　玮　　　　　　　装帧设计：张　辉

出版发行：化学工业出版社
　　　　　（北京市东城区青年湖南街13号　邮政编码100011）
印　　装：三河市航远印刷有限公司
787mm×1092mm　1/16　印张18½　字数475千字
2025年3月北京第1版第1次印刷

购书咨询：010-64518888　　　　售后服务：010-64518899
网　　址：http://www.cip.com.cn
凡购买本书，如有缺损质量问题，本社销售中心负责调换。

定　　价：59.00元　　　　　　　　版权所有　违者必究

前 言

从 1920 年赫尔曼·施陶丁格首次在其论文"论聚合"中提出高分子链的概念以来，高分子学科就在自然科学中占据了一席之地。高分子物理作为高分子学科的重要分支，得到了飞速的发展。随着各学科的发展，众多凝聚态物理学家参与到高分子物理的研究中，将许多凝聚态物理的概念、理论和实验方法引入到高分子物理研究中，给高分子物理的发展注入了新的契机和活力。

高分子物理是高分子材料选材应用、成型加工的理论基础。目前高分子材料已经成为材料学科的重要组成部分，其性能与功能的开发与应用受到广泛的关注，取得了许多创造性的成就。高分子材料在航空、航天、国防工业、生物工程、日常生活中均得到了广泛的应用，其使用量从体积上已超过了金属与陶瓷，并呈现不断增长的趋势。因此，作为高分子材料与工程专业课程，高分子物理教学占有重要的地位。

高分子物理的研究对象是各种高分子化合物（包括合成高分子及天然高分子），利用物理学的基础理论、实验方法，探索、归纳和研究高分子的基本规律和理论。近年来，随着先进的研究方法如原子力显微镜、隧道显微镜等的出现和广泛应用，对高分子结构的研究更为精确和细致；随着分子组装技术的发展，高分子的结构也更为复杂，可控制性也得以提高；高分子物理的理论研究也得到了迅速的发展，新的研究成果不断涌现。因此，及时抓住新的科研成果，编写一本高质量的高分子物理教材势在必行。

针对高分子材料与工程专业的教学特点，本教材以"高聚物结构—分子运动—高聚物性能—高聚物的成型加工与应用"为总体编写思路，将全书分为四个部分。第一部分是对高分子物理学科的总体介绍，使未接触过高聚物的学生建立起高分子物理的思维；第二部分是高聚物的结构，包括分子链结构以及凝聚态结构；第三部分是在高聚物中存在的各种分子运动及表现出来的各种转变（如玻璃化转变、结晶过程及熔融过程、次级转变、黏流态转变等）；第四部分是高聚物的性能，包括力学性能、电性能、流变性、溶解性等。全书共 10 章，在各章中阐述相关内容的基础理论，并说明相关的表征和测试方法，对其在工程实践中的应用进行针对性的阐述。通过全书的学习，希望学生在掌握基础理论的基础上，能够初步掌握高聚物的结构设计、工艺设定、选材等工程应用技术，并为后续专业课的学习奠定基础。教材将内容集中在具有广泛应用的基础理论上，精炼相关的图、表，进一步精简公式的推导。

教材新形式的出现也为我们提供了一个新的思路，在教材的编写过程中，综合运用数字化资源，形成更为立体的教材形式，同时将思政元素引入教材教学内容中，践行了教育部颁发的《高等学校课程思政建设指导纲要》的思想。本教材以新形态教材的形式呈现，在各章引入了大量的数字资源，包括各章的教学要点、习题解答、知识点拓展、教学视频、研究成果与进展等，从而为学生建立起高分子物理学习的清晰脉络，并加深对高分子物理学科的认识。

《高分子物理》由焦剑编写第 1~5 章，并整理和编写各章节的数字资源，顾军渭编写第 6~8 章，张军亮编写第 9~10 章，并参与部分章节数字资源的整理与编写，全书由焦剑主编。本书在编写的过程中引用了大量的国内外公开出版的教材及专著的内容，在此谨向所有的作者表示谢意。同时本书在编写过程中，得到了西北工业大学张广成教授、史学涛教授以及西安交通大学井新利教授的支持和帮助，在此一并表示感谢。

由于编者水平有限，书中难免存在疏漏，敬请读者和专家不吝批评、指正。

编　者

2025 年 1 月

目录

第1章　绪论 ……………………………………………………………………………………… 1

1.1　高分子科学的发展 ………………… 1
1.2　高分子物理的研究内容 …………… 3
1.3　高分子的结构特点及性能特点 ……… 4
习题与思考题 …………………………… 6

第2章　高分子链的结构 ………………………………………………………………………… 7

2.1　高分子链的近程结构 ……………… 7
　2.1.1　高分子链的化学结构 ………… 7
　2.1.2　高分子链的拓扑结构 ………… 8
　2.1.3　键接结构 ……………………… 13
　2.1.4　高分子链的构型 ……………… 15
2.2　高分子链的远程结构 ……………… 17
　2.2.1　高分子链的内旋转及构象 …… 17
　2.2.2　高分子链的构象统计 ………… 20
　2.2.3　高分子链的均方旋转半径 …… 25
　2.2.4　高分子链的柔性 ……………… 25
2.3　高聚物的分子量及其分布 ………… 29
　2.3.1　高聚物分子量的统计意义 …… 29
　2.3.2　高聚物分子量及其分布的测定 … 32
习题与思考题 …………………………… 47

第3章　高分子的凝聚态结构 …………………………………………………………………… 48

3.1　高聚物分子内与分子间的相互作用 … 48
　3.1.1　范德华力和氢键 ……………… 48
　3.1.2　内聚能及内聚能密度 ………… 50
3.2　高聚物的结晶态 …………………… 51
　3.2.1　晶体结构的基本概念 ………… 51
　3.2.2　高聚物结晶能力与结构的关系 … 52
　3.2.3　结晶高聚物的结构 …………… 54
　3.2.4　高聚物的结晶形态 …………… 58
　3.2.5　结晶高聚物的结构模型 ……… 63
　3.2.6　结晶高聚物的结晶度及其测定 … 65
3.3　高聚物的非晶态 …………………… 68
　3.3.1　非晶态高聚物的形成 ………… 68
　3.3.2　非晶态高聚物的结构模型 …… 69
3.4　高聚物的取向态 …………………… 70
　3.4.1　高聚物的取向 ………………… 70
　3.4.2　取向对高聚物性能的影响 …… 72
　3.4.3　高聚物的取向度及其测试 …… 73
3.5　高聚物的液晶态 …………………… 74
　3.5.1　液晶的结构特点及分类 ……… 74
　3.5.2　高分子液晶的化学结构与液晶
　　　　 行为 ……………………………… 76
3.6　高聚物多相体系 …………………… 78
　3.6.1　高聚物多相体系的相容性 …… 79
　3.6.2　高聚物多相体系的结构 ……… 80
　3.6.3　影响相结构的因素 …………… 81
习题与思考题 …………………………… 82

第4章　高聚物的分子运动与转变 ……………………………………………………………… 84

4.1　高聚物的分子运动及力学状态 …… 84
　4.1.1　高聚物的分子运动特点 ……… 84
　4.1.2　高聚物的力学状态 …………… 86
4.2　高聚物的玻璃化转变 ……………… 89
　4.2.1　高聚物的玻璃化转变温度及
　　　　 多维性 ……………………………… 89
　4.2.2　高聚物玻璃化转变的自由体积
　　　　 理论 ……………………………… 90
　4.2.3　影响高聚物玻璃化转变温度的
　　　　 因素 ……………………………… 94
4.3　高聚物的结晶与熔融 ……………… 106
　4.3.1　高聚物的结晶过程与结晶速度 … 106
　4.3.2　影响高聚物结晶速度的因素 … 109
　4.3.3　结晶高聚物的熔融与熔点 …… 111
　4.3.4　影响结晶高聚物熔点的因素 … 113
4.4　高聚物的次级松弛 ………………… 119
　4.4.1　玻璃态高聚物的次级松弛 …… 119
　4.4.2　结晶态高聚物的次级松弛 …… 120

4.4.3　次级松弛对性能的影响 ········· 121
4.5　高聚物的黏流态转变 ············ 121
4.5.1　高聚物黏性流动的机理 ········· 121
4.5.2　影响高聚物流动温度的因素 ······ 122
习题与思考题 ············· 123

第5章　高聚物的屈服与断裂 ········· 125

5.1　描述材料形变性能的基本物理量 ····· 125
5.2　高聚物拉伸的应力-应变行为 ······ 127
5.2.1　玻璃态高聚物的拉伸 ······· 127
5.2.2　结晶高聚物的拉伸 ········· 129
5.2.3　应变诱发塑料-橡胶转变 ······ 130
5.3　高聚物的屈服与塑性 ··········· 131
5.3.1　高聚物的屈服过程及特征 ······ 131
5.3.2　剪切带与银纹 ··········· 133
5.4　高聚物的断裂和强度 ··········· 136
5.4.1　脆性断裂和韧性断裂 ······· 136
5.4.2　高聚物拉伸的真应力-应变曲线及
　　　屈服判据 ·············· 138
5.4.3　高聚物的理论强度和实际强度 ··· 139
5.4.4　格里菲斯脆性断裂理论 ······· 141
5.4.5　断裂的分子动力学理论 ······· 143
5.4.6　影响高聚物强度和韧性的因素 ··· 144
5.5　高聚物的增强与增韧 ··········· 151
5.5.1　高聚物的增强 ··········· 151
5.5.2　高聚物的增韧 ··········· 154
5.6　高聚物其它断裂模式概述 ········· 159
5.6.1　疲劳断裂 ············· 159
5.6.2　蠕变断裂 ············· 160
5.6.3　环境应力开裂 ··········· 160
5.6.4　磨损磨耗 ············· 161
5.6.5　冲击破坏 ············· 161
习题与思考题 ············· 162

第6章　高聚物的高弹性 ·············· 163

6.1　高聚物高弹形变的分子运动机理及
　　　高弹性特点 ·············· 163
6.1.1　高弹形变的分子运动机理 ··· 163
6.1.2　高弹性的特点 ··········· 164
6.1.3　影响高弹性的因素 ········· 164
6.2　高弹性的热力学分析及实验评价 ····· 165
6.2.1　平衡态高弹形变的热力学分析 ··· 165
6.2.2　高弹性热力学理论的实验评价 ··· 166
6.3　平衡态高弹形变的统计理论 ········ 168
6.3.1　高弹性的统计理论 ········· 168
6.3.2　高弹性统计理论的实验评价和
　　　修正 ················ 171
习题与思考题 ············· 173

第7章　高聚物的黏弹性 ·············· 174

7.1　高聚物的静态黏弹性 ··········· 175
7.1.1　蠕变 ················ 175
7.1.2　应力松弛 ············· 177
7.1.3　静态黏弹性与温度、时间的
　　　关系 ················ 179
7.2　高聚物的动态黏弹性 ··········· 181
7.2.1　滞后与力学损耗 ········· 181
7.2.2　动态黏弹性的表征 ········· 182
7.2.3　动态黏弹性与温度和频率的
　　　关系 ················ 185
7.2.4　动态力学分析的应用 ······· 187
7.3　影响高聚物黏弹性的因素 ········· 190
7.3.1　高聚物结构的影响 ········· 190
7.3.2　其它外界因素的影响 ······· 193
7.4　线性黏弹性的数学描述 ·········· 194
7.4.1　线性黏弹性的力学模型 ······ 194
7.4.2　玻尔兹曼叠加原理 ········· 199
7.5　时-温等效原理及其数学表达式 ······ 200
7.5.1　时-温等效原理 ·········· 200
7.5.2　时-温等效原理的数学表达式 ····· 201
习题与思考题 ············· 205

第8章　高聚物熔体的流变性 …………………………………………………………… 207

8.1　流变学的基本概念 ……………… 207
　8.1.1　流动方式 ………………… 207
　8.1.2　牛顿流体和非牛顿流体 ………… 208
8.2　高聚物熔体剪切流动的非牛顿性
　　特征 ………………………… 211
　8.2.1　高聚物熔体的普适流动曲线 ……… 212
　8.2.2　高聚物熔体假塑性流动曲线的
　　　　解释 …………………… 213
8.3　高聚物熔体的切黏度及影响因素 … 214
　8.3.1　高聚物熔体切黏度的测试 ……… 214
　8.3.2　高聚物分子结构对熔体切黏度的

　　　　影响 ………………………… 215
　8.3.3　加工条件对高聚物熔体切黏度的
　　　　影响 ………………………… 217
8.4　高聚物熔体的弹性表现 …………… 220
　8.4.1　熔体的黏弹性 ………………… 220
　8.4.2　法向应力效应 ………………… 221
　8.4.3　挤出物胀大 ………………… 223
　8.4.4　不稳定流动 ………………… 224
8.5　拉伸流动和拉伸黏度 …………… 226
习题与思考题 ………………………… 227

第9章　高聚物的电性能 …………………………………………………………… 229

9.1　高聚物的介电性 ……………… 230
　9.1.1　外电场中电介质的极化 ……… 230
　9.1.2　介电常数 ………………… 232
　9.1.3　介电损耗 ………………… 233
　9.1.4　介电松弛和介电松弛谱 ……… 235
　9.1.5　影响高聚物介电性的因素 …… 239

9.2　高聚物的导电性 ……………… 244
　9.2.1　高聚物的电阻率和电导率 …… 244
　9.2.2　高聚物的介电击穿 ………… 249
9.3　高聚物的静电作用 …………… 251
习题与思考题 ……………………… 254

第10章　高分子溶液 ……………………………………………………………… 255

10.1　高分子溶液概述 ……………… 255
　10.1.1　高聚物的溶解过程 ………… 255
　10.1.2　高聚物溶解的热力学解释 …… 256
　10.1.3　溶剂的选择原则 …………… 257
　10.1.4　高分子链在溶液中的分子构象与
　　　　　尺寸 ………………… 263
10.2　柔性链高分子溶液热力学 …… 265
　10.2.1　理想溶液 ………………… 265
　10.2.2　高分子溶液的统计理论——
　　　　　弗洛里-哈金斯似晶格模型
　　　　　理论 ………………… 266
　10.2.3　Flory-Krigbaum 高分子稀溶液
　　　　　理论 ………………… 270

10.3　高分子溶液的相平衡 ………… 271
　10.3.1　渗透压与相平衡 …………… 271
　10.3.2　相分离热力学 …………… 274
　10.3.3　相分离动力学 …………… 278
　10.3.4　交联高聚物溶胀 …………… 279
10.4　高分子浓溶液 ……………… 281
　10.4.1　增塑高聚物 …………… 281
　10.4.2　凝胶与冻胶 …………… 283
　10.4.3　纺丝液与涂料 ………… 283
10.5　聚电解质溶液 ……………… 284
　10.5.1　概述 ………………… 284
　10.5.2　性质 ………………… 286
习题与思考题 …………………… 288

参考文献 ……………………………………………………………………………… 289

第1章 绪论

1.1 高分子科学的发展

高分子科学经历了从天然产物到半合成高分子材料再到人工合成高分子材料的过程，与人们的生活息息相关。但是，直到 20 世纪 30 年代，才真正建立了高分子的概念，从此为现代高分子科学的研究奠定了基石。高分子科学既是基础学科，也是应用学科，包含了高分子化学、高分子物理以及高分子工程三个重要的组成部分。高分子概念的提出，开启了合成高分子科学的时代，从而形成了高分子化学的研究领域。随着大批新型合成高分子的出现，对其性能及结构表征的需求日益彰显，大批的物理学家和化学家投入到此领域中，并形成了现代高分子物理的基石和研究领域。随着高分子材料制品向人们生活的各个领域渗透，高分子的成型加工原理、反应工程的研究日渐产生，形成了高分子工程的研究领域。

早在 19 世纪，人们就对高分子领域某些物质的特性有了一定的认识并进行了许多有益的探索。1826 年 Faraday 指出，天然橡胶的化学式为 C_5H_8，并明确指出每一个单元含有一个双键。1877 年，Kekule 提出了蛋白质、淀粉、纤维素等与生命有关的天然有机物的长链结构，认为这种特殊结构是造成其特殊性质的根源。1879 年人们发现了异戊二烯的聚合现象，1880 年发现了甲基丙烯酸甲酯的聚合现象。当描述蒸气压同摩尔分数关系的 Raoult 定律（1882～1885 年）和渗透压同浓度、温度关系的 van't Hoff 定律（1887～1888 年）被发现后，通过溶液测定分子量成为可能，继而采用蒸气压和渗透压法，测出天然橡胶、淀粉和硝化纤维素的分子量在 10000～40000 之间。遗憾的是，高分子这一概念并未被接受，而是湮没于当时占统治地位的胶体学说中，认为高分子是由小分子在一定条件下聚集在一起而形成的胶体，高分子的一些物理化学行为是小分子胶体的性质，一些本来说明高分子性质的实验现象反而成为支持胶体理论的证据。依照胶体理论的观点，某些烯类聚合物被认为是由分子中双键引入的"次价"力结合成的聚集体。且由于 Raoult 定律不适于胶体，所以由它来测定的分子量也是表观现象，不能认为是"真正"的分子量。

在这期间，虽然高分子理论尚未完全建立，但人们在对天然橡胶和纤维素改性之后，成功实现了两种高分子化合物的人工合成，即酚醛树脂和合成橡胶。拜尔早在 1872 年即提出，苯酚和甲醛在酸的作用下，能够形成树脂状的物质，最终在 1909 年，美国人贝克兰通过控制反应过程得到了两种不同的酚醛树脂，即热塑性酚醛树脂和热固性酚醛树脂。1909 年，霍夫曼和库特尔首先提出了关于 C_5H_8 的热聚合专利。1910 年，海立斯和麦修斯用钠做试验，也得到了聚合的 C_5H_8。1912 年，美国纽约展出了用合成橡胶制成的轮胎，向世界宣布实现了橡胶的人工合成。

1920 年，施陶丁格（Staudinger）发表了论文"论聚合"，论述了聚合过程是小分子彼此之间以共价键结合而成为长链分子的过程。指出高分子溶液"胶体"性质的根源在于单体以共价键结合而成的"分子胶体"，这一结构同由小分子缔合而成的胶体状态（胶体分散体、胶束）有本质的区别。他提出了聚苯乙烯、聚甲醛和天然橡胶等聚合物的链式结构，并说明了它们的分子链长短各异、有一定分布的概念。此后，施陶丁格又做了一系列卓有成效的工作，确定了"大分子"这一概念的地位。进入 20 世纪 30 年代，高分子学说已普遍被人们接受。1953 年，施陶丁格以"链状大分子物质的发现"荣获诺贝尔化学奖。

高分子学说的建立，有力地促进了高分子科学研究以及高分子化学工业的发展。为说明大分子的长链状结构，Garothers 从 1929 年起以有机小分子的逐步缩合成高分子化合物，并在 1935 年发明了性能比蚕丝还要优异的合成纤维——尼龙纤维（聚己二酰己二胺）。1930年，Kuhn 首次把统计理论用于高分子，得到了长链分子无规裂解产物的分子量分布公式，并提出了柔性高分子无规线团构象的正确概念。1939 年，Guth、Mark 和 Kuhn 分别讨论了高分子链的构象统计问题，建立了橡胶弹性统计理论的基础。为表征大分子的结构与形状，经过一批科学家的努力，先后建立了黏度法、渗透压法和超速离心法来测定高分子的分子量与分子量分布，用 X 射线衍射法测定聚合物的取向与结晶。与此相应的关于高分子溶液热力学与动力学问题的研究、结构与力学性质的关系研究也不断深入，从而奠定了高分子物理学的基础。

第二次世界大战后，高分子科学体系已形成，聚合反应过程的许多问题得到了澄清，科学家们达成共识，有效地促进了橡胶和塑料加工技术的发展，合成纤维工业也有了新的进步。同时，发展了复杂高分子及其凝聚态的表征新方法，衍射和散射技术、波谱技术等在高分子研究中也得到了广泛的应用。在此基础上，Ziegler 和 Natta 发明了定向聚合方法，获得立体构型规整的高分子链，这一工作又促进了链结构、聚合机理、结构与性能关系等问题的进一步研究。1965 年，这两位科学家以"关于有机金属化合物及聚烯烃的催化聚合的研究"而获诺贝尔化学奖。

另一位为高分子科学做出杰出贡献的代表人物是 Paul J. Flory，他在高分子结构、高分子物理化学等方面做了一系列的工作，并在 1953 年在美国出版了《高分子化学原理》一书，因其在"高分子物理化学的理论与实验方面的基础研究"于 1974 年获诺贝尔化学奖。

20 世纪 70 年代以来，高分子科学的实验技术有了长足的发展，为高分子的合成以及结构与性能的表征提供了更为有力的手段，如隧道扫描电镜与原子力显微镜的发明使人们可以从原子尺度上研究高分子材料的表面形貌和单个分子链结构，中子散射技术使得研究高分子在本体中的链构象问题成为可能。

de Geens、Freed 和 Edwards 等为代表的关于高分子链性质的非平衡态统计理论与标度理论研究，将近代物理学中诸如自洽场方法、重整化群方法、相转变理论和量纲分析等用于高分子体系的问题处理，从而把高分子物理研究引向新的阶段。

Pierre-Gilles de Gennes 因其在液晶、聚合物及其界面等科学的研究中获得重大突破，并提出了高分子标度理论，而荣获 1991 年诺贝尔物理学奖。

Heeger、MacDiarmid 和白川英树由于在本征型导电高分子方面的研究而获得了 2000 年的诺贝尔化学奖。

高分子科学的奠基者

1.2　高分子物理的研究内容

初期的"高分子物理"研究，主要针对高分子化合物分子量的测定、固体聚合物的性质，以及加工中聚合物熔体的流动性质，并形成了三个主要研究领域，即高分子分子量的测定及高分子溶液的研究、高分子凝聚态的研究、高聚物流体研究。自 20 世纪 30 年代至 70 年代，高分子物理学家们在上述三个领域的研究工作不断深入，研究内容不断丰富，逐步形成了高分子物理研究领域的基本框架。

在这一时期上述三个研究领域的代表性工作包含以下几方面。

① 分子量测定及溶液领域。1930 年出现了黏度法测分子量，1933 年美国出现用超离心机法测分子量，1937 年出现光散射法测分子量，1964 年出现凝胶色谱法测分子量（GPC）；1935 年 Flory 发表了缩聚反应分子量分布统计研究的论文；1949 年 Flory 提出了柔性链高分子由于链段的空间干扰而伸展的"扩张因子"概念及溶液中高分子和溶剂相互作用因素的"θ 温度""θ 溶剂"概念。

② 高分子凝聚态领域。1936 年出现了聚异丁烯玻璃化转变温度的研究工作；1942 年出现了高分子结晶的研究工作，同期报道了等规立构的聚丙烯和聚苯乙烯链的重复周期分别为 6.5Å❶ 和 6.7Å，这是高分子结晶概念的开始；1949 年 Flory 对高分子结晶用数学统计方法做了理论研究；1957 年发现了聚乙烯折叠链形成的片晶，提出了高分子结晶的折叠链模型；1958 年发现了聚氧乙烯的伸直链片晶；1964 年发现了聚乙烯在 $5.07 \times 10^9 Pa$ 下形成的伸直链片晶。

③ 高聚物流体研究领域。20 世纪 20 年代发现对淀粉溶液施压后压力停止时，淀粉溶液有"回弹力"现象；30 年代开始出现对聚合物熔体黏弹现象的定量研究；1940 年 Flory 发表了用分子量的观点来研究聚合物熔体的熔融黏度的工作；1953 年出现了描述高分子在熔体中分子链运动方式的"珠簧模型"理论，并进一步完善得到了 RBZ 理论；1964 年 Flory 提出了描述高分子链运动的"蛇形理论"。

20 世纪 70 年代以后的高分子物理研究工作，基本上仍是上述三个主要领域研究的深入和扩展，在此基础上，进一步加强了以下内容的研究，如聚电解质的溶液性质和智能凝胶、"硬链"高分子浓溶液的液晶性质，单链高分子的形态及凝聚态，高分子结晶形态及结晶过程，针对聚合物结构形态演变情况而开展的聚合物亚稳态研究等。

随着高分子科学的不断发展，高分子物理的研究领域也不断拓展，在上述传统的高分子物理研究内容的基础上，充分利用现代凝聚态物理学取得的新成果来研究高分子的结构、形态和性能，形成了高分子凝聚态物理学新领域。如法国科学家 P. G. de Gennes 从现代凝聚态物理学出发，为高分子提供了一个新的认识方向，其主要观点是将高分子视为"软物质"或"复杂流体"，具有许多不同于其它物质（如金属、陶瓷）的特性。近年来，高分子科学在各领域取得了许多新的成就。

总体而言，高分子物理近期的研究热点主要有以下几点：

① 特殊情况下聚合物或有序聚集体的凝聚态研究。如在聚合物表面、界面或其它受限空间情况下，高分子的凝聚态结构研究，在高压或失重情况下高分子的凝聚态研究，超支化

---

❶　1Å＝0.1nm。

高分子的凝聚态研究，非键合有序聚集体系的凝聚态研究等。

② 外场、外环境作用下聚合物流体及凝聚态的形态、结构演变规律及控制研究。如张力、压力、剪切力、振动力、温度、流速、电磁场、长期的环境因素对聚合物流体、从流体到凝聚态、聚合物凝聚态多层次结构演变的影响规律研究，以及具有特殊结构的控制形式研究。

③ 结合各种高分子材料的使用要求，开展高分子聚合物结构和高分子材料的性能、功能之间内在关系的研究。

④ 利用高分子聚合物是软物质的概念，对高分子物理开展深入的理论研究和潜在新材料的探索。

由此可见，高分子物理的研究内容不断拓展，研究手段不断更新，研究成果层出不穷。在本书中，仅仅介绍了高分子物理的基本内容和理论，主要讲述以下三个方面。一是高分子的结构，包括单个高分子的结构以及多个高分子的凝聚态结构，结构是决定高分子性能的关键因素。二是高分子的性能，包括力学性能、流变性、电性能等，性能是应用的基础。在高分子的性能中，最为关键的一点是其黏弹性特征，即性能与时间存在着相应的关系，这是高分子最关键的一点，也是其与小分子材料性能不同的重要特征。三是高分子运动的统计学。分子的运动是连接分子的结构与性能的纽带，基于高分子结构的复杂性，其分子运动的形式千变万化，用经典力学的方法研究高分子的运动存在着难以克服的困难，因此只有用统计力学的方法才能有效地描述高分子的运动。

1.3 高分子的结构特点及性能特点

从小分子到高分子之间，性质可以是连续变化的，如结构通式为 $H \p[CH_2 \]_n H$ 的一系列化合物，其化合物的状态和性质的变化如表 1-1。

表 1-1 $H \p[CH_2 \]_n H$ 化合物的状态和性质

链中的碳原子数 n	材料的状态和性质	用途
1～4	单纯气体	瓶装燃气
5～11	单纯液体	汽油
9～16	中黏度液体	煤油
16～25	高黏度液体	油和脂
25～50	结晶固体	石蜡
50～1000	半结晶固体	黏合剂与涂料
1000～5000	韧性塑料固体	容器
$3 \times 10^5 \sim 6 \times 10^5$	纤维	手套,防弹背心

由表 1-1 可见，随着分子量增大，物质的性质有很大的变化。其结构研究表明，相对于小分子，高分子具有更为丰富的存在状态，除结晶态（不同的晶型）、液晶态、黏流态外，还有无定形态（如玻璃态、高弹态、黏弹态）、取向态、非均质态（多相体系）及各种激发态等，且同一种高分子不同的聚集态结构还可以共存，如结晶态与液晶态的共存、玻璃态与结晶态的共存、不同结晶形态的共存等。形成这种复杂的聚集态结构的根本原因在于高分子的分子结构。

物质的分子结构是指分子中各原子之间存在着的相互吸引力和排斥力达到平衡时原子的几何排列。在分子的键合原子之间存在着共价键、离子键、配位键等，在非键合原子之间存在着氢键和范德华力。

与小分子相比，高分子的结构更为复杂，并有着自身的特点。

① 高分子是由若干结构单元组成的，在一个高分子链中结构单元可以是一种，也可以是几种，它们以共价键连接，并可呈现出不同的形状。

② 高分子结构存在不均一性，在同一反应过程中生成的高分子，其分子量、分子结构、分子的空间构型、支化度和交联度等也不相同。

③ 高分子在凝聚态结构上存在着多样性，同一高聚物在不同的条件下可呈现出晶态、非晶态、取向态等，这几种状态可能同时存在于一种高聚物中。由于共混和共聚的作用，还可能出现更为复杂的织态结构。

对于高分子结构的研究，应从不同的层次进行，如图 1-1。高分子结构主要包括高分子链的结构以及高分子的凝聚态结构。高分子链的结构指单个分子的结构和形态，又分为近程结构和远程结构。近程结构又称一级结构，研究的是高分子结构单元的化学组成，结构单元的键接方式和序列，结构单元的立体构型和空间排列，支链的类型及长度，交联及交联度，端基和取代基的结构。远程结构又称二级结构，包括高分子的形态和分子量及分子量分布。高分子的凝聚态结构指的是高分子在凝聚态中的堆砌方式以及织态结构。高分子的堆砌方式包括晶态结构、非晶态结构、取向态结构、液晶态结构，这些又可称为三级结构，而织态结构属于更高层次的结构。

图 1-1　高分子的多层次结构

材料的物理性能是其分子运动的宏观表现，分子运动与其结构有着直接的关系。相比于小分子，高分子这种复杂结构中存在着更为复杂的运动单元和运动形式，表现出千变万化的宏观物理性能。因此在本书中，对高分子物理的论述以分子的结构—分子的运动—材料的性能之间的关系为主线。

高聚物结构的复杂性及多层次性，也决定了高聚物性能的多样性。比如对于高聚物力学性能，不同结构的高聚物在模量上存在几个数量级的差异，可满足高弹性、可塑性、成纤性的要求。即便对于化学结构相同的高聚物，其凝聚态结构的不同也将引起其力学性能的迥异。

虽然高分子由于其结构的复杂性而表现出复杂的行为，但其还是有一些共同的特性。

① 强的分子间作用力。分子间作用力是指范德华力和氢键。虽然每一结构单元的分子间力与化学键相比要弱得多，但是高分子是由很多结构单元构成的，这些组成高分子链的结构单元间的相互作用力可能进行加和，使高分子间的作用力很大，甚至超过化学键的键能。这就使得在考虑高分子的性质时不能单纯地考虑化学键的作用，也必须考虑分子间力的作用。比如，对同一化学结构的高聚物而言，较高分子量的高聚物比较低分子量的高聚物强度高。

② 突出的熵效应。高分子线型结构和分子内旋转的特点使空间可呈现多种排布，因而高分子有突出的熵效应，它在很大程度上影响高聚物的溶解、熔融、共混和力学响应等过程和热力学行为。高分子独有的高弹性，正是其熵效应在力学行为上的典型代表。

③ 黏弹性。黏弹性是指力学性质同时兼有弹性和黏性流动的特点。两者在高聚物上都能体现出来，使之表现为突出的力学松弛现象。相对于小分子，高分子的力学行为具有更为突出的时间和温度双重依赖性。

从应用的角度来看，高聚物的宏观性能与其成型加工及应用形式密不可分。

高聚物的成型通常是在流体（如溶液或黏流态）的状态下完成的。比如塑料的成型通常有注塑、挤出、模压及吹塑成型，它们对熔体的黏度和流动性均有不同的要求，相应地，不同的高聚物的分子结构如分子量、分子链的刚性等均对其有明显的影响。

高聚物的应用形式通常有塑料、纤维、涂料、胶黏剂等。以塑料和纤维为例，它们对性能的要求不同。相比塑料，纤维要求有更高的模量和强度，因此这两者在结构设计上也有截然不同的要求。

总之，高分子物理作为高分子科学的重要组成部分，与高分子材料的合成、加工、改性、应用等都有非常密切的内在联系。

解答提示

✏ 习题与思考题

1. 高分子的结构特点是什么？
2. 高分子的性能特点是什么？

第2章 高分子链的结构

高分子链的结构是高聚物基本性质的重要决定因素，是指单个高分子的结构及形态，包括高分子链的化学组成、构型、构造、共聚物的序列结构，以及高分子链的大小、尺寸、构象和形态，总体可分为高分子链的近程结构和远程结构两个部分。

❋
本章重点

2.1 高分子链的近程结构

2.1.1 高分子链的化学结构

（1）主链

高分子由若干结构单元以化学键的方式连接而成，其分子链结构中除了 C 原子以外，还可以有 N、O、P、S、Si、B 等元素。根据其主链中结构单元的化学组成，高分子可以分为以下几类。

均链高分子，指主链由一种原子（C 原子）以共价键组成的高分子。这一类高分子大都由加成聚合得到，如聚乙烯（ $\left[\begin{smallmatrix}H&H\\-C-C-\\H&H\end{smallmatrix}\right]_n$ ）、聚苯乙烯（ $\left[\begin{smallmatrix}H&H\\-C-C-\\H&\bigcirc\end{smallmatrix}\right]_n$ ）、聚氯乙烯（ $\left[\begin{smallmatrix}H&H\\-C-C-\\H&Cl\end{smallmatrix}\right]_n$ ）、聚甲基丙烯酸甲酯（ $\left[\begin{smallmatrix}H&CH_3\\-C-C-\\H&C\\&O&OCH_3\end{smallmatrix}\right]_n$ ）、聚丁二烯（ $\left[-H_2C-\overset{C}{\underset{H}{C}}=C-CH_2-\right]_n$ ）等，它们的主链结构是一致的，仅在侧链结构上有所不同。

杂链高分子，指主链由两种或两种以上原子组成的高分子。其主链上除 C 原子外，其上还可以有 N、O、S 等，如聚酰胺（ $-\overset{O}{\overset{\|}{C}}(CH_2)_m\overset{O}{\overset{\|}{C}}-NH(CH_2)_n NH-$ ）、聚砜（ $(-\bigcirc-SO_2-\bigcirc-O-)$ ）、聚酯（ $-\overset{O}{\overset{\|}{C}}(CH_2)_m\overset{O}{\overset{\|}{C}}-O(CH_2)_n O-$ ）、聚甲醛（ $-CH_2-O-$ ）等，它们通常是由缩合聚合或开环聚合得到的。由于其主链中含有极性基团，因而易于发生水解、醇解和酸解反应。

元素有机高分子，指主链完全由非碳原子组成的均链或杂链高分子。主链原子可以为 P、B、Si、Al、Ti 等，这一类高聚物通常具有无机物的耐热性和有机物的韧性和塑性。根

据其侧链上是否含有机基团又可将这一类高分子分为元素有机高分子和无机高分子。在侧链上含有机基团的称为元素有机高分子，如

$$+Si-O+_n \qquad +P=N+_n$$

在侧链上不含有机基团的称为无机高分子，如

（2）侧基和侧链

侧基是以化学键与高分子主链连接并分布在高分子主链两侧的化学基团，当侧基较长时则可成为侧链。侧基和侧链的体积、极性、柔性等对高分子链的柔性、高分子的凝聚态结构、高分子链的运动等均有很大的影响，从而影响到高聚物的性能和加工工艺性。如聚乙烯、聚丙烯、聚氯乙烯的主链均为碳—碳（—C—C—）链，正是其侧基的不同，使之具有不同的耐热性、力学性能、耐化学性能。还有一些高分子的侧基为可离子化的基团，如聚丙烯酸钠、聚乙烯基吡啶正丁基季铵盐等，它们具有一些特殊的功能，可作为絮凝剂、高吸水剂、减阻剂、缓蚀剂、增稠剂等使用。

（3）端基

高分子端基来自单体、引发剂、链转移剂或溶剂等，其结构取决于聚合过程中链的引发和终止方式，与主链结构有很大的差别。

端基在高分子链中所占的比例很小，但它对高聚物性能的影响不容忽视。如某些带有羟基、酰氯基等端基的高聚物如聚碳酸酯、聚甲醛、聚氯乙烯等的热稳定性较差，易于分解，需要对其进行封端。

在准确测定端基结构与含量的基础上，还可以研究高聚物的分子量和支化度。

利用端基的活性官能团可以合成嵌段、交联高聚物从而实现对高聚物的改性，一些特殊结构的高聚物如树形高分子、超支化高分子则是利用端基反应来实现的，此时端基含量高，是高分子结构的重要组成部分。

2.1.2 高分子链的拓扑结构

根据合成方法的不同，高分子的形态千变万化，也就是高分子链具有多种拓扑结构。

最常见的高分子链为线型结构。线型高分子在适当的溶剂中可以溶解，在一定的温度下可以熔融。如聚乙烯、聚 α-烯烃等（图 2-1）。

聚乙烯   聚 α-烯烃

图 2-1 聚乙烯以及聚 α-烯烃的结构

若线型高分子的两个末端分子内连接成环则可形成环形高聚物（图 2-2）。在环形高分子的合成过程中，可得到称为聚索烃（polycatenanes）的副产物，其中环形分子彼此相连，而环之间不形成共价键（图 2-3）。多个环形高聚物的中心由一线型高分子链贯穿，则可形

成类似项链的分子结构（图 2-4），称为聚轮烷（polyrotaxane），为防止项链中的珠串脱落，还可在直链分子的两端用大的基团封闭，而没有锁住的聚轮烷称为半聚轮烷。

图 2-2　环形高聚物

图 2-3　由高分子形成的环形聚索烷结构

图 2-4　由环糊精形成的分子项链结构

　　一些环形高聚物通过超分子化学可以合成高聚物管，如环形八肽通过分子间氢键可形成内径约 0.8nm、长度 100～1000nm 的超分子管，这种管的行为就像真正的化学分子而不是有序的物理聚集，因为每个八肽分子上八个氢键结合的强度类似于一个共价键的强度。

高聚物也存在着高聚物管，如炭黑不仅含有少量的空心球形碳球，也有更少量的内径为 0.34nm、长度约 1000nm 的碳纳米管，如图 2-5。目前已采用化学合成的方法合成了多种碳纳米管，它们在复合材料、电学材料、生物材料上均有重要的意义。

图 2-5　碳纳米管（a）及碳纳米球（b）

梯形高分子是由两个平行链规整地以共价键连接而成的，如将聚丙烯腈在惰性气体中加热发生芳构化，形成由碳-碳链和碳-氮链连接而成的梯形高分子（图 2-6），继续高温处理则可以得到碳纤维。

图 2-6　由聚丙烯腈制备的梯形高分子

以均苯甲酸二酐和四氨基苯聚合可得到全梯形高分子（图 2-7）。

图 2-7　全梯形高分子

这类高分子的链在受热时不易被坏，一般具有优异的耐热性。

梯形的重复可得到层状或镶嵌高分子，如石墨就是其典型代表。若干层状高聚物还可组成片型高分子，它比层状高分子的稳定性更高。如具有一个丙烯酸端基 CH_2=CHCOO— 和在中心有一个氰基 N≡C— 的大单体自发地二聚成双层、自组装成近晶型液晶（图 2-8）。

如果所选用的单体有三个或以上的官能团，或在加聚过程中产生了链转移反应，或双烯类加成聚合中第二双键被活化，均可生成支化高分子或交联高分子。

支化高分子含有连接三个以上支链的支化点，这些支链可是侧链或是主链的一部分。按照支链的长短可以将支化高分子分为长链支化和短链支化，但是带有链状取代基的单体聚合生成的高分子不叫做支化高分子。如乙烯的自由基聚合反应可生成支化结构较多

图 2-8　通过半液晶聚合成片型高聚物

的低密度聚乙烯（LDPE），但由乙烯和约 8％的 1-辛烯聚合得到的线型低密度聚乙烯（LLDPE）（图 2-9）不能作为支化物。

按照支链与主链的连接方式可以将支化高分子分为无规、梳形、星形（图 2-10）。

$$\sim\sim CH_2-CH-(CH_2)_x-CH-(CH_2)_y\sim\sim$$
$$\quad\quad\quad |(CH_2)_5CH_3\quad\quad |(CH_2)_5CH_3$$

图 2-9　LLDPE 的结构

无规支化(短支链)　　无规支化(长支链)　　梳形支化　　星形支化

图 2-10　高分子链的支化

如果不同长度的支链沿着主链的分布是无规的，则属于无规支化高分子，根据支链的长短可以分为长支链及短支链。

当一些线型链沿着一条主链以较短的间隔通过支化点排列则得到梳形高分子，它们可以通过大单体聚合或在主链上接枝来合成。

若从一个公共的核伸出来三个以上的支链（臂）则称为星形高分子。如果所有的臂都是等长的，则这种星形高分子是规整的。在臂的末端带有多官能度基团的星形高分子还可以再加其它单体生成二级支化的星形高分子，如果所有的支化点具有同样的多官能度基团且支化点间的链段是等长的，则叫作树枝链，如图 2-11 所示。树枝链是一类新的超支化分子，高度支化的结构使它们的物理化学性质有时与线型分子很不相同，比如其溶液的黏度随分子量增加出现极值。这一类分子在有机合成和生物医学材料中有着重要的用途。

由于树枝链高分子合成工艺复杂，成

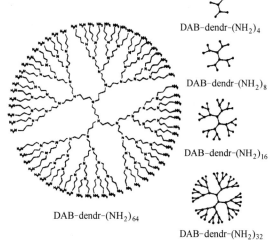

DAB-dendr-(NH$_2$)$_4$

DAB-dendr-(NH$_2$)$_8$

DAB-dendr-(NH$_2$)$_{16}$

DAB-dendr-(NH$_2$)$_{64}$

DAB-dendr-(NH$_2$)$_{32}$

图 2-11　1,4-二氨基丁烷聚丙烯亚胺树
枝链的分子结构和较低级的树枝链

本较高，研究者从工程的角度，利用较简单的一步法合成了超支化高分子（图 2-12）。这种

高分子虽然结构规整性不如树枝链，但有更高的应用价值。

　　支化高分子在结构上与线型高分子相似，高分子链间没有化学键的连接，因而在理论上它们仍然可以溶解和熔融。但支链的存在破坏了高分子结构的规整性，并使主链的运动受到一定的限制。

图 2-12　由间苯三酚合成的端羟基超支化聚醚

　　支链结构和支化度对高聚物的物理性能均有较大的影响。如高密度聚乙烯是规整的线型结构，易于结晶，低密度聚乙烯含有较多的支链，分子的规整性和结晶性差，因而在密度、熔点、结晶度、强度、硬度等方面均不如高密度聚乙烯（表 2-1）。

表 2-1　高密度聚乙烯、低密度聚乙烯和交联聚乙烯的性能比较

性能	品种		
	高密度聚乙烯	低密度聚乙烯	交联聚乙烯
生产方法	低压,齐格勒-纳塔催化剂配位聚合	高压,自由基聚合	如辐射交联
分子链形态	线型分子	支化分子	网状分子
密度/(g/cm^3)	0.95～0.97	0.91～0.94	0.95～1.40
结晶度(X射线衍射法)/%	95	60～70	—
熔点/℃	135	105	不熔、不溶
拉伸强度/MPa	20～70	10～20	50～100
最高使用温度/℃	120	80～100	135
用途	硬塑料制品:管材、棒材、单丝绳缆、工程塑料部件等	软塑料制品、薄膜材料等	电工器材、海底电缆等

支化度可以用单位体积中支化点的数目（支化点密度）或支化点间的平均分子量来表征，由于两个参数不易测定，因此也用具有相同分子量的支化高分子同线型高分子的平均分子尺寸或特性黏数之比来评价支化度的大小。

当支链间以化学键相连形成三维的空间网络时，则为交联结构（图 2-13）。

交联度可以用相邻两个交联点的平均分子量 $\overline{M_c}$ 来表示，也可以用单位体积内交联点的数目即交联点的密度来表征，但这两个值均较难测试。测定高聚物的溶胀度或力学性能可以近似地评价交联度的大小。

交联高分子的分子链间以化学键结合，因此交联高分子是不能溶解和熔融的，只有当交联度不高时可以溶胀。交联将影响材料的使用性能，对于橡胶材料，要求其有良好的弹性，只能进行轻度交联；对于环氧树脂、酚醛树脂等热固性树脂，为提高其机械性能、耐热性，则需要有较高的交联度。聚乙烯通过交联，可以提高其软化点及强度，通常可以作为电气制品接头、电缆和电线的绝缘套管。

两个独立的网络彼此互穿形成互穿网络，一种线型高聚物与另一个交联高聚物形成的网络称为半互穿网络，如图 2-14。

超交联多孔聚合物

图 2-13　交联结构

互穿网络　　　　半互穿网络

图 2-14　互穿网络与半互穿网络结构

2.1.3　键接结构

（1）均聚物的键接方式

当高分子链由一种结构单元组成时，这种高聚物称为均聚物。

键接结构指的是结构单元在高分子链中的连接方式。在讨论键接方式时，不仅要讨论键接结构单元序列，还要讨论序列的长度等。

对于缩聚和开环聚合反应，产物键接方式是明确的，但对于单烯类单体的加成聚合反

应，对称取代的单体的键接方式相同，如聚乙烯（—CH₂—CH₂—）；而不对称取代，如α-取代烯烃（CH₂=CHR），由于 R 基团的存在，结构单元的键接方式不同，在聚合过程中可以形成头-头（或尾-尾）键接和头-尾键接。

头-头（尾-尾）

$$\sim\sim CH_2-\underset{R}{CH}-\underset{R}{CH}-CH_2-CH_2-\underset{R}{CH}-\underset{R}{CH}-CH_2-CH_2-\underset{R}{CH}\sim\sim$$

头-尾

$$\sim\sim CH_2-\underset{R}{CH}-CH_2-\underset{R}{CH}-CH_2-\underset{R}{CH}-CH_2-\underset{R}{CH}-CH_2-\underset{R}{CH}\sim$$

两种键接方式也可以同时存在于同一分子链中形成无规键接。这种在原子组成相同的结构单元中，由于原子的序列连接不同形成的结构称为构造异构体。

大量实验表明，自由基和离子型聚合的产物，大多数采用头-尾键接方式，如聚氯乙烯（—CH₂—$\underset{Cl}{CH}$—）中含有 86% 的头-尾键接，聚甲基丙烯酸甲酯（—CH₂$\underset{COOCH_3}{C(CH_3)}$→）也以头-尾键接方式为主。对于这类单取代的烯类高分子而言，键接方式与合成温度等有很大关系，如在 70℃ 合成的聚醋酸乙烯酯中含有约 1.6% 的头-头键接方式，而在 −30℃ 聚合时，头-头键接只有 0.5%。

双烯类单体聚合产物的键接方式更为复杂。如结构对称的丁二烯（CH₂=CH—CH=CH₂），在聚合过程中有 1,2（或 3,4）加聚和 1,4 加聚，分别得到如下两种产物

$$\sim\sim CH_2-\underset{\underset{CH_2}{\overset{|}{\underset{\|}{CH}}}}{CH}\qquad\sim\sim CH_2-CH=CH-CH_2\sim\sim$$

1,2（或 3,4）加聚 　　　　　　　1,4 加聚

对于 1,2 加聚或 3,4 加聚的产物，同样存在着头-头和头-尾键接方式。

当反应单体为结构不对称时，如氯丁二烯（$\overset{1}{CH_2}=\overset{2}{CCl}-\overset{3}{CH}=\overset{4}{CH_2}$），进行自由基聚合时，可能存在三种不同的加成产物

$$\sim\sim CH_2-\underset{\underset{CH_2}{\overset{|}{\underset{\|}{CH}}}}{CCl}\qquad\sim\sim CH_2-\underset{\underset{CH_2}{\overset{|}{\underset{\|}{CCl}}}}{CH}\qquad\sim\sim CH_2-CCl=CH-CH_2\sim\sim$$

1,2-加成 　　　　　　 3,4-加成 　　　　　　 1,4-加成

这三种加成产物的重复单元在结构上都是不对称的，因此都存在着头-头、头-尾的键接方式，一般也是以头-尾键接方式为主。

键接方式将显著地影响高聚物的性能。如作为纤维使用的高聚物，通常要求其键接方式的规整性高，以利于结晶，从而有较高的强度，利于拉伸和取向。如用作维纶的聚乙烯醇（$\sim\sim CH_2-\underset{OH}{CH}\sim\sim$），只有头-尾键接时，结构中的羟基才可以与甲醛缩合生成聚乙烯醇缩甲醛；当为头-头键接时，羟基不易缩醛化，结构中保留较多羟基，使纤维缩水性强、强度低。

（2）共聚物的键接方式

当高分子由两种或两种以上的结构单元组成时则称为共聚物。以由 A、B 两种结构单元

组成二元共聚物为例，按其连接方式可以分为四种类型，如图 2-15。

相对于均聚物而言，共聚物的结构要复杂得多。在其结构表征上，不仅要说明各结构单元的相对含量，还需了解各种结构单元的序列及序列长度等参数。结构单元的相对含量可以由化学法（元素分析、官能团测定等）、光谱法（红外、紫外、核磁共振等）以及放射性测评得到，序列长度可以用红外光谱、核磁共振、凝胶色谱、X 射线分析以及差热分析等技术测定，还可通过概率分析和动力学进行理论上的预测。

共聚改变了高分子中结构单元的相互作用，也改变了分子间的相互作用，因此对于高聚物的性能有着明显的影响。如聚乙烯和聚丙烯的均聚物均为结晶高聚物，而乙烯-丙烯的无规共聚物则是一种弹性体——乙丙橡胶。共聚也是目前对高聚物进行改性的重要方法，如苯乙烯-顺丁二烯-苯乙烯的嵌段共聚物（SBS），其结构为聚丁二烯（PBD）链段形成连续的橡胶相基体中，聚苯乙烯（PS）嵌段分散在连续相中形成球状团簇微区（图 2-16），两相之间以化学键相连，因此它既有橡胶弹性，也具有热塑性塑料的热加工性，是一种热塑弹性体。又如聚甲基丙烯酸甲酯的分子间作用力大，高温流动性差，将其与少量的苯乙烯共聚后，则可以明显改善流动性，方便注射成型。

图 2-15　共聚物的键接方式　　　　图 2-16　SBS 嵌段共聚物的结构

三元共聚物应用最成功的例子是 ABS，它是苯乙烯-丁二烯-丙烯腈的三元共聚物，其共聚类型相当复杂，可以以丁苯橡胶为主链，将丙烯腈接在支链上；也可以是以丁腈橡胶为主链，将苯乙烯接在支链上；还可以是苯乙烯-丙烯腈的共聚物为主链，将丁二烯和丙烯腈接在支链上。ABS 综合了三种高聚物的性能，聚丙烯腈为材料提供良好的耐腐蚀性、高的耐磨性、硬度和抗张强度；聚丁二烯提供良好韧性，改善材料的耐冲击性能；聚苯乙烯在高温时的流动性极好，它的加入可以大大改善材料的成型加工性，使制品的表面光洁度提高。这三种共聚单体的比例也可以在很大范围内调节，得到不同性能的产品，总体而言，ABS 是一类综合性能优良的工程塑料。

2.1.4　高分子链的构型

构型是分子中由化学键所固定的原子在空间的排列。这种排列是稳定的，要改变构型必须通过化学键的断裂和重组。构型主要包含两方面的内容，一是具有相同组成的分子中原子以彼此不同的序列连接形成的异构体，即前述键接方式的问题；另一种是具有相同原子序列但不同空间排列的原子组成的分子，称为立体异构。立体异构有顺反异构和旋光异构。

（1）顺反异构

顺反异构又称为几何异构，是双键两侧基团的排列方式不同形成的异构体。对于双烯类单体的 1,4 加成产物，由于双键上的基团在双键两侧排列的方式不同有顺式构型和反式构型。如 1,4-聚丁二烯，可能出现以下两种构型为主的分子结构。

这两种构型与聚合条件有很大关系。当用钴、镍和钛催化体系时可制得顺式构型含量大于 94% 的聚丁二烯，重复的结构单元较长，这是一种弹性很好的橡胶。当用钡或烯醇催化时，所得的聚丁二烯主要为反式结构，重复的结构单元较短，容易结晶，只能作为塑料使用。

顺反异构对性能有很大的影响。如天然橡胶中含有 98% 以上的顺式聚异戊二烯结构，结晶性及熔点较低，具有优良的橡胶弹性；而杜仲胶（也称为古塔波胶）为反式聚异戊二烯结构，结晶性和熔点都较高，只能作为塑料使用。

（2）旋光异构

旋光异构又称立体异构，是由于手性碳原子上基团的不同排列而产生的异构现象。碳氢化合物中的碳原子以共价键与四个原子或基团相连时，将形成以碳原子为中心的四面体，若与之相连的基团或原子都不相同时，这个碳原子为手性碳原子，以 C^* 表示。这种化合物将出现旋光不同的两种异构体，这种现象称为旋光异构。

当高分子的结构单元为 $—CH_2—C^*HR—$ 时，每一个链节有两种旋光异构体（左旋 D 和右旋 L）。由于高分子链中旋光异构单元的排列方式不同，将出现三种构型，即全同立构（高分子链全部由同一种旋光异构单元组成）、间同立构（高分子链由两种旋光异构单元交替地键接而成）、无规立构（高分子链由两种旋光异构单元无规地键接而成）。

若将高分子链拉直在一平面上使主链上碳原子呈锯齿状排列，则全同立构的取代基 R 位于平面的同一侧，间同立构的取代基 R 交替地排列在平面的两侧，无规立构的取代基 R 无规地分布在平面的两侧（图 2-17）。

(a) 全同立构   (b) 间同立构   (c) 无规立构

图 2-17　高分子的旋光异构（立体异构）

当高分子结构单元中手性碳原子不只一个时，如（$—C^*HX—C^*HY—$），将形成更为复杂的旋光异构体，如非叠同双全同立构、叠同双全同立构和双间同立构（图 2-18）。叠同是指结构单元中两个不对称碳原子内旋转一定角度后，取代基 X 和 Y 可以重叠，非叠同则

(a) 非叠同双全同立构　　　(b) 叠同双全同立构　　　(c) 双间同立构

图 2-18 （—C*HX—C*HY—）型高
分子链的规整立构

表示不能重叠。

如果高分子链节中既含有不对称碳原子，又含有双键，则可同时发生顺反异构和旋光异构现象，如聚丁二烯衍生物单体，其 1,4 加成聚合时分子链节上有两个手性碳原子和一个双键，因此理论上存在全同、间同、叠同、非叠同、顺式、反式等构型的 8 种有规构型。

尽管手性有机小分子具有旋光性，但对于高分子旋光性是不存在的，这是由在整个高分子链中内消旋和外消旋的相互抵消造成的。所谓旋光异构在高分子上只是结构上的概念，并不意味着分子有旋光性能。

全同和间同立构的高聚物有时通称为"等规高聚物"，高分子规整程度可以用"等规度"表征，即高聚物中含有的全同或间同立构在高聚物所有构型中所占的百分比。高聚物的规整性与聚合方式有关，通常自由基聚合的高聚物是无规的，而采用定向聚合时则可得到有规立构高聚物。高聚物的性质与立构规整性有很大的关系，如全同立构的聚苯乙烯能结晶，熔点为 240℃；而无规立构的聚苯乙烯则不能结晶，软化温度为 80℃。全同或间同的聚丙烯是结晶性的，可以纺丝作为纤维，而无规聚丙烯却是一种橡胶状的弹性体甚至黏稠的液体。

2.2 高分子链的远程结构

高分子链的远程结构包括高分子的大小与形态，即高分子的分子量及分子量分布、高分子链的构象及柔性等方面的内容。

2.2.1 高分子链的内旋转及构象

（1）单键的内旋转及构象

C—C、C—N、C—O 等单键是 σ 键，其电子云呈对称分布，因此以 σ 键相连接的两个原子可以做相对内旋转而不破坏其电子云的分布。这种由于 σ 键的内旋转而引起的分子中各原子在空间的几何排列称为构象。

若单键内旋转时键长、键角的变化很小，可以忽略，则分子处于不同构象时的位能（内旋转位能）只是单键内旋转角的函数。如果单键在内旋转时各种构象的能量均相同，则内旋转是完全自由的，内旋转位能为常数。但实际分子中非键合原子之间存在着相互作用，各种构象的能量不同，因此内旋转不是完全自由的，此时内旋转位能不再是常数。

以结构简单的乙烷（CH_3—CH_3）分子为例来说明分子的内旋转。图 2-19 为乙烷分子结构示意图。其两个甲基上的非键合氢原子之间的距离为 $0.228\sim0.250$nm，小于两个氢原子的范德华半径之和（0.292nm），因此非键合氢原子间存在排斥力。氢原子间的距离越远，排斥力越弱，所对应的构象越稳定，因此交叉式（反式）最稳定，叠同式（顺式）最不稳定。

图 2-20 为乙烷分子的内旋转位能与内旋转角的关系曲线。其中横坐标为内旋转角 ϕ，纵坐标为内旋转位能函数 $u(\phi)$。ΔE 为顺式与反式构象的位能差，称为内旋转位垒，对于乙烷分子，$\Delta E = 11.5\text{kJ/mol}$。沿 C—C 键的方向，当乙烷分子中两个碳原子上的 C—H 键重合时（顺式构象），即内旋转角 $\phi = 0°$、$120°$、$240°$时，内旋转位能最高，构象最不稳定；当乙烷分子中的两个碳原子上的 C—H 键相差 $60°$时（反式构象），即 $\phi = 60°$、$180°$、$300°$时，内旋转位能最低，构象最稳定。从反式构象到顺式构象需克服位垒，因此 ΔE 反映了两种构象发生变化的难易程度。这种由单键的内旋转导致构象不同的分子称为内旋转异构体。

(a) 叠同式，非键合氢原子
之间的距离为0.228nm

(b) 交叉式，非键合氢原子
之间的距离为0.250nm

图 2-19　乙烷分子的结构示意图

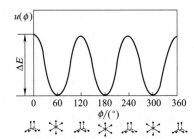

图 2-20　乙烷分子的内旋转位能曲线

当乙烷上的氢原子被其它原子取代时，分子的构象及位能曲线更为复杂。1981 年，IUPAC（国际纯粹与应用化学联合会）高分子命名委员会以小分子正丁烷（CH_3—CH_2—CH_2—CH_3）为例，定义了分子的构象（根据相邻碳原子上—CH_3之间的夹角）及符号，如表 2-2。

表 2-2　IUPAC 以正丁烷分子定义的微构象

纽曼式投影	夹角	构象	符号
$H_3C\ CH_3$（叠同式投影）	$0°$	顺式(cis)	C
CH_3／CH_3（两个交叉式投影）	$\pm 60°$	左右式(gauche)	$G^+(60°)$，$G^-(-60°)$
H_3C／CH_3（两个投影）	$\pm 120°$	反左右式(anti gauche)	$A^+(120°)$，$A^-(-120°)$
CH_3（投影）CH_3	$\pm 180°$	反式(trans)	T

图 2-21 为丁烷分子的内旋转位能曲线，其中 $60°$、$180°$、$300°$是位能曲线的低谷，丁烷的反式构象（T）能量最低，分子中两个—CH_3的距离最远；两个左右式构象（G^+、G^-）存在局部能量最低。这些是最稳定、出现概率最大的构象，称为最概然构象。其中最低位能微构象（反式）与较低位能构象（左右式）之间的能量差为 Δu_{TG}，反式构象与顺式构象的

内旋转位能差为内旋转位垒 ΔE。ΔE 与分子结构有关，表 2-3 列出了一些化合物指定键的内旋转位垒。

（2）高分子链的内旋转及构象

绝大多数高分子的主链中存在着大量 C—C σ 单键，如聚乙烯、聚丙烯、聚氯乙烯等。实际高分子中的键角是固定的，如 C—C 键的键角为 $109°28'$，则每一个单键最多只能以前一个键为轴，在以 2θ 为顶角的圆锥面上进行旋转（图 2-22）。

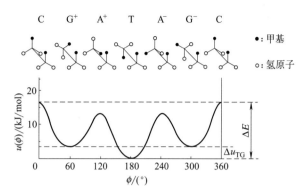

图 2-21　丁烷的构象及内旋转位能曲线

表 2-3　各种分子中指定键旋转 $360°$ 的内旋转位垒

化合物	位垒/(kJ/mol)	化合物	位垒/(kJ/mol)
CH_3—CH_3	12.2	CH_3—OCH_3	11.4
CH_3—CH_2F	13.9	CH_3CH_2—CH_2CH_3	14.7
CH_3—CH_2Cl	15.5	CH_3—OH	4.5
CH_3—CH_2Br	15.0	CH_3—SH	4.5
CH_3—CHF_2	13.4	CH_3—NH_2	8.0
CH_3—CHO	4.9	CH_3—SiH_3	7.1
CH_3—CH＝CH_2	8.3		

通常，在无外力作用时，高分子链呈卷曲状，在空间呈现各种不同的形态。这种形态与高分子链中单键的内旋转是密不可分的。对于大分子而言，其中的 σ 键数目很多，每个键都有不同的内旋转状态，如图 2-22 的 l_1、l_2、l_3……，使构象问题变得更为复杂。通常对这一问题加以简化，引入"独立内旋转"的假设，认为一个键的内旋转同其它键没有关系。这样就可以由小分子的势能变化规律来讨论高分子单个键的内旋转。图 2-23 为聚乙烯的内旋转位能曲线，高分子链中每个键相对于邻近的键取反式或左右式。

图 2-22　键角固定的高分子链的内旋转

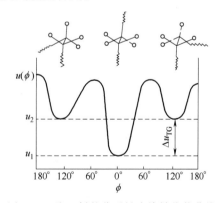

图 2-23　聚乙烯的分子链内旋转位能曲线

同小分子一样，非键合原子间的相互作用使内旋转不是完全自由的，但由于高分子的分子量很大，所以能采取的构象数是相当可观的。高分子链中的一个 σ 单键的构象，类似于前面所讨论的小分子的构象，高分子链中许多 σ 键的构象和构象序列称为高分子链的构象（或宏构象）。高分子链的分子构象数相当大，由分子的构造和构型决定。同小分子一样，高分子构象出现的概率与分子所处的温度和高分子同周围环境的相互作用有关，如高分子链在溶液、熔融、结晶

图 2-24　高分子链的分子构象

Ⅰ—双螺旋链形成的蠕虫状链；Ⅱ—无规线团；
Ⅲ—具有螺旋和无规线团链段的无规线团；
Ⅳ—单螺旋链形成的蠕虫状链

等各种聚集状态下的分子构象不同（图 2-24）。

高聚物结晶态中，分子链在晶格中的紧密堆砌将阻碍单键的旋转，在晶体中分子构象的类型由构象序列决定。若所有取代基是一样的且尺寸较小，则具有最低能量的构象，通常为反式构象，这种结晶高分子链的分子构象为锯齿状，如聚乙烯；若相近基团间或第 1 个、第 3 个、第 5 个……基团间的空间位阻迫使各个键呈左右式构象，则高分子链采取螺旋构象，如全同立构的聚丙烯。

当高聚物受热熔融或溶解时，由于热能足以克服内旋转位垒，或溶剂的作用提高了高分子链的活动性，则整个高分子链将采取无规线团的分子构象。

对同一高分子链，在不同的温度、凝聚态结构、溶液中高分子-溶剂间的相互作用以及外加力场下，构象将变得更为复杂。比如聚对苯二甲酸乙二醇酯中的乙二醇单元，在晶相中为反式构象，在非晶相中反式和左右式构象同时存在；当对其进行拉伸时，随拉伸比的增加，左右式转变为反式；拉伸后的薄膜经热处理后，反式减少，左右式增加。

2.2.2　高分子链的构象统计

在高分子链中存在着许多可以进行内旋转的单键，将使高分子链采取许多不同的分子构象，从而使分子的尺寸随构象的不同而产生变化，呈现出无规线团的形态（图 2-25）。

分子的热运动使高分子的构象不停地发生变化，每种构象的寿命相当短，仅为 $10^{-11} \sim 10^{-12}$ s 数量级。因此高分子链的构象是一个相当大的数字，要直接建立分子构象与时间的函数是不可能的，只能用统计的方法来计算某种构象出现的概率。

高分子构象的改变将引起高分子形状和尺寸的变化。当高分子链取卷曲构象时，分子尺寸较小，当高分子链取伸展构象时，分子尺寸扩张，因此可以用分子链的末端距来表征其尺寸。

末端距是指线型高分子链的一端至另一端的直线距离，以 $\vec{h}$ 表示，见图 2-26。由于分子的热运动，构象在不停地变化，末端距也是变化的，因此末端距只能是某种统计意义上的平均值。在数学处理时，常采用向量运算，求平均末端距或末端距平方的平均值（均方末端距），以及均方末端距的平方根（根均方末端距）。

pH 3.89

25nm

图 2-25　溶液中聚二乙烯基吡啶［poly（2-vinylpyridine）］
单个大分子链的原子力显微镜照片

$\vec{h}$

图 2-26　高分子的末端距向量图

2.2.2.1 均方末端距的几何计算

（1）自由连接链

真实的高分子链的内旋转是相当复杂的，因此采用一个理想化的模型，假设分子由足够多的不占体积的化学键自由结合而成，内旋转时没有键角限制和位垒的阻碍，其中每个键在任何方向取向的概率相等，这种链称为"自由连接链"。

假定自由连接链由 n 个键组成，每个键的长度为 l，若所有键的方向都一致，则整个链是一条直线，其长度为 nl，其末端距的平方为

$$h^2 = n^2l^2 \tag{2-1}$$

柔性高分子链采取完全伸直分子构象的概率相当小，大部分呈无规线团的形态。因此实际上是讨论无规线团高分子链的均方末端距和最概然末端距。此时，高分子链的末端距 $\vec{h}$ 是各个键的向量之和（图 2-27），可表示为：

$$\vec{h} = \vec{l_1} + \vec{l_2} + \vec{l_3} + \cdots\cdots + \vec{l_{n-2}} + \vec{l_{n-1}} + \vec{l_n} = \sum_{i=1}^{n}\vec{l_i} \tag{2-2}$$

$$\vec{h}^2 = \sum_{i=1}^{n}\sum_{j=1}^{n}\vec{l_i}\cdot\vec{l_j} \tag{2-3}$$

可求得

$$\overline{h^2} = l^2\left(n + 2\overline{\sum_{i=1}^{n-1}\sum_{j=i+1}^{n}\vec{e_i}\cdot\vec{e_j}}\right) \tag{2-4}$$

键在各方向上的概率相等，因此上式右面第二项为零，则

$$\overline{h^2} = nl^2 \quad \text{或写成} \quad \overline{h_{f,j}^2} = nl^2$$

图 2-27 高分子链末端距的几何计算

高分子链的 n 是相当大的，因此自由连接链的均方末端距比完全伸直链要小得多。

（2）自由旋转链

实际上高分子链的共价键存在键角，因此在计算末端距时还应考虑键角的影响，也就是说键在空间的取向不是任意的，而只能在一定的角度范围内进行内旋转。假设高分子链中每个键都可以在键角所允许的方向自由转动，不考虑相互作用对内旋转的影响，则这种链称为自由旋转链，如图 2-22。

在自由旋转链中，考虑到键角的影响，式（2-4）右边第二项不再为零，上述各向量积的和可展开为

$$\sum_{i=1}^{n-1}\sum_{j=i+1}^{n}\vec{e_i}\cdot\vec{e_j} = \begin{bmatrix} e_1e_2 + e_1e_3 + e_1e_4 + \cdots\cdots + e_1e_n \\ e_2e_1 + e_2e_3 + e_2e_4 + \cdots\cdots + e_2e_n \\ e_3e_1 + e_3e_2 + e_3e_4 + \cdots\cdots + e_3e_n \\ \cdots\cdots\cdots\cdots\cdots\cdots\cdots\cdots \\ e_ne_1 + e_ne_2 + e_ne_3 + \cdots\cdots + e_{n-1}e_n \end{bmatrix} \tag{2-5}$$

假定键角的补角为 θ，第 $i+1$ 个键只在以第 i 个键为轴、2θ 角为顶角的圆锥面上内旋转。设 ϕ 为内旋转角。以第 i 个键的方向为基准，求其它各个键在第 i 个键方向上投影的平均长度，这些平均长度之和就是式（2-5）所包括的各项和的平均值。

因

$$\overline{e_i\cdot e_{i\pm1}} = \cos\theta$$

$$\overline{e_i\cdot e_{i\pm2}} = \cos^2\theta$$

$$\cdots\cdots\cdots\cdots\cdots\cdots$$

$$\overline{e_i \cdot e_{i \pm m}} = \cos^m \theta$$

$$\overline{e_i \cdot e_j} = \cos^{|j-i|} \theta$$

则式（2-5）两边分别求平均值，可得

$$\overline{h_{f,r}^2} = l^2 \left[n \frac{1+\cos\theta}{1-\cos\theta} - \frac{2\cos\theta(1-\cos^n\theta)}{(1-\cos\theta)^2} \right] \tag{2-6}$$

n 值是一个相当大的数，因此右边第二项比第一项要小得多，可以忽略不计，得自由旋转链的均方末端距为

$$\overline{h_{f,r}^2} = nl^2 \frac{1+\cos\theta}{1-\cos\theta} \tag{2-7}$$

可见，自由旋转链的均方末端距大于自由连接链的均方末端距。

（3）受阻链

真实高分子链的内旋转不仅有键长与键角的限制，还受到近邻非键合原子相互作用的阻碍，内旋转的位能函数 $u(\phi)$ 不等于常数，其值与内旋转角度 ϕ 有关。对于这种受阻链，其均方末端距为

$$\overline{h^2} = nl^2 \frac{1+\cos\theta}{1-\cos\theta} \times \frac{1+\overline{\cos\phi}}{1-\overline{\cos\phi}} \tag{2-8}$$

$$\overline{\cos\phi} = \frac{\int_0^{2\pi} e^{-u(\phi)/kT} \cos\phi \, d\phi}{\int_0^{2\pi} e^{-u(\phi)/kT} \, d\phi}$$

前面所讨论的 θ 和 ϕ 对分子的均方末端距的影响，都属于分子的近程相互作用，对于实际高分子链，结构单元间的远程相互作用及分子间的作用力对内旋转也有很大的影响，因此 $u(\phi)$ 是一个很复杂的函数，很难得到其确切的形式。远程相互作用是指沿柔性高分子链相距较远的原子（或原子基团）由于主链单键的内旋转而使距离小于范德华半径时所产生的排斥力，因此对于实际链的均方末端距不能单纯以几何的观点来计算。

2.2.2.2 均方末端距的统计计算

在这里我们还是从自由连接链出发。讨论自由连接链的数学基础是三维空间的无规飞行问题，它在直角坐标系中可表示为图 2-28。简化成二维或一维时即为无规行走问题，因此自由连接链也称为无规飞行链或无规行走链。

若把自由连接链的首端固定在直角坐标系的原点，则尾端落在离原点距离为 h 处的小体积 $\mathrm{d}x\mathrm{d}y\mathrm{d}z$ 内的概率为

$$W(x,y,z)\mathrm{d}x\mathrm{d}y\mathrm{d}z = W(x)\mathrm{d}x \cdot W(y)\mathrm{d}y \cdot W(z)\mathrm{d}z = \left(\frac{\beta}{\sqrt{\pi}} \right)^3 e^{-\beta^2(x^2+y^2+z^2)} \mathrm{d}x\mathrm{d}y\mathrm{d}z$$

$$\tag{2-9}$$

其中

$$\beta^2 = \frac{3}{2nl^2}$$

对于无规分布的链，$\vec{h}$ 在三个坐标轴上的投影的平均值 x、y、z 应该相等，且符合下列关系

$$x^2 = y^2 = z^2 = \frac{h^2}{3}$$

这样，式（2-9）可写成

$$W(x,y,z)\mathrm{d}x\mathrm{d}y\mathrm{d}z = \left(\frac{\beta}{\sqrt{\pi}}\right)^3 e^{-\beta^2 h^2}\mathrm{d}x\mathrm{d}y\mathrm{d}z \tag{2-10}$$

则

$$W(x,y,z) = \left(\frac{\beta}{\sqrt{\pi}}\right)^3 e^{-\beta^2 h^2} \tag{2-11}$$

若只考虑末端距的长度，不考虑末端距的方向，则可采用球面坐标（图2-29）。

假定高分子链的首端固定在原点，尾端落在半径为 h 到 $h+\mathrm{d}h$ 之间的球壳内的概率为 $W(h)\mathrm{d}h$，为求 $W(h)\mathrm{d}h$，只需将 $W(x,\ y,\ z)$ 乘以球壳的体积 $4\pi h^2\mathrm{d}h$ 即可得

$$W(h)\mathrm{d}h = \left(\frac{\beta}{\sqrt{\pi}}\right)^3 e^{-\beta^2 h^2} \times 4\pi h^2\mathrm{d}h \tag{2-12}$$

末端距的概率密度函数（也称径向分布函数）为

$$W(h) = \left(\frac{\beta}{\sqrt{\pi}}\right)^3 e^{-\beta^2 h^2} \times 4\pi h^2 \tag{2-13}$$

它不是对称函数，而是高斯分布函数，与 h 的关系见图2-30。

图2-28　三维空间的无规行走链

图2-29　球面坐标

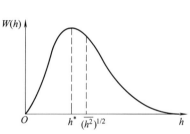

图2-30　自由连接链的径向分布

该函数在 $h=0$ 和 $h=\infty$ 处有极小值，而在 $h=h^*$ 处有极大值，只要将式（2-13）对 h 求导，令此导数等于零，便可求得极值点的 h^* 值（即最概然末端距）

$$h^* = \frac{1}{\beta}\text{或}h^{*2} = \frac{2}{3}nl^2 \tag{2-14}$$

则

$$h^* = \left(\frac{2}{3}n\right)^{1/2}l \tag{2-15}$$

最概然末端距 h^* 比高分子链的伸直长度 nl 小得多。高分子链的均方末端距为

$$\overline{h^2} = \int_0^\infty h^2 W(h)\mathrm{d}h \tag{2-16}$$

将式（2-13）代入式（2-16），得

$$\overline{h^2} = \int_0^\infty h^2 \left(\frac{\beta}{\sqrt{\pi}}\right)^3 e^{-\beta^2 h^2} \times 4\pi h^2\mathrm{d}h \tag{2-17}$$

利用 Γ 函数积分，得

$$\overline{h^2} = \frac{3}{2\beta^2} \tag{2-18}$$

因为 $\beta^2 = \dfrac{3}{2nl^2}$，故

$$\overline{h^2} = nl^2 \tag{2-19}$$

这一结果与几何法的结果完全一致，这说明，对于自由连接链，不论是几何法，还是统计法，所求得的均方末端距都相同，即

$$\overline{h_{f,j}^2} = nl^2 \tag{2-20}$$

高分子链的平均末端距 $\overline{h}$ 为

$$\overline{h} = \int_0^\infty h W(h) \mathrm{d}h = \frac{2}{\sqrt{\pi}\beta} \tag{2-21}$$

需要注意的是，上述结果是在 n 很大的条件下得到的，并且每一个键都不占体积，可任意取向。

2.2.2.3 等效自由连接链

上述对高分子链所做的各种统计处理中，都规定了一些特殊的条件，但真实的高分子链不可能全部满足这些条件。因此，上述计算高分子均方末端距的公式，只在理论上有重要价值，当用来估计分子尺寸时，只能做定性的比较。真实高分子链的均方末端距是在 θ 条件下由实验测定的。

在实际的高分子链中，内旋转不可避免地要受到键长和键角的限制，并且存在着近邻非键合原子间的相互作用，即近程相互作用。这种作用随着主链上化学键的增多而减弱。考虑第 i 个键通过键角与取向状态对第 $i+1$ 个键的取向有很大的影响，但再通过第 $i+1$ 键对第 $i+2$ 键的影响就被削弱，这样到第 $i+m$ 个键，当 m 足够大时，第 i 个键对第 $i+m$ 个键的影响就小到可以忽略，相对于第 i 个键，第 $i+m$ 个键的取向是任意的。这样把 m 个键组成的一段链作为一个独立的取向单元，称为"统计链段"，简称为链段。链段与链段之间的连接可以视为"自由连接"，也就是链段是高分子链中可以任意取向的最小运动单元。在同样条件下，高聚物每个高分子链的链段长度和数目，随着分子运动而瞬息万变，因此链段的长度也是统计平均长度。

若将高分子链视为由若干链段组成，则链段与链段之间的连接可以看成是自由连接，这种链称为"等效自由连接链"，可以用上述处理自由连接链的方法对其分子构象进行表征。因为等效自由连接链的链段分布符合高斯分布函数，因此又将这种链称为"高斯链"。

每根高分子链包含 n_p 个链段，每个链段的长度为 l_p，用 L_{max} 表示链的伸直长度，则

$$L_{max} = n_p l_p \tag{2-22}$$

当高分子链构象为无规线团时，则等效自由连接链的均方末端距 $\overline{h^2}$ 为

$$\overline{h^2} = n_p l_p^2 \tag{2-23}$$

此处，l_p 比 l 大许多，n_p 比 n 小许多。可见，若 L_{max} 相同，等效自由连接链的均方末端距要大于自由连接链的均方末端距。

n_p 和 l_p 可以通过实验求得。通过实验测定出试样在无扰状态下的均方半径 $\overline{h_0^2}$ 和分子量，根据分子结构求出主链中的总键数 n，以及伸直链的长度 L_{max}，然后把 $\overline{h_0^2}$ 和 L_{max} 的值代入式（2-22）和式（2-23），解联立方程，即得

$$n_p = \frac{L_{max}^2}{\overline{h_0^2}} \tag{2-24}$$

$$l_p = \frac{\overline{h_0^2}}{L_{max}} \tag{2-25}$$

式中，$\overline{h_0^2}$ 是在 θ 条件下测定的。所谓 θ 条件，是指针对高分子溶液，通过选择合适的溶剂和温度，创造一个特定的条件，使溶剂分子对高分子构象所产生的干扰可忽略不计。在 θ 条件下测得的高分子尺寸称为无扰尺寸，是高分子本身结构的反映。

以聚乙烯为例，将其视为自由旋转链，则可求得

$$L_{\max} = \left(\frac{2}{3}\right)^{1/2} nl$$

$$\overline{h^2} = 2nl^2$$

由式（2-24）和式（2-25）可得

$$n_p = \frac{n}{3} \qquad l_p = 2.45l \qquad\qquad (2\text{-}26)$$

由此可见，如果把自由旋转的聚乙烯链视为等效自由连接链，其链段长度相当于三个 C—C 键在主链方向上的投影之和。

但聚乙烯链并不是自由旋转的，它在旋转时存在着近程相互作用和远程相互作用。在 θ 条件下测出聚乙烯的 $\overline{h_0^2}$ 约为 $6.76nl^2$，由此得出 $n_p = n/10$，即每个链段包含 10 个键，相应地 $l_p = 8.28l$，假定 $l = 0.154\text{nm}$，则 $l_p = 1.28\text{nm}$。这证明了聚乙烯的内旋转不是完全自由的。因此在实际的高分子中，是不存在自由连接链与自由旋转链的，只存在无规线团形状的链。

2.2.3 高分子链的均方旋转半径

前面所讨论的高分子链的构象是以线型高聚物为基础的，末端距有明确的意义。对于支化高聚物，一个分子中将有若干端点，均方末端距的意义不大。这时通常采用均方旋转半径 $\overline{S^2}$ 来表征它们的构象，$\overline{S^2}$ 比均方末端距有更广泛的意义，而且可以通过实验直接测得。

均方旋转半径 $\overline{S^2}$ 是指重心到各质点的向量 $\vec{S_i}$ 平方的质量平均值（图 2-31）。对于柔性分子，$\overline{S^2}$ 取决于链的构象。

通过向量代数计算，不同模型的均方旋转半径为

自由连接链 $\qquad \overline{S_{f,j}^2} = \frac{1}{6}nl^2 \qquad\qquad (2\text{-}27)$

自由旋转链 $\qquad \overline{S_{f,r}^2} = \frac{1}{6}nl^2 \frac{1+\cos\theta}{1-\cos\theta} \qquad\qquad (2\text{-}28)$

受阻链 $\qquad \overline{S^2} = \frac{1}{6}nl^2 \frac{1+\cos\theta}{1-\cos\theta} \times \frac{1+\overline{\cos\phi}}{1-\overline{\cos\phi}} \qquad (2\text{-}29)$

等效自由连接链 $\qquad \overline{S_0^2} = \frac{1}{6}n_p l_p^2 \qquad\qquad (2\text{-}30)$

图 2-31　高分子链旋转半径

2.2.4 高分子链的柔性

高分子链的柔性是指高分子链能够改变分子构象的性质，也就是高分子链可以呈现出千变万化形态的性质，这是高聚物的许多性质不同于小分子的主要原因。如前所述，一个高分子链可取的构象数是很大的，假设每个单键在内旋转中可取的位置数为 m，则一个包含 n 个单键的高分子链可能的分子构象数为 m^{n-1}。当 n 足够大时，这是一个非常大的数字。

从统计热力学的角度，熵是度量体系无序程度的热力学函数，体系的构象数 W 与熵值

S 之间的关系服从玻尔兹曼公式

$$S = klnW$$

蠕虫状链

图 2-32 非晶态高聚物的无规线团模型（实线、虚线、点划线代表不同的高分子链）

式中，k 为玻尔兹曼常数。

当高分子链中没有单键时，构象数为1，构象熵为0；当高分子链中含大量的 σ 单键时，构象数很大，相应的构象熵很高。根据热力学理论，在无外力作用时，高分子链总是自发地向熵增大的方向发展，即随着分子的热运动，高分子链总是自发地趋于卷曲的分子构象，如在非晶态高聚物、高聚物溶液和熔体中，线型高分子链通常采取无规线团的分子构象。非晶高聚物即可视为是由众多高分子链无规线团相互缠绕形成的聚集体（图 2-32）。

2.2.4.1 静态柔性与动态柔性

高分子链的柔性可以从静态柔性和动态柔性两方面评价。

（1）静态柔性

静态柔性是指高分子链在热力学平衡条件下的柔性，由高分子中各个单键所取构象的相对含量和序列所决定。

如图 2-21 所示，单键内旋转时由于非键合原子间的相互作用不等，因此在反式和左右式之间相互跃迁时存在着内旋转位能差 Δu_{TG}，因此高分子链中每个键相对于邻近的键取反式或左右式的比例在热力学平衡条件时取决于 Δu_{TG} 和热能之比，即 $\frac{n_{左右式}}{n_{反式}} = e^{-\frac{\Delta u}{kT}}$，当温度一定时，两者的比例取决于 Δu_{TG}。Δu_{TG} 越小，反式与左右式出现的概率越相近，在同一高分子链中单键的反式构象和左右式构象无规排列，使链呈无规线团，高分子链柔性很好；当 Δu_{TG} 很大时，反式构象占优势，使高分子链的刚性增大，呈伸展状态，柔性较差。因此在一定的温度下，高分子链的静态柔性与 Δu_{TG} 有关，是一个与高分子链结构有关的参数。

（2）动态柔性

动态柔性是指高分子链在外界条件影响下从一种平衡态构象转变到另一种平衡态构象所需的时间 τ_p，即构象转变的速度。构象越容易改变，所需的时间越短，分子链的动态柔性越好；反之所需的时间越长，分子链的动态柔性越差。当温度一定时，构象转变所需的时间 τ_p 取决于内旋转位垒 ΔE：

$$\tau_p = \tau_0 e^{\frac{\Delta E}{kT}} \tag{2-31}$$

不同结构的高聚物，ΔE 越大，构象转变所需时间 τ_p 越长，动态柔性越差。对给定的高聚物，随温度的升高，τ_p 减小，动态柔性增大。

动态柔性与静态柔性是两种概念，实际高分子链的柔性是两者的综合体现，两者可以一致，也可以不一致。例如带有对称庞大侧基的高分子链，其 Δu_{TG} 很小，表现出良好的静态柔性，但由于侧基的作用，其内旋转位垒 ΔE 很大，因此其动态柔性较差。

2.2.4.2 影响高分子链柔性的因素

影响高分子链柔性的因素很多，其中高分子的链结构是其中最重要的因素。一般而言，凡是有利于单键内旋转的因素，都会使链的柔性提高。

（1）主链结构

在 C—C 链的高聚物中，碳氢化合物的极性最小，分子间的作用力最小，因而一般柔性较好，如聚乙烯、聚丙烯、聚氯乙烯等。

杂链高分子主链中含有 Si—O、C—O、C—N 等单键，它们的内旋转位垒都比 C—C 键更低，因此在主链中含有这类结构的高分子链柔性较好。如聚己二酸己二酯的柔性比聚乙烯好，聚二甲基硅氧烷 $[\!\!-\!\!\underset{\underset{CH_3}{|}}{\overset{\overset{CH_3}{|}}{Si}}\!\!-\!\!O\!\!-\!\!]_n$ 的柔性也非常好，是一种很好的合成橡胶。

高分子主链中含有双键时，双键对链的柔性有两方面的影响。当双键为共轭双键（—C═C—C═C—）时，不能内旋转，分子链的柔性显著降低。如聚乙炔 $[\!\!-\!\!CH\!\!=\!\!CH\!\!-\!\!]_n$、聚苯 $[\!\!-\!\!\langle\bigcirc\rangle\!\!-\!\!]_n$ 等。当结构中存在非共轭双键时，与双键相邻的单键内旋转更容易，柔性更好，如聚丁二烯、聚异戊二烯等，它们的分子链柔性相当好，可以作为橡胶使用。这是由于双键不能内旋转，某些非键合原子间的距离增大，且连在双键上的原子或基团数目较单键少，使这些原子或基团间的作用力减弱，导致与双键邻近的单键的内旋转位垒降低。

当分子链中含有芳环时，由于芳环不能内旋转，所以高分子链的柔性较差。如聚苯醚 $[\!\!-\!\!\langle\bigcirc\rangle\!\!-\!\!O\!\!-\!\!]_n$、聚苯硫醚 $[\!\!-\!\!\langle\bigcirc\rangle\!\!-\!\!S\!\!-\!\!]_n$ 等。因此，分子主链结构中含芳环高聚物时，通常具有优异的耐热性。但芳环的含量过高时，分子链的刚性太大，流动温度过高，给材料的成型加工带来了一定的困难。

一些高分子主链中共价键的键长和键能如表 2-4 所示。

表 2-4　共价键的键长与键能

共价键	键长/nm	键能/(kJ/mol)	共价键	键长/nm	键能/(kJ/mol)
C—C	0.154	347	C≡N	0.116	891
C═C	0.134	615	C—Si	0.187	289
C≡C	0.120	812	Si—O	0.164	368
C—H	0.109	414	C—S	0.181	259
C—O	0.143	351	C═S	0.171	477
C═O	0.123	715	C—Cl	0.177	331
C—N	0.147	293	S—S	0.204	213
C═N	0.127	615	N—H	0.101	389

（2）侧基

侧基对高分子链柔性的影响可以从侧基的极性和侧基的空间位阻效应两方面考虑。

当侧基为极性基团时，极性越大，分子间的相互作用越强，分子链的柔性越差。如聚丙烯 $-\!\!\underset{\underset{CH_3}{|}}{CH_2\!\!-\!\!CH}\!\!-\!\!]_n$、聚氯乙烯 $-\!\!\underset{\underset{Cl}{|}}{CH_2\!\!-\!\!CH}\!\!-\!\!]_n$、聚丙烯腈 $-\!\!\underset{\underset{CN}{|}}{CH_2\!\!-\!\!CH}\!\!-\!\!]_n$ 等高分子链的柔性随着侧基极性的增大而减小。

极性基团在高分子链上的分布密度越高，高分子链的柔性越低。如氯化聚乙烯为聚乙烯中的部分氢原子为氯原子所取代的高聚物，随着其中氯原子含量的提高，高分子链的柔性降低。

当侧基为非极性基团时，侧基体积的空间位阻效应对高分子链柔性的影响显著。侧基的体积越大，所产生的空间位阻越大，使链不易内旋转，刚性增大，如聚丙烯比聚乙烯的柔性差，聚苯乙烯比聚丙烯的柔性差。但侧基如果具有一定柔性，则高分子链的柔性将随着侧基柔性的增加而增加，如聚甲基丙烯酸甲酯的分子链柔性不如聚甲基丙烯酸丁酯的柔性。因此，侧基的影响，要从其空间位阻效应与柔性效应两方面综合考虑。

当侧基在链的两侧呈对称分布时，由于侧基的作用使高分子链间的距离增大，链间的作用力减小，内旋转位垒降低，柔性增大。如聚异丁烯 $\text{+CH}_2\text{—CH}\frac{}{n}$（侧基 CH_3、CH_3）的柔性比聚乙烯好。

（3）高分子链的长短

当高分子链很短时，可以内旋转的单键数目少，分子的构象数低，分子的刚性较大，因此小分子物质没有柔性。只有当分子量足够大，分子有很高的构象数时，分子链的柔性才能体现出来。

（4）氢键的作用

如果高分子在分子内或分子间形成氢键，则由于氢键的作用会使分子链的刚性增加，如纤维素（图 2-33），由于分子内氢键的作用而使分子链的刚性增大，多肽分子也存在同样的作用。

图 2-33　纤维素的链结构

（5）交联

当高分子为交联结构时，交联点附近的单键内旋转会受到交联结构的阻碍。不过，当交联密度较低时，交联点间分子链足够长，网链的柔性仍可表现出来，如橡胶；随着交联密度的提高，网链的柔性降低，甚至可能完全失去柔性，如高度交联的环氧树脂、酚醛树脂等。

以上所讨论的是高分子链的柔性，而不是宏观材料的柔性。如针对晶态高聚物如聚乙烯，在其结晶结构中，所有分子链的构象是被冻结的，材料则表现为坚硬的固体。

此外，高聚物所处的环境因素（如温度、湿度、应力等）和一些高聚物中的添加剂（如增塑剂）也会对高分子链的柔性产生影响。

2.2.4.3　高分子链柔性的评价

分子链的柔性可以用末端距来表征，通常末端距越小，分子链的柔性越大。

链段的长度也可以表征高分子链的柔性。高分子链可以看作是由许多"刚性的链段"组成的柔性链。链段的长度 l_p 越接近单键的长度 l 时，链的柔性越好；链段长度增大则柔性变差；若整个分子链即为一个链段，则高分子是一个刚性的棒状分子，只有一种分子构象。

实际通常用刚性因子 σ 和 Flory 特征比表征高分子链的柔性。

刚性因子 σ 定义为在 θ 条件下，高分子链的无扰均方末端距 $\overline{h_0^2}$ 同自由旋转链的均方末端距 $\overline{h_{f,r}^2}$ 比值的平方根：

$$\sigma = (\overline{h_0^2}/\overline{h_{f,r}^2})^{1/2} \tag{2-32}$$

其中，$\overline{h_0^2}$ 是利用光散射法测定高分子链的均方旋转半径，然后通过公式计算得到的。显然 σ 表示由于链的内旋转受阻而导致分子尺寸增大的程度，其值越小，分子链柔性越好。

Flory 特征比（C_∞）定义为无扰链与自由连接链的均方末端距之比，即

$$C_\infty = \lim(\overline{h_0^2}/nl^2) \tag{2-33}$$

C_∞ 值越小，高分子链柔性越好。C_∞ 反映的是键角和旋转角变化受阻的情况，同高分子链的化学结构有关，显然 $C_\infty > 1$，极限情况为 $C_\infty = 1$，此时为自由连接链。

表 2-5 列出了几种线型高分子的无扰尺寸 A 及刚性因子 σ。

表 2-5　几种线型高分子的无扰尺寸 A 及刚性因子 σ

高分子	溶剂	温度/℃	$A \times 10^4$/nm	σ
聚二甲基硅氧烷	丁酮,甲苯	25	670	1.39
顺式聚异戊二烯	苯	20	810	1.67
反式聚异戊二烯	二氧六环	47.7	910	1.30
顺式聚丁二烯	二氧六环	20.2	920	1.68
聚丙烯(无规)	环己烷,甲苯	30	835	1.76
聚乙烯	十氢萘	140	1070	1.84
聚异丁烯	苯	24	740	1.80
聚乙烯醇	水	30	950	2.04
聚苯乙烯	环己烷	34.5	655	2.17
聚丙烯腈	二甲基甲酰胺	25	930	2.20
聚甲基丙烯酸甲酯	多种溶剂	25	640	2.08
聚甲基丙烯酸己酯	丁醇	30	530	2.25
聚甲基丙烯酸十二酯	戊醇	29.5	500	2.59
聚甲基丙烯酸十六酯	庚烷	21	620	3.54
三硝基纤维素	丙酮	25	2410	4.7

2.3　高聚物的分子量及其分布

高分子的分子量及其分布对高聚物的使用和加工性能有重要的影响，其在聚合反应机理、老化机理等研究中也有重要的地位。需要指出的是，高分子的分子量通常是在高分子稀溶液中测试的。

2.3.1　高聚物分子量的统计意义

除少数天然蛋白质外，绝大多数高聚物是由大小不等的高分子同系物组成的混合物，每个分子链中所含的结构单元数不完全相同，分子量具有多分散性。通常我们所说的某高聚物的分子量是指某种意义上的统计平均值，即使平均分子量相同的两种高聚物，其分子量分布也是不同的。因此为了确切地描述高聚物的分子量，只给出平均分子量是不够的，还必须给出分子量分布。

（1）高聚物的平均分子量

设质量为 w 的某一高分子试样中含有一系列分子量大小不同的分子，总的分子数为 n。其中第 i 种分子的分子量为 M_i，分子数目为 n_i，质量为 w_i，则第 i 种分子在整个试样中的质量分数为 W_i，数量分数为 N_i，则这些量之间存在下列关系

$$\sum_i n_i = n \qquad \sum_i w_i = w$$

$$N_i = \frac{n_i}{\sum_i n_i} = \frac{n_i}{n} \qquad W_i = \frac{w_i}{\sum_i w_i} = \frac{w_i}{w}$$

$$\sum_i N_i = 1 \qquad \sum_i W_i = 1$$

通过这些关系可以定义不同的平均分子量。

数均分子量 $\overline{M}_n$——以数量为统计权重

$$\overline{M}_n = \frac{\sum\limits_i n_i M_i}{\sum\limits_i n_i} = \sum\limits_i N_i M_i \qquad (2\text{-}34)$$

重均分子量 $\overline{M}_w$——以质量为统计权重

$$\overline{M}_w = \frac{\sum\limits_i n_i M_i^2}{\sum\limits_i n_i M_i} = \sum\limits_i \frac{w_i M_i}{w_i} = \sum\limits_i W_i M_i \qquad (2\text{-}35)$$

z 均分子量 $\overline{M}_z$——以 z 值为统计权重，其中 z_i 定义为 $w_i M_i$

$$\overline{M}_z = \frac{\sum\limits_i z_i M_i}{\sum\limits_i z_i} = \frac{\sum\limits_i w_i M_i^2}{\sum\limits_i w_i M_i} = \frac{\sum\limits_i n_i M_i^3}{\sum\limits_i n_i M_i^2} \qquad (2\text{-}36)$$

黏均分子量 $\overline{M}_\eta$——用稀溶液黏度法测得

$$\overline{M}_\eta = \left(\sum\limits_i W_i M_i^\alpha \right)^{1/\alpha} \qquad (2\text{-}37)$$

式中，α 为特性黏数与分子量的关系式 $[\eta] = K M^\alpha$ 中的指数。因为

$$\overline{M}_n = \frac{\sum\limits_i n_i M_i}{\sum\limits_i n_i} = \frac{\sum\limits_i w_i}{\sum\limits_i \frac{w_i}{M_i}} = \frac{1}{\sum\limits_i \frac{W_i}{M_i}}$$

所以当 $\alpha = -1$ 时，式（2-37）变为

$$\overline{M}_\eta = \frac{1}{\sum\limits_i \frac{W_i}{M_i}} = \overline{M}_n$$

当 $\alpha = 1$ 时，式（2-37）变为

$$\overline{M}_\eta = \sum\limits_i W_i M_i = \overline{M}_w$$

通常 α 的值在 $0.5 \sim 1$ 之间，所以 $\overline{M}_\eta$ 更接近 $\overline{M}_w$。这三种分子量之间的关系为

$$\overline{M}_n \leqslant \overline{M}_\eta \leqslant \overline{M}_w$$

（2）高聚物的分子量分布

分子量分布指高聚物试样中各个组分的含量和分子量的关系。分子量分布的表示方法可以用图解法，也可以用函数法。

首先，将高聚物试样按分子大小分成若干个级分，再逐一测定每个级分的分子量 M_i 和相应的质量分数 W_i，以 M_i 为横坐标，W_i 为纵坐标作图，如图 2-34。这一方法相对简单，但数据是离散的，只能粗略地描述各级分的含量和分子量的关系。

但实际的高聚物要复杂得多，它是许多同系物的混合物，分子量最小差值可以是一个结构单元的分子量，因此可以用连续型的曲线（图 2-35）表示分子量分布，称为分子量的质量微分分布曲线，图中阴影面积表示的是分子量在 M_1 和 M_2 之间的级分的质量分数。图中的横坐标是分子量，它是一个连续的变量，纵坐标是分子量为 M 的组分的相对质量，它是分子量的函数，用 $W(M)$ 表示。

图 2-34 离散型分子量分布

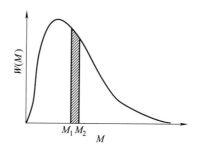

图 2-35 分子量的质量微分分布曲线

同样，也可用摩尔分数对分子量作图，称为分子量数量微分分布曲线，相应的函数称为数量微分分布函数，用 $N(M)$ 表示。根据下式可由 $W(M)$ 求 $N(M)$，即

$$N(M) = \frac{\dfrac{W(M)}{M}}{\displaystyle\int_0^\infty \dfrac{W(M)}{M}\mathrm{d}M} \tag{2-38}$$

分子量分布的另一种表示方法是用质量积分分布函数 $I(M)$ 表示

$$I(M) = \int_0^M W(M)\mathrm{d}M \tag{2-39}$$

图 2-36 为典型的质量积分分子量分布曲线。

显然，以下两式成立

$$I(\infty) = \int_0^M W(M)\mathrm{d}M = 1$$

$$\frac{\mathrm{d}I(M)}{\mathrm{d}M} = W(M)$$

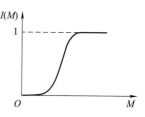

图 2-36 质量积分
分子量分布曲线

在分子量的数量微分分布曲线 $N(M)$ 和质量微分分布曲线的基础上，可以把平均分子量的积分表达式写为

$$\overline{M}_\mathrm{n} = \int_0^\infty N(M)M\mathrm{d}M \tag{2-40}$$

$$\overline{M}_\mathrm{w} = \int_0^\infty W(M)M\mathrm{d}M \tag{2-41}$$

描述分子量的分布，最理想的是能知道该试样的分子量分布曲线。对于分子量分布不均一的高分子试样，称为多分散性试样，此时分布曲线较宽；对于分子量均一的，则称为单分散性试样，此时分布曲线很窄甚至为一条直线。有时为了简明起见，常采用分布宽度来描述。所谓分布宽度，就是试样中各个分子量与平均分子量之间差值的平方的平均值，即

$$\sigma_\mathrm{n}^2 \equiv \overline{[(M-\overline{M}_\mathrm{n})^2]}_\mathrm{n} \tag{2-42}$$

展开

$$\sigma_\mathrm{n}^2 \equiv \overline{[(M-\overline{M}_\mathrm{n})^2]}_\mathrm{n} = \int_0^\infty (M-\overline{M}_\mathrm{n})^2 N(M)\mathrm{d}M = (\overline{M^2})_\mathrm{n} - \overline{M}_\mathrm{n}^2 \tag{2-43}$$

由于

$$\overline{M}_\mathrm{w} = \frac{\displaystyle\sum_i w_i M_i}{\displaystyle\sum_i w_i} = \frac{\displaystyle\sum_i w_i M_i / \sum_i n_i}{\displaystyle\sum_i w_i / \sum_i n_i} = \frac{\displaystyle\sum_i n_i M_i^2 / \sum_i n_i}{\displaystyle\sum_i n_i M_i / \sum_i n_i} = \frac{(\overline{M^2})_\mathrm{n}}{M_\mathrm{n}}$$

所以

$$(\overline{M^2})_\mathrm{n} = \overline{M}_\mathrm{n}\overline{M}_\mathrm{w}$$

代入上式可得

$$\sigma_{\mathrm{n}}^2 = \overline{M}_{\mathrm{n}} \ \overline{M}_{\mathrm{w}} - \overline{M}_{\mathrm{n}}^2 = \overline{M}_{\mathrm{n}}^2 \left(\frac{\overline{M}_{\mathrm{w}}}{\overline{M}_{\mathrm{n}}} - 1 \right) \tag{2-44}$$

对于多分散性高聚物，$\sigma_{\mathrm{n}}^2 \geqslant 0$，所以 $\overline{M}_{\mathrm{w}}/\overline{M}_{\mathrm{n}} \geqslant 1$，即 $\overline{M}_{\mathrm{w}} \geqslant \overline{M}_{\mathrm{n}}$；对于单分散性高聚物，则 $\sigma_{\mathrm{n}}^2 = 0$，$\overline{M}_{\mathrm{w}} = \overline{M}_{\mathrm{n}}$。

同样有

$$\sigma_{\mathrm{w}}^2 \equiv \overline{[(M - \overline{M}_{\mathrm{w}})^2]}_{\mathrm{w}} = (\overline{M^2})_{\mathrm{w}} - \overline{M}_{\mathrm{w}}^2 = \overline{M}_{\mathrm{w}}^2 \left(\frac{\overline{M}_{\mathrm{z}}}{\overline{M}_{\mathrm{w}}} - 1 \right) \tag{2-45}$$

对于多分散性高聚物，$\sigma_{\mathrm{w}}^2 \geqslant 0$，所以 $\overline{M}_{\mathrm{z}}/\overline{M}_{\mathrm{w}} \geqslant 1$，即 $\overline{M}_{\mathrm{z}} \geqslant \overline{M}_{\mathrm{w}}$；对于单分散性高聚物，则 $\sigma_{\mathrm{w}}^2 = 0$，$\overline{M}_{\mathrm{z}} = \overline{M}_{\mathrm{w}}$。

为了简单地表示分子量的多分散性，可利用多分散性指数（多分散系数）d 来表示，即

$$d = \overline{M}_{\mathrm{w}}/\overline{M}_{\mathrm{n}} \ 或 \ d = \overline{M}_{\mathrm{z}}/\overline{M}_{\mathrm{w}}$$

显然对于单分散试样，$d = 1$；对于多分散试样，$d > 1$，且 d 值越大，表明分子量分布越宽。

2.3.2 高聚物分子量及其分布的测定

高聚物分子量及其分布的测定是在稀溶液中进行的。分子量的测定可以分为绝对法、等价法和相对法三种。

绝对法给出的实验数据可分别用来计算分子的质量和摩尔质量，这一方法与相关高分子结构的假设无关。绝对法包括依数性方法（沸点升高、冰点下降、气相渗透压和膜渗透压），散射方法（静态光散射、小角 X 射线散射和中子散射），沉降平衡法，质谱法等。

等价法需要高分子结构的信息，如端基分析法，通过端基的结构和每个分子上端基的数目测定，可计算高分子的分子量。

相对法依赖于高分子的化学结构、物理形态以及溶质-溶剂间的相互作用，同时该法需要用其它绝对分子量测定的方法进行校准，如稀溶液黏度法和体积排除色谱法（检测器为示差折光仪等）。

各种分子量的测定方法都有其适用范围，表 2-6 总结了不同的分子量测定方法及其适用范围。本书将对目前常用几种分子量的测定方法进行介绍。

表 2-6　高聚物分子量测定方法的适用范围

测定方法	适用分子量范围	分子量的统计平均意义	方法简介
端基分析	3×10^4 以下	$\overline{M}_{\mathrm{n}}$	要求高聚物的分子有明确的结构，有可供化学分析的基团，因此一般是缩聚物如聚酰胺或聚酯等。因为分子量大，单位质量中所含的可分析的端基的数目相对较少，分析的相对误差大。测定的高聚物分子量一般在 3×10^4 以下。但若用示踪原子方法测定端基，则可测到高达 10^6 的分子量。由于装置简单，花费少，只要能做酸碱滴定的实验室都能用它来测定高聚物的分子量。如果末端具有特定吸收的基团，可用光谱法；若末端具有放射性同位素，可用放射化学法，实验精度会有所改善

测定方法	适用分子量范围	分子量的统计平均意义	方法简介
沸点升高和冰点降低	3×10^4 以下	$\overline{M}_n$	这是传统的利用溶液依数性测定化合物分子量的方法,但由于高聚物的分子量很大,相同浓度的高聚物溶液导致的沸点升高和冰点降低都不大,因此用在高聚物分子量测定时,灵敏度差,要求高精度的测温技术,同时测定条件要求严格,溶剂选择困难,所测高聚物的分子量也只能小于 3×10^4。相比之下冰点降低应用较多一些
气相渗透压	3×10^4 以下	$\overline{M}_n$	是间接测定溶液蒸气压降低来测定高聚物分子量的一种方法,要求测温精度达 $10^{-5}℃$(可用惠斯通电桥检测温差)。该方法的特点是样品用量少,测试速度快,但误差较大
膜渗透压	$2\times10^4\sim5\times10^5$	$\overline{M}_n$	灵敏度较高,设备相对简单,并且还能测得第二维里系数 A_2,以及高分子链-溶剂相互作用参数 χ_1。但由于要达到平衡,实验时间较长(现在已有一些自动找平衡的装置面世)。此外半透膜的制备基本是凭经验,需要熟练的操作技能
光散射	$1\times10^4\sim1\times10^7$	$\overline{M}_w$	测得的是重均分子量,另外该方法又能测量高分子链的大小和第二维里系数 A_2。为避免杂质,光散射实验室要求所用试样和溶剂的超净装置比较贵。近年来少有选用。但由于微光光源的应用,能测定高分子链流体力学参数(如扩散系数、流体力学半径等)的动态光散射正逐步得到推广
超速离心沉降平衡	$1\times10^4\sim1\times10^6$	$\overline{M}_w$、$\overline{M}_z$	测得的数据准确性高,同时可得到分子量分布,但需要高速离心机,设备昂贵、复杂,实验条件要求高,溶剂要特别稳定,对溶剂体系的要求也高
特性黏数	$1\times10^4\sim1\times10^7$	$\overline{M}_\eta$	实验室最常用方法,设备简单,黏度计非常便宜,操作技术掌握容易,测定的高聚物分子量范围也广。有时为了作相对比较,可用特性黏数 $[\eta]$ 来代替分子量,非常便捷。但黏度法不是测定分子量的绝对法,需要用能测定高聚物绝对分子量的其它方法来确定联系黏度与分子量关系式中的经验参数 K 和 α。精密测量时,还要考虑动能校正和切变速率等因素的影响
体积排除色谱法(凝胶渗透色谱,GPC)	$1\times10^3\sim5\times10^6$	$\overline{M}_n$、$\overline{M}_w$、$\overline{M}_z$	能测得高聚物的分子量分布,从而能测高聚物的各种分子量,是一个多功能的方法。由于实验装置已自动化和计算机化,测定非常便捷
飞行时间质谱	$1\times10^2\sim1\times10^7$	$\overline{M}_n$、$\overline{M}_w$、$\overline{M}_z$	采用新的离子化技术将处于凝聚态的高聚物直接表征和测定高聚物的分子量,完整的(或分离的、离子化的)高分子链转换到气相中。同时可以得到高聚物中单体单元、端基和分子量分布等信息。测定的分子量范围很宽,从低聚物到蛋白质、多肽

2.3.2.1 膜渗透压法

膜渗透压法不但能得到高聚物的分子量,还能得到表征高聚物-溶剂间相互作用的第二维里系数 A_2(维里系数及相关内容见第 9 章)。高聚物溶液的渗透压 π 与分子量 M 之间存在如下关系

$$\left(\frac{\pi}{c}\right)_{c\to0}=\frac{RT}{M} \tag{2-46}$$

式中,c 为高聚物的浓度;R 为气体常数;T 为热力学温度。将不同浓度下测定的 (π/c)

值向 $c \to 0$ 外推，得到 $(\pi/c)_{c \to 0}$，由式（2-46）计算高聚物的分子量。由于膜渗透压法测得的实验数据均涉及分子的数目，因此测得的分子量为数均分子量 $\overline{M}_n$，即

$$\pi_{c \to 0} = RT \sum_i \frac{c_i}{M_i} = RT \frac{\sum_i \frac{c_i}{M_i}}{\sum_i c_i} = RTc \frac{\sum_i N_i}{\sum_i N_i M_i} = RTc \frac{1}{\overline{M}_n} \tag{2-47}$$

对于高分子-不良溶剂体系（如聚苯乙烯-环己烷），在实验浓度范围内，π/c 与 c 成线性关系，A_3 很小，用二项的维里展开式［式（2-48）］已经足够，所以，以 π/c 对 c 作图可得一直线，将其向 $c \to 0$ 外推，得到 $(\pi/c)_{c \to 0}$ 的值（图 2-37）。

$$\left(\frac{\pi}{c}\right) = RT\left(\frac{1}{M} + A_2 c\right) \tag{2-48}$$

对大多数高分子-良溶剂体系，π/c 对 c 不是很好的直线，可用下式展开，即

$$\frac{\pi}{c} = \frac{RT}{M}(1 + \Gamma_2 c + \Gamma_3 c^2) \tag{2-49}$$

式中，$\Gamma_2 = A_2 M$，$\Gamma_3 = A_3 M$。对大多数高分子-良溶剂体系，$\Gamma_3 = \Gamma_2^2/4$，代入得

$$\frac{\pi}{c} = \frac{RT}{M}\left(1 + \Gamma_2 c + \frac{1}{4}\Gamma_2^2 c^2\right) = \frac{RT}{M}\left(1 + \frac{1}{2}\Gamma_2 c\right)^2 \tag{2-50}$$

即

$$\left(\frac{\pi}{c}\right)^{\frac{1}{2}} = \left(\frac{RT}{M}\right)^{\frac{1}{2}}\left(1 + \frac{1}{2}\Gamma_2 c\right)$$

这样，以 $(\pi/c)^{1/2}$ 对 c 作图，就可得一直线（图 2-38），其外推值为

$$\left(\frac{\pi}{c}\right)^{1/2}_{c \to 0} = \left(\frac{RT}{M}\right)^{1/2} \tag{2-51}$$

这种方法计算所得的高聚物的分子量较为准确。

图 2-37　聚苯乙烯-环己烷的 π/c-c 图

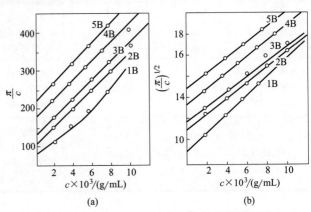

图 2-38　聚异丁烯-环己烷体系在 25℃ 的渗透压曲线

2.3.2.2　黏度法

（1）溶液黏度的概念

黏度法是研究高聚物分子结构很有价值的方法，如可以用于研究高分子在溶液中的形态和尺寸、高分子和溶剂分子间的相互作用等重要特性。

纯溶剂的黏度只取决于液体本身的性质和温度。当高分子进入其中形成高分子溶液后将

引起黏度的变化，一般常用以下几个参数来度量。

① 相对黏度 η_r：$\eta_r = \dfrac{\eta}{\eta_0}$，其中 η 为溶液的黏度，η_0 为纯溶剂的黏度。

② 增比黏度 η_{sp}：$\eta_{sp} = \dfrac{\eta - \eta_0}{\eta_0} = \eta_r - 1$。

③ 比浓黏度：$\dfrac{\eta_{sp}}{c}$。

④ 比浓对数黏度：$\dfrac{\ln\eta_r}{c}$。

⑤ 特性黏数：$[\eta] = \lim\limits_{c\to 0}\dfrac{\eta_{sp}}{c} = \lim\limits_{c\to 0}\dfrac{\ln\eta_r}{c}$。

（2）特性黏数与线团密度和分子量的关系

根据爱因斯坦黏度定律，可推导出球形胶体粒子与黏度的关系

$$\eta_r = 2.5\varphi + 1 \tag{2-52}$$

式中，φ 为溶液中胶体粒子的体积分数。溶解的线型高分子链在溶液中为无规统计线团，类似于球形胶体粒子，因而可以用爱因斯坦黏度定律来描述这种高分子溶液的黏度。设 c 为高分子稀溶液的浓度，$\overline{\rho}$ 为不含溶剂的平均线团密度，则 $\varphi = c/\overline{\rho}$，将此式代入式（2-52）中可得

$$\frac{\eta_r - 1}{c} = 2.5 \times \frac{1}{\overline{\rho}} = \frac{\eta_{sp}}{c}$$

$$当溶液极稀时，\lim\limits_{c\to 0}\frac{\eta_{sp}}{c} = [\eta] \tag{2-53}$$

故爱因斯坦黏度定律用特性黏数表示为

$$[\eta] = \frac{2.5}{\overline{\rho}} \tag{2-54}$$

此式说明特性黏数反比于线团密度。对于高分子溶液来说，这一定律只适用于极稀溶液。

一般情况下真实线团密度 $\overline{\rho}_实$ 与分子量的关系式为

$$\overline{\rho}_实 = 常数 \times \overline{M}^{-\alpha}$$

将此式代入式（2-54）可得

$$[\eta] = KM^\alpha \tag{2-55}$$

此式即为"Staudinger-Kuhn"或"Mark-Houwink"方程。它表示高分子稀溶液的特性黏数与分子量的关系，也是黏度法测定分子量的主要计算公式。

（3）$[\eta]$-M 方程中 K 和 α 的物理意义

在 $[\eta]$-M 方程中，α 是与高分子链在溶液中的形态有关的参数。在一定的分子量范围内，α 为一常数，其值大小取决于高分子-溶剂体系的本质和测定的温度。在良溶剂中，线型柔性链高分子由于溶剂化作用强烈，线团显著扩张，因而 α 值增大并接近于 0.8。当溶解能力减弱时，线团紧缩，α 值降低，并接近于 0.5。当在 θ 溶剂中时，$\alpha = 1/2$。常数 K 的物理意义尚不清楚，根据爱因斯坦方程可推导出常数 K 依赖于形状因子 F 和链段长度 l_p。

由此中见，K 和 α 与高分子的结构、形态以及高分子与溶剂的相互作用、温度等有关，因此要确定 K 和 α 值，必须首先确定高聚物、溶剂和温度这三个因素。K 和 α 值是通过实

验直接测得的。首先将多分散性高聚物试样进行分级，测定各级分的分子量及特性黏数。由其它方法测得分子量，作 $\lg[\eta]$-$\lg[M]$ 关系曲线，其斜率为 α，由截距求得 K。

由于不同方法测得的分子量具有不同的统计平均值，导致 K 和 α 值随着测定方法的不同而不同。表 2-7 列出某些高聚物-溶剂体系的 K 和 α 值。

表 2-7　某些高聚物特性黏数分子量关系式中 K 和 α 参数表

高聚物	溶剂	温度/℃	$K\times10^3$	α	分子量范围$\times10^{-3}$	测定方法
高压聚乙烯	十氢萘	70	3.873	0.738	2～35	O
	对二甲苯	105	1.76	0.83	11.2～180	O
低压聚乙烯	α-氯萘	125	4.3	0.67	48～950	L
	十氢萘	135	6.77	0.67	30～1000	L
聚丙烯	十氢萘	135	1.00	0.80	100～1100	L
	四氢萘	135	0.80	0.80	40～650	O
聚异丁烯	环己烷	30	2.76	0.69	37.8～700	O
聚丁二烯	甲苯	30	3.05	0.725	53～490	O
聚苯乙烯	苯	20	1.23	0.72	1.2～540	L,S,D
聚氯乙烯	环己酮	25	0.204	0.56	19～150	O
聚甲基丙烯酸甲酯	丙酮	20	0.55	0.73	40～8000	S,D
聚丙烯腈	二甲基甲酰胺	25	3.92	0.75	28～1000	O
尼龙-66	甲酸(90%)	25	11	0.72	6.5～26	E
聚二甲基硅氧烷	苯	20	2.00	0.78	33.9～114	L
聚甲醛	二甲基甲酰胺	150	4.4	0.66	89～285	L
聚碳酸酯	四氢呋喃	20	3.99	0.70	8～270	S,D
天然橡胶	甲苯	25	5.02	0.67		
丁苯橡胶(50℃聚合)	甲苯	30	1.65	0.78	26～1740	O
聚对苯二甲酸乙二酯	苯酚-四氯乙烷(质量比1:1)	25	2.1	0.82	5～25	E
双酚 A 型聚砜	氯仿	25	2.4	0.72	20～100	L

注：1. 浓度单位：g/mL。

2. 测定方法：E—端基分析；O—渗透压；L—光散射；S，D—超速离心沉降和扩散。

（4）黏均分子量的测定

① 黏度的测定。实际测定溶液的黏度常用奥氏黏度计或乌氏黏度计（图 2-39）。奥氏黏度计适用于测定低黏滞性液体的相对黏度，其操作方法与乌氏黏度计类似。但是，由于乌氏

图 2-39　奥氏黏度计（a）和乌氏黏度计（b）

黏度计有一支管 2，测定时主管 3 中的液体在毛细管下端出口处与主管中的液体断开，形成了气承悬液柱。这样溶液下流时所受压力差与主管中液面高度无关，即与所加待测液的体积无关，故可以在黏度计中稀释液体。奥氏黏度计测定时，标准液和待测液的体积必须相同，因为液体向下流动时所受的压力差与主管中液面高度有关。

当液体受压力 p 在半径为 R 的长管中稳定流动时，其稳定流动规律遵从泊肃叶定律

$$\eta = \frac{\pi p R^4 t}{8LV}$$

式中，L 为管长；V 为流过的体积；t 为流过的时间；η 为绝对黏度。依此公式测得的黏度为绝对黏度，单位为泊。

在黏度计中，R、V、L 均为常数，流动的压力为液压 $\rho g h$（ρ 为液体的密度，g 为重力加速度，h 为液柱的等效平均高度），故泊肃叶定律可写为

$$\eta = \frac{\pi p R^4 t}{8LV} = \frac{\pi \rho g h R^4}{8LV} t = A\rho t \tag{2-56}$$

式中，A 为常数。

液压除使液体流出毛细管外，还使液体具有一定的速度，因此需进行动能校正，经校正后上式变为

$$\eta = A\rho t - \frac{B\rho}{t}$$

式中，右边第二项为动能校正项，A、B 为仪器常数。

当溶液极稀时，可认为溶液密度 ρ 等于纯溶剂密度 ρ_0，则

$$\eta_r = \frac{\eta}{\eta_0} = \frac{At - \dfrac{B}{t}}{At_0 - \dfrac{B}{t_0}}$$

当动能校正很小可以忽略不计时，得相对黏度关系式

$$\eta_r = \frac{\eta}{\eta_0} = \frac{t}{t_0} \tag{2-57}$$

这样，增比黏度、比浓黏度、比浓对数黏度均可计算。

② 黏度与浓度关系。常用两个经验公式，即

$$\frac{\eta_{sp}}{c} = [\eta] + K'[\eta]^2 c$$

$$\frac{\ln \eta_r}{c} = [\eta] - \beta[\eta]^2 c$$

式中，K'、β 均为常数。按上式用 $\dfrac{\eta_{sp}}{c}$ 或者 $\dfrac{\ln \eta_r}{c}$ 对 c 作图，直线外推 $c \to 0$，截距即为 $[\eta]$（图 2-40）。

③ 计算分子量。求出 $[\eta]$ 值后，根据相应的 K、α 值，直接应用黏度方程 $[\eta] = KM^\alpha$ 计算分子量。用黏度法测得的分子量为黏均分子量。

由式（2-53）及 $[\eta] = KM^\alpha$，得

$$[\eta] = \left(\frac{\eta_{sp}}{c}\right)_{c \to 0} = KM^\alpha \tag{2-58}$$

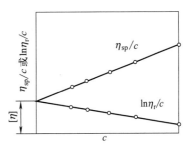

图 2-40 $\dfrac{\eta_{sp}}{c}$ 或者 $\dfrac{\ln \eta_r}{c}$ 对 c 作图

则

$$\left(\frac{\eta_{sp}}{c}\right)_{c \to 0} = K \sum_i c_i M_i^\alpha = Kc \sum_i w_i M_i^\alpha = Kc\overline{M}_\eta^\alpha \tag{2-59}$$

（5）弗洛利（Flory）特性黏度理论

在 θ 溶剂中，高分子线团可看作高斯统计线团，其均方末端距为无扰均方末端距 $\overline{h_0^2}$。但在一般溶剂中，受溶剂化作用，高分子链线团的体积扩张，均方末端距增大，定义扩张因子 χ 来表征高分子线团的卷曲形态，则高分子的均方末端距 $\overline{h^2}$ 与 χ 的关系为

$$\overline{h^2} = \chi^2 \overline{h_0^2} \quad \text{或} \quad \chi = \frac{(\overline{h^2})^{\frac{1}{2}}}{(\overline{h_0^2})^{\frac{1}{2}}} \tag{2-60}$$

高分子线团形态的变化将导致特性黏数的变化，Flory、Fox 等的研究表明，特性黏数 $[\eta]$ 正比于溶液中高分子的流体力学体积（V_e/M）。若线团体积扩张，$[\eta]$ 值增大；线团紧缩，$[\eta]$ 值减小。具体的表达式为

$$[\eta] = \Phi \frac{(\overline{h^2})^{\frac{3}{2}}}{M} \tag{2-61}$$

式中，Φ 为与高分子、溶剂和温度均无关的普适常数（$\Phi = 2.0 \times 10^{21} \sim 2.8 \times 10^{21}$）。将式（2-60）代入式（2-61）得

$$[\eta] = \Phi \frac{(\overline{h_0^2})^{\frac{3}{2}}}{M} \chi^3$$

在 θ 温度时，$\chi = 1$

$$[\eta]_\theta = \Phi \frac{(\overline{h_0^2})^{\frac{3}{2}}}{M}$$

已知 $\overline{h_0^2} \propto M$，所以

$$[\eta]_\theta = K_\theta M^{\frac{1}{2}} \tag{2-62}$$

式中，$K_\theta = \Phi \left(\dfrac{\overline{h_0^2}}{M}\right)^{\frac{3}{2}}$。因此，通过 K_θ 的测定，即可测定高分子的无扰尺寸 $\overline{h_0^2}$ 和 $\overline{h_0^2}/M$，也可计算出表征高分子链柔性的 Flory 特征比 c_∞。

通过测定高分子在良溶剂中的特性黏数，由 Stockmayer-Fixman 关系可求出 K_θ。

$$\frac{[\eta]}{M^{\frac{1}{2}}} = K_\theta + 0.51BM^{\frac{1}{2}} \tag{2-63}$$

以 $[\eta]/M^{1/2}$ 对 $M^{1/2}$ 作图，截距即为 K_θ。

高分子在良溶剂中 $\chi > 1$，根据 Flory 一维均匀溶胀理论，可推导出

$$\chi^5 - \chi^3 = 2k_M \psi_1 \left(1 - \frac{\theta}{T}\right) M^{\frac{1}{2}} \tag{2-64}$$

式中，k_M 为常数。对于指定的高分子-溶剂体系，在一定温度时 $2k_M \psi_1 (1 - \theta/T)$ 为定值，则

$$\chi^5 - \chi^3 \propto M^{\frac{1}{2}}$$

大量实验研究表明，扩张因子 χ 是高分子链卷曲的远程阻碍因素。当 $\chi \gg 1$ 时，$\chi^5 \propto$

$M^{\frac{1}{2}}$，$\chi \propto M^{0.1}$，可得

$$[\eta]=K'M^{1/2}\chi^3=KM^{0.3} \tag{2-65}$$

或写成一般式为

$$[\eta]=KM^{\alpha} \tag{2-66}$$

这样，就比较满意地解释了特性黏数的经验公式。

特性黏数的概念，也就是单位质量高分子在溶液中所占流体力学体积的相对大小。将 (2-66) 写成下列形式

$$[\eta]M=\Phi(\overline{h^2})^{3/2} \tag{2-67}$$

式中，$[\eta]M$ 为与高分子统计线团的尺寸有关的参数，即流体力学体积。通过测定特性黏数可以计算高分子在溶液中的扩张因子为

$$\chi^3=\frac{[\eta]}{[\eta]_\theta}$$

2.3.2.3　光散射法

光散射方法是研究高分子溶液性质的重要方法，可利用光的散射性质测定重均分子量和分子尺寸。光散射是光束通过不均匀介质时，一部分光偏离原传播方向的现象。

通常，高分子溶液的散射光强远大于纯溶剂的散射光强，并且高分子溶液的散射光强与散射波是否相互干涉有关。在利用光散射法测定高分子的分子量时应采用稀溶液。当分子尺寸比光波在介质里的波长小很多时，由于稀溶液中分子间距离较大，没有相互作用，因此各分子产生的散射光波不相干，介质的散射光强是各个分子散射光强的加和。

光通过完全透明均匀的介质时不存在散射光，对于透明的液体，其光散射现象源于介质内分子热运动所引起的液体密度及浓度的局部涨落。纯溶剂的光散射就是由密度涨落引起的。对于溶液，除有密度涨落外，还有溶质分子的热运动引起的浓度局部涨落。这样就导致了体系的光学不均一性，即折射率或介电系数的局部涨落所产生的效应。散射光强的大小则取决于涨落的大小。

高分子溶液的散射光强同下列因素有关。

① 散射光强取决于浓度局部涨落的大小，而渗透压的作用抑制了浓度的涨落，因而散射光强正比于 $\dfrac{1}{\partial\pi/\partial c}$。

② 涨落的产生与分子的热运动有关，温度升高，分子热运动加剧，散射光强增加，散射光强正比于 RT。

③ 溶液中溶质分子的散射光强与溶剂的折射率 n 和溶液折射率的增量 $\dfrac{\partial n}{\partial c}$ 有关，以 $n^2\left(\dfrac{\partial n}{\partial c}\right)^2$ 表示涨落的光学效应，散射光强正比于 $n^2\left(\dfrac{\partial n}{\partial c}\right)^2$。

④ 散射光强与散射质点的数目有关，浓度 c 越大，散射光强越强。

⑤ 散射光强与入射光的波长 λ 有关，波长越短，散射光强越强。理论推导出散射光强与波长的四次方成反比，即散射光强 $\propto \dfrac{1}{\lambda^4}$。

定义一个参量 R_θ 为散射介质的瑞利比

$$R_\theta=r^2\frac{I_\theta}{I_i} \tag{2-68}$$

式中，I_i 为入射光强；I_θ 为散射角为 θ 时的光强；r 为观测距离，cm；R_θ 为 r 处每毫升散射体积内介质所产生的散射光强（减去纯溶剂的散射光强）。

先考虑散射质点小于入射光在介质中的波长（λ'）的 1/20 时，小质点稀溶液的光散射情况。小质点的散射光强与（$1+\cos^2\theta$）成正比，即散射光强有角度依赖性，如图 2-41 所示，散射光强的角度分布是前后方向对称的。

综合上述分析，可推导出

$$R_\theta = \frac{4\pi^2}{N_A\lambda^4}n^2\left(\frac{\partial n}{\partial c}\right)^2 \times \frac{c}{\frac{1}{RT}\times\frac{\partial\pi}{\partial c}}\left(\frac{1+\cos^2\theta}{2}\right) = \frac{4\pi^2}{N_A\lambda^4}n^2\left(\frac{\partial n}{\partial c}\right)^2 \times \frac{c}{\frac{1}{M}+2A_2c} \times \frac{1+\cos^2\theta}{2}$$

$$(2\text{-}69)$$

若散射角为 90°，$\cos 90° = 0$，则

$$R_{90°} = \frac{2\pi^2 n^2}{N_A\lambda^4}\left(\frac{\partial n}{\partial c}\right)^2 \times \frac{c}{\frac{1}{M}+2A_2c} \tag{2-70}$$

对一定的高分子-溶剂体系，入射光波长 λ 一定，则 $\frac{2\pi^2 n^2}{N_A\lambda^4}\left(\frac{\partial n}{\partial c}\right)^2$ 为一常数。令

$$K' = \frac{2\pi^2 n^2}{N_A\lambda^4}\left(\frac{\partial n}{\partial c}\right)^2$$

则

$$R_{90°} = \frac{K'c}{\frac{1}{M}+2A_2c}$$

$$\frac{K'c}{R_{90°}} = \frac{1}{M}+2A_2c \tag{2-71}$$

以 $\frac{K'c}{R_{90°}}$ 对 c 作图（图 2-42），即可求得分子量和第二维里系数。

图 2-41　散射光强的角度分布（没有内干涉）

图 2-42　$\dfrac{K'c}{R_{90°}}$ 对 c 作图

当散射质点的尺寸与入射光在介质中的波长同数量级时，为大质点稀溶液的光散射。此时，由于在同一质点不同部位的散射光波具有相位差而引起内干涉作用。如图 2-43 所示。后向 B 处所产生的光程差大于前向 A 处，则前向散射光强大于后向散射光强（图 2-44），可见，前后向光散射具有不对称性，因此在散射强度公式中引入不对称散射函数 $P_{(\theta)}$ 进行校正。

$$\frac{1+\cos^2\theta}{2} \times \frac{Kc}{R_\theta} = \frac{1}{MP_{(\theta)}}+2A_2c \tag{2-72}$$

图 2-43 散射质点的内干涉

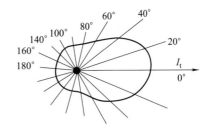

图 2-44 散射光强的角分布（有内干涉）

式中，$K = \dfrac{4\pi^2 n^2}{N_A \lambda^4}\left(\dfrac{\partial n}{\partial c}\right)^2$，$P_{(\theta)} \leqslant 1$，与溶液中高分子的形态和尺寸有关。当高分子在溶液中为无规统计线团时，光散射公式为

$$\frac{1+\cos^2\theta}{2} \times \frac{Kc}{R_\theta} = \frac{1}{M}\left(1 + \frac{8\pi^2}{9} \times \frac{\overline{h^2}}{(\lambda')^2}\sin^2\frac{\theta}{2} + \cdots\right) + 2A_2 c \qquad (2\text{-}73)$$

在散射光的测定中，散射角的改变会引起散射体积的改变，散射体积与 $\sin\theta$ 成反比，因此瑞利比 R_θ 需乘以 $\sin\theta$ 进行修正，上式修正后为

$$\frac{1+\cos^2\theta}{2\sin\theta} \times \frac{Kc}{R_\theta} = \frac{1}{M}\left(1 + \frac{8\pi^2}{9} \times \frac{\overline{h^2}}{(\lambda')^2}\sin^2\frac{\theta}{2} + \cdots\right) + 2A_2 c \qquad (2\text{-}74)$$

此式为光散射计算的基本公式。光散射所测得的分子量为重均分子量，即

$$(R_{90°})_{c \to 0} = \sum_i K' c_i M_i = Kc\,\frac{\sum\limits_i c_i M_i}{\sum\limits_i c_i} = Kc\,\frac{\sum\limits_i w_i M_i}{\sum\limits_i w_i} = Kc\sum_i w_i M_i = Kc\overline{M}_w$$

$$(2\text{-}75)$$

光散射法还可测得均方末端距或回转半径，以及第二维里系数。可见，光散射法在高分子溶液性质的研究中具有重要的作用。

2.3.2.4 质谱法

质谱法是精确测定物质分子量的一种方法。质谱法测定高聚物分子的质量，是使有机分子电离、碎裂后，按离子的质荷比（离子的质量 m 与其所带电荷数 z 的比值）大小把生成的各种离子分离，检测它们的强度，并将其排列成谱，以得到离子按其质荷比大小排列而成的质谱图。经典的质谱法只能用于小分子分子量的测定，但由于它不能将处于凝聚态的高分子以完整的、分离的和离子化的高分子转换到气相中，因此不能用于高聚物分子量的测定。

近年来，随着新的离子化技术的出现，发展了基质辅助激光解吸电离-飞行时间质谱（matrix assisted laser desorption-ionizaton time of flight mass spectrum，MALDI-TOF-MS），以及电喷雾离子化质谱或称电喷雾质谱（electrospray ionization mass spectrometry，ESI-MS），使质谱法测定高聚物的分子量成为可能，并且这两种质谱技术正逐步取代凝胶渗透色谱（GPC）成为合成高聚物表征的有效方法。基质辅助激光解吸是比电喷雾更好的离子化技术，在电喷雾中所观测到的多电荷物种使得复杂混合物的光谱变得更加复杂，而 MALDI-TOF-MS 可以解吸并电离非常大的分子而不产生离子碎片，其最大优点是可以直接表征完整低聚物的高分子链，并直接测定高聚物绝对分子量，这是所有传统的分子量测定技术都不能直接测定的。同时，质谱还可以测定全部分子量的分布、分子结构、端基等。质谱法测定分子量的范围很宽，从低聚物到高达百万的生物高分子（蛋白质、多肽等）和合成高聚物

（如 PS、PE、PMMA 等）的分子量和分子量分布，均可快速、精确地测定。

（1）基质辅助激光解吸电离-飞行时间质谱

MALDI-TOF-MS 的基本原理由两部分组成。其一是激光解吸电离（LDI），即在 UV 范围发射的激光通过共振吸收作用有效、可控地将能量转换给被测样品，产生样品分子离子，它可实现短时间的能量转化，以免高分子热分解。同时，在如此短的周期下激光束可以容易地聚焦到一个很小的点离子源上，使其与 TOF 质谱相结合。在这一过程中，样品中必须加有基质，其作用是吸收激光能量和将高分子相互隔离开。其二是 TOF 质谱的应用。在 TOF 质谱仪中，经上述激光解吸电离的大分子离子通过一个高压电场加速，获得动能。然后，经过一个非场区域，在飞行管中飘移，在此区域离子的飞行速度正比于 $(m_i/z_i)^{-1/2}$。这样，它们就被分离成一系列空间上分散的单个离子，每个离子的运动都带有其质量的速度特征。最后根据到达检测器时间的不同，而检测出不同质荷比的离子，经信号转换得到传统的质谱图。

激光质谱图和传统的质谱图相同，横坐标是质荷比（m/z），纵坐标是信号强度（离子强度或丰度），以相对丰度和绝对丰度表征。图 2-45 分别是聚甲基丙烯酸甲酯 PMMA600 与 PMMA35000 的 MALDI-TOF-MS 谱图，当高聚物分子量较低时，每个低聚物的峰均可被分辨开，随着分子量的增加，看到的是一个连续分布。

图 2-45　PMMA600（a）和 PMMA35000（b）的质谱图

MALDI-TOF-MS 用于表征高聚物的最概然分子量、数均分子量和重均分子量，此外还可以表征高聚物的多分散性 d。

然而，MALDI-TOF-MS 测定高聚物的分子量时，其结果仅在分子量分布窄时与传统的方法（如 GPC）测定的值相吻合，当高聚物样品多分散性大（d 值大）时，如 $d=1.2$ 左右，用 GPC 和 MALDI-TOF-MS 测定的分子量相差约 20%，如表 2-8 所示。

表 2-8　PMMA600 和 PMMA35000 的 GPC 和 MALDI 数据

标准	GPC				MALDI			
	M_n	M_w	M_p	d	M_n	M_w	M_p	d
PMMA600	570	690	720	1.22	756	844	725	1.12
PMMA35000	35K	37K	37K	1.04	34K	35K	34K	1.02

表 2-8 中 M_p 是指色谱峰最高值所代表的分子量。通常用于表征分子量分布极窄的聚合物，如校准聚合物标准品。

（2）电喷雾质谱（ESI-MS）

电喷雾电离（ESI）是由 Dole 于 20 世纪 70 年代发展起来的一种多电荷电离技术，它尤其适于极性大、难挥发、热不稳定的生物大分子的分析，成为目前测定生物大分子的最佳手段。ESI 质谱具有很高的灵敏度，同 MALDI 质谱一样几乎没有碎片峰，并且多电荷离子的形成降低了 m/z 值，使其可以测定超出仪器范围几十倍的生物大分子的分子量，如几万到几十万道尔顿（Da）。

其过程主要为：样品溶液经过很细的针管进入电喷雾室，针尖与雾化室和周围的圆柱形电极间维持着几千伏的电压，液滴表面由于针尖处产生的强电场而带上电荷，库伦斥力的作用使液滴分散成雾状带电小液滴，由于电场的驱使定向漂移至毛细管，同时逆向干燥气流使液滴中的溶剂迅速蒸发，随着溶剂的蒸发，液滴表面电荷密度增加，液滴变得非常不稳定，发生碎裂，产生子液滴，子液滴继续碎裂，直到产生适于质谱分析的准分子离子。

图 2-46 是某种蛋白质的典型电喷雾质谱图。由图可见，多电荷离子的产生是电喷雾质谱最突出的特点之一。生物大分子在电离过程中易形成多质子的分子，表现在质谱图上即呈现一系列彼此相差一个电荷呈高斯分布的峰群。由于蛋白质分子本身含有碱性氨基酸和 N-末端氨基，容易带上多个电荷，因此一台质荷比范围为 1500～2000 的质谱仪可满足分子量大于其范围几十倍的蛋白质的测定，极大地拓展了质谱用于测量生物分子的分子量范围。

图 2-46 "再生"马脱肌球蛋白的 ESI 质谱图

2.3.2.5 体积排除色谱法

体积排除色谱法，又称凝胶渗透色谱法（GPC），于 1964 年由莫尔（J. C. Moore）首先提出，这种技术不仅可用于小分子物质的分离和鉴定，而且可以快速自动测定高聚物的平均分子量和分子量分布。这一技术操作简便、测定周期短、数据可靠性高、重复性好，目前已成为高分子化学、有机化学、生物化学等领域内一种重要的分离和分析手段，并用于高聚物的生产控制和质量鉴定。

这一方法的核心部件是一根装有多孔性载体的色谱柱，其内部填充多孔凝胶颗粒，如聚苯乙烯凝胶粒、多孔硅球和多孔玻璃等。实验时，首先以某种溶剂充满色谱柱，使之占据颗粒之间的全部空隙和颗粒内部的孔洞；然后以同样溶剂配制的高聚物溶液从柱子顶端注入，高聚物分子即向载体内部孔洞扩散；最后以这种溶剂从柱头以恒定的流速淋洗，同时从柱尾接收淋出液，计算淋出液的体积并测定淋出液中溶质的浓度。其间，被分析的高聚物溶液进入柱子后，较小的分子除了能进入大的孔外，还能进入较小的孔，较大的分子则只能进入较大的孔，更大的分子只能留在载体颗粒之间的空隙中。因此，随着淋洗过程的进行，最大的分子最先被淋洗出来，最小的分子最后被淋洗出来，大小不同的分子就可得到分离（图 2-47）。

设色谱柱的总体积为 V_t，它包括载体的骨架体积 V_g、载体内部的空洞体积 V_i（所有孔的体积之和）和载体的颗粒间体积 V_0，即

$$V_t = V_g + V_i + V_0 \tag{2-76}$$

V_0 和 V_i 之和构成柱内的空间。溶剂分子的体积很小，可以充满柱内的全部空间。若高分子的体积比任何孔洞的尺寸都大，就只能从载体间流过，其淋出的体积是 V_0；若高分子的体积是中等大小，则只能进入一部分孔洞，其淋出体积介于 V_0 和 $(V_0 + V_i)$ 之间；若高分子的体积很小，远远小于所有的孔洞尺寸，则淋出体积是 $(V_0 + V_i)$。

中等大小的分子能部分进入凝胶颗粒
小的分子完全能进入凝胶颗粒

图 2-47　凝胶渗透色谱分离过程

用 K 表示孔体积 V_i 中可以被溶质分子进入的部分与 V_i 之比，称为分配系数。V_e 为溶质的淋出体积，则

$$V_e = V_0 + KV_i \tag{2-77}$$

$$K = \frac{V_e - V_0}{V_i} \tag{2-78}$$

不同大小的分子有不同的 K 值，因而有不同的淋出体积 V_e，从而在淋洗过程中得到分离。淋出体积 V_e 仅由高分子尺寸和颗粒的孔尺寸决定，因此高分子的分离完全是由体积排除效应所致。

为了测定高聚物的分子量分布，在高聚物按分子量大小分离开后，还需测定各级分的含量和各级分的分子量。

级分的含量即淋出液的浓度，通过检测与溶液浓度有线性关系的物理量来测定。常用的方法是用示差折光仪测定淋出液的折射率与纯溶剂的折射率之差 Δn 来表征淋出溶液的浓度。图 2-48 为 GPC 色谱图，纵坐标是 Δn，相当于淋出液的浓度，横坐标是淋出体积，它表征分子尺寸的大小，所以 GPC 色谱图反映了试样的分子量分布。如果把谱图中的横坐标 V_e 换成分子量 M，就成为分子量分布曲线。

级分的分子量测定有直接法和间接法两种。直接法是在测定淋出液浓度的同时测定其黏度或光散射，从而求出其分子量，但这种方法在仪器设计上较复杂。目前主要用间接法，即校正曲线法。所谓校正曲线法就是用一组已知分子量的单分散标准样品，在相同测试条件下得到一系列 GPC 色谱图，以它们的峰值位置的淋出体积 V_e 对 $\lg M$ 作图得到的曲线，实验发现有如下关系

$$\lg M = A - BV_e \tag{2-79}$$

从图 2-49 可见，$\lg M$ 与 V_e 的关系只在一定范围内呈直线，当 $M > M_a$ 时，直线与纵轴相平行，即淋出体积与溶质分子量无关，这时的淋出体积就是 V_0，表明此种载体对超过 M_a 分子量的溶液没有分离作用，M_a 称为该载体渗透极限。当 $M < M_b$ 时，直线向下弯曲，表明当溶质的分子量小于 M_b 时，其淋出体积与分子量的关系变得很不敏感。此时溶质分子的体积已经相当小，其淋出体积已经接近 $(V_0 + V_i)$ 值，故 $(M_a \sim M_b)$ 称为载体的渗透极限范围，其值大小取决于载体的孔径及其分布。

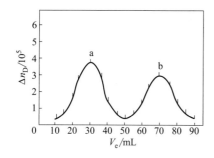

图 2-48　GPC 色谱图

试样 a 的分子尺寸大于试样 b 的分子尺寸

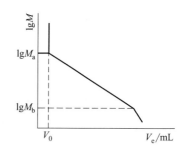

图 2-49　分子量-淋出体积的校正曲线

这样利用校正曲线就很容易将 GPC 色谱图中的横坐标换成分子量坐标，而得到试样的分子量分布图。

但由于 GPC 的分离机理是按照分子尺寸的大小进行的，因此与分子量仅仅是一个间接关系。不同的高分子虽然其分子量相同，但分子体积并不一定相同。因此同一根柱子中，以相同的测试条件，不同高分子试样所得校正曲线并不重合。根据 GPC 的分离机理，将校正曲线的纵坐标换成与分子尺寸有关的参数，即可获得适合于各种高聚物的普适校正曲线。

由弗洛利的特性黏数理论知道，$[\eta]M$ 即为溶液中高分子的流体力学体积，以 $[\eta]M$ 对 V_e 作图，不同高聚物试样所得的校正曲线是重合的，称为普适校正曲线（图 2-50）。

这样，只要知道 GPC 测定条件下的特性黏数方程参数 K 和 α，利用 $[\eta]_1 M_1 = [\eta]_2 M_2$ 关系，即可从标定试样的分子量 M_1 计算出被测试样的分子量 M_2。

GPC 法不仅可得到分子量分布，也可以从 GPC 色谱图得到试样的平均分子量和多分散系数。计算方法有定义法、函数适应法、十点法等。

（1）定义法

首先在 GPC 色谱图上每隔相等的淋出体积间隔读出谱线与基线间的高度 H_i（图 2-51），H_i 与高聚物的浓度成正比。在此区间内淋出高聚物的质量分数为

$$w_i(V_e) = \frac{H_i}{\sum H_i}$$

从校正曲线上读出各淋出体积间隔对应的分子量，即可计算高聚物的平均分子量及分子量分布。

$$\overline{M}_w = \sum_i M_i \frac{H_i}{\sum_i H_i}$$

$$\overline{M}_n = \frac{1}{\sum_i \dfrac{H_i}{M_i \sum_i H_i}} = \frac{\sum_i H_i}{\sum_i \dfrac{H_i}{M_i}}$$

$$\overline{M}_\eta = \left[\sum_i M_i^\alpha \frac{H_i}{\sum_i H_i} \right]^{\frac{1}{\alpha}} = \left[\frac{\sum_i M_i^\alpha H_i}{\sum_i H_i} \right]^{\frac{1}{\alpha}}$$

图 2-50　GPC 的普适校正曲线

●—线型聚苯乙烯 PS；○—支化聚苯乙烯 PS（梳形）；+—支化聚苯乙烯（星形）；×—聚甲基丙烯酸甲酯 PMMA；△—PS/PMMA 支化嵌段共聚物；▼—PS/PMMA 接枝共聚物；□—聚丁二烯；■—聚苯基硅氧烷

$$[\eta] = K \sum_i M_i^\alpha \frac{H_i}{\sum_i H_i} = \frac{K \sum_i M_i^\alpha H_i}{\sum_i H_i}$$

（2）函数适应法

研究者发现，GPC 曲线比较接近高斯分布曲线，因此可以用高斯分布函数来求 $\overline{M}_w$、$\overline{M}_n$。以淋出体积 V_e 表示的质量分布函数的高斯函数形式为

$$w(V_e) = \frac{1}{\sigma \sqrt{2\pi}} \exp\left[-\frac{1}{2}\left(\frac{V_e - V_0}{\sigma}\right)^2\right] \tag{2-80}$$

式中，V_0 为峰值位置处的淋出体积（峰体积）；σ 为标准偏差，$\sigma = W/4$（W 为峰底宽）。图 2-52 为峰体积 V_0 和峰宽 W 图。

图 2-51　GPC 色谱图

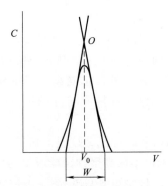

图 2-52　峰体积和峰宽度

GPC 校正曲线通常用下式表示

$$\lg M = A - B V_e \quad \text{或} \quad \ln M = A' - B' V_e$$

则有

$$V_e = \frac{A' - \ln M}{B'}$$

代入式（2-80）可得分子量的质量微分分布，即

$$w(M) = \frac{1}{M\sigma'\sqrt{2\pi}} \exp\left[-\frac{1}{2}\left(\frac{\ln M - \ln M_0}{\sigma'}\right)^2\right] \tag{2-81}$$

式中，$B' = 2.303B$；$\sigma' = B'\sigma = 2.303B\sigma$；$M_0$ 为峰值位置对应的分子量。将式（2-81）代入分子量定义式中，可得

$$\overline{M}_w = M_0 \exp\left(\frac{\sigma'^2}{2}\right) \tag{2-82}$$

$$\overline{M}_n = M_0 \exp\left(\frac{-\sigma'^2}{2}\right) \tag{2-83}$$

这样，只要知道峰值位置的分子量 M_0、峰底宽度 W 以及校正曲线斜率 B，就可以很简单地计算平均分子量。

用函数适应法处理数据的方法简便，但是若谱图不对称，不能用对数正态分布函数表达，若出现多峰，则不能用这种方法处理。

若光散射仪与 GPC 联用，在得到浓度的同时还可以得到散射光强对淋出体积的谱图，从而可计算出分子量分布曲线和试样的各种平均分子量，计算中不需要标定曲线，使测定与

计算工作大为简化。另外，可以用 GPC 与自动黏度计联用，可测定支化高聚物的分子量分布和支化度分布。若紫外、红外等与示差折光仪结合的双检测器与 GPC 联机，可同时测定共聚物的组成分布和分子量分布。

解答提示

习题与思考题

1. 举例说明什么是均链高分子、杂链高分子、无机高分子和元素有机高分子。

2. 写出异戊二烯单体聚合时所有的有规异构体结构式。

3. 试述下列烯类高聚物的构型特点及其名称。式中 D 表示链节结构是 D 构型，L 是 L 构型。

① —D—D—D—D—D—D—D—；

② —L—L—L—L—L—L—L—；

③ —D—L—D—L—D—L—D—L—；

④ —D—D—L—D—L—L—L—。

4. 以聚丁二烯为例，说明一次结构（近程结构）对高聚物性能的影响。

5. 今有一种聚乙烯醇，若经缩醛化处理后，发现有 14% 左右的羟基未反应，若用 HIO_4 氧化，可得到丙酮和乙酸。通过以上实验事实，关于此种聚乙烯醇中单体的键接方式可得到什么结论？

6. 由丙烯得到的全同立构聚丙烯有无旋光性？假若聚丙烯的等规度不高，能不能用改变构象的办法提高等规度？

7. 简述近程相互作用和远程相互作用的含义，及它们对高分子链的构象有何影响。

8. C—C 键的键长 $l = 1.54 \times 10^{-10}$ m，求聚合度 1000 的自由连接链的均方根末端距。

9. 若把聚乙烯看作自由旋转链，其末端距服从 Gauss 分布函数，且已知 C—C 键长为 1.54Å，键角为 109.5°，试求聚合度为 1000 时的均方根末端距。

10. 总结影响高聚物柔性的结构因素。

11. 画出典型的分子量分布曲线并标出下列分子量：①数均分子量；②重均分子量；③z 均分子量；④黏均分子量。

12. 假定 A 与 B 两高聚物试样中都含有三个组分，其分子量分别为 1 万、10 万和 20 万，相应的质量分数分别为：A 是 0.3、0.4 和 0.3，B 是 0.1、0.8 和 0.1，计算此二试样的 $\overline{M}_n$、$\overline{M}_w$，并求其多分散系数 d。

13. 一个高聚物样品由分子量为 10000、30000 和 100000 三个单分散组分组成，计算下述混合物的平均分子量 $\overline{M}_n$ 和 $\overline{M}_w$：

① 每个组分的分子数相等；

② 每个组分的质量相等。

14. PS 的四氢呋喃溶液用 GPC 测定，得 $\log M = 10.6402 - 0.1605 V_e$

V_e	33	34	35	36	37	38	39	40	41
H_i	6.0	38.0	39.5	24.5	3.0	5.0	2.5	1.0	0.5

求 $\overline{M}_n$、$\overline{M}_w$ 和 d。

第3章 高分子的凝聚态结构

物质的凝聚态是指分子的聚集状态。根据物质的分子运动在宏观性能的体现，可以将物质的凝聚态分为固态（晶态）、液态和气态，除了这种相态以外，还存在着一种介于晶态与液态之间的状态，即液晶态，从物理状态而言这种相态为液态，但是其结构上保留着晶体的一维或二维有序排列，属于兼有部分晶体和液体性质的过渡或中间状态。

宏观高聚物是由若干高分子链以一定的规律堆砌而成的，这种高分子链之间的排列和堆砌结构称为凝聚态结构，也称为超分子结构。

与小分子物质相比，高分子凝聚态也同样具有固态（包括晶态和非晶态及其各自的取向态）、液态和液晶态，但不具有气态。高聚物的上述各种凝聚态结构可以单独存在，也可以多种共存，它不仅与高分子链结构有关，也同成型加工条件和外界作用有关，因此是一个相当复杂的问题。

高聚物的凝聚态结构最终影响到材料的使用性能。研究高分子的凝聚态结构的目的，一方面是为了解高聚物的凝聚态及表征这种状态的各种结构参数，另一方面是要阐明凝聚态结构与高分子的链结构及各种外部条件之间的关系，从而为高聚物成型加工过程的控制、材料的结构和性能设计以及材料的物理改性提供必要的理论依据。

3.1 高聚物分子内与分子间的相互作用

除高分子的链结构外，分子间的作用力对凝聚态结构也起着关键的作用。高分子链间的相互作用力又称为次价力，具有加和性，因此随着分子量的增大，高分子链间的相互作用甚至可以超过化学键的作用。

3.1.1 范德华力和氢键

分子间的作用力包括范德华力（包括静电力、诱导力和色散力）和氢键，它们不仅存在于不同分子间，也存在于同一分子的非键合原子间。

3.1.1.1 范德华力

（1）静电力

静电力存在于极性分子之间，是由极性基团的永久偶极引起的。静电力与偶极矩的大小、定向程度、分子间的距离有关。对于偶极矩分别为 μ_1 和 μ_2 的两种极性分子，它们之间的距离为 R、温度为 T 时，其相互作用能可表示为

$$E_K = -\frac{2}{3} \times \frac{\mu_1^2 \mu_2^2}{R^6 kT} \tag{3-1}$$

式中，k 为玻尔兹曼常数；T 为热力学温度。对于同类分子，$\mu_1 = \mu_2 = \mu$，则

$$E_K = -\frac{2}{3} \times \frac{\mu^4}{R^6 kT} \tag{3-2}$$

静电力的作用能在 $12 \sim 20 \text{kJ/mol}$。在一些极性高聚物如聚甲基丙烯酸甲酯、聚乙烯醇、聚酯等分子间的作用力主要为静电力。

（2）诱导力

当极性分子与其它分子（极性分子或非极性分子）相互作用时，极性分子的永久偶极将对其它分子产生诱导偶极。这种永久偶极与诱导偶极之间的相互作用称为诱导力。对于偶极矩分别为 μ_1 和 μ_2，分子极化率分别为 α_1 和 α_2 的两种分子，分子间的距离为 R 时，诱导力可表示为

$$E_D = \frac{-(\alpha_1 \mu_2^2 + \alpha_2 \mu_1^2)}{R^6} \tag{3-3}$$

对于同类分子，$\mu_1 = \mu_2 = \mu$，$\alpha_1 = \alpha_2 = \alpha$，则

$$E_D = \frac{-2\alpha\mu^2}{R^6} \tag{3-4}$$

诱导力的作用能一般在 $6 \sim 12 \text{kJ/mol}$。

（3）色散力

分子中的原子核和电子是不停运动的，在某一瞬间，分子的正、负电荷中心可能不重合，从而产生瞬间偶极。这种由分子间的瞬间偶极引起的相互作用为色散力，它存在于所有的极性和非极性分子之间。色散力作用能的大小与两种分子的电离能 I、分子极化率 α、分子间的距离 R 有关，可表示为

$$E_L = -\frac{3}{2} \times \frac{I_1 I_2}{I_1 + I_2} \times \frac{\alpha_1 \alpha_2}{R^6} \tag{3-5}$$

对同类分子，可简化为

$$E_L = -\frac{3}{4} \times \frac{I\alpha^2}{R^6} \tag{3-6}$$

色散力的作用能在 $0.8 \sim 8 \text{kJ/mol}$，在一些非极性高分子如聚乙烯、聚丙烯中主要存在的分子间力是色散力。

范德华力普遍存在于分子中，没有方向性和饱和性，作用距离小于 1nm，作用能比化学键小 $1 \sim 2$ 个数量级，三种力所占的比例与分子的极性和变形性有关。

3.1.1.2 氢键

氢键是极性很强的 X—H 键上的氢原子同其它电负性很强的原子（Y）之间形成的一种较强的相互作用力，可表示为 X—H⋯Y。氢键的作用力较范德华力强，一般为 $10 \sim 30 \text{kJ/mol}$。氢键具有方向性和饱和性，其强度与 X、Y 原子的电负性以及 Y 的半径有关，X、Y 的电负性越大，Y 的半径越小，氢键强度越高。表3-1 列出了一些常见氢键的键能。

表 3-1　常见氢键的键能

氢键	键能/(kJ/mol)	化合物
F—H⋯F	28.0	HF
O—H⋯O	18.8	冰，H_2O
	26.0	CH_3OH，C_2H_5OH

氢键	键能/(kJ/mol)	化合物
	29.0	$(HCOOH)_2$
	34.3	$(CH_3COOH)_2$
N—H…F	21.0	NH_4F
N—H…N	5.4	NH_3
O—H…Cl	16.3	
C—H…N	14.7	$(HCN)_2$
	18.3	$(HCN)_3$

图 3-1　聚酰胺的分子间氢键

氢键可以在分子内形成，也可以在分子间形成。一些极性的高聚物如聚酰胺、纤维素、蛋白质等都可形成分子间氢键（图 3-1），纤维素等分子还可形成分子内的氢键（图 3-2）。

3.1.2　内聚能及内聚能密度

分子间作用力对高聚物的许多物理性质有着重要的影响，如沸点、熔点、气化热、熔融热、溶解度等。分子间作用力的大小，可以用内聚能或内聚能密度（CED）来表征。内聚能定义为克服分子间作用力，把一摩尔液体或固体汽化所需的能量，可表示为

$$\Delta E = \Delta H_v - RT \tag{3-7}$$

式中，ΔE 为内聚能；ΔH_v 为摩尔汽化热；RT 为汽化时的膨胀功。

图 3-2　纤维素的分子内氢键

内聚能密度指单位体积的内聚能，可表示为

$$CED = \frac{\Delta E}{\hat{V}} \tag{3-8}$$

式中，$\hat{V}$ 为摩尔体积。

小分子的内聚能近似于恒容蒸发热或升华热，可以由热力学数据来进行估算。但对于高分子，如前所述，其分子间的作用力甚至超过化学键的键能，因此在加热的过程中，当能量还不足以克服范德华力时，高分子主链上的化学键已被破坏，因此高聚物无法被汽化，高聚物不存在气态。基于这样的原因，难以直接测定高聚物的内聚能和内聚能密度，而是采用一些间接的方法，如用高聚物良溶剂的内聚能密度来估计高聚物的内聚能密度。

表 3-2 列出了部分线型高聚物的内聚能密度。从中可见，内聚能密度同分子的极性有很大关系，分子极性越小，内聚能密度越低。

高聚物内聚能密度的大小将影响到高聚物的物理性能，内聚能密度小于 $290J/cm^3$ 的高

聚物，通常为非极性高聚物，分子间力以色散力为主，分子链间的相互作用较弱，分子链的柔顺性好，可用作橡胶；内聚能密度大于 $420J/cm^3$ 的高聚物，分子链上通常存在强极性基团或分子间能形成氢键，分子间作用力较大，因而具有较好的机械强度和耐热性，可以用作纤维材料；内聚能密度在 $290\sim420J/cm^3$ 之间的高聚物，分子间作用力居中，可用作塑料。

表 3-2　线型高聚物的内聚能密度

线型高聚物	重复单元	内聚能密度/(J/cm^3)
聚乙烯	$-CH_2CH_2-$	260
聚异丁烯	$-CH_2-C(CH_3)_2-$	272
聚丁二烯	$-CH_2CH=CHCH_2-$	276
天然橡胶	$-CH_2C(CH_3)=CHCH_2-$	280
聚苯乙烯	$-CH_2-CH-$ 〔苯基〕	306
聚甲基丙烯酸甲酯	$-CH_2-C(CH_3)(COOCH_3)-$	347
聚醋酸乙烯酯	$-CH_2CH(OCOCH_3)-$	368
聚氯乙烯	$-CH_2-CHCl-$	381
聚对苯二甲酸乙二醇酯	$-CH_2-CH_2-OC-\!\!\!\!\!\bigcirc\!\!\!\!\!-CO-$	477
尼龙-66	$-NH(CH_2)_6NHCO(CH_2)_4CO-$	774
聚丙烯腈	$-CH_2-CH(CN)-$	992

3.2　高聚物的结晶态

在适宜的条件（如温度、时间等）下，结构规整的高分子可以结晶。结晶态是高聚物的一种重要凝聚态。许多高聚物具有结晶性，如聚乙烯、聚丙烯、聚酰胺等。相对于小分子晶体，结晶高聚物的结构和形态更为复杂。

3.2.1　晶体结构的基本概念

晶体均具有规则的外形，这种规则外形是由于如分子、离子、原子或原子团在空间的周期性规则排列引起的。在讨论晶体的几何特点时，通常以不考虑体积和质量的几何点（结点）来代替原子、离子、分子、原子团，用一系列几何点在空间的排列来模拟晶体中原子、分子等的排列。将相邻结点按一定的规则用线连接起来形成的几何图形叫作空间点阵（图3-3）。因此晶体的结构可以表示为点阵与组成晶体的实际结构单元的组合（图3-4）。

图 3-3　空间点阵

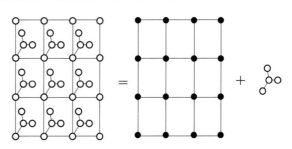

图 3-4　晶体结构和点阵的关系

整个空间点阵可以由一个最简单的六面体在三维方向上重复排列而得，这最简单的六面体称为单位点阵或单胞，也可称为晶胞，如图 3-3 中的粗线部分。因此晶胞是组成晶体的最小重复单元，它的形状和大小的表示方法如图 3-5。在晶胞上任意指定一个结点为原点，由

晶面指数
的确定

图 3-5　晶胞的表示方法

原点引出 3 个向量 **a**、**b**、**c**，这三个向量称为晶轴，可以唯一地确定晶胞的形状和大小。晶胞的形态和大小，可以用晶胞三个边的长度 a、b、c 和三个边的夹角 α、β、γ 这 6 个参量来描述，a、b、c 和 α、β、γ 称为点阵参数或晶格常数。根据这些点阵常数可以得到 7 种不同晶胞，即 7 种不同形状的空间点阵，把这 7 种空间点阵称为 7 种晶系，如表 3-3 所示。由于高聚物结构的特殊性，高聚物晶体具有除立方晶系外的其它 6 种晶系。

表 3-3　七个晶系的晶胞参数

晶系	图形	晶胞参数	晶系	图形	晶胞参数
立方		$a=b=c$，$\alpha=\beta=\gamma=90°$	斜方（正交）		$a\neq b\neq c$，$\alpha=\beta=\gamma=90°$
六方		$a=b\neq c$，$\alpha=\beta=90°$，$\gamma=120°$	单斜		$a\neq b\neq c$，$\alpha=\gamma=90°$，$\beta\neq90°$
四方		$a=b\neq c$，$\alpha=\beta=\gamma=90°$	三斜		$a\neq b\neq c$，$\alpha\neq\beta\neq\gamma\neq90°$
三方（菱形）		$a=b=c$，$\alpha=\beta=\gamma\neq90°$			

3.2.2　高聚物结晶能力与结构的关系

高聚物结晶的前提条件是结构要具有规整性，然后在适当的外场条件下，才能够形成结晶态。因此高聚物结构与结晶能力密切相关。

高分子是否具有结晶能力同高分子链的规整程度有很大的关系，链的规整程度越高，结晶能力越强。当然其它一些因素如分子间的作用力也将影响到它的结晶能力。

（1）链的对称性

高分子链的对称性越高，越容易结晶，对称性差的高分子链则不易结晶。如聚乙烯和聚四氟乙烯，其主链全部由碳原子组成，碳链的两边全都是氢原子或氟原子，对称性非常好，

因而它们的结晶能力非常强，以致无法得到完全非晶态的固体样品。它们的结晶度可高于其它高聚物。如聚乙烯结晶度可高达 95%，而一般结晶性高聚物的结晶度通常在 50%～70% 左右。氯化聚乙烯由于结构中部分氢原子被氯原子所取代，链的对称性降低，结晶能力也相应地下降。

对称取代的烯类高聚物，如聚偏二氯乙烯、聚异丁烯，主链上没有不对称碳原子，因而有较好的结晶能力。

主链上含有杂原子的高聚物，如聚甲醛、聚醚、聚酰胺、聚碳酸酯等，它们的分子链都有一定的对称性，故都是结晶性高聚物，但结晶能力要比聚乙烯弱。

（2）链的空间立构规整性

高聚物的结晶能力同高聚物的立构规整性有关，立构规整性越高则结晶能力越强。对于结构单元上含有不对称碳原子的单取代烯烃类高分子，若构型是完全无规的，则分子链不具备任何对称性和规整性，将失去结晶能力。如采用自由基聚合合成的聚苯乙烯、聚甲基丙烯酸甲酯、聚乙酸乙烯酯等，是典型的非晶高聚物。若为全同或间同立构的有规高聚物，则具有一定的结晶能力，如定向聚合合成的聚丙烯。

聚双烯类高分子主链上含有双键，空间立构为顺反异构。如果顺式和反式构型在分子链上呈无规排列，则没有结晶能力。定向聚合法合成的全顺式结构或全反式结构的高聚物则有一定的结晶能力。反式的对称性又优于顺式，因而具有反式结构的高分子结晶能力要强些。例如反式聚丁二烯比顺式聚丁二烯的结晶能力高，其高聚物在常温下为结晶性高聚物，顺式聚丁二烯结晶能力低，为具有很好弹性的橡胶材料（顺丁橡胶）。

当然也存在着一些例外，有的高聚物不具备上述对称性和规整性，但仍有相当强的结晶能力。如自由基聚合的聚三氟氯乙烯，它不仅可以结晶，且结晶度甚至可达 90%。产生这种现象的原因可能是氯原子与氟原子体积相差不大，仍可满足链的规整排列。如无规聚乙酸乙烯酯完全不能结晶，它的水解产物聚乙烯醇也不具有规整性，但结晶度可达 30%，这是由于羟基的体积不太大并可在分子间形成较强的氢键作用。

总的来说，当侧基体积很大时，高聚物的结晶能力对立构规整性有严格要求。

（3）共聚结构

无规共聚使高分子链的对称性和规整性都被破坏，从而使结晶能力下降甚至完全丧失。但是，如果共聚单元各自的均聚物都是可以结晶的，并且它们的晶态结构相同，则它们的共聚物也能够结晶，晶胞参数一般随共聚单元的组成不同而发生变化。但对于由下述结构单元组成的共聚物则例外。

$$—NH—(CH_2)_6—NH—CO—(CH_2)_2—\bigcirc—O—CH_2—CO—$$

$$—NH—(CH_2)_6—NH—CO—CH_2—\bigcirc—(CH_2)_3—CO—$$

它们形成的无规共聚物，在任何配比范围内都有结晶性，且晶胞参数不随组成改变。当共聚单元某一组分的含量占优势时，在共聚物中保持着这种单元的长序列，这一组分的均聚物若能结晶，那么共聚物中这种单元仍然可以形成同其均聚物结晶相同的结晶，但结晶能力变差，这时含量少的共聚单元则作为缺陷存在。

接枝共聚物的主链因支化效应通常使其结晶能力降低。接枝共聚物的支链以及嵌段共聚物的各个嵌段则基本上保持其各自的特性，能够结晶的支链或嵌段可形成自己的晶区。

（4）其他因素

高分子链的柔性越好，链的活动能力越强，结晶性高聚物的结晶能力越强。如主链上含有苯环的聚对苯二甲酸乙二醇酯虽然也有良好的规整性，但由于其主链柔性较差而使结晶能力减弱，其熔体快速冷却可得到完全无定形结构的凝聚态，而刚性更大的聚碳酸酯、聚砜等则无法结晶。

支化和交联既破坏链的规整性，又限制链的活动性，因此总是降低高聚物的结晶能力。随着交联程度的增加，高聚物可完全失去结晶性。

分子间作用力通常降低链的柔性，因而不利于晶体的生成。但是，一旦形成结晶，则分子间的作用力又有利于结晶结构的稳定。例如聚酰胺类高聚物结晶后可形成很强的分子间氢键，因而有相当稳定的结晶结构。

3.2.3 结晶高聚物的结构

3.2.3.1 结晶高聚物的晶胞及分子构象

高聚物晶体结构的最小重复单元也是晶胞。与小分子不同，组成晶胞的结构单元不是分子、原子或离子，而是大分子链上的一个或若干个链节。高聚物晶胞尺寸与其重复单元的构象密切相关，测定结晶高聚物中分子链构象的主要方法有 X 射线衍射、电子衍射以及核磁共振法等。

前人已积累了大量结晶高聚物的数据，见表 3-4。

表 3-4 一些结晶高聚物的结构参数

高聚物	晶系	晶胞参数					链构象	密度 /(g/cm³)
		$a/Å$	$b/Å$	$c/Å$	交角	N		
聚乙烯	正交	7.36	4.92	2.534		2	PZ	1.00
聚四氟乙烯(<19℃)	准六方	5.59	5.59	16.88	$\gamma=119.3°$	1	H13$_6$	2.35
(>19℃)	三方	5.66	5.5	19.50		1	H15$_7$	2.30
聚三氟氯乙烯	准六方	6.438	6.438	41.5		1	H16.8$_1$	2.10
全同聚丙烯(α)	单斜	6.65	20.96	6.50	$\beta=99°20'$	4	H3$_1$	0.936
(β)	六方	19.08	19.08	6.49		27	H3$_1$	0.922
(γ)	三方	6.38	6.38	6.38		3	H3$_1$	0.939
间同聚丙烯	正交	14.50	5.60	7.40		2	H4$_1$	0.93
全同聚 1-丁烯	三方	17.7	17.7	6.50		6	H3$_1$	0.95
全同聚 1-戊烯	单斜	11.35	20.85	6.49	$\beta=99.6°$	4	H3$_1$	0.923
聚 3-甲基-1-丁烯	单斜	9.55	17.08	6.84	$\gamma=116.5°$	2	H4$_1$	0.93
聚 4-甲基-1-戊烯	四方	18.63	18.63	14.85		4	H7$_2$	0.812
乙烯基环己烷	四方	21.99	21.99	6.43		4	H4$_1$	0.94
全同聚苯乙烯	三方	21.90	21.90	6.55		6	H3$_1$	1.13
聚氯乙烯	正交	10.6	5.4	5.1		2	PZ	1.42
聚乙烯醇	单斜	7.81	2.25*	5.51	$\beta=91.7°$	2	PZ	1.35
聚氟乙烯	正交	8.57	4.95	2.52		2	PZ	1.430
聚异丁烯	正交	6.88	11.91	18.60		2	H8$_3$	0.972
聚偏二氯乙烯	单斜	6.71	4.68*	12.51	$\beta=123°$	2	H2$_1$	1.954
聚偏二氟乙烯	正交	8.58	4.91	2.56		2	～PZ	1.973
全同聚甲基丙烯酸甲酯	正交	20.98	12.06	10.40		4	DH10$_1$	1.26
聚丙烯酸甲酯	正交	21.08	12.17	10.55		20	H5$_2$	1.23
聚邻甲基苯乙烯	四方	19.01	19.01	8.10		16	H4$_1$	1.071
聚丙烯腈	正交	10.20	6.10	5.10		4	PZ	1.11
反式聚 1,4-丁二烯	单斜	8.63	9.11	4.83	$\beta=114°$	4	Z	1.04
顺式聚 1,4-丁二烯	单斜	4.60	9.50	8.60	$\beta=109°$	2	Z	1.01
聚 1,3-丁二烯(全同)	三方	17.3	17.3	6.50		6	H3$_1$	0.96

高聚物	晶系	晶胞参数					链构象	密度/(g/cm³)
		a/Å	b/Å	c/Å	交角	N		
聚 1,3-丁二烯(间同)	正交	10.98	6.60	5.14		2	∼PZ	0.964
反式聚 1,4-异戊二烯	单斜	7.98	6.29	8.77	$\beta=102°$	2	Z	1.05
顺式聚 1,4-异戊二烯	单斜	12.46	8.89	8.10	$\beta=92°$	4	Z	1.02
聚甲醛	三方	4.47	4.47	17.39		1	H9₅	1.49
聚氧化乙烯	单斜	8.05	14.04	19.48	$\beta=125.4°$	4	H7₂	1.228
聚氧化丙烯	正交	9.23	4.82	7.21		2	H2₁	1.20
聚四氢呋喃	单斜	5.59	8.90	12.07	$\beta=134.2°$		PZ	1.11
聚乙醛	四方	14.63	14.63	4.79		4	H4₁	1.14
聚丙醛	四方	17.50	17.50	4.8		4	H4₁	1.05
聚正丁醛	四方	20.01	20.01	4.78		4	H4₁	0.997
聚乙烯基异丁基醚	正交	16.8	9.7	6.5		6	H3₁	0.94
聚对苯二甲酸乙二醇酯	三斜	4.56	5.94	10.75	$\alpha=98.5°,\beta=118°,\gamma=11°$	1	∼PZ	1.445
聚对苯二甲酸丙二醇酯	三斜	4.58	6.22	18.12	$\alpha=96.9°,\beta=89.4°,\gamma=110.8°$	1	—	1.43
聚对苯二甲酸丁二醇酯	三斜	4.83	5.94	11.59	$\alpha=99.7°,\beta=115°,\gamma=11°$	1	Z	1.40
聚己二酸乙二醇酯	单斜	5.47	7.23	11.72	$\beta=114.5°$		PZ	1.274
聚辛二酸乙二醇酯	单斜	5.15	7.25	14.28	$\beta=114.5°$	2	PZ	
聚壬二酸乙二醇酯	正交	7.45	4.95	31.5		4	PZ	1.220
聚癸二酸乙二醇酯	正交	5.0	7.4	16.83		2	PZ	1.187
尼龙-3	三斜	9.3	8.7	4.8	$\alpha=\beta=90°,\gamma=60°$	4	PZ	1.40
尼龙-4	单斜	9.29	12.24*	7.97	$\beta=114.5°$	4	PZ	1.37
尼龙-5	三斜	9.5	5.6	7.5	$\alpha=48°,\beta=90°,\gamma=67°$	2	PZ	1.30
尼龙-6	单斜	9.56	17.2*	8.01	$\beta=67.5°$	4	PZ	1.23
尼龙-7	三斜	9.8	10.0	9.8	$\alpha=56°,\beta=90°,\gamma=69°$	4	PZ	1.19
尼龙-8	单斜	9.8	22.4*	8.3	$\beta=65°$	4	PZ	1.14
尼龙-9	三斜	9.7	9.7	12.6	$\alpha=64°,\beta=90°,\gamma=67°$	4	PZ	1.07
尼龙-11	三斜	9.5	10.0	15.0	$\alpha=60°,\beta=90°,\gamma=67°$	4	PZ	1.09
尼龙-66	三斜	4.9	5.4	17.2	$\alpha=48.5°,\beta=77°,\gamma=64.5°$	1	PZ	1.24
尼龙-610	三斜	4.95	5.4	22.4	$\alpha=49°,\beta=76.5°,\gamma=64.5°$	1	PZ	1.157
聚碳酸酯	单斜	12.3	10.1	20.8	$\beta=84°$	4	PZ	1.315

注：1. * 表示该轴为分子链轴，其它为 c 轴。

2. N 表示晶胞中所含的重复单元数。

3. 链构象中，PZ 表示平面锯齿形，Z 表示锯齿形，∼PZ 表示接近平面锯齿形，H 表示螺旋形，DH 表示双螺旋形。

C—C 单键内旋转可形成 8 种类型的构象，如图 3-6。其中（1）是平面锯齿形构象，

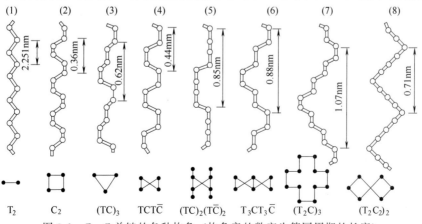

图 3-6　C—C 单链的各种构象（构象旁的数字为等同周期的长度）

（2）、（3）、（7）和（8）为螺旋形构象，（4）、（5）和（6）是滑移面的对称形构象。

高聚物结晶后，排列在晶格中的高分子链构象就不再改变。对于单个分子链，稳定的分子构象应具有最低的能量状态。在结晶高聚物中，高分子链的分子构象应有利于分子链节在晶格中规整排列，在此基础上，优先选择构象能最低的构象。这就使结晶高聚物中分子链通常采取比较伸展的构象，一是平面锯齿形的构象，二是螺旋形的构象。螺旋结构用参数 HP_q 表示，其中 P 为一个等同周期的单体单元数，q 为每个等同周期的螺纹圈数。下面举例对之进行说明。

聚乙烯结晶中的链构象

图 3-7　结晶聚乙烯的分子构象及晶胞结构

聚乙烯是结构最简单的碳链高分子，其能量最低的构象是全反式，分子链呈平面锯齿形，如图 3-7。实测到的晶胞中分子链方向上的重复周期尺寸（等同周期）c 值为 0.253nm，这同由 C—C 键的键长（0.154nm）和键角（109.5°）计算得到的隔开一个—CH_2 基团的两个碳原子之间相隔 0.252nm 一致。聚乙烯通常可以得到正交晶系，晶胞三边的长度为 $a=0.736$nm，$b=0.492$nm，$c=0.253$nm。晶胞的八个顶角上每个角占八分之一个重复单元，晶胞中心含一个重复单元，因此聚乙烯结晶的每个晶胞中含有 2 个重复单元。

等规的聚乙烯醇由于羟基体积较小，且反式构象有利于分子内氢键的生成，也采取平面锯齿形构象。另外一些取代基较小的碳链高分子如聚氯乙烯以及聚酯、聚酰胺等也都采取平面锯齿形构象。

当 C—C 链上的氢原子被其它半径较大的原子取代时，或分子链上有体积较大的侧基时，为减小空间位阻和降低位能，高分子链将采取螺旋形构象，根据取代原子或侧基的不同，螺旋构象有所不同，如图 3-8。当取代基的位阻较小时，分子链通常采取 $H3_1$ 螺旋构象，如聚丙烯；当取代基的空间位阻增大时，螺旋扩张，在每一个等同周期中将包含更多的重复链节，如聚 4-甲基-1-戊烯和聚 4-甲基-1-己烯为 $H7_2$ 螺旋构象，聚邻甲基苯乙烯和聚萘基乙烯等采取 $H4_1$ 螺旋构象。

图 3-8　不同取代基的等规高聚物的螺旋分子构象

（a）$H3_1$，R＝—CH_3，—C_2H_5，—CH＝CH_2，
　—CH_2—$CH(CH_3)_2$，—OCH_3，—$OCH_2CH(CH_3)_2$；

（b）$H7_2$，R＝—$CH_2CH(CH_3)CH_2CH_3$，—$CH_2CH(CH_3)_2$；

（c）$H4_1$，R＝—$CH(CH_3)_2$，—C_2H_5；

（d）$H4_1$，

全同聚丙烯晶体，分子链采取反式、旁式相间的螺旋形构象，等同周期 c 为 0.650nm，聚丙烯的螺旋分子构象可用 $H3_1$ 表示。在聚丙烯的单斜晶系（α 晶型）中，分子链在晶格中的排布如图 3-9 所示。各分子取代基的方向一致，

图 3-9　聚丙烯的晶胞结构

但旋转方向相间，这样在晶体中左旋和右旋各占一半，在 c 轴方向上有三层重复单元，每层重复单元数为 4 个，所以晶胞中含有 12 个单体单元，$a = 0.665\text{nm}$，$b = 2.096\text{nm}$，$c = 0.65\text{nm}$，$\beta = 99.2°$。

聚四氟乙烯晶体，由于氟原子的范德华半径（0.14nm）比氢原子大，超过了 C—C 链平面锯齿形的等同周期，氟原子间存在斥力，使主链不能采取平面锯齿形构象，因此聚四氟乙烯在结晶中，当温度低于 19℃时，整个分子呈轻微的螺旋形构象 $H13_6$（图 3-10），等同周期为 1.69nm。这种螺旋形构象使碳链骨架周围被氟原子包围起来而呈螺旋硬棒状结构，因此聚四氟乙烯有极好的耐化学药品性能，同时由于分子链间氟原子的相互排斥作用，分子间易于滑动，因此该材料具有润滑作用及冷流性质。

对于主链中含有杂原子（氧原子）的聚甲醛，其旁式构象能量比反式更低，形成等同周期为 1.73nm 的 $H7_2$ 螺旋构象。

当分子间作用力较大时，其对构象的影响不能忽视。如聚酰胺，由于酰胺键的存在，在分子间形成氢键，使分子链间的距离缩短。酰胺基中的 C—N 键（0.133nm）比一般的 C—N 键（0.146nm）短得多，使之具有双键的特征，因而酰胺键在同一平面上，结果使平面锯齿形的聚酰胺分子链在氢键的作用下平行排列成片状结构（图 3-11）。

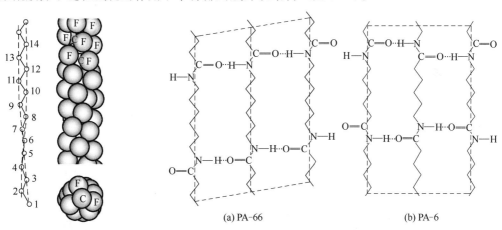

(a) PA-66　　　　(b) PA-6

图 3-10　结晶聚四氟乙烯的分子构象　　　图 3-11　聚酰胺的分子构象

需要注意的是，不论是采取平面锯齿形构象还是螺旋构象，高分子链在晶体中紧密堆砌时分子链都只能是平行排列，若干个平行排列的高分子链节组成结晶高聚物的晶胞。与分子链中心轴平行的方向称为晶胞的主轴方向即 c 方向，在这个方向上，原子以共价键相连，而在其它方向上，只有分子间力。这就使晶体在结构与性能上存在各向异性。

结晶高聚物的晶系除与高分子链结构有关外，与晶体的形成条件也有关。当结晶条件改变时，会引起分子构象或链堆砌方式的变化，使一种高聚物可以形成不同的晶型。这种现象称为高聚物的同质多晶现象。

如聚乙烯在溶液或熔体中结晶时，稳定晶系为正交晶系；在拉应力作用下形成的晶胞为单斜晶系；当温度高于210℃时，在高压下结晶则可得到六方晶系。聚丙烯的稳定晶系是单斜晶系，在高的冷却速率或者在高聚物中含有易形成晶核的物质时，在130℃以下等温结晶可形成六方晶系（β晶型），在高压下结晶时可形成三斜晶系（γ晶型）等。聚酰胺在不同的结晶条件下，也可以得到单斜、三斜、六方等晶系；全同立构聚丁烯-1可以不同的螺旋构象形成菱方、四方和正交等不同的晶系。

3.2.3.2　长周期和片晶厚度

高聚物结晶通常处于亚稳态，受分子链的构象调整时间和调整能力的制约，在分子链轴方向（c轴）只能拓展到有限的长度，而另外两个方向则可较为充分地发展，因此亚稳态结晶的基本组成为片晶。结晶度较高时，片晶间倾向于彼此平行排列。从局部上看，凝聚态将呈现结晶—非晶—结晶—非晶……的周期性变化。这一重复周期的长度称为长周期（l'），它等于相间两片层的等同位置之间的统计平均厚度之和。长周期内包含结晶部分和非晶部分，则片晶厚度 l 定义为长周期内结晶部分的厚度，即

$$l=l'x_c \tag{3-9}$$

式中，x_c 为试样的结晶度。

片晶厚度与结晶条件有关，如随着结晶温度的增加而增加。片晶厚度的增加意味着结晶的稳定性和完善性，而平均长周期也随之增大。因此对于某一结晶高聚物来说，长周期既是评价其结晶的重要参数，也是评价其结晶完善性的重要参数。

3.2.4　高聚物的结晶形态

结晶形态学研究单个晶粒的大小、形状以及它们的聚集方式。研究结晶形态的方法主要有光学显微镜以及电子显微镜，利用它们可以直接观察高聚物的结晶形态。随着结晶条件的不同，可得到的高聚物结晶形态有单晶、球晶、树枝晶、孪晶、伸直链晶、纤维状晶和串晶等。

（1）单晶

高聚物单晶只能在特殊条件下得到，一般是在浓度小于0.01％的极稀溶液中缓慢结晶时生成的。它们是具有规则几何形状的薄片状晶体，厚度通常在10nm左右，大小可以从几个微米至几十微米甚至更大。从电镜照片中可以看出，聚乙烯的单晶呈菱形的单层平面片晶（图3-12），聚 4-甲基-1-戊烯单晶是平面正方形 ［图3-13（a）］，聚甲醛单晶是正六边形 ［图3-13（b）］。

(a)　　　　(b)

图 3-12　聚乙烯的单晶照片及其 X 射线衍射图　　图 3-13　聚 4-甲基-1-戊烯单晶（a）和聚甲醛单晶（b）的电镜照片

事实上，凡是有结晶能力的高聚物在适宜的条件下都可以生成单晶。表 3-5 列举了一些高聚物单晶的形成条件及几何形状。不同高聚物的单晶体虽然外形不完全相同，但它们的厚度几乎都在 10nm 左右，且与高聚物的分子量无关。

表 3-5 某些高聚物单晶形成的条件和外形

高聚物	溶剂	溶解温度/℃	结晶温度/℃	几何形状
聚乙烯	二甲苯	沸点	59～95	菱形
聚丙烯	α-氯代苯	沸点	90～115	长方形
聚丁二烯	醋酸戊酯	约 130	30～50	
聚 4-甲基-1-戊烯	二甲苯	约 130	30～70	正方形
聚乙烯醇	三乙基乙二醇	—	80～170	平行四边形
聚丙烯腈	碳酸丙烯酯	—	约 95	平行四边形
聚甲醛	环己烷	沸点	约 137	正六边形
聚氧化乙烯	丁基溶纤剂	约 100	约 30	
聚酰胺 6	甘油	约 230	120～160	菱形
聚酰胺 66	甘油	约 230	120～160	菱形
聚酰胺 610	甘油	约 230	120～160	菱形
醋酸纤维素	硝基甲烷（或正丁醇）		约 50	

生长条件对单晶的形状和尺寸等有很大的影响。

完善的单晶只能在极稀的溶液中得到，此时分子链彼此分离，分散于溶剂中。通常，浓度约为 0.01% 时可以得到单层片晶，浓度约为 0.1% 时得到的是多层片晶。

结晶温度足够高，或过冷程度（即结晶熔点与结晶温度之差）很小，结晶速度足够慢时，可以得到完善的单晶，随结晶温度的降低或过冷程度的增加，结晶速度加快，只能形成多层片晶，甚至更复杂的结晶形态。

溶剂的性质对单晶的生长也有一定的影响。采用热力学上的不良溶剂时，有利于生长较大的更为完善的晶体。

实际上从溶液中生成的单晶很多是三维结构，呈空心棱锥形状，这种单晶在支持膜上干燥时倒塌，从而使晶体变得比较平整，或在片晶中央产生皱褶。

多层片晶通常是在单晶中心通过螺旋位错形成的，生长螺旋在单片晶的上下扩展，形成只在中心部位靠分子链连接的许多分离片层，当它在溶液中浮动时，是向四周发散开的，干燥时则因滑移倒塌而形成扁平的多层结构（图 3-14）。

(a) 聚氧化乙烯的螺旋生长　　(b) 聚甲醛的多层片晶　　(c) 聚氧乙烯和聚氯吡啶嵌段共聚物

图 3-14　一些高聚物的多层片晶及螺旋结构

（2）树枝晶

当高聚物的溶液浓度较高（0.01%～0.1%）或温度较低、分子量很大时，在常压下结晶可形成树枝状晶体，称为树枝晶。这是由于单片晶在特定方向上的择优生长，从而使结晶发展不均匀而产生分枝。图 3-15 为聚乙烯的树枝晶及其片晶的排列示意图。

（3）球晶

球晶是高聚物结晶中最常见的一种形态。结晶性高聚物在无应力状态时，从浓溶液或熔体中冷却结晶时，多生成外观为球状的复杂晶体（图 3-16）。其直径通常为 $0.5\sim100\mu m$，甚至可以达到厘米级，在光学显微镜下也可以观察到。

(a) 聚乙烯树枝晶　　　　(b) 结构

图 3-15　聚乙烯的树枝晶及结构示意　　　　图 3-16　聚乙烯的扫描电镜照片

用正交偏光显微镜观察时，可以看到球晶呈现特有的黑十字消光图像。图 3-17 为等规聚苯乙烯和聚戊二酸丙二醇酯球晶的偏光显微镜照片，可见其清晰的球状外形及黑十字图案。

将聚乙烯与石蜡一起结晶，然后用溶剂将石蜡抽提出来，将抽提后的结晶聚乙烯在电镜下观察（图 3-18），发现在片晶与片晶之间存在有微丝状的连接链。这种连接链的数目随高聚物分子量的增加而增加，同时还与高聚物的结晶条件有关。连接链的存在对高聚物的性能（特别是力学性能）有很大的影响。

(a)　　　　　　(b)

图 3-17　等规聚苯乙烯（a）及聚戊二酸丙
二醇酯（b）球晶的偏光照片

图 3-18　结晶聚乙烯片晶间的连接链

球晶具有明显的黑十字消光图案，这是其双折射性质和对称性的反映。当偏振光通过高聚物球晶时，发生双折射，分成两束电矢量相互垂直的偏振光，它们的电矢量分别平行和垂直于球晶的半径方向，这两个方向上折射率不同，造成这两束光通过样品的速率不等，从而产生一定的相位差而发生干涉现象，使通过球晶的一部分区域的光可以通过与起偏器处在正交位置的检偏器，而另一部分区域不能，最后分别形成球晶偏光照片上的亮区和暗区。

在球晶的偏光显微镜照片中，还常发现在球晶中呈现出一种明暗相间的消光同心圆环（图 3-19），这意味着以晶核为中心的同心圆上，球晶的双折射率 Δn 周期性地等于零。

在电镜下可以观察到这些球晶是由径向发射的长条扭曲片晶组成的球状多晶聚集体（图 3-20），长条扭曲片晶的厚度大约为 10nm。

(a)   (b)

图 3-19   聚苯乙烯的球晶偏光显微镜（a）及电镜（b）照片

(a)   (b)

图 3-20   聚 4-甲基-1-戊烯熔体结晶（a）及聚乙烯球晶（b）内部周期性扭曲照片

图 3-21 形象地描述了这一现象的原理。可以看出，随着片晶的扭转，聚乙烯晶胞的 b 轴总是指向径向的，即球晶径向的折射率总是等于晶胞 b 轴方向的折射率，而切向的折射率则在晶胞 a 和 c 轴方向周期性地变化，根据前面有关球晶黑十字消光原理的分析可知，这将影响实际电矢量平行于切向的光束的传播速率，从而改变两束光的相位差，最后导致光强随片晶扭转而发生周期性的变化。

图 3-21   球晶环状消光图的光学原理

（a）扭转的聚乙烯球晶片晶；（b）球晶径向片晶的取向旋转；（c）球晶径向双折射圆体的旋转

＊—球晶中心；→—半径方向，生长方向

（4）伸直链晶

高聚物在高温高压下结晶时，可以形成伸直链晶。这是一种由完全伸展的分子链平行规整排列而成的晶体，其片晶厚度比一般从溶液或熔体结晶得到的要大得多，可以与分子链的伸展长度相当，甚至更大。一般的热处理条件对伸直链晶的厚度没有影响。

如聚乙烯在226℃、压力为486MPa下结晶时，可得到伸直链晶（图3-22），片晶厚度可达3μm，结晶度为97%，密度为0.9938g/cm³，熔点为140℃，均远高于一般的聚乙烯晶体，接近于理想数据。这一类晶体的力学性能优异，如伸直链晶含量达10%左右的固态挤出聚乙烯纤维，纤维牵伸比高达300倍左右，拉伸模量达700GPa，拉伸强度490MPa，断裂延伸率4.2%，均远高于一般的聚乙烯纤维。

除聚乙烯外，聚四氟乙烯、聚三氟氯乙烯、聚偏二氯乙烯和尼龙等在高温高压下也可形成伸直链晶。

（5）串晶和柱晶

在实际的成型加工过程，如挤出、注射、纺丝、吹塑等过程中，高聚物在结晶过程中会受到应力的作用。如高聚物在强烈搅拌或高速挤出时结晶，能形成串晶（shish-kebab），这是一种类似于串珠样的结构（图3-23）。这种晶体具有伸直链结构的中心线，在中心线的周围为折叠链。搅拌速度愈快，高聚物在结晶过程中受到的切应力越大，形成的串晶中伸直链

图 3-22　聚乙烯的伸直链晶

(a) (b)

图 3-23　聚乙烯的串晶照片（a）和结构模型（b）

的比例越高。由于串晶包含伸直链的中心线，因此具有较高的强度、耐溶剂性和耐腐蚀性。

高聚物熔体在应力作用下冷却结晶时，形成的晶体中折叠链密集，使晶体呈柱状，称为柱晶（图3-24）。柱晶可以看作由伸直链贯穿的扁球晶组成。在熔融纺丝的纤维中，在注射成型制品的表皮层中，在挤出拉伸薄膜中，都可看到柱晶。

（6）纤维状晶

高聚物在结晶过程中如果受到搅拌、拉伸或剪切等应力的作用时，还可形成纤维状晶（图3-25）。纤维状晶是完全伸展的分子链所组成，晶体呈纤维状，长度可大大超过高分子链的长度，这是伸直链相互交错而成的结果。

串晶对力学性能的影响

图 3-24　柱晶的偏晶照片

图 3-25　聚乙烯的纤维状晶

3.2.5　结晶高聚物的结构模型

对于柔性的长链高分子，要形成结构完善的晶体相当困难，只能得到部分结晶的高聚物，并且总是存在着晶格缺陷，即晶格点阵的周期性在空间的中断。典型的晶体缺陷可以由端基、链扭结、链扭转造成的局部构象错误，以及局部键长键角改变和链位移等引起。

前人已对结晶高聚物进行了深入的研究，并建立了多种结晶结构模型，本节将介绍几种具有代表性的理论模型。

（1）缨状微束模型

缨状微束模型又称为两相结构模型，是 20 世纪 40 年代提出的。当时 X 射线研究结果证明了高聚物结晶结构的存在，在 X 射线图上衍射花样和弥散环同时出现，测得的晶区尺寸远小于分子链长度。通过这样的实验事实认为，在结晶高聚物中晶区与非晶区相互穿插，同时存在，晶区为规则排列的分子链段微束，其取向是随机的，在非晶区，分子链呈无序排列。晶区的尺寸很小，一根分子链可以同时穿过几个晶区和非晶区（图 3-26）。

缨状微束模型可以有效地解释许多实验现象。如由于高聚物的结晶结构中只有部分高分子链段参与，因此晶区的尺寸与分子量没有确定的关系，晶区的尺寸可以远小于分子链的长度；由于结晶与非晶态共存，因此高聚物的宏观密度介于结晶体和非晶体之间；由于微晶区的大小不同，结晶高聚物的熔融有较宽的熔限，而不是像小分子晶体一样存在明确的熔点。

但这一模型也存在着局限性。如按照这种模型，晶区和非晶区是不可分的，但在用苯蒸气处理癸二酸乙二醇酯球晶时，发现非晶部分可被刻蚀掉，只保留结晶部分。这一模型特别是在解释片晶尺寸与分子链长度的关系上存在着不可回避的缺陷。通常片晶的厚度为 10nm 左右，研究证明分子链轴方向同单晶生长方向垂直，而伸展着的整个分子链可达 100nm 以上。

（2）折叠链模型

50 年代以后，随着电子显微镜的发明及广泛应用，可以直接观察几十微米范围内的晶体结构，能够清晰地看到高聚物单晶规整的外形。Keller 在 1957 年从二甲苯的稀溶液中得到大于 $50\mu m$ 的菱形片状聚乙烯单晶，并从电镜照片上的投影长度，测得单晶薄片厚度约为 10nm，而且厚度与分子量无关。同时单晶的电子衍射图证明，伸展的分子链（c 轴）是垂直于单晶薄片的。然而由高聚物的分子量推算，伸展的分子链的长度在 $10^2 \sim 10^3$ nm，即片晶厚度尺寸比整个分子链的长度尺寸要小得多。为了对这种实验事实找出一个合理的解释，Keller 提出了折叠链模型，认为在高聚物晶体中高分子链是反复折叠的，如图 3-27 聚乙烯单片晶的示意图。

图 3-26　结晶高聚物的缨状微束模型

图 3-27　聚乙烯折叠链片晶的示意图

Keller 提出的折叠链模型是一种近邻规整折叠链模型［图 3-28（a）］，伸展的分子链倾向于相互聚集形成链束，电镜下观察到这种链束比分子链长得多，说明它是由许多分子链组成的。分子链可以顺序排列，让末端处在不同的位置上，当分子链结构规整且链束足够长时，链束的性质就和高聚物的分子量及其多分散性无关了。结构规整的分子链规整排列的链束，构成高聚物结晶的基本结构单元。这种规整的结晶链束细而长，表面能很大，不稳定，会自发地折叠成带状结构，以降低表面能。因此片晶中高分子链的方向总是垂直于片晶平面。也有观点认为折叠链是由单根分子链而不是链束组成的。折叠链的曲折部分所占比例很小，非晶区部分是以不规则链段形式夹在片层之间。

按照这种模型，球晶也是以折叠链结构的小片晶为基本结构单元的，随着球晶的生长增大，这些片晶沿着球晶径向发射增长时，分子链沿着片晶端部的生长面发生折叠，并且分子链总是处在与径向相垂直的方向上的。

M. Tasumi 和 S. Krimm 用聚乙烯和全氘化聚乙烯的混合晶体的红外光谱分析实验结果，支持了折叠链模型。通过对照分析聚乙烯晶体和混合正烷烃晶体，证明混合正烷烃晶体的厚度与分子的长度相当，由于在片晶中存在折叠链的连接，片晶中氘化与未氘化链呈无规排列，无序结构占优势；而在混合聚乙烯片晶中，氢化链与氘化链呈有序的线阵排列占优势，这只能用聚乙烯与氘化聚乙烯分子链分别折叠交替堆砌来解释。

但在电镜、核磁共振和其它实验研究中发现，即使在高聚物单晶中，仍然存在着晶体缺陷，特别是有些单晶的表面结构非常松散，使单晶的密度远小于理想晶体的密度。用 X 射线衍射法测量表面的结晶度为 $75\% \sim 85\%$，而其内部的结晶度为 100%。这说明即使是单晶，其表面层在一定程度上也是无序的。分子链不可能像 Keller 模型所描述的那样规整地折叠。因此 Fischer 提出了近邻松散折叠链模型［图 3-28（b）］以对此进行修正，这一模型认为在结晶高聚物的片晶中，仍以折叠的分子链为基本结构单元，只是折叠处可能是松散且不规整的环，而在片晶中，分子链的相连链段仍然是相邻排列的。如前所述，在聚乙烯球晶的研究中还发现，片晶与片晶之间由许多伸展链连接着，这种连接与分子量、结晶温度有关。一根分子链不一定完全在同一个片晶中折叠，还可以在一个片晶中折叠一部分之后再进入另外一个片晶中折叠，因此有人认为规整折叠与松散折叠只不过是折叠链中的特殊模式，实际情况下两种折叠都是可能的，在多层片晶中，分子链还可以跨层折叠，从而使片层之间存在连接分子链［图 3-28（c）］。

（3）插线板模型

P. J. Flory 从无规线团模型出发，认为分子链中近邻折叠的可能性很小。他以聚乙烯熔体结晶为例，证明聚乙烯的分子线团在熔体中的松弛时间很长，而实验观察到的聚乙烯的结晶速度却很快，结晶时分子链根本来不及做规整的折叠，而只能对局部链段做必要的调整，以便排入晶格，即分子链是完全无规进入片晶的。因此在片晶中，相邻排列的链段可能是非邻接的链段和属于不同分子链的链段。在形成多层片晶时，一根分子链可以从一个片晶，通过非晶区，进入另一个片晶中去；如果它再回到前面的片晶中，也不是邻接地再进入。因此，片晶之间因分子链的贯穿而联系在一起是必然的，一根分子链可以同时属于结晶部分和非晶部分，就一层片晶而言，分子链的排列方式同老式电话交换台的插线板相似，片晶表面的分子链像插头电线那样无规则，构成非晶区（图 3-29），因此 Flory 模型也称为插线板模型。

许多中子小角散射的实验支持 Flory 的插线板模型。利用中子小角散射可测试高聚物结晶态中分子链的均方末端距。J. Schelten、D. G. H. Ballard、E. W. Fisher 和 J. M. Guenet 分

(a) 近邻规整折叠链模型

(b) 近邻松散折叠链模型

(c) 跨层折叠链模型

图 3-28　结晶的折叠链模型

图 3-29　插线板模型

别用这种方法研究了聚乙烯、聚丙烯、聚氧化乙烯和等规聚苯乙烯，发现它们在结晶态中分子链的均方旋转半径与在熔体中分子链的均方旋转半径相同。这些结果证明，从熔体中结晶的晶体中高分子链不做规则折叠，因为如果进行规则折叠，分子链的均方旋转半径将会与测得的结果大不相同。另外，利用中等角度的中子散射强度数据，将实验值与按假设模型计算的散射函数相比较时，发现实验值与按规则折叠模型计算的结果相差很大，而与按插线板模型计算的结果较为吻合。这些实验事实都说明，在结晶中，分子链基本上保持着其原来总的构象，而只在进入晶格时做局部的调整。

（4）霍塞曼（Hosemann）隧道-折叠链模型

结晶高聚物中总是存在着晶区与非晶区，Hosemann 综合了结晶高聚物中各种结构形式，提出了结晶高聚物的隧道-折叠链结构模型，即 Hosemann 结构模型（图 3-30）。这一模型认为结晶高聚物中存在晶区和非晶区，晶区由排入晶格的伸直链片晶（存在于如串晶、伸直链晶中）或折叠链片晶（存在于如单晶、球晶中）组成，非晶区由未排入晶格的分子链和链段、折叠链片晶中链的折叠弯曲部分、链末端、空穴等组成。

图 3-30　部分结晶高聚物的 Hosemann 隧道-折叠链结构模型

3.2.6　结晶高聚物的结晶度及其测定

（1）结晶度

由结晶高聚物模型可以看出，所有的结晶高聚物总是晶区与非晶区共存，为了对这种状态进行描述，提出了结晶度的概念作为结晶含量的量度，通常以质量分数（X_c^w）和体积分数（X_c^V）来表示

$$X_c^w = \frac{m_c}{m_c + m_a} \times 100\% \tag{3-10}$$

$$X_c^V = \frac{V_c}{V_c + V_a} \times 100\% \qquad (3\text{-}11)$$

式中，m 表示质量；V 表示体积；下标 c 表示结晶；下标 a 表示非晶。

在同一高聚物中晶区和非晶区没有明确的界线，晶区的有序程度也不相同，因此结晶度没有明确的物理意义。结晶度的概念对于高聚物的性能和结构设计、成型工艺的控制有着重要的作用。

（2）结晶度的测试

常用的测试结晶度的方法有密度法、量热法、红外光谱法、X 射线衍射法等，表 3-6 给出了不同测试方法测得的结晶度。从中可以看出，测试方法的不同会使测试结果产生极大的差异，远远超过测试误差，这是由于不同的测试方法对晶区和非晶区界定不同。因此在给出某物质的结晶度时，必须说明测试方法。下面将对常用的几种方法进行介绍。

表 3-6   不同测试方法测得的结晶度

测试方法	纤维素的结晶度/%	未拉伸涤纶的结晶度/%	拉伸涤纶的结晶度/%	低压聚乙烯的结晶度/%	高压聚乙烯的结晶度/%
密度法	60	20	20	77	55
X 射线衍射法	80	29	2	78	57
红外光谱法	—	61	59	76	53

① 密度法。密度法是测试高聚物结晶度最常用的方法。这种方法的依据为，完全结晶的高聚物密度（ρ_c）远高于完全不结晶的高聚物密度（ρ_a），当结晶高聚物中两相共存时，其密度（ρ）介于 ρ_c 和 ρ_a 之间。同时假定样品中结晶部分和非晶部分的质量和体积具有加和性，则通过对密度或比容的测定即可计算高聚物的结晶度。

若 v、v_c 和 v_a 分别为试样、晶区和非晶区的比容，当考虑样品的质量加和性时，有

$$v = X_c^w v_c + (1 - X_c^w) v_a$$

$$X_c^w = \frac{v_a - v}{v_a - v_c} = \frac{(1/\rho_a) - (1/\rho)}{(1/\rho_a) - (1/\rho_c)} \qquad (3\text{-}12)$$

当考虑体积加和性时，有

$$\rho = X_c^V \rho_c + (1 - X_c^V) \rho_a$$

$$X_c^V = \frac{\rho_a - \rho}{\rho_a - \rho_c} \qquad (3\text{-}13)$$

因此，只要知道 ρ、ρ_c 和 ρ_a，即可求得结晶度。ρ 可以用密度梯度管来测量；ρ_a 可以通过熔体的比容-温度曲线外推到温度为零时得到，或通过直接从熔体淬火获得完全非晶试样得到；ρ_c 可以通过晶体的结构参数按下式进行计算。

$$\rho_c = \frac{MZ}{\widetilde{N}V} \qquad (3\text{-}14)$$

式中，M 为结晶高聚物结构单元的分子量；Z 为晶胞中包含的结构单元数目；V 为晶胞体积；$\widetilde{N}$ 为阿伏伽德罗常数。

大多数高聚物的 ρ_c、V_c 和 ρ_a、V_a 的值前人已经测得，可以直接查阅，表 3-7 列出了一些常用高聚物的结晶数据。

② X 射线衍射法。X 射线衍射法测定高聚物结晶度 x_c 的依据为总的相干散射强度等于晶区和非晶区相干散射强度之和，即

$$x_c = \frac{A_c}{A_c + KA_a} \tag{3-15}$$

式中，A_c 为衍射曲线下晶区衍射峰的面积；A_a 为衍射曲线下非晶区散射峰的面积；K 为校正因子。

表 3-7　一些常见结晶性高聚物的密度

高聚物	ρ_c /(g/cm³)	ρ_a /(g/cm³)	ρ_c/ρ_a	高聚物	ρ_c /(g/cm³)	ρ_a /(g/cm³)	ρ_c/ρ_a
聚乙烯	1.00	0.85	1.18	聚三氟氯乙烯	2.19	1.92	1.14
聚丙烯	0.95	0.85	1.12	聚四氟乙烯	2.35	2.00	1.17
聚丁烯	0.95	0.86	1.10	聚酰胺-6	1.23	1.08	1.14
聚异丁烯	0.94	0.86	1.09	聚酰胺-66	1.24	1.07	1.16
聚戊烯	0.92	0.85	1.08	聚酰胺-610	1.19	1.04	1.14
聚丁二烯	1.01	0.89	1.14	聚甲醛	1.54	1.25	1.25
顺式聚异戊二烯	1.00	0.91	1.10	聚氧化乙烯	1.33	1.12	1.19
反式聚异戊二烯	1.05	0.90	1.16	聚氧化丙烯	1.15	1.00	1.15
聚乙炔	1.15	1.00	1.15	聚对苯二甲酸乙二醇酯	1.46	1.33	1.10
聚苯乙烯	1.13	1.05	1.08	聚碳酸酯	1.31	1.20	1.09
聚氯乙烯	1.52	1.39	1.10	聚乙烯醇	1.35	1.26	1.07
聚偏氟乙烯	2.00	1.74	1.15	聚甲基丙烯酸甲酯	1.23	1.17	1.05
聚偏氯乙烯	1.95	1.66	1.17	聚氯丁二烯	1.35	1.24	1.09

通常为了比较，K 可设定为 1，对于绝对测量，K 因子必须经过绝对方法测定，如 Ruland 方法或密度法。如图 3-31 所示的聚乙烯的 X 射线衍射曲线，可以利用分峰法（图解分峰、计算机分峰等）将衍射峰分为结晶和非晶两部分，利用上式即可得到聚乙烯的结晶度。

③ 量热法。利用高聚物熔融过程中热效应，采用量热法也可测试高聚物的结晶度，即

$$x_c = \frac{\Delta H}{\Delta H_0} \tag{3-16}$$

式中，ΔH 和 ΔH_0 分别是高聚物试样的熔融热和 100% 结晶试样的熔融热。ΔH 值可由差示扫描量热分析仪（DSC）测得的结晶高聚物差示扫描量热曲线（图 3-32）的熔融峰面积来确定；ΔH_0 一般不可直接得到，可以通过测试一系列不同结晶度试样的 ΔH，然后外推到 $x_c \rightarrow 100\%$ 来确定。

图 3-31　聚乙烯的 X 射线衍射曲线

图 3-32　结晶高聚物的典型 DSC 曲线

结晶度对高聚物的性能有极大的影响，因此不同性能要求的高聚物对于结晶度的要求是不一样的。当作为塑料和纤维使用时，希望它们有较高的结晶度，如聚乙烯，随着结晶度的提高，材料的耐热性和耐溶剂性有明显提高；当作为橡胶使用时，则希望它们不结晶，因为结晶会使橡胶失去弹性。

高聚物的结晶度，不仅受到其化学组成、链结构的影响，与其成型加工条件也密切相关。比如由定向聚合得到的全同立构聚丙烯是一种结晶高聚物，有一定的强度、耐热性和耐化学药品性，可以作为塑料、纤维使用；但无规聚丙烯却是一种黏稠的物质，有时作为塑料中的添加剂以改善制品的韧性。在同一注射成型的制品中，在制品的表面由于与模具接触，温度较低，结晶度可能较小，晶体的发展不完全，球晶小而多；在制品的内部，温度较高，结晶度较高，晶体发展完善，球晶大而少。因此在研究高聚物结晶度对性能的影响时，要综合考虑高聚物的加工条件-结构-性能间的相互关系。

3.3 高聚物的非晶态

高聚物的非晶态指的是分子链不具备三维有序结构，在高聚物中普遍存在。它可以是高聚物的玻璃态、高弹态和黏流态。

3.3.1 非晶态高聚物的形成

非晶态结构可能源于以下几种情况。

① 分子链化学结构的规整性很差，以致根本不能结晶，如大多数的无规立构高聚物无规聚苯乙烯、无规聚甲基丙烯酸甲酯等，当它们从熔体冷却时，仅能形成玻璃态。

② 链结构具有一定的规整性，能够满足结晶的结构要求，但是结晶速度非常缓慢，以致在通常冷却速度下得不到结晶结构的高聚物，如聚碳酸酯、聚对苯二甲酸乙二醇酯等，在常温下它们通常以玻璃态存在。

③ 低温下结晶好，但在常温下很难结晶的高聚物。这些高聚物的玻璃化转变温度远低于室温，如天然橡胶在常温下不能结晶，但在 -25℃时却可以很快地结晶。

④ 熔融的高聚物、过冷熔体以及晶体存在的非晶区等。

对于这类非晶态的高聚物，其分子链的排列是不规则的。长而细的高分子链像一团乱麻，链相互穿透、钩缠，称之为高分子链的缠结。广义来说，缠结使高分子链之间形成物理交联点，构成网络结构，使分子链的运动受到周围分子的限制，因而对高聚物的性能产生重要影响。

缠结分拓扑缠结和凝聚缠结两种（图 3-33）。

(a) 拓扑缠结

(b) 凝聚缠结

图 3-33　高分子链的缠结

拓扑缠结是指高分子链相互穿透、钩缠，链之间不能横穿移动 [图 3-33（a）]。在分子链上，大约 100～300 个单体单元才有一个这种缠结点，而且缠结点密度的温度依赖性很小。对处于高弹态和流动态温度下的高聚物性质有重要的影响。任何高分子长链都存在拓扑缠结效应，只有当分子量低到几百以下时，这种链间拓扑缠结才不能发生。

凝聚缠结是由于局部相邻分子链间的相互作用，使局部链段接近于平行堆砌，从而形成物理交联点［图 3-33（b）］。这种链缠结的局部尺寸很小，可能仅限于两三条相邻分子链上的几个单体单元组成的局部链段的链间平行堆砌，而这种凝聚缠结点在分子链上的密度要比拓扑缠结点大得多（两个缠结点间约有几十个单体单元）。凝聚缠结的生成是由于链段间范德华力的各向异性，包括链上双键和芳环电子云的相互作用。其缠结的相互作用能很小，很容易形成和解开，因此这种缠结点的密度有很大的温度依赖性，其强度和数量与试样的热历史有密切的关系。这种不同尺度、不同强度的凝聚缠结点形成物理交联网络，从而对高聚物的许多物理性能产生重要影响。

对高聚物非晶态结构的研究开始得较早，但目前学术界对这一问题存在较大的争议。主要的结构模型有 Flory 无规线团模型，以及 Yeh 的两相球粒模型。

3.3.2 非晶态高聚物的结构模型

（1）无规线团模型

早在 1956 年，P. J. Flory 就提出了非晶态高聚物的无规线团模型，如图 3-34 所示。这个模型认为，非晶态高聚物由具有与在 θ 溶剂中相同无扰直径的高分子的无规线团组成，每条高分子链处于许多相同的高分子链的包围中。非晶态高聚物在凝聚态结构上是均相的，分子内及分子间的相互作用相同，分子链应是无干扰的，呈无规线团且服从高斯分布。

图 3-34 高分子链的
无规线团模型

20 世纪 70 年代，小角中子散射（SANS）技术的发展及其在非晶态高聚物结构研究中取得的结果，有力地支持了这一模型。研究者以氘代高聚物为标记分子，把它分散在相应的非氘代高聚物本体中，采用 SANS 测定了多种氘代高聚物本体固体"稀溶液"中分子链的旋转半径，同时研究了这些高聚物在其它有机溶剂中的中子散射情况。实验证明在所有情况下，旋转半径与重均分子量成正比，高聚物本体中的分子链具有与它在 θ 溶剂时相同的形态，即无规线团。

（2）两相球粒模型

无规线团模型简单，适宜于数学处理，因此在此基础上发展了许多更为详尽的理论，如橡胶的弹性统计理论等，并较好地预测了高聚物的行为。

尽管无规线团在解释实验事实方面获得了很大成功，也有大量的实验验证，但仍有不同的观点存在，有的观点也有一定的影响，其核心是高聚物在非晶态仍有某种局部有序的特征。

Yeh 等用电子显微镜观察了许多非晶高聚物，于 1972 年提出了影响较大的"折叠链缨状胶束粒子模型"，亦称为两相球粒模型（图 3-35）。他认为高聚物的非晶态由折叠链构象的"粒子相"和无规线团构象的"粒间相"构成。粒子又可分为有序区和粒界区两个部分。有序区中的分子链是互相平行排列的，其有序程度与链结构、分子间力和热历史等因素有关，其尺寸约 2~4nm。有序区周围有 1~2nm 大小的粒界区，由折叠链的弯曲部分、链端、缠结点和连接链组成。粒间相由无规线团、低分子物、分子链末端和连接链组成，尺寸约 1~5nm。模型认为一根分子链可以通过几个粒子和粒间相。

该模型包含了一个无序的粒间相，从而为橡胶弹性变形的回缩力提供必要的构象熵，因而可以解释橡胶弹性的回缩力；非晶高聚物的密度比完全无序模型计算得要高，就是由两相球粒模型中有序的粒子相与无序的粒间相并存造成的；模型的粒子中存在链段的有序堆砌，

粒间相	粒子相
由无规线团、低分子物质、缠结点、分子链末端、连接链以及由一个"粒子"进入另一个粒子的部分链段所组成，为1~5nm	粒子之间由大小均匀的"珍珠串"连接在一起，链由"粒子"的一端进入另一端

粒界区	有序区
围绕着核心有序区而形成的明显恒定的粒界，大小为1~2nm，这个区域几乎是折叠链弯曲部分、链端和缠结点，以及由一个有序区伸展到另一个粒间相部分的链段所组成	大小为1~2nm，此区内分子链相互平行，具有比近晶形更好的有序性，这种有序性与热历史、链的化学结构和次价力相互作用有关

图 3-35　非晶态高聚物的两相球粒模型

为结晶的迅速发展准备了条件，这就解释了许多高聚物结晶速度很快的事实等。

除两相球粒模型，局部有序模型还有 B. Vollmert 等提出的分子链互不贯穿、各自成球的"塌球模型"，以及 W. Pechhold 等人提出的非晶链束整体曲折的"曲棍状模型"等，但均不如两相球粒模型的影响广泛。

3.4　高聚物的取向态

3.4.1　高聚物的取向

线型高分子具有高度的几何不对称性，它们的长度可能是宽度的几百、几千甚至几万倍，因此在一定的条件下，高聚物在外力作用下，高分子链、链段或结晶高聚物中的片晶等结构单元沿外力方向做某种方式或某种程度的平行排列，称为高聚物的取向。取向后的高聚物的凝聚态结构称为取向态结构。

（1）高聚物的取向方式

按照外力作用方式，高聚物的取向主要有两种方式：单轴取向和双轴取向。

单轴取向：高聚物只沿一个方向拉伸，长度增加，厚度和宽度减小。高分子链或链段倾向于沿拉伸方向排列［图 3-36（a）］。

双轴取向：高聚物沿两个互相垂直的方向（X、Y 方向）拉伸，面积增加，宽度增加，厚度减小。高分子链或链段倾向于与拉伸平面（XY 平面）平行排列。但在 XY 平面内分子的排列是无序的［图 3-36（b）］。

（2）高聚物的取向单元及取向机理

非晶高聚物与结晶高聚物的取向机理是不同的。

非晶高聚物的取向单元可以是链段，也可以是整链（图 3-37）。链段的取向是通过单键的内旋转实现的，当升高温度至高弹态时，分子链段的取向在很短时间内即可完成。此时维持外力作用将材料迅速冷却到玻璃化转变温度以下，这种取向即可被冻结而保留下来。整个分子链的取向要求通过链段的协同运动来实现，分子链的取向通常在黏流态才可发生，因此链段的取向比整链的取向容易。在外力作用下，首先发生链段的取向，然后再逐渐发展到整链的取向。

(a) 单轴取向   (b) 双轴取向

图 3-36   高聚物的取向方式

(a) 链段的取向   (b) 整链的取向

图 3-37   高分子的取向单元

高聚物的取向态是取向单元在外力的作用下实现的，当外力去除后，非晶态高聚物的取向态处于热力学非平衡状态。由于分子的热运动，分子将自发地趋于无序的平衡状态，这种取向态向无序态的恢复过程称为解取向。取向的非晶态高聚物的解取向总是自发进行的。在外力作用下取向越容易，去除外力后解取向也越容易。因此发生解取向时，首先发生的也是链段的解取向，然后才是分子链的解取向。在常温下，这种解取向的过程可能需要很长的时间，因而它可以维持相对稳定。

结晶高聚物的取向单元除了非晶区的链段和分子链外，还存在晶区的取向。关于结晶高聚物的取向目前存在着两种观点。一种认为结晶高聚物被拉伸时将首先发生非晶区的取向，然后是晶体的变形、破坏、再结晶，从而形成新的取向晶体。另一种由 Flory 等提出，认为在非晶态时柔性高分子链的周围有大量的近邻分子与之缠结，形成结晶后，这些缠结部分将集中于非晶区，由于非晶区中存在的分子缠结，分子运动困难，拉伸中不可能一开始就发生明显的变形，因此结晶高聚物的拉伸将首先发生晶区结构的破坏。

不论哪种观点，对于球晶取向的认识是一致的。从熔体冷却得到的结晶高聚物，通常是由折叠链片晶组成的球晶。在拉伸过程中不仅发生球晶的取向，晶体的内部也将发生变化。首先在弹性形变阶段，球晶被拉成椭球形，继续拉伸，球晶则变成带状结构（图 3-38，图 3-39）。

双晶核生   球晶被拉   部分折叠链   折叠链裂   球晶变成
成的球晶   成折叠链   形成微丝结构   成微丝结构   纤维结构

图 3-38   尼龙-6 在拉伸过程中球晶的变形成纤过程的电镜照片

球晶的形变过程中，内部片晶的重排机理有两种可能：一种可能是片晶发生倾斜、滑移、转动以至破坏，部分折叠链被拉伸成伸直链，使原有的结构部分或全部破坏，形成新的沿外场方向取向的折叠链片晶和贯穿在片晶之间的伸直链组成的微丝结构 ［图 3-40 (a)］；另一种可能是原有的折叠链片晶被拉伸转化为沿拉伸方向有规则排列的完全伸直链晶体 ［图 3-40 (b)］。取向过程中的凝聚态变化取决于结晶高聚物的类型和拉伸取向条件（如温度、拉伸速度等）。

未变形
的球晶　　变形的球晶　　微丝结构

图 3-39　球晶在取向过程中的变形

(a) 形成微丝结构　　　　(b) 形成伸直链结构

图 3-40　结晶高聚物在拉伸取向中的结构变化

结晶高聚物的取向态处于热力学平衡状态，因此高聚物的解取向在晶体破坏前是不可能实现的。

3.4.2　取向对高聚物性能的影响

未取向的高聚物，分子链或链段的排列是随机的，在各方向上出现的概率一致，因此材料结构和性能体现出各向同性；取向高聚物，分子链或链段有序排列，沿分子链方向以共价键相连，而分子链间的作用力为范德华力或氢键，因此取向高聚物在取向方向和垂直于取向方向的结构和性能有很大的不同，表现出各向异性。如力学性能，在取向方向上的强度会明显提高，垂直于取向方向的强度则可能降低；在取向方向及垂直于未取向方向，高聚物的冲击强度、断裂延伸率等也有明显的差别，出现取向强化的现象。在光学性能上，将出现双折射现象。热性能上，将在取向和垂直于取向方向呈现出不同的热膨胀系数。高聚物在成型过程中（如挤出、压延、吹塑、纺丝、牵伸等）均会受到外力作用而发生取向，因此，可利用取向对高聚物在某一方向上的性能进行改性，以满足使用的要求。

单轴取向最典型的例子是合成纤维的生产。在上面的论述中已知，在通常情况下，结晶高聚物在拉伸过程中将形成以微丝结构为主的取向态，其结果是结晶结构中伸直链的数量增多，这有利于提高取向高聚物的力学强度和韧性。"冷冻纺丝法"就是根据这一原理提出的。在熔融纺丝的过程中，从喷丝孔出来的纤维，分子链已经有了一定程度的取向，再经过适当牵伸，分子链沿拉伸方向的取向度进一步提高，从而可以得到高伸直链含量的结晶态，大幅度提高在牵伸方向上的强度和模量（图 3-41）。如尼龙未取向时拉伸强度为 $70\sim80$MPa，而尼龙丝的拉伸强度可达 $470\sim570$MPa；聚丙烯纤维捆扎带，沿纤维方向有很高的拉伸强度，而在垂直于纤维方向则可以轻易地撕裂。但单轴取向在提高强度的同时，也可能带来一些不利的影响，如对涤纶纤维取向后，其拉伸强度提高了 6 倍，但断裂延伸率却降低了很多。这是由于取向度过高时，分子排列的规整度高，分子链完全伸展，变形能力差，使纤维呈现脆性断裂。为了使纤维有很高的强度，同时又具有较大的延伸率，可通过在成型过程中控制不同取向单元取向的速度来实现。如利用分子链和链段取向速度的不同，用慢的

图 3-41　纤维熔体在喷丝过程
中凝聚态结构的变化

取向过程使整个高分子链得到良好的取向，从而使纤维具有高的强度，再通过链段的解取向，使之具有高的延伸率。为得到良好的综合使用性能，各种纤维需要的取向度是不同的，这与分子链的刚性、结晶性、取向后的分子间力有关系。

薄膜也可以进行单轴取向，但是由于分子链只在薄膜平面上进行某一方向的取向，因而出现各向异性的现象，使实际强度比未拉伸之前更差。因此薄膜通常进行双轴取向，使分子链取平行于薄膜平面的任意方向，这样的薄膜，平面上是各向同性的。如农用薄膜、饮料瓶等。

双轴取向可以通过双轴拉伸、吹塑等过程来实现。

双轴拉伸是将熔融挤出的片状高聚物，在适当的温度下沿互相垂直的两个方向同时拉伸，结果使制品的面积增大而厚度减小，最后成膜。吹塑薄膜则是将熔融高聚物挤出成管状，同时在管芯中通入压缩空气，在纵向进行牵伸的同时使管状物料迅速膨胀，厚度减小而成薄膜。这两种工艺制成的薄膜，分子链都倾向于与薄膜平面相平行的方向排列，而在平面上的排列又是无序的，不存在各向异性，因而具有高的强度和尺寸稳定性。航空有机玻璃的制作是双轴取向在塑料中应用的典型例子。有机玻璃有极佳的透光性能，可用于飞机座舱罩，但普通的有机玻璃脆性很大，不耐冲击。解决这一问题的办法就是对之进行双轴取向，从而提高平面的抗冲击性能和强度，即使遭到子弹的射击也不会整体碎裂。

其它如聚苯乙烯、聚氯乙烯等也可以通过双轴取向来提高强度，如表 3-8。

表 3-8　双轴取向对塑料性能的改进

性能	聚苯乙烯		聚氯乙烯		聚甲基丙烯酸甲酯	
	未取向	双轴取向	未取向	双轴取向	未取向	双轴取向
拉伸强度/MPa	25～63	49～84	40～70	100～150	52～72	56～77
断裂延伸率/%	1～4.6	8～18	50	70	5～15	25～50
冲击韧性/(kJ/m²)	0.25～0.5	>3	2		4	15

3.4.3　高聚物的取向度及其测试

高聚物的取向是各种取向单元沿外力方向的定向排列，这种定向与作用力的方向不一定完全一致，定向排列的程度称为取向度，一般用取向函数 F 表示。在定义取向函数时，常取一特定的方向（通常是拉伸方向）为参考方向，取向单元的分子链轴方向与参考方向的夹角为取向角 θ（图 3-42）。

在实际高聚物中，θ 不是一个定值，而是有一定的分布，因此常用 θ 平均值的余弦函数表征取向函数 F

$$F=\frac{1}{2}(3\overline{\cos^2\theta}-1) \tag{3-17}$$

图 3-42　高聚物的取向角

完全取向的高聚物，所有取向单元都沿着取向方向平行排列，$F=1$，$\overline{\cos^2\theta}=1$，平均取向角 $\theta=0°$；当完全未取向时，$F=0$，$\overline{\cos^2\theta}=1/3$，平均取向角 $\theta=54°44'$；一般情况下，$0<F<1$，平均取向角 $\overline{\theta}=\arccos\sqrt{\frac{1}{3}(2F+1)}$。

测试取向度的方法很多，其基本的依据是取向高聚物存在性能的各向异性，通过对取向方向和未取向方向的性能测试即可表征该高聚物的取向度，常用的有广角 X 射线衍射法、声波传播法、光学双折射法、红外二向色性法、偏振荧光法、拉伸比法等。

① 声波传播法：这种方法的取向度与声波在未取向试样的传播速度 c_u 和在取向试样中沿取向方向的声波传播速度 c_o 的比值有关。测得的是晶态与非晶态的平均取向度。

② 光学双折射法：这种方法是通过测试取向高聚物中平行于取向方向的折射率 $n_{\parallel}$ 与垂直于取向方向的折射率 $n_{\perp}$ 表征取向度。测得的是高聚物晶区和非晶区两种取向的总效果，反映的是小尺寸范围内的取向。它不能用于比较不同高聚物的取向度，而只限于评价同一种高聚物不同试样的取向程度。

③ 红外二向色性法：这种方法是通过测试高聚物在取向方向和垂直于取向方向的红外吸收来实现的。可分别确定晶区和非晶区的取向，也可确定整个材料的平均取向，根据振动谱带是侧基还是主链的基团，可区分主链和侧基的取向，因而能够获得较其它方法更为广泛的取向参数。

④ 广角 X 射线衍射法：这种方法测试的是晶区的取向。取向度与未取向的结晶高聚物和取向的结晶高聚物的 X 射线衍射强度有关，可以得到分子链的取向度。

高聚物取向度的测试

3.5 高聚物的液晶态

某些物质的结晶在受热熔融或被溶剂溶解之后，在一定的温度或浓度范围内转变为"各向异性的凝聚液体"，它既具有液态物质的流动性，又部分地保留了晶态物质分子排列的有序性，因而在物理性质上呈各向异性。这种出现在从各向异性晶体过渡到各向同性液体之间、兼有晶体与液体部分性质的过渡状态称为液晶态，处于液晶态的物质称为液晶。

3.5.1 液晶的结构特点及分类

不论是小分子液晶还是高分子液晶，结构上最大的特点是存在几何形状明显的不对称性。一般而言，形成液晶的分子应满足以下三个基本条件。

① 分子具有不对称的几何形状，含有棒状、平板状或盘状的刚性结构。其中以棒状最为常见，一般棒状分子的长度和直径的比值要大于 6.4。

② 分子应含有苯环、杂环、多重键等刚性结构，此外还应具有一定的柔性结构如烷烃链。

③ 分子之间要有适当大小的作用力以维持分子的有序排列，因此液晶分子应含有极性或易于极化的基团。

大多数小分子液晶是长棒状或长条状，其基本的结构可以表示为下列模型

$$R^1 \!-\!\bigcirc\!-\! X \!-\!\bigcirc\!-\! R^2$$

其中最主要的部分是它的刚性结构，由中心桥键—X—和两侧的刚性基团组成，—X—可为—CN=N—：—N=N—、—N=N(O)—、—COO—等，两侧的刚性基团可以为苯环、脂环或杂环，从而形成共轭体系，分子的末端为较柔性的极性或可极化的基团，如酯基、氰基、硝基、氨基、卤素等。它们的分子尺寸长为 $2\sim4nm$，宽约为 $0.4\sim0.5nm$，具有很大的长径比，如 $CH_3O\!-\!\bigcirc\!-\!CH\!=\!N\!-\!\bigcirc\!-\!C_4H_9$、$C_9H_{19}\!-\!\bigcirc\!-\!\bigcirc\!-\!C_9H_{19}$ 等。另一

种常见的液晶结构为盘状，其结构如 等。

这些组成小分子液晶的刚性结构也称为液晶基元，高分子液晶是将上述液晶基元以化学键连接在主链或侧链上形成的。根据液晶基元在高分子链上的分布，可以分为主链型高分子液晶（液晶基元位于高分子主链上）以及侧链型高分子液晶（液晶基元位于高分子侧链上，主链通常为柔性链），如图 3-43。对侧链型高分子液晶，其液晶基元可以与主链直接相连，也可以通过柔性链段相连。

图 3-43　主链型高分子液晶（a）和侧链型高分子液晶（b）结构

按液晶的形成条件分为溶致型液晶和热致型液晶。把物质溶解于溶剂内，在一定的浓度范围内形成的液晶称为溶致型液晶；而将物质加热到 T_m 或 T_g 以上形成的液晶称为热致型液晶。

按液晶中液晶基元的排列形式和有序性，可将液晶分为近晶型、向列型和胆甾型三类（图 3-44）。

近晶型　　　　　　向列型　　　　　　胆甾型

图 3-44　近晶型、向列型和胆甾型液晶的结构示意图及典型的偏光显微镜照片

近晶型液晶中，液晶基元相互平行排列成层状结构，其轴向与层片平面垂直，层内棒状结构的排列保持着大量的二维有序性，棒状结构在层内可以移动，但不能在层间移动。这是所有液晶中最接近结晶结构的一类。

向列型液晶中，液晶基元仅仅是彼此平行排列，不形成层状，它们的重心排列是无序的，只有一维有序性，液晶基元可以沿轴向移动。向列型液晶在外力作用下因棒状分子很容

易沿流动方向取向而有很好的流动性。

胆甾型液晶中，液晶基元彼此平行排列成层状结构，但同近晶型结构不同，其轴向在层面上，层内各基元之间的排列同向列型类似，重心是无序排布的；在相邻的层与层之间，基元的轴向规则地依次扭曲一定的角度，从而形成螺旋面结构，具有极高的旋光性。

3.5.2 高分子液晶的化学结构与液晶行为

高分子液晶既可来源于天然产物，如纤维素、多肽及蛋白质、核酸等，也可来源于合成高分子，如芳香族聚酰胺、芳香族聚酯、有机硅衍生物等。由前面可知，根据液晶基元的位置，主要有主链型液晶和侧链型液晶，近年来又发展了多种新型的液晶结构，如由自组装得到的液晶 LB 膜、含有手性碳原子的铁电性高聚物液晶、由分子间氢键作用得到的具有较高稳定性的液晶、具有三维网络结构的交联型高分子液晶、具有树枝状结构的超支化高分子液晶等。

（1）主链型高分子液晶

根据液晶对于结构不对称性的要求，主链型高分子液晶的分子链通常为刚性链或螺旋链。螺旋链在生物大分子中有相当重要的地位，本文将主要介绍刚性链液晶高分子。

如前所述，刚性链是由刚性的液晶基元以一定的化学键连接而成的。主链型高分子液晶通常是向列型的，但某些含手性基团的主链型高分子液晶也可以形成胆甾型，个别也可以出现近晶型液晶。

根据液晶形成的条件，主链型高分子液晶可以是溶致型液晶，也可以是热致型液晶。

溶致型液晶是在一定浓度范围的高聚物溶液中形成的。目前研究的溶致型高分子液晶中，芳香族聚酰胺是最重要的品种，如聚对苯二甲酰对苯二胺（PPTA，$+CO-\bigcirc-CONH-\bigcirc-NH+_n$）和聚对苯甲酰胺（PBA，$\overset{H}{\underset{}{N}}-\bigcirc-\overset{O}{\underset{}{C}}+_n$），它们常用的溶剂为浓硫酸或添加少量氯化锂或氯化钙的二甲基乙酰胺。此外，还有聚对苯基苯二噻唑（$+\bigcirc-\bigcirc-\bigcirc+_n$）、聚对苯二酰肼（$+NH-\bigcirc-CO-NH-NH-CO-\bigcirc-CO+_n$）以及某些芳香族聚酯。它们通常形成的是向列型液晶。溶致型主链高分子液晶主要用于制备高强和高模量的纤维和膜材料，这是由于液晶在成型过程中分子的取向程度提高，分子间的作用力增大。

热致型高分子液晶是在一定的温度范围内形成的。无定形高分子在其 T_g 以上，或结晶高分子在其 T_m 以上时，若无液晶相，则呈现出各向同性的"清亮"状态，若形成液晶相，则材料呈现浑浊状态，形成液晶时，T_g 或 T_m 为形成液晶相的温度起点；继续升温，在一定温度时将由各向异性的浑浊液变为各向同性的清亮液，这一转变温度称为清亮点温度 T_{clear}。目前常用热致型主链高分子液晶是芳香族聚酯类（图 3-45）。此外，一些含偶氮苯、氧化偶氮苯、苄连氮等基团的高聚物也可形成热致型液晶。

这些含刚性链结构的高聚物通常有较高的熔点（＞450℃），其转变温度有可能高于热分解温度，以致不出现液晶相，因此对于热致型主链高分子液晶，最重要的问题是如何使它的分解温度高于相转变温度。通过分子设计可以降低

图 3-45 某些热致型高分子液晶的结构

熔点，从而在低于分解温度条件下得到稳定的液晶相。常用的方法有主链中引入一定数量的

柔性基团［如亚甲基$+CH_2\frac{}{}_n$］、引入非线型连接或共聚等，如表 3-9。

表 3-9　降低高分子链的刚性以获得主链型高分子液晶

方法	化学结构	熔点/℃
共聚	$+OC-\bigcirc-CO\frac{}{}_n+O-\bigcirc-O\frac{}{}_m$	<340
	$+O-\bigcirc-CO\frac{}{}_n+O-\bigcirc\bigcirc-CO\frac{}{}_n$	260
主链上引入柔性基	$+O-\bigcirc-CO\frac{}{}_n+CO-\bigcirc-CO-O(CH_2)_2O\frac{}{}_m$	230
引入非线型连接	$+O-\bigcirc-O\frac{}{}_m+OC-\bigcirc-CO\frac{}{}_n+OC-\bigcirc-CO\frac{}{}_l$	<350

热致型主链高分子液晶最重要的性能是它的流变性，与常规同分子量的高聚物相比，它的熔体黏度低，因此加工性能好。同样由于液晶结构造成的高度取向，其机械强度高，因此广泛地应用于材料的增强、增韧，并改善它们的加工性能，或直接作为高性能材料使用。

主链型高分子液晶通常是向列型的，向列型高分子液晶具有独特的流动特性。如图 3-46 所示的聚对苯二甲酰对苯二胺浓硫酸溶液的黏度-浓度关系曲线。通常的高分子溶液，随着浓度的提高其黏度增加，而这种液晶溶液的黏度随浓度增加急剧上升，达到一个极大值，然后浓度增加，黏度下降，并出现一个黏度的极小值，最后黏度又随浓度的增大而上升。这是由于随着浓度的变化，溶液由各向同性液体向各向异性的液晶转变。

图 3-47 为聚对苯二甲酰对苯二胺浓硫酸溶液的黏度-温度关系曲线。随着温度的升高，溶液的黏度先是下降，出现极小值，继续升高温度黏度开始上升，这是由于各向异性溶液向各向同性溶液转变。接着升高温度，溶液的黏度在体系完全转变成均匀的各向同性溶液之间，出现一个极大值，之后，黏度又随温度升高而降低。

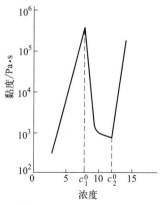

图 3-46　PPTA 的浓硫酸
溶液的黏度-浓度曲线

图 3-47　PPTA 的浓硫酸
溶液的黏度-温度曲线

利用这种液晶体系所具有的流变学特征，可将之应用于纤维加工过程，并形成了一种新的纺丝技术——液晶纺丝，获得了高强度、高模量、综合性能优异的纤维。

（2）侧链型高分子液晶

侧链型高分子液晶由柔性主链、连接在侧链上的刚性液晶和间隔基组成，图 3-48 为典型的侧链型高分子液晶结构。

$$-(CH_2-\underset{\underset{OCO-(CH_2)_m-O-}{\overset{CH_3}{|}}}{\overset{CH_3}{\underset{|}{C}}})_n-$$

图 3-48　典型的侧链型高分子液晶结构

其中液晶基元可以是与主链垂直的，也可以是与主链平行的。侧链上刚性的液晶基元对于液晶的形成起着重要的作用，但柔性的主链和间隔基对于液晶的形成条件、液晶的稳定性以及液晶的相行为所起的作用也不可忽视。侧链型高分子液晶的主链可以是碳链或杂链（如 Si—O 链），它直接决定高聚物的 T_g 或 T_m，也就是决定液晶相出现的温度范围。刚性的液晶基元除少数直接与柔性主链键合外，通常与主链之间有长度不等的间隔基，以削弱柔性主链与刚性侧链之间的相互影响，这就是去耦作用。间隔基不仅使液晶的类型发生变化，而且随间隔基长度的变化，体系的柔性改变，相转变温度及其范围也发生变化。对于侧链型高分子液晶，液晶相的近晶型比向列型多，甚至出现胆甾型。

形成溶致型侧链高分子液晶的结构多为一些双亲分子，即一端含亲油基团，另一端含亲水基团，这一类材料主要是作为功能性高分子膜和胶囊使用，在生物工程及医用高分子材料中有重要的意义。

3.6　高聚物多相体系

高聚物的共混是改善其性能的重要手段之一。通过共混可以达到提高应用性能、改善加工性能或降低成本的目的，因而引起广泛的关注。

共混高聚物是指两种或两种以上均聚物或共聚物的混合物。在共混高聚物中，不同组分之间主要以物理作用结合，但在强的剪切作用力下熔融混合时，由于剪切作用可能使大分子产生断链，产生少量的自由基，从而生成嵌段或接枝共聚物；在共混物中加入增容剂，也可以在其中引入少量的化学键合。

共混高聚物的形态主要有两种。一是各组分具有良好的相溶性，甚至达到分子水平的混合，此时得到的共混物是均相的，只有一个相结构，不存在相分离。另一种是各组分是不相溶的，形成多相体系，各相在很小的尺寸范围内共存，不产生宏观相分离，即具有相容性。大多数高聚物属于第二种情况，这种具有相容性的高聚物多相体系又称为高分子合金。

共混高聚物的性能不仅与各组分的结构有关，还与相结构有关，即各相之间的界面结构和界面强度、相的连续性、分散相的相畴尺寸以及分散相颗粒的形状等，均会影响共混高聚物的性能。

共混高聚物的制备方法可分为两类。一类为物理共混，包括熔融状态下的机械共混、溶液共混、乳液共混等；另一类为化学共混，包括一种单体在另一种高聚物中进行聚合的溶胀聚合、核-壳型乳液聚合以及互穿网络技术等，有时嵌段高聚物或接枝高聚物也可以形成多相体系。

依据共混高聚物各组分的凝聚态结构特点，可以将其分为三类，即非晶态/非晶态共混物、结晶态/非晶态共混物和结晶态/结晶态共混物，此外还有液晶高分子与结晶或非晶高聚物的共混。根据共混物各组分的性能特点及应用,可以分为四类:一是塑料为连续相,橡胶为分散相的共混物,如橡胶增韧塑料;二是橡胶为连续相,塑料为分散相的共混物,如 SBS 热塑性弹性体、聚氨酯热塑性弹性体、聚苯乙烯增强橡胶等;三是两种橡胶的共混物,如天然橡胶与丁苯橡胶的共混物等;四是两种塑料的共混物,如不同类型的聚乙烯之间的共混、聚乙烯与聚酰胺的共混、热塑性塑料增韧环氧树脂等。

3.6.1 高聚物多相体系的相容性

(1) 高聚物的相容性

高聚物之间的互溶性是选择共混方法的重要依据,也是决定共混物形态结构和性能的关键因素。从热力学角度,高聚物之间若能互溶解,则两种高聚物将形成均相体系。

根据热力学第二定律,若两组分互溶是热力学上的自发过程,则要求混合自由能的变化 ΔG_M 小于零,即

$$\Delta G_M = \Delta H_M - T\Delta S_M < 0 \qquad (3-18)$$

可见 ΔG_M 的值取决于混合过程的熵变 ΔS_M 和焓变 ΔH_M。按照高分子溶液的格子理论,高分子同高分子混合时,构象熵的变化为

$$\Delta S_M = -R\frac{V}{V_r}\left(\frac{\phi_A}{x_A}\ln\phi_A + \frac{\phi_B}{x_B}\ln\phi_B\right) \qquad (3-19)$$

混合热为

$$\Delta H = RT\chi_{AB}\phi_A\phi_B \qquad (3-20)$$

式中,ϕ_A 和 ϕ_B 分别表示组分 A 和组分 B 的体积分数;V 和 V_r 分别表示混合物和链段的摩尔体积;x_A 和 x_B 分别表示两组分的统计链段数;χ_{AB} 为 Huggins 参数。由于高分子的分子量很大,x 很大,所以 ΔS_M 很小。高分子之间的混合一般为吸热过程,$\Delta H_M > 0$,所以,ΔG_M 一般为正值,即体系是不互溶的。只有极个别体系有明显的放热效应,这时可达到热力学互溶。

这种在热力学上不互溶的体系,依靠外界的条件也可实现强制的、良好的分散混合,得到力学性能优良且动力学相对稳定的高聚物共混物。也就是说,两个高聚物组分之间虽然不能形成分子水平混合,但能实现超分子水平的混合,即在混合过程中产生分相形成稳定的多相体系,即具有一定的相容性。在高聚物的多相体系中,相与相界面层上的分子链之间还可有某种程度的相互渗透,从而提高各相间的相容性。

相容性好的体系在宏观上甚至亚微观上表现为均相体系,相容性极差的体系则表现为宏观的相分离,大多数高聚物共混体系处于这两者之间。因此均相和多相通常具有热力学统计意义,而实际上是否为均相体系通常依赖于空间尺度和时间尺度,也就是形态结构在较长时间内保持的稳定性。提高相容性的有效方法是加入增容剂,此外,形成少量的嵌段与接枝共聚、采用共溶剂法或形成互穿网络等手段也可改善高聚物的相容性。

(2) 相容性的表征

判断共混高聚物相容性的方法有很多,但不同方法得到的结果可比性较差,如聚氯乙烯/丁腈-40 可能只有一个 T_g,体现为均相,但在电子显微镜下观察时会看到它是相畴很小的复合体系。下面列举了一些较简单的表征共混高聚物相容性的方法。

① 共同溶剂法。共同溶剂法是研究共混物相容性比较原始的方法。其做法是将两种高

聚物等量地溶于共同溶剂中，放置观察。若溶液混浊，则说明发生了相分离，两者是不相容的；反之，溶液清亮，则表示两相是相容的。但是，两组分即便在共同溶剂中相容，并不一定在固相中也相容，因此，该法有时也会得出不正确的结论。

② 透明性。将共混物用溶液浇铸法或压片法制成膜，根据膜的透明性来判断体系的相容性。如果膜是透明的，则至少可以认为在可见光波长的范围内体系是均匀的，而不透明的膜则认为是不相容的多相体系。但是，当相容的体系中有部分结晶时，也会出现不透明现象，而折射率相同或相近的两种高聚物即使不相容，共混物也可以是透明的，这是应用此法时需要注意的问题。

③ 玻璃化转变温度法。共混物的 T_g 与两种高聚物的混合程度有关。完全相容的体系，只有一个 T_g，数值介于两组分的 T_g 之间，取决于两组分的 T_g 和体积分数；完全不相容的体系，T_g 同各均聚物一致；有一定相容性的体系，T_g 较高的组分共混后 T_g 降低，而 T_g 较低的组分共混后 T_g 上升。需要指出的是，T_g 是一个宏观物理量，只有一个 T_g 的共混体系仅仅意味着在分子链段的尺寸范围内的混合是均匀的，不一定就是分子水平上的相容。测定 T_g 的方法很多，如膨胀法、动态力学法、热分析法、介电松弛法等，它们都可以用于共混高聚物的研究。

④ 红外光谱法。相容的高聚物共混体系，由于不同高分子链之间有强的相互作用，其所产生的光谱相对于两高聚物组分的光谱谱带产生较大的偏离，其谱带频率移动，峰形的不对称性加宽，可由此来表征相容性的大小。对于完全不相容的高聚物，其各自的特征吸收谱带能很好地重现而不发生变化。

3.6.2 高聚物多相体系的结构

当共混物的组分或加工条件不同时，将得到不同的多相体系结构，从而对高聚物的性能产生显著的影响。在多相体系中，存在连续相和分散相，通常含量多的组分为连续相，含量少的组分为分散相。

本节将针对双组分体系进行讨论，但也同样适用于多组分体系。由两种非晶高聚物构成的两相体系，按照相的连续性可分成三种基本类型：单相连续结构、两相共连续结构及相互贯穿的两相连续结构。

（1）单相连续结构

单相连续结构是指构成高聚物共混物的两个相或多个相只有一个连续相，其它相分散于连续相中，称为分散相，如图 3-49。其中分散相也可称为相畴，根据相畴的形状、大小以及与连续相的结合情况不同，又可将单连续相分为四类。

① 相畴结构不规则，大小分布很宽。机械共混法得到的共混物通常是这种形态，如机械共混法制得的聚苯乙烯和聚丁二烯橡胶的共混物。

② 相畴形状较规则，一般为球形，颗粒内部不包含或只包含极少量的连续相成分。如用羧基丁腈橡胶（CTBN）增韧的环氧树脂。在 SBS 中当丁二烯的含量较少（约 20%）时，也会形成这种形态。

③ 相畴具有胞状结构或香肠结构，在分散相颗粒中包含连续相成分所构成的更小颗粒，在分散相内部又可把连续相成分所构成的更小的包容物当作分散相，而构成颗粒的分散相则成为连续相。这时分散相颗粒的截面形似香肠。所以称为香肠结构。

④ 相畴为片层状。分散相呈微片状分散于连续相基体中，当分散相浓度较高时，进一步形成了分散相的片层。如将阻隔性优异的聚酰胺呈微片状均匀分散于聚乙烯中以得到阻隔

性良好的共混物。

（2）两相连续结构

这种形态可以分为两相共连续结构和相互贯穿的两相连续结构。两相共连续结构形态包括层状结构或互锁结构，嵌段共聚物中当两组分含量相近时常形成这类结构。如 SBS 中当丁二烯含量为 60％时即形成两相交错的层状结构，如图 3-50 所示。相互贯穿的两相连续结构的典型例子是互穿网络高聚物（IPNs）。在 IPNs 中两种高聚物网络相互贯穿，使得整个共混物成为一个交织网络，两相都是连续的。如果两种组分的相容性不够好，则会发生一定程度的相分离，这种高聚物网络的贯穿不是在分子水平上的，而是在相畴水平上，两组分的相容性越好，相畴越小。

相畴不规则　　　　　　相畴为球形　　　　　　相畴为胞状

图 3-49　多相体系的单相连续结构

图 3-50　丁二烯含量为 60％
的 SBS 的电镜照片

（3）共混物的界面

在共混高聚物中，在两相之间还存在着一个过渡区，也就是界面层。界面层在两相之间起着传递应力的作用。界面层的结构，特别是两种高聚物之间的黏合强度，对共混物的性质，特别是力学性能，有决定性的影响。一般认为界面层是通过两相的相互接触并且使大分子链段发生相互扩散而形成的，界面层的厚度主要取决于两种高聚物的相容性，与高分子链的柔性、组成以及相分离条件也有关系。在界面层中可能存在着两种作用力，一是两相之间的化学键合力，如接枝和嵌段共聚物；另一种是物理作用力，如机械法得到的共混物。因此当用橡胶改进聚苯乙烯的力学性能时，用接枝的办法往往比机械共混的效果好。界面层无论是从结构还是从性能上都与单独的两相不同，因此常常把它看作第三相。

3.6.3　影响相结构的因素

（1）浓度

共混物中各组分的浓度将对两相的结构产生显著的影响。以 A、B 两组分的共混物为例，随着浓度的变化，其相结构的变化如图 3-51 所示。随 A 浓度的提高，A 相可以由分散的球状依次变成柱状、层状以至连续相，随着两种组分含量进一步变化，分散相和连续相将发生逆转。这一现象已得到了相关实验的证实。如图 3-52 所示，苯乙烯-丁二烯-苯乙烯的嵌段共聚物随两组分的浓度变化而产生相结构的变化。

（2）分子量

分散相的分子量增加使相容性下降及分散相相畴增大。如聚甲基丙烯酸甲酯与聚苯乙烯的共混体系，随聚甲基丙烯酸甲酯分子量的增加，共混物的相容性下降，透明性变差。

（3）增容剂

虽然大部分具有实用价值的高聚物共混体系是不相容体系，但仍然希望共混体系中各组分能良好地分散，并且在两组分的相界面间有较强的相互作用，也就是说两相间有强的界面

| A球 | A棒 | AB层 | B棒 | B球 |

图 3-51 非均相多组分高聚物的织态结构模型

白色：组分 A；黑色：组分 B

苯乙烯/丁二烯=80/20　　　　苯乙烯/丁二烯=60/40　　　　苯乙烯/丁二烯=50/50

图 3-52 苯乙烯-丁二烯-苯乙烯嵌段共聚物的电镜照片

黏结力，以便能很好地传递应力，否则在使用的过程中将会引起分层，导致材料性能变差。因此，增加其相容性是十分重要的。有效的方法之一是加入增容剂。增容剂的作用一方面是使高聚物之间易于相互分散以得到宏观上均匀的共混产物，另一方面是改善高聚物之间相界面的性能，增加相间的黏结力，从而使共混物具有动力学长期稳定的结构和优良性能。

（4）溶剂

用溶液共混法制备高聚物共混体系，微区结构将受到所用溶剂的影响，溶剂对两组分的溶解能力不同，将造成溶剂挥发过程中两组分沉淀次序上的差异，一般先沉淀的形成分散相。如对苯乙烯-丁二烯-苯乙烯嵌段共聚物（苯乙烯/丁二烯＝20/80）分别用不同溶剂铸膜，发现以苯/庚烷为溶剂时聚丁二烯为连续相，用四氢呋喃/丁酮作溶剂是聚苯乙烯为连续相，而用四庚烷作溶剂时则相分离不明显。

除上述因素外，共混物所处的环境温度、共混体系表面接触的环境等也将影响相结构。

✏ 习题与思考题

1. 高聚物中存在的分子间作用力有哪些类型？其与内聚能密度有何关系？

2. 有两种乙烯和丙烯的共聚物，其组成相同（均为 65％乙烯和 35％丙烯），但其中一种室温时是橡胶状的，一直到稳定降至约−70℃时才变硬，另一种室温时却是硬而韧又不透明的材料。试解释它们内在结构上的差别。

3. 高聚物在结晶过程中会发生体积收缩现象，为什么？下图是含硫量不同的橡皮在结晶过程中体积改变与时间的关系，从这些曲线关系能得出什么结论？试讨论之。

4. 已知 PE 的结晶密度为 $1000kg/m^3$，无定形 PE 的密度为 $865kg/m^3$，请分别计算密度为 $970kg/m^3$ 的线型 PE 和密度为 $917kg/m^3$ 的支化 PE 的结晶度 f_c^w，并解释为什么两者的结晶度相差那么大？

5. 聚乙烯在下列条件下缓慢结晶，最可能形成什么样的晶体？为什么？

含硫量不同的橡皮在结晶过程中体积改变与时间的关系

　　A. 从极稀溶液中缓慢结晶；B. 从熔体中结晶；C. 极高压力下熔融挤出；D. 在溶液中强烈搅拌下结晶。

　　6. 什么是高聚物的结晶度？有哪些方法可用来测定高聚物的结晶度？为什么说不同方法测得的结晶度是不能相互比较的？

　　7. 由什么事实可证明结晶高聚物中有非晶态结构？

　　8. 试述高聚物结晶与非晶结构模型。

　　9. 什么是液晶？近晶型、向列型和胆甾型液晶各有什么特点？

　　10. 主链型和侧链型高聚物液晶有哪些典型的实例？

　　11. 虽然聚苯乙烯和聚丁二烯的折射率相当不同，但是 SBS 做成的高分子材料却是透明的，并且有高的抗张强度。请解释这种现象。

　　12. 玻璃态高聚物、结晶态高聚物在拉伸时分别会发生什么结构上的变化？

　　13. 如何定义取向度？有哪些方法可以测定高聚物的取向度？为什么说不同方法测得的取向度是不能相互比较的？

第4章 高聚物的分子运动与转变

材料的宏观性能与其微观结构密切相连，对高聚物而言，其连接的纽带是各种分子运动。高聚物的结构具有复杂性，并通过各种分子运动形式表现在其复杂的性能上。即使在结构相同的条件下，也会由于分子运动形式的改变而表现出不同的物理性能。例如，聚甲基丙烯酸甲酯在室温时是坚硬的玻璃体，当加热到100℃左右时，则变成了柔软的弹性体；橡胶在室温时是柔软的弹性体，但将它冷却到−100℃时，则变成坚硬的玻璃体。在这两个例子中，尽管高聚物的链结构没有发生变化，但由于温度改变了高聚物在外场作用下的分子运动模式，使它们的物理性能发生了显著的变化。因此研究高聚物的性能，必须在高聚物结构的基础上，弄清其分子运动的规律，从而揭示高聚物结构与性能间的内在联系。

4.1 高聚物的分子运动及力学状态

高聚物结构的多层次及复杂性，导致其分子运动的多重性和复杂性，与小分子相比，高聚物中的分子运动具有一些不同的特点。

4.1.1 高聚物的分子运动特点

（1）高聚物中分子运动单元的多重性

高分子在结构上存在化学组成、空间构型等差异，可以是长链分子，也可以是立体的三维交联网络，结构上具有很大的差异。因此，高聚物的运动单元也具有多重性，可以是侧基、链节、链段和整个分子链，如图4-1所示。

图4-1 高分子链的基本运动单元

按照运动单元的大小，可以把高聚物中的运动单元大致分为大尺寸和小尺寸两类。前者指整链，后者指链段、链节和侧基等。有时沿用小分子运动的概念，把整链运动称为布朗运动，而把各种小尺寸运动单元的运动称为微布朗运动。在上述运动单元中，对高聚物的物理和力学性能起决定作用的最基本的运动单元为链段。

链段运动是高分子链在保持其质量中心不变的情况下，一部分链段相对于另一部分链段的运动，是由柔性主链上单键的内旋转产生的。一般对同一种高聚物，无论是同一分子链的链段或是不同分子链的链段，大小都是瞬息万变的，因此链段运动本身也有多重性和相对性。

整链运动指高分子链作为一个整体进行整个质量中心的移动，如高聚物熔体的流动就是由整链的运动形成的。整链的运动是通过各链段协同运动实现的，因此链段是高聚物最基本的运动单元。

此外，还存在链节、侧基、侧链等较小运动单元的运动，这些运动形式将影响高聚物的低温韧性，在下面的章节将单独介绍。

高聚物运动单元的多重性取决于结构，而运动单元的转变依赖于外场条件，如温度、外力的作用等。

（2）高聚物中分子运动的时间依赖性

在外场作用下，物体从一种平衡状态通过分子运动转变为与外场相适应的另一种平衡状态的过程称为松弛过程，分子运动完成这个过程所需要时间称为松弛时间。运动单元越大，运动中所受到的阻力越大，松弛时间越长。小分子的松弛时间是很短的，如小分子液体在室温时的松弛时间只有 $10^{-8} \sim 10^{-10}$ s，因此在通常的时间标尺上，观察不到小分子运动的松弛过程。但由于高聚物的分子量很大，分子内和分子间相互作用很强，本体黏度很高，因而高分子的运动不可能像小分子运动那样瞬间完成，因此松弛时间在高聚物的分子运动中表现得特别重要。

松弛时间通常可用实验方法测定，通过测量高聚物在外场作用下，一些物理量如体积、模量、介电系数等达到新的平衡态值时所需的时间 t，即可测定其松弛时间，因此高聚物的许多性能是时间的函数。

若在一恒定温度下，外力拉伸橡皮至平衡态伸长 ΔL_0，当外力除去后，橡皮不会立即缩回到原来的长度，而是开始时回缩较快，然后回缩的速度逐渐减慢，以致回缩过程可以持续几个昼夜或几周。实验表明，橡皮在任一时刻 t 的伸长 ΔL 与平衡态伸长 ΔL_0 的关系为

$$\Delta L = \Delta L_0 e^{-\frac{t}{\tau}} \tag{4-1}$$

式中，τ 为松弛时间。

在一般意义下，高聚物外场作用下达到平衡态时某物理量的变化值为 Δx_0，则撤去外力作用后，该物理量的变化值 Δx 随观察时间 t 的增加按指数规律逐渐减小（图4-2）。

$$\Delta x(t) = \Delta x_0 e^{-\frac{t}{\tau}} \tag{4-2}$$

从式（4-2）可确定松弛时间：当 $t = \tau$ 时，$\Delta x(t) = \dfrac{\Delta x_0}{e}$，即松弛时间为 Δx 达到 $\dfrac{\Delta x_0}{e}$ 所需要的时间。

从式（4-2）可见，当 τ 很小时，在很短的观察时间 t 内，Δx 已达到 $\dfrac{\Delta x_0}{e}$ 值，松弛过程进行得很快，

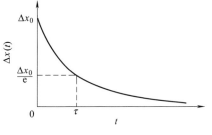

图 4-2　高聚物的松弛曲线

在一般的观测时间内，对这样快速转变的体系很难观测到松弛过程的进行；如果松弛时间很长，在一般的观测时间内，$\tau \gg t$，则 $\Delta x \cong \Delta x_0$，也不能观测到松弛过程。只有在松弛时间和观测时间处于同一数量级时，才能观察到 Δx 值随时间逐渐减小的松弛过程。

高聚物分子运动单元具有多重性，因此实际高聚物的松弛时间不是单一的值，可以从几秒钟（对应于小的链段）到几个月、几年（对应于整链）。在一定的范围内可以认为高聚物的松弛时间是一个连续的分布，常用"松弛时间谱"表示。

由于高聚物中存在着"松弛时间谱",在一般外场作用的时间标尺下,必有相当于和大于外场作用时间的松弛时间。因此实际上高聚物总是处于非平衡态,也就是说,在给定的外场条件和观测时间内,我们只能观察到某种单元的运动。例如,当外场作用时间与链段运动的松弛时间相当但又远小于整链运动的松弛时间时,只能观察到链段运动而观察不到整链运动。因此在讨论高聚物的物理及力学性能时必须注意它的松弛特点,也就是这些性能与观测时间有关系。

（3）高聚物分子运动的温度依赖性

高聚物中的分子运动强烈地依赖于温度,升高温度能加速高分子的运动,其原因可归结于两点:一是增加了分子热运动的动能,当动能足以克服运动单元以某种运动模式运动所需的位垒(即活化能)时,就激发起该运动单元这种模式的运动;二是使高聚物的体积膨胀,增加运动单元的运动空间,当运动空间增加到某种运动单元所需的大小后,这一运动单元便可自由运动。因此升高温度将加速所有的松弛过程,使各种运动单元的松弛时间减小。一些松弛时间较长的运动单元,在较低温度下难以观察到其运动,通过升高温度则可观察到。因此随温度的升高,将能依次观察各种运动单元的运动。因此高聚物的物理和力学性能不仅依赖于观察时间,还依赖于温度。

小分子的温度依赖性服从阿伦尼乌斯（Arrhenius）方程,松弛时间可表示为

$$\tau = \tau_0 e^{\frac{\Delta H}{RT}} \tag{4-3}$$

式中,R 为气体常数;T 为热力学温度;RT 表征每摩尔分子的分子热运动动能;ΔH 为松弛过程所需的活化能;τ_0 为一常数。

但对于高聚物而言,只有整链的运动(当温度很高)或链节及更小单元的运动(温度很低)时,才遵循 Arrhenius 方程,高聚物链段的运动则遵循 WLF 方程。

4.1.2 高聚物的力学状态

在不同外场(如温度、时间)条件下,高聚物表现出不同的分子运动,这种由分子运动所决定的高聚物物理状态称为力学状态。研究高聚物力学状态与分子运动关系的最简单的实验方法是测量高聚物的形变与温度的关系,即等速升温条件下,对高聚物试样施加一恒定作用力,观测在一定的作用时间(一般为 10s)内试样发生的形变与温度的关系,即可得到形变-温度曲线(或称热-机曲线)。用类似的实验方法,可测出模量-温度曲线。此外,高聚物的介电性能、体积、模量、动态力学性能、应力松弛等也同高聚物中各种运动单元的运动有关,通过对这些性能的测试,也可以研究高聚物中的运动模式。

（1）线型非晶态高聚物的力学状态

图 4-3 为线型非晶态高聚物的形变-温度曲线和模量-温度曲线。可见,对于线型非晶态高聚物,可以分为五个区域。

区域 1,此时温度较低,高聚物形变很小,模量很高（$10^9 \sim 10^{9.5} \mathrm{N/m^2}$）,类似于刚硬的玻璃体。这一力学状态称为玻璃态。玻璃态时,分子的能量很低,不足以克服主链上单键内旋转位垒,链段和整链运动均被冻结,只有那些较小的运动单元,如链节、侧基仍能运动。因此从宏观上看玻璃态高聚物的形变很小,形变与时间无关,形变与应力的关系与一般固体的弹性相似,服从胡克定律,属胡克弹性或普弹性。

区域 2,随着温度的升高,分子的热运动能量使链段逐渐开始运动,链段的松弛过程表现得相当明显,高聚物的形变逐渐增大,模量逐渐降低,这是一个玻璃态向高弹态的转变

图 4-3　线型非晶态高聚物的形变-温度曲线（a）和模量-温度曲线（b）

1—玻璃态；2—玻璃态向高弹态的转变区；3—高弹态；4—高弹态向黏流态的转变；5—黏流态；

T_b—脆化温度；T_g—玻璃化转变温度；T_f—流动温度；T_d—分解温度

区，也称为玻璃化转变区。

区域 3，温度升高到一定值后，在此后的一个温度区间内，形变较大（可达原长的 5～10 倍）并相对稳定，模量较小（$10^5 \sim 10^6 \mathrm{N/m^2}$），此时高聚物成为柔软的固体，外力除去后形变很容易回复。这一力学状态称为高弹态。在高弹态，链段可以自由运动，但还不足以使分子链的缠结解开，因此整链仍不能运动。此时产生的形变可以完全恢复，模量几乎不随温度而改变，称为高弹态平台。从玻璃化转变区到高弹态平台，形变除普弹形变外主要为高弹形变。受拉力作用时，分子链可以从卷曲的分子构象转变为伸展的分子构象（这一过程可称为链段取向），因而宏观上表现出很大的形变。除去外力后，分子链又可通过链段自发地解取向回复到原来的分子构象，宏观上表现为形变的回缩。

区域 4，进一步升高温度，高聚物开始向流体转变，开始产生不可回复的形变。这一力学状态是高弹态向黏流态的转变区。这一区域中分子链的松弛过程表现得明显，高聚物既呈现出橡胶的高弹性，又表现出流动性，因此也称为橡胶流动区。在这一区域，高分子链间的缠结开始解开，整链开始滑移时，尽管高聚物还有弹性，但已有明显的流动。

区域 5，此时温度很高，高聚物成为黏性的液体，发生类似于一般液体的黏性流动。这一力学状态称为黏流态。此时分子链已能自由运动，即整链的运动时间小于观测时间（10s）。

从转变区可确定两个特征温度（通常可用切线法作出）：玻璃化转变温度（T_g）和流动温度（T_f）。前者表征玻璃态和高弹态之间的转变温度，后者表征高弹态和黏流态之间的转变温度。因此线型非晶态高聚物的三种力学状态可用玻璃化转变温度和流动温度来划分，温度低于 T_g 时为玻璃态，温度在 $T_g \sim T_f$ 之间时为高弹态，温度高于 T_f 时为黏流态。

高聚物的三种力学状态和两个转变温度具有重要的实际意义。常温下处于玻璃态的非晶态高聚物可作为塑料使用，其最高使用温度为 T_g。当使用温度接近 T_g 时，塑料制品软化，失去尺寸稳定性和力学强度。因此，作为塑料的非晶态高聚物应有较高的 T_g（如聚氯乙烯的 T_g 为 87℃，聚甲基丙烯酸甲酯的 T_g 为 105℃）。与塑料不同，橡胶要求具有高弹性，因此常温下处于高弹态的非晶态高聚物可作为橡胶，其高弹区温度范围为 $T_g \sim T_f$。通常作为橡胶的非晶态高聚物应具有远低于室温的 T_g（例如天然橡胶的 T_g 为 −73℃）。高聚物的黏流态则是高聚物加工成型最重要的状态，非晶态高聚物的成型温度一般在 $T_f \sim T_d$。

（2）结晶高聚物的力学状态

部分结晶高聚物中的非晶区也能发生玻璃化转变。但由于晶区起着物理交联点的作用，这种转变必然要受到晶区的限制。结晶高聚物的形变-温度曲线如图 4-4 所示。

当温度低于晶区的熔点（T_m）时，对于结晶度较低的高聚物，晶区阻碍整链运动，但非晶区的链段仍能运动，还可以表现出玻璃化转变，具有玻璃化转变温度。当温度高于 T_g 而低于其 T_m 时，非晶区从玻璃态转变为高弹态，这时高聚物变成了柔韧的皮革态。但非晶区的玻璃化转变强烈地受结晶的影响，因而形变减小。当结晶度＞40％后，晶区彼此衔接，形成贯穿整个高聚物的连续结晶相，明显地抑制非晶区的链段运动，随结晶度的提高，链段运动不明显，观察不到明显的玻璃化转变。此时结晶相承受的应力要比非晶相大得多，材料变得更为刚硬。

(a) 轻度结晶(结晶度<40%)　　　　　　(b) 高度结晶(结晶度>40%)

图 4-4　结晶高聚物的形变-温度曲线

在低于 T_m 时，结晶高聚物的形变很小，与非晶态高聚物的玻璃态形变相似，除作为塑料外，还可作为纤维。

当温度高于 T_m 时，结晶高聚物处于高弹态还是黏流态取决于分子量的大小。对分子量足够大的结晶高聚物，T_m 已趋近于定值，但其 T_f 仍随分子量的增大而升高，因此熔融后只发生链段运动而处于高弹态，直到温度升至 T_f 时，才发生整链运动而进入黏流态；对分子量不太大的结晶高聚物，其非晶态的 T_f 低于晶态的 T_m，熔融后即进入黏流态，不表现出高弹态的特征，容易加工成型。因此，为了便于加工成型，应在满足材料强度要求的前提下，适当控制结晶高聚物的分子量。

（3）交联高聚物的力学状态

在体型高聚物中，分子链间的交联键限制了整链运动，不能出现黏流态，因此是不能流动的。至于能否出现高弹态，则与交联密度有关。当交联密度较小时，如橡胶，仍能表现出明显的玻璃化转变，因而有两种力学状态，即玻璃态和高弹态；随着交联密度的增加，T_g 升高，而高弹形变值则减小，如热固性树脂。因此对交联度足够大的体型高聚物，其玻璃化转变是不明显的。例如，用六亚甲基四胺固化的酚醛树脂，当固化剂含量小于 2％时，固化树脂的分子量仍较小，而且分子是支链形的，因此它的形变-温度曲线像小分子一样，温度升高时直接从玻璃态转变为黏流态。当固化剂用量大于 2％时，形成体型高聚物，出现了高弹态，但黏流态消失。随固化剂用量增加，交联度增大，T_g 升高，高弹形变减小，直到固化剂含量达到 11％时，高弹态几乎消失（图 4-5）。

图 4-5　六亚甲基四胺固化的酚醛
树脂的温度-形变曲线
曲线上的数字表示固化剂的含量

4.2 高聚物的玻璃化转变

4.2.1 高聚物的玻璃化转变温度及多维性

（1）玻璃化转变温度

高聚物玻璃化转变演示

非晶态高聚物或部分结晶高聚物的非晶区，当温度升高到某一温度或从高温熔体降温到某一温度时，可以发生玻璃化转变。玻璃化转变的实质是链段运动随温度的降低被冻结或随温度的升高被激发的结果。在玻璃化转变前后高聚物的分子运动单元有很大的差异，因此，当高聚物发生玻璃化转变时，其物理和力学性能必然有急剧的变化。除形变与模量外，高聚物的比容、比热、热膨胀系数、热导率、折射率、介电常数等都在玻璃化转变阶段表现出突变或不连续的变化，因而可以为玻璃化转变本质的研究提供条件。

发生玻璃化转变的温度称为玻璃化转变温度（T_g），它是表征玻璃化转变过程的一个重要参数。T_g 是在改变温度的条件下，通过对上述性能的观测得到的。常用的 T_g 测试方法有静态热机械法（如膨胀计法、形变-温度曲线法等）、动态力学性能测试（DMA）、差示扫描量热分析（DSC）或差热分析（DTA）等。

图 4-6 为非晶态高聚物的比容-温度曲线，表示从远高于 T_g 的温度冷却到指定温度 T 比容达到平衡时的测量值。0.02h 表示冷却到指定温度的时间为 0.02h，为快速冷却；100h 表示冷却到指定温度的时间为 100h，为慢速冷却。曲线斜率 $\Delta v/\Delta T$ 是体积膨胀率，曲线斜率发生转折所对应的温度，就是玻璃化转变温度 T_g。有时实验数据不产生尖锐的转折，习惯上把两根直线部分外延，取延长线的交点作为 T_g。实验表明，T_g 具有速度依赖性，如果测试时冷却或升温的速度越高，则 T_g 也越高。这是由分子运动的松弛特点所决定的，在较低的温度下，链段的运动速度十分缓慢，在实验所用的观测时间尺度下观察不到它的运动，随温度的升高，运动速度加快，当链段的运动速度同检测时间标尺匹配时，玻璃化转变即表现出来。提高温度的升降速度相当于缩短观察时间，只有在较高的温度下才能观察到链段的运动，因此测得的 T_g 较高。因此在对 T_g 进行比较时，需指明测试的条件。

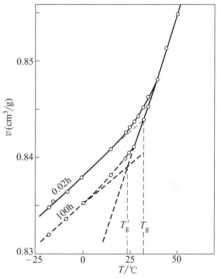

图 4-6 非晶态高聚物的比容-温度曲线

（2）玻璃化转变的多维性

T_g 只不过是表征玻璃化转变的一个指标。上面的玻璃化转变过程是在固定压力、频率等条件下，通过改变温度来观测比容的变化观察到的。如果保持温度不变，而改变其它实验条件（如压力、外场作用频率、分子量等），也同样可以观察到玻璃化转变现象，这就是玻璃化转变的多维性。如在等温条件下观察高聚物的比容随流体静压力的变化，在比容-压力曲线上会出现转折（图 4-7），这时高聚物发生了玻璃化转变，对应的压力称为玻璃化转变压力（P_g）。显然，温度越高，玻璃化转变压力也越大。

在介电测量中，保持温度等条件不变，改变电场的频率，也能观察到高聚物的玻璃化转变现象，介电损耗在某一频率下出现极大值（图 4-8），介电损耗峰所对应的电场频率即为高聚物玻璃化转变频率。

在一定温度下，分子量小的高聚物是液体，分子量大的是玻璃体，因此，在比容对分子量曲线上也出现转折（图 4-9），如聚甲基丙烯酸甲酯（PMMA）的比容-分子量曲线，在 375K 时玻璃化转变分子量为 1.5×10^4。随着温度的升高，玻璃化转变分子量也随之增大。

图 4-7　高聚物的
比容-压力曲线

图 4-8　高聚物的
$\tan\delta$-$\lg\nu$ 曲线

图 4-9　375K 时 PMMA 的
比容-分子量曲线

此外，通过改变测试条件，还可以得到玻璃化转变增塑剂浓度、玻璃化转变共聚物组成等。但由于 T_g 的测试条件比较容易得到，因此 T_g 的应用最为普遍。

4.2.2　高聚物玻璃化转变的自由体积理论

对于玻璃化转变现象，至今尚无完善的理论可以作出完全符合实验事实的正确解释。一般认为，高聚物的玻璃化转变本质主要有两种，一种认为玻璃化转变本质上是一个动力学问题，是一个松弛过程；另一种认为玻璃化转变本质上是一个平衡热力学二级转变，实验中表现出来的动力学性质的 T_g 只是需要无限长时间的热力学转变的一个参数。热力学理论很难说明玻璃化转变时复杂的时间依赖性，而动力学理论虽能解释许多玻璃化转变的现象，却无法从分子结构上预测 T_g，因此在应用这些理论时要综合考虑。

目前有关玻璃化转变主要有三种理论，即自由体积理论、热力学理论和动力学理论。本书主要介绍自由体积理论。

自由体积理论最初是由 Fox 和 Flory 提出的。这一理论认为液体或固体物质，其体积由两部分组成：一部分是被分子占据的体积，称为占有体积，另一部分是未被占据的自由体积。后者以"孔穴"的形式分散于整个物质之中。正是由于自由体积的存在，为分子链通过转动和位移而改变构象提供了空间。自由体积理论认为，当高聚物冷却时，先是自由体积逐渐减少，到某一温度时，自由体积达到一最低值，这时高聚物进入玻璃态。在玻璃态时，链段运动被冻结，自由体积也被冻结，并保持一恒定值，在此温度下已经没有足够的空间进行分子链构象的调整了。因而高聚物的玻璃态可视为等自由体积状态，这一临界温度即为 T_g。在玻璃态时高聚物宏观体积随温度升高而产生的膨胀来源于占有体积的膨胀，包括分子振动幅度的增加和键的变化。当温度升高到玻璃化转变温度，分子热运动已具有足够的能量，而且自由体积也开始膨胀，因而链段的运动获得了足够的运动能量和必要的自由体积，从冻结进入运动状态。在 T_g 以上，高聚物体积的膨胀是由占有体积和自由体积的膨胀这两种因素引起的。所以在高弹态体积随温度升高而产生的膨胀比玻璃态要大，使比容-温度曲线发生转折，如图 4-6 所示。

图 4-10 可以描述这种非晶态高聚物的体积膨胀。

如果以 V_0 表示玻璃态高聚物在绝对零度时的占有体积，V_g 表示在玻璃态时高聚物的总体积，当 $T < T_g$ 时，

$$V_g = V_{f,g} + V_0 + \left(\frac{dV}{dT}\right)_g T \tag{4-4}$$

式中，$V_{f,g}$ 就是玻璃态高聚物的自由体积。

则在玻璃化转变温度时 $T \approx T_g$，可得

$$V_g = V_{f,g} + V_0 + \left(\frac{dV}{dT}\right)_g T_g \tag{4-5}$$

自由体积分数可表示为

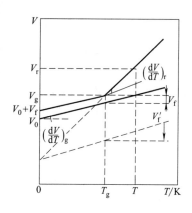

图 4-10 自由体积理论示意图

$$f_g = \frac{V_{f,g}}{V_g} \tag{4-6}$$

在高弹态时，$T > T_g$，高聚物的体积为

$$V_r = V_g + \left(\frac{dV}{dT}\right)_r (T - T_g) \tag{4-7}$$

此时，在温度 T 时的自由体积为

$$V_{f,r} = V_{f,g} + (T - T_g)\left[\left(\frac{dV}{dT}\right)_r - \left(\frac{dV}{dT}\right)_g\right] \tag{4-8}$$

自由体积分数可表示为

$$f_r = \frac{V_{f,r}}{V_r} \tag{4-9}$$

在玻璃化转变温度附近，可认为 $V_r = V_g$，则式（4-9）可写为

$$f_r = \frac{V_{f,r}}{V_g} = \frac{V_{f,g}}{V_g} + \frac{T - T_g}{V_g}\left[\left(\frac{dV}{dT}\right)_r - \left(\frac{dV}{dT}\right)_g\right] = f_g + \frac{T - T_g}{V_g}\left[\left(\frac{dV}{dT}\right)_r - \left(\frac{dV}{dT}\right)_g\right] \tag{4-10}$$

其中，高弹态与玻璃态的膨胀率差 $\left(\frac{dV}{dT}\right)_r - \left(\frac{dV}{dT}\right)_g$ 就是 T_g 以上自由体积的膨胀率。定义单位体积的膨胀系数（或自由体积分数的膨胀系数）为 α，则在 T_g 上下高聚物的膨胀系数分别为

$$\alpha_r = \frac{1}{V_g}\left(\frac{dV}{dT}\right)_r \tag{4-11}$$

$$\alpha_g = \frac{1}{V_g}\left(\frac{dV}{dT}\right)_g \tag{4-12}$$

则 T_g 附近的自由体积分数的膨胀系数差 α_f 为

$$\alpha_f = \alpha_r - \alpha_g \tag{4-13}$$

将式（4-11）～式（4-13）代入式（4-10），可得高弹态某温度 T（$T > T_g$）时的自由体积分数为

$$f_r = f_g + \alpha_f(T - T_g) \tag{4-14}$$

自由体积理论认为在玻璃态时自由体积不随温度变化，且对于所有的高聚物其自由体积分数都相等，就是说在高弹态高聚物的自由体积随温度的降低而减少，到 T_g 时，不同高聚物的自由体积分数将下降到同一数值 f_g。

目前对于自由体积没有明确和统一的定义，常用的是 WLF 方程定义的自由体积以及 Simha 和 Boyer 定义的自由体积。

WLF 方程是由 M. L. Williams、R. F. Landel 和 J. D. Ferry 提出的一个半经验方程

$$\lg \frac{\eta(T)}{\eta(T_g)} = -\frac{17.44(T - T_g)}{51.6 + (T - T_g)} \tag{4-15}$$

式中，$\eta(T)$ 和 $\eta(T_g)$ 分别是温度为 T 和 T_g 时高聚物的黏度。

WLF 方程是高聚物黏弹性研究的一个非常重要的方程，这个方程可以从 Doolittle 方程导出。Doolittle 方程把液体的黏度与自由体积联系起来，认为液体的黏度与自由体积有关，从而导出

$$\ln \frac{\eta(T)}{\eta(T_g)} = B\left(\frac{1}{f_g + \alpha_f(T - T_g)} - \frac{1}{f_g}\right) \tag{4-16}$$

式中，B 为常数。整理上式，并将自然对数换成常用对数，得

$$\lg \frac{\eta(T)}{\eta(T_g)} = -\frac{B}{2.303 f_g}\left[\frac{T - T_g}{f_g/\alpha_f + (T - T_g)}\right] \tag{4-17}$$

上式与 WLF 方程具有相同的形态，将两式比较可得

$$\frac{B}{2.303 f_g} = 17.44 \quad f_g/\alpha_f = 51.6$$

通常 B 很接近 1，取近似值 $B \approx 1$，则得

$$f_g = 0.025 = 2.5\%; \quad \alpha_f = 4.8 \times 10^{-4} \, ℃^{-1}$$

该结果说明，WLF 方程自由体积定义认为高聚物在玻璃态时的自由体积占总体积的 2.5%。

D. Panke 和 W. Wunderlich 用实验测试并计算了聚甲基丙烯酸甲酯的自由体积分数为 2.6%，这与 WLF 方程定义的自由体积分数十分接近，对其它高聚物进行类似的实验结果也得到了同样的结论，自由体积分数与高聚物的种类无关，都接近 2.5%（表 4-1）。

表 4-1　几种非晶高聚物在玻璃化转变温度时不同定义的自由体积分数

高聚物	自由体积分数			
	f_{vac}	f_{exp}	f_{WLF}	f_{flu}
聚苯乙烯	0.375	0.127	0.025	0.0035
聚醋酸乙烯酯	0.348	0.14	0.028	0.0023
聚甲基丙烯酸甲酯	0.335	0.13	0.025	0.0015
聚甲基丙烯酸丁酯	0.335	0.13	0.026	0.0010
聚异丁烯	0.320	0.125	0.026	0.0017

注：f_{vac} 为空气体积分数；f_{exp} 为膨胀体积分数，指热膨胀所利用的体积分数；f_{WLF} 为由 WLF 方程定义的自由体积；f_{flu} 为声速法测量的涨落体积分数。

表 4-1 表明，虽然上述各种方法测试的自由体积分数的值不同，但是基本上对于同一种方法，不同高聚物自由体积相差不大。

R. Simha 和 R. F. Boyer 提出了另一种自由体积的定义。认为自由体积随温度的下降而减少，如果在玻璃态自由体积不被冻结，则在绝对零度时自由体积将减少到零。就是说在

$T=0K$ 时高聚物的实占体积 V_0' 为将高弹态下体积与温度的线性关系外推到绝对零度时的截距（图 4-10）。由此推导出自由体积分数为

$$f_g = \frac{V_f'}{V_{T_g}} = \alpha_f T_g \tag{4-18}$$

式中，V_{T_g} 为 $T=T_g$ 时高聚物的体积。由于玻璃态为等自由体积状态，f_g 为一常数，则 α_f 与 T_g 应当为反比关系。通过测试几十个高聚物的膨胀系数，作 α_f 对 $1/T_g$ 的图（图 4-11）得到一条直线，从而证明上述结论是正确的。由直线的斜率可得自由体积分数为 0.113。

WLF 和 S-B 两种自由体积值的差异是由他们对于自由体积的定义不同引起的。WLF 自由体积是从分子运动角度定义的，SB 自由体积是从几何角度定义的。但两者都认为玻璃态下，自由体积分数不随温度而变化。

自由体积理论比较成功地描述了高聚物的玻璃化转变。但从图 4-12 可见，高聚物的玻璃化转变是一个松弛过程，T_g 与升温速度有关，这用自由体积理论难以解释。该实验的过程为：首先把试样放在远高于 T_g 的温度达到平衡，然后把它放在另一测量温度下迅速淬火，测定此温度下比容随淬火时间的变化，从而得到 $[v(t)-v(\infty)]$ 在不同淬火温度下与淬火时间的关系。开始 $v(t)$ 稳定下降，然后达到一平衡值 $v(\infty)$。当温度较低时，需要较长的时间才能达到平衡比容 $V(\infty)$。一般来说，测定 T_g 时的冷却速度所决定的观察时间不可能满足这一条件，因此测得的比容是一非平衡值。

图 4-11 某些高聚物的高弹态和玻璃态膨胀系数差对玻璃化转变温度倒数作图

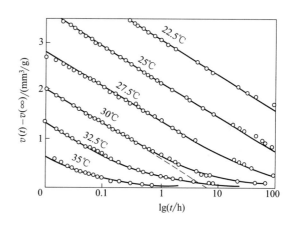

图 4-12 聚乙酸乙烯酯比容-时间曲线

根据链段运动松弛时间的温度依赖性可以解释这种松弛作用。当对高聚物熔体进行冷却时，高聚物的体积收缩要通过分子构象的重排来实现，这显然需要时间。当温度高于 T_g 时，高聚物中的自由体积足以使链段自由运动（松弛时间为 $10^{-1} \sim 10^{-6}$ s），构象重排瞬时完成。这时，高聚物的体积与外场温度是相适应的，即是平衡体积。如果对熔体连续冷却，链段运动松弛时间将按指数规律增大，构象重排速度相应降低，当构象重排速度达到与冷却速度同一数量级时，就可在比容-温度曲线上出现转折点。如果继续冷却下去，构象重排速度将跟不上冷却速度，此时高聚物的体积值总是大于该温度下相应的平衡体积值。因此比容-温度出现转折点的温度就作为这个冷却速度下的 T_g。显然，冷却速度越快，在构象重排

速度越高的温度上出现转折点，即 T_g 越高。

由此可知，同一高聚物熔体不同速度冷却形成的玻璃体（塑料）具有不同的密度。实际上，非晶态高聚物玻璃态时的自由体积分数很高，可达 $10\%\sim14\%$，结晶高聚物中的自由体积也可达 10%。

4.2.3 影响高聚物玻璃化转变温度的因素

T_g 是非晶态塑料的最高使用温度，也是橡胶的最低使用温度。如前所述，T_g 与链段运动密切相关，因此凡是有利于链段运动的因素都有利于降低 T_g，凡是不利于链段运动的因素都会引起 T_g 的升高。

4.2.3.1 高聚物分子链结构的影响

链段运动是通过主链上单键的内旋转来实现的。因此从化学结构来看，决定高聚物 T_g 的主要因素有两个：主链本身的柔顺性和高分子间的作用力。高分子链的柔顺性越高，高分子间作用力越小，高聚物的 T_g 越低。

表 4-2 列举了一些高聚物的结构及其玻璃化转变温度。

表 4-2 某些高聚物的玻璃化转变温度

高聚物	化学结构	$T_g/℃$
聚乙烯	$-CH_2-CH_2-$	$-68(-120)$
聚丙烯（全同）	$-CH_2-CH-$ 　　　$\mid$ 　　　CH_3	-10
聚丙烯（无规）	$-CH_2-CH-$ 　　　$\mid$ 　　　CH_3	-20
聚异丁烯	CH_3 　　　$\mid$ $-CH_2-C-$ 　　　$\mid$ 　　　CH_3	$-70(-73)$
聚异戊二烯（顺式）	$-CH_2-C=CH-CH_2-$ 　　　$\mid$ 　　　CH_3	-73
聚异戊二烯（反式）	$-CH_2-C=CH-CH_2-$ 　　　$\mid$ 　　　CH_3	$-60(-58)$
顺式聚 1,4-丁二烯	$-CH_2-CH=CH-CH_2-$	$-108(-95)$
反式聚 1,4-丁二烯	$-CH_2-CH=CH-CH_2-$	$-83(-18)$
聚 1,2-丁二烯（全同）	$-CH_2-CH-$ 　　　$\mid$ 　　　$CH=CH_2$	-4
聚 1-丁烯	$-CH_2-CH-$ 　　　$\mid$ 　　　CH_2-CH_3	-25
聚 1-戊烯	$-CH_2-CH-$ 　　　$\mid$ 　$CH_2-CH_2-CH_3$	-40
聚 1-己烯	$-CH_2-CH-$ 　　　$\mid$ $CH_2-CH_2-CH_2-CH_3$	-50

高聚物	化学结构	$T_g/℃$
聚 1-辛烯	$-CH_2-CH-$ $\quad\quad CH_2-(CH_2)_4-CH_3$	-65
聚 1-十二烯	$-CH_2-CH-$ $\quad\quad CH_2-(CH_2)_8-CH_3$	-25
聚 4-甲基戊烯-1	$-CH_2-CH-$ $\quad\quad CH_2-CH-CH_3$ $\quad\quad\quad\quad CH_3$	29
聚甲醛	$-CH_2-O-$	$-83(-50)$
聚氧化乙烯	$-CH_2-CH_2-O-$	$-66(-53)$
聚甲基乙烯基醚	$-CH_2-CH-$ $\quad\quad\quad O-CH_3$	$-13(-20)$
聚乙基乙烯基醚	$-CH_2-CH-$ $\quad\quad\quad O-CH_2-CH_3$	$-25(-42)$
聚正丁基乙烯基醚	$-CH_2-CH-$ $\quad\quad\quad O-CH_2-CH_2-CH_2-CH_3$	$-52(-55)$
聚异丁基乙烯基醚	$-CH_2-CH-$ $\quad\quad\quad O-CH_2-CH-CH_3$ $\quad\quad\quad\quad\quad\quad CH_3$	$-27(-18)$
聚乙烯基叔丁基醚	$-CH_2-CH-$ $\quad\quad\quad O$ $\quad H_3C-C-CH_3$ $\quad\quad\quad CH_3$	88
聚二甲基硅氧烷	$\quad\quad CH_3$ $-Si-O-$ $\quad\quad CH_3$	-123
聚苯乙烯(无规)	$-CH_2-CH-$ $\quad\quad\quad\bigcirc$	$100(105)$
聚苯乙烯(全同)	$-CH_2-CH-$ $\quad\quad\quad\bigcirc$	100
聚 α-甲基苯乙烯	$\quad\quad\quad CH_3$ $-CH_2-C-$ $\quad\quad\quad\bigcirc$	$192(180)$
聚邻甲基苯乙烯	$-CH_2-CH-$ $\quad\quad\quad\bigcirc-CH_3$	$119(125)$

高聚物	化学结构	$T_g/℃$
聚间甲基苯乙烯	$-CH_2-CH-$ 苯环间位$-CH_3$	72(82)
聚对甲基苯乙烯	$-CH_2-CH-$ 苯环对位$-CH_3$	110(126)
聚对苯基苯乙烯	$-CH_2-CH-$ 联苯基	138(145)
聚对氯苯乙烯	$-CH_2-CH-$ 苯环对位$-Cl$	128
聚 2,4-二氯苯乙烯	$-CH_2-CH-$ 苯环2,4位$-Cl$，$-Cl$	130(115)
聚 α-乙烯基萘	$-CH_2-CH-$ 萘基	162
聚丙烯酸甲酯	$-CH_2-CH-$ $COOCH_3$	3(6)
聚丙烯酸乙酯	$-CH_2-CH-$ $COOCH_2-CH_3$	-24
聚丙烯酸丁酯	$-CH_2-CH-$ $COOCH_2-CH_2-CH_2-CH_3$	-56
聚丙烯酸	$-CH_2-CH-$ $COOH$	106(97)
聚丙烯酸锌	$-CH_2-CH-$ $COOZn$	>300
聚甲基丙烯酸甲酯(无规)	$-CH_2-\underset{COOCH_3}{\overset{CH_3}{C}}-$	105
聚甲基丙烯酸甲酯(间同)	$-CH_2-\underset{COOCH_3}{\overset{CH_3}{C}}-$	115(105)
聚甲基丙烯酸甲酯(全同)	$-CH_2-\underset{COOCH_3}{\overset{CH_3}{C}}-$	45(55)

高聚物	化学结构	$T_g/℃$
聚甲基丙烯酸乙酯	$-CH_2-\overset{\overset{CH_3}{\vert}}{\underset{\vert}{C}}-$ $COOCH_2-CH_3$	65
聚甲基丙烯酸正丙酯	$-CH_2-\overset{\overset{CH_3}{\vert}}{\underset{\vert}{C}}-$ $COOCH_2-CH_2-CH_3$	35
聚甲基丙烯酸正丁酯	$-CH_2-\overset{\overset{CH_3}{\vert}}{\underset{\vert}{C}}-$ $COOCH_2-(CH_2)_2-CH_3$	21
聚甲基丙烯酸正己酯	$-CH_2-\overset{\overset{CH_3}{\vert}}{\underset{\vert}{C}}-$ $COOCH_2-(CH_2)_4-CH_3$	−5
聚甲基丙烯酸正辛酯	$-CH_2-\overset{\overset{CH_3}{\vert}}{\underset{\vert}{C}}-$ $COOCH_2-(CH_2)_6-CH_3$	−20
聚氟乙烯	$-CH_2-\overset{\vert}{\underset{\vert}{CH}}-$ F	40(−20)
聚氯乙烯	$-CH_2-\overset{\vert}{\underset{\vert}{CH}}-$ Cl	87(81)
聚偏二氟乙烯	$-CH_2-CF_2-$	−40(−46)
聚偏二氯乙烯	$-CH_2-CCl_2-$	−19(−17)
聚 1,2-二氯乙烯	$-\overset{\vert}{\underset{\vert}{CH}}-\overset{\vert}{\underset{\vert}{CH}}-$ $Cl \quad Cl$	145
聚氯丁二烯	$-CH_2-\overset{\vert}{\underset{\vert}{C}}=CH-CH_2-$ Cl	50
聚三氟氯乙烯	$-CF_2-\overset{\vert}{\underset{\vert}{CF}}-$ Cl	45
聚四氟乙烯	$-CF_2-CF_2-$	120(−65)
聚全氟丙烯	$-CF_2-\overset{\vert}{\underset{\vert}{CF}}-$ CF_3	11
聚丙烯腈(间同)	$-CH_2-\overset{\vert}{\underset{\vert}{CH}}-$ CN	104(130)
聚甲基丙烯腈	$-CH_2-\overset{\overset{CH_3}{\vert}}{\underset{\vert}{C}}-$ CN	120
聚乙酸乙烯酯	$-CH_2-\overset{\vert}{\underset{\vert}{CH}}-$ $O-COCH_3$	28

高聚物	化学结构	$T_g/℃$
聚乙烯基咔唑		208(150)
聚乙烯醇		85
聚乙烯基甲醛		105
聚乙烯基丁醛		49(59)
三醋酸纤维素		105
乙基纤维素		43
三硝酸纤维素		53
聚碳酸酯		150
聚己二酸乙二酯	$-O(CH_2)_2OCO-(CH_2)_4-CO-$	−70
聚辛二酸丁二酯	$-O(CH_2)_4OCO-(CH_2)_6-CO-$	−57
聚对苯二甲酸乙二醇酯		69
聚对苯二甲酸丁二酯		40
尼龙-6	$-NH-(CH_2)_5-CO-$	50(40)
尼龙-10	$-NH-(CH_2)_9-CO-$	42
尼龙-11	$-NH-(CH_2)_{10}-CO-$	43(45)

高聚物	化学结构	$T_g/℃$
尼龙-12	$-NH-(CH_2)_{11}-CO-$	42
尼龙-66	$-NH-(CH_2)_6-NH-CO-(CH_2)_4-CO-$	50(57)
尼龙-610	$-NH-(CH_2)_6-NH-CO-(CH_2)_8-CO-$	40(44)
聚苯醚		220(210)
聚氯醚		10
聚乙烯基吡啶		8
聚苊烯		264(321)
聚乙烯基吡咯酮		175

注：括号中的数据也为文献报道值。

（1）主链结构

高分子主链的柔顺性是通过单键的内旋转引起的。主链完全由饱和单键，如—C—C—、—C—N—、—C—O—和—Si—O—等组成时，如果分子链上没有极性的或具有位阻效应的大体积取代基存在，则由这些单键组成的高分子主链都是柔性的，其 T_g 很低。如聚乙烯的 T_g 为$-68℃$，聚甲醛的 T_g 为$-83℃$，聚二甲基硅氧烷的 T_g 为$-123℃$，这是一种耐寒的橡胶。

主链中存在芳香环或芳杂环等刚性结构时，分子链上可以旋转的单键相对减少，分子链刚性增加，而且环状结构的含量越多，分子链刚性越强，T_g 越高（图 4-13）。在耐热高聚

图 4-13　一些芳杂环高聚物耐热性与它们两环之间单键数目的关系

物的分子结构设计时，要充分考虑这一点。如聚碳酸酯的 T_g 为 150℃，聚对苯二甲酸乙二醇酯的 T_g 为 69℃，聚对苯二甲酸丁二醇酯的 T_g 为 40℃。此外，如聚芳砜、聚醚醚酮、聚苯醚等结构中含有较高密度的刚性基团，它们都有很高的 T_g，可以作为耐热工程塑料使用。

主链含有孤立双键的高聚物，虽然双键本身不能内旋转，但与双键相邻的单键有更高的柔性，因此这类高聚物大都是很柔顺的，T_g 很低，可以作为橡胶使用（图 4-14）。如聚异戊二烯（天然橡胶）的 T_g 为 −73℃，顺式聚 1,4-丁二烯（顺丁橡胶）的 T_g 为 −108℃。双键的几何异构将导致高分子链柔顺性的差异，如反式构型的结构柔顺性不如顺式构型，因此反式聚 1,4-丁二烯的 T_g 为 −83℃，比顺式聚 1,4-丁二烯高。

聚丁二烯(T_g=−95℃) 　　 天然橡胶(T_g=−73℃) 　　 丁苯橡胶(T_g=−51℃)

图 4-14　主链中含孤立双键的高聚物

主链上含有极性基团时将增大分子间的作用力，降低分子链的活动性，使 T_g 提高，若含有能形成氢键的基团，则将使分子间的作用力更大，T_g 也更高。如聚乙烯的 T_g 为 −68℃，而含有极性酰胺基的聚酰胺-66 的 T_g 为 50℃。在主链中极性基团的密度增大，分子间的作用力增大，链的柔性降低，T_g 增大。如聚酰胺中酰氨基的密度增大，T_g 还会进一步提高。

然而要注意的是，若在主链中同时含有柔性的单键以及极性基团时，则要考虑两者的共同作用。如含酯基的脂肪族聚酯要综合考虑主链结构中所含醚键的柔性和酯基极性的共同作用。

（2）侧基或侧链

侧基或侧链对 T_g 的影响应从侧基的极性、体积、对称性以及侧链的柔性来讨论。

① 侧基的极性。如果侧基在高分子链上的分布不对称或为单取代时，则侧基的极性越大，分子内和分子间的作用力也越大，高聚物的 T_g 越高，如表 4-3 中所列的一些高聚物。特别是当侧基可以形成氢键时将极大地提高 T_g，如聚丙烯酸由于 —COOH 间可以形成氢键，因此其 T_g 比相应的酯类要高得多，也比侧基极性大的聚氯乙烯的 T_g 高。

表 4-3　一些烯类高聚物的玻璃化转变温度与取代基极性的关系

高聚物	T_g/℃	侧基	侧基的偶极矩/10^{-18}C·m
线型聚乙烯	−68	无	0
聚丙烯	−10，−20	—CH$_3$	0
聚乙烯基甲基醚	−20	—OCH$_3$	1.22
聚氯乙烯	87	—Cl	2.05
聚丙烯酸	106	—COOH	1.68
聚丙烯腈	104	—CN	5.00

增加分子链上极性侧基的密度也能提高高聚物的 T_g，氯化聚乙烯的 T_g 与含氯量的关系如表 4-4。但当极性基团的数量超过一定值后，由于极性基团间的静电斥力超过吸引力，反而导致高分子链间距离增大，T_g 降低。

表 4-4　氯化聚乙烯的 T_g 与含氯量的关系

含氯量/%	61.9	62.3	63.0	63.8	65.4	66.8
T_g/℃	75	76	80	81	72	70

② 取代基的对称性。上述讨论的为单取代的情况，当为双取代时，则要考虑其对称性（图 4-15）。

当侧基的分布是对称的，则会降低内旋转位垒，链的柔顺性增大，使 T_g 比相应的单取代高聚物的 T_g 低。如聚偏二氟乙烯的 T_g 比聚氟乙烯低，聚偏二氯乙烯的 T_g 比聚氯乙烯低，这是由于对称的双取代使偶极相互抵消，整个分子的极性减小，内旋转位垒降低，柔性增大。聚异丁烯由于对称地取代，主链间的距离增大，链间的作用力减弱，柔性增大，相对于聚丙烯的 T_g 降低。

当侧基的分布不对称时，则会增加空间位阻作用，使内旋转位垒增大，T_g 提高，如聚甲基丙烯酸酯的 T_g 比聚丙烯酸酯高，聚 α-甲基苯乙烯的 T_g 比聚苯乙烯高。

图 4-15　侧基对玻璃化转变温度的影响

要说明的一点是，一般单取代的烯类高聚物的 T_g 随构型的变化不大（除聚丙烯酸酯、聚苯乙烯、聚丙烯外），而双取代的烯类高聚物 T_g 随它们构型的变化而变化（表 4-5），如间同聚甲基丙烯酸甲酯的 T_g 为 115℃，而全同聚甲基丙烯酸甲酯的 T_g 为 43℃。

表 4-5　构型对玻璃化转变温度的影响

基团	聚丙烯酸酯 T_g/℃		聚甲基丙烯酸酯 T_g/℃	
	全同	间同	全同	间同
甲基	10	8	43	115
乙基	−25	−24	8	65
正丙基	—	−44	—	35
异丙基	−11	−6	27	81
正丁基	—	−49	−24	20
环己基	12	19	51	104

但有些特殊的结构对 T_g 的影响很难从分子观点说明，例如聚异丁烯（T_g 为 −70℃）主链中插入一些柔性基团后 T_g 反而升高。

$$—C(CH_3)_2—CH_2—CH_2— \qquad\qquad T_g=15℃$$
$$—C(CH_3)_2—CH_2—(CH_2)_2— \qquad\qquad T_g=20℃$$
$$—C(CH_3)_2—CH_2—O— \qquad\qquad T_g=−9℃$$
$$—C(CH_3)_2—CH_2—S— \qquad\qquad T_g=−14℃$$

③ 侧基或侧链的位阻效应和柔顺性。刚性大体积侧基的存在，会使高分子链单键内旋转的空间位阻增加，导致 T_g 升高。例如，聚乙烯、聚丙烯、聚苯乙烯及聚乙烯基咔唑等高聚物，随着分子链上侧基体积的增大，T_g 从聚乙烯的 −68℃ 增至聚乙烯基咔唑的 208℃（表 4-2）。

侧基的作用并不总是提高 T_g，一般来说，长而柔的侧基或侧链反而会降低 T_g。这是因为侧基柔性的增加足以补偿因侧基增大所产生的影响。如表 4-6 所示的聚甲基丙烯酸酯类的 T_g 随侧基的增长而降低。

表 4-6　侧基柔性对聚甲基丙烯酸酯类 T_g 的影响

侧基	$—CH_3$	$—C_2H_5$	$—C_3H_7$	$—C_4H_9$	$—C_5H_{11}$	$—C_6H_{13}$	$—C_8H_{17}$	$—C_{12}H_{25}$	$—C_{18}H_{37}$
T_g/℃	105	65	35	20	−5	−5	−20	−65	−100

（3）离子型高聚物

离子型高聚物的离子键对 T_g 的影响很大，例如在聚丙烯酸中加入金属离子可大幅度提高 T_g，当加入 Na^+ 时，T_g 从 106℃ 提高到 280℃，加入 Cu^{2+} 时，T_g 提高到 500℃。同时正离子的半径越小，或者其电荷量越多，则 T_g 越高。

（4）交联

一般来说，轻度交联对链段的活动性影响很小，因而对 T_g 的影响很小，随着交联密度的增加，链段的活动性减小，T_g 逐渐提高。例如橡胶的 T_g 随硫的含量线性增加（表 4-7）。当交联度增加到某一值时，T_g 接近或超过分解温度。

表 4-7　交联度对高聚物 T_g 的影响

硫含量/%	0	0.25	10	20
T_g/℃	−65	−64	−40	−24

交联高聚物的 T_g 与交联密度之间的关系可用下式表示

$$T_{gx}=T_g+K_x\rho_x \tag{4-19}$$

式中，T_{gx} 是交联高聚物的玻璃化转变温度；T_g 为未交联高聚物的玻璃化转变温度；

K_x 为一常数；ρ_x 为交联密度。

实际上，当交联剂的化学结构与高聚物主链的单体结构不同时，除了交联效应外，还有共聚效应。因为交联产物的化学组成随交联度的增加而变化，所以共聚效应可使 T_g 升高或降低。尼尔森（Nielsen）在归纳了大量实验数据的基础上，总结出以下经验公式

$$T_g - T_{g0} \approx 3.9 \times 10^4 / \overline{M}_c \tag{4-20}$$

式中，$\overline{M}_c$ 为交联点间网链的平均分子量；T_{g0} 为非交联高聚物的玻璃化转变温度，这种非交联高聚物具有与交联高聚物相同的化学组成；$T_g - T_{g0}$ 为对交联剂的共聚效应进行修正后仅因交联引起的玻璃化转变温度的变化。

4.2.3.2 高聚物分子量的影响

通常，当分子量较低时，T_g 随分子量增加而增加；当分子量超过一定程度以后 T_g 随分子量的增加就不明显了，如图 4-16。这是因为在分子链的两头各有一个端链，这种端链的活动能力要比一般的链段大，分子量越低，端链的比例越高，所以 T_g 也越低。随着分子量的增大，端链的比例不断减少，所以 T_g 不断增高，分子量增大到一定程度后，端链的比例可以忽略不计，所以 T_g 与分子量的关系不大。当以 T_g 对分子量的倒数作图时可得一直线。

端基对 T_g 的影响也表现在支化高分子中，支化高分子的端基比线型高分子多，因此相同分子量的支化高分子与线型高分子的 T_g 相比，前者较低。

4.2.3.3 共聚结构的影响

共聚是改变高聚物结构和性能的重要手段。对无规共聚物，由于分子链中两种单体单元的性质不同，分子内和分子间的相互作用也不同，因而共聚物的 T_g 与均聚物有很大的差别，图 4-17 为苯乙烯与另外四种单体分别组成的无规共聚物 T_g 随组分的变化，可以明显地看出，无规共聚是改变 T_g 的重要方法。

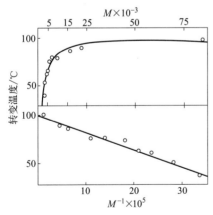

图 4-16　聚苯乙烯的分子量与 T_g 的关系

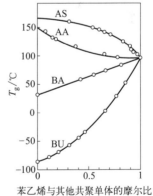

图 4-17　苯乙烯无规共聚物的 T_g 与
苯乙烯单体摩尔比的依赖关系
AS—苯乙烯和丙烯酸；AA—苯乙烯和丙烯酰胺；
BA—苯乙烯和丙烯酸丁酯；BU—苯乙烯和丁二烯

对 T_g 高的组分而言，另一 T_g 较低组分的引入，其作用与增塑相似，这种情况可称为内增塑作用。

Gordon 和 Taylor 对共聚结构与 T_g 的关系进行了研究，把共聚物看作均一混合物，即

无规共聚时，推导出共聚物的 T_g 为

$$T_g = \frac{W_1 \Delta \alpha_1 T_{g1} + W_2 \Delta \alpha_2 T_{g2}}{W_1 \Delta \alpha_1 + W_2 \Delta \alpha_2} \tag{4-21}$$

式中，W_1 和 W_2 分别为两种成分的质量分数；T_{g1} 和 T_{g2} 分别为两种成分的均聚物的玻璃化转变温度；$\Delta \alpha$ 为均聚物的玻璃态和高弹态的体积膨胀系数之差。当 $\Delta \alpha_1 = \Delta \alpha_2$ 时，上式简化为

$$T_g = W_1 T_{g1} + W_2 T_{g2} \tag{4-22}$$

即共聚物的 T_g 随质量分数呈直线变化。这一公式被广泛用于非晶无规共聚物 T_g 的预测，与实验结果吻合得较好。

然而实际共聚反应的情况是比较复杂的，通常不完全遵循上述规律，需根据实际情况加以分析（如图 4-17）。

非无规共聚物中，最简单的情况是交替共聚，它可以看作由两种单体组成的一个重复单元的均聚物，因此仍然只有一个 T_g，其情况类似于无规共聚。嵌段或接枝共聚物的情况则更复杂，决定性因素是两种均聚物是否相容，如果能够相容，则可形成均相材料，只有一个 T_g；若不能相容，则发生相分离，形成两相体系，各有一个 T_g，其值接近于各组分均聚物的 T_g。嵌段共聚物的嵌段数目和嵌段长度，接枝共聚物的接枝密度和支链长度，以及组分的比例，都对组分的相容性有影响，因而也对 T_g 有影响。

4.2.3.4 增塑的影响

增塑剂对 T_g 的影响是显著的。增塑剂多为小分子低挥发性物质，把它加入高聚物中可以形成高分子浓溶液。向 T_g 较高的高聚物中加入增塑剂使 T_g 明显下降，如聚氯乙烯，随着加入的增塑剂量的增大，T_g 显著下降（表 4-8）。这一现象在工业中有着重要的实际意义，增塑剂是聚氯乙烯塑料中不可缺少的重要组分，它的加入不仅使聚氯乙烯有良好的成型加工性，也使制品的柔性有很大的改变。

表 4-8　邻苯二甲酸二辛酯对聚氯乙烯 T_g 的影响

增塑剂含量/%	T_g/℃	增塑剂含量/%	T_g/℃
0	78	30	3
10	50	40	−16
20	29	50	−30

加入增塑剂后使 T_g 下降的原因可归结于两个方面：一是增塑剂上的极性基团与聚氯乙烯上的氯原子（—Cl）产生相互吸引作用，减少了聚氯乙烯分子之间的相互作用，因而增塑剂的加入，相当于把氯原子屏蔽起来，结果使高聚物分子链间作用力降低；二是增塑剂的分子比聚氯乙烯分子小得多，它们活动比较容易，可以很方便地提供链段活动时所需的空间。上述两个原因都使聚氯乙烯的 T_g 下降。

研究表明，增塑剂对高聚物 T_g 的影响很大程度上依赖于增塑剂自身的 T_g。用自由体积理论可以计算增塑剂对 T_g 的影响，得到下式。

$$T_g = \phi_p T_{gp} + \phi_d T_{gd} \tag{4-23}$$

式中，ϕ_p 和 ϕ_d，T_{gp} 和 T_{gd} 分别为高聚物和增塑剂的体积分数和玻璃化转变温度，若将体积分数换算成质量分数，即取 $\phi_p = W_p/\rho_p$ 和 $\phi_d = W_d/\rho_d$ 时，有

$$\frac{1}{T_g} = \frac{W_d}{T_{gd}} + \frac{W_p}{T_{gp}} \qquad (4\text{-}24)$$

式中 W_p 和 W_d、ρ_p 和 ρ_d 分别为高聚物和增塑剂的质量分数和密度。

式（4-23）和式（4-24）为较简单的近似式，也常用于估算增塑高聚物的 T_g。

一般来说，增塑对降低玻璃化转变温度更为有效，而共聚对降低熔点更为有效。

4.2.3.5 外界条件的影响

（1）升温速度和外力作用时间

高分子的链段运动表现出明显的松弛特征，因此玻璃化转变不是热力学平衡状态，T_g 强烈地受测试条件的影响。

在测量时，随着升温或冷却速度的减小，测得的 T_g 向低温方向移动；而升温或冷却速度提高，则测试所得的 T_g 向高温方向移动。一般来说，升温速度降低 $10℃/min$，T_g 降低 $3℃$。

由于玻璃化转变的松弛特点，外力作用的时间不同将引起玻璃化转变点的移动。用动态方法测量的 T_g 通常要比静态的膨胀计法测得的 T_g 高，而且随着测量时外力作用时间的缩短（力作用频率的升高）而升高。如表 4-9 所示，采用不同方法测试时，聚氯醚的 T_g 有很大差别。

表 4-9　不同测试方法得到的聚氯醚的 T_g

测试方法	介电法	动态力学法	慢拉伸	膨胀计法
频率/Hz	1000	89	3	10^{-2}
$T_g/℃$	32	25	15	7

（2）外力的大小

外力能促进链段沿力作用方向运动，使 T_g 降低，应力越大，T_g 越低，如图 4-18。由图可见，T_g 与应力 σ 成线性关系

$$T_g = A - B\sigma \qquad (4\text{-}25)$$

式中，A 和 B 为常数。

（3）流体静压力

当高聚物受到流体静压力作用时，内部的自由体积将被压缩，按自由体积理论，T_g 升高，静压力越大，T_g 越高。例如，当压力从 $10 \times 10^4\,Pa$ 增加到 $2000 \times 10^4\,Pa$ 时，聚苯乙烯的 T_g 从 $80℃$ 线性地升高到 $145℃$。

自由体积理论解释分子量与玻璃化转变温度的关系

图 4-18　外力与 T_g 的关系

1—聚乙酸乙烯酯；2—增塑聚苯乙烯；3—聚乙烯醇缩丁醛

4.3　高聚物的结晶与熔融

4.3.1　高聚物的结晶过程与结晶速度

高聚物的结晶温度范围在 $T_m \sim T_g$ 之间，结晶可以在等温条件下进行，也可以在非等温条件下进行，因而其动力学研究也分为等温结晶动力学和非等温结晶动力学。高聚物结晶动力学研究的对象是结晶过程的活化能、成核方式、结晶速度、结晶能力与外场条件的关系等。实际上大多数高聚物的成型过程如挤出、注射、吹塑等均属于非等温过程，因此非等温动力学的研究更接近于实际的情况，也更为重要。但这一过程相当复杂，目前虽有许多数学处理方法，但都不能得到满意的结果。本书只对等温结晶过程进行介绍。

（1）高聚物的结晶过程

等温结晶是将高聚物熔体在 T_m 以上快速冷却到结晶温度并保持此温度到结晶完成，或将熔体快速冷却到 T_g 以下，形成玻璃态，然后快速升温到某温度进行等温结晶。

下面以球晶为例说明高聚物的等温结晶行为。高聚物的结晶过程同小分子一样也分为晶核的形成和晶体的生长。晶核的形成根据有无异物的影响，可以分为均相成核和异相成核（图 4-19）。均相成核由熔体中分子链形成链束或折叠链而成为晶核，晶核在整个结晶过程中是不断生成的，由此发展成的晶体大小不一，所需温度通常较低。异相成核是异物作为晶核，一般异相成核是所有的晶核同时形成，由此发展成的晶体大小均一。聚合物熔体中一旦有晶核生成，分子链就能以晶核为核心做有序的排列生成晶体，随时间的延续晶体不断长大。由此可见，结晶的总速度包括晶核的形成速度和晶体的生长速度。在结晶过程中，高聚物的某些物理性质将发生变化，对这些物理量进行监测跟踪，即可对结晶速度进行测量。

(a) 异相成核　　　(b) 均相成核

图 4-19　球晶的成核

图 4-20 表示了球晶的形成过程。初始的球晶是一个多层的片晶，晶体中不断地分叉，经捆束形式逐渐形成填满的球状外形，成为早期的球晶，然后以相同的径向速率继续生长。

球晶的生长

图 4-20　均相成核时球晶的生长过程

高聚物结晶速度的测试有多种方法，不同的研究方法测定的结晶速度不同，如成核速度通常用偏光显微镜、电镜直接观察单位时间内形成晶核的数目；晶体的生长速度可以用偏光显微镜、小角激光散射法测定球晶半径随时间延长而增大的速度；晶体总的生长速度可以用膨胀计法、光学偏振法测定结晶过程进行到一半所需的时间 $t_{1/2}$ 的倒数来表征。

① 偏光显微镜法。偏光显微镜法是研究结晶过程最常用的方法，在偏光显微镜下可直接观察到球晶的形成和生长。将试样置于偏光显微镜的控温载物台上等温结晶，可以通过计算单位时间单位体积内球晶的数目得到晶核生成的速度，通过直接测量球晶的半径随时间的变化可得球晶的生长速度。等温结晶时，球晶的半径与时间成线性关系，如图 4-21 所示，并一直保持到球晶发生碰撞为止。因此可用单位时间内球晶半径的增长量来描述球晶的径向生长速度。

图 4-21　高聚物球晶生长的电镜照片及生长速度曲线

② 膨胀计法。膨胀计法是研究结晶过程的经典方法，测试的是结晶的总速度。在高聚物的结晶过程中，密度发生变化，因此结晶过程将发生体积收缩，跟踪体积的变化过程即可研究结晶过程。将高聚物试样与惰性的跟踪液体装入一膨胀计中，加热到高聚物熔点以上，使高聚物全部成为非晶态熔体，然后将膨胀计移入预先控制好的恒温浴中，使高聚物迅速冷却到预定温度，观察膨胀计毛细管内液柱高度随时间的变化，从而观察结晶进行的情况。如果以 h_0、h_∞ 和 h_t 分别表示膨胀计的起始、最终和 t 时刻的读数，对 $\dfrac{h_t - h_\infty}{h_0 - h_\infty}$-$t$ 作图，可得到如图 4-22 所示曲线。从中可以看出，在等温结晶过程中，结晶速度不是恒定的，因此通常将体积收缩到一半所需时间的倒数 $1/t_{1/2}$ 作为实验温度下的结晶总速度。

③ 光学偏振法。光学偏振法是利用球晶的光学双折射性质来测定结晶速度的一种方法。熔融高聚物试样是光学各向同性的，它在两个正交的偏振片之间的透射光强度为零，随着结晶的进行，透射光强度逐渐增加，并且与结晶度成正比。用光电仪器接收放大，并将之记录下来，便可得到与膨胀计法相似的等温结晶曲线，即 $\dfrac{I_t - I_\infty}{I_0 - I_\infty}$-$t$ 曲线，曲线上 $(I_\infty + I_0)/2$ 对应的时间即为 $t_{1/2}$。

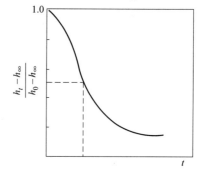

图 4-22　高聚物的等温结晶曲线

此外，小角激光散射法也可应用于研究聚合物的结晶过程，它不仅可以测定高聚物的结晶度，还可以研究结晶与熔融机理，跟踪结晶过程中片晶厚度、长周期等亚微观结构的变化。

（2）Avrami 方程

晶体的生长是多维的，其生长动力学同生长维数和成核方式有关。用于描述小分子等温结晶动力学的 Avrami 方程也可用来描述高聚物的等温结晶过程。Avrami 方程可表达为

$$\theta = \frac{v_t - v_\infty}{v_0 - v_\infty} = \exp(-kt^n) \tag{4-26}$$

式中，v 为高聚物的比容；k 为结晶速度常数；下标 t、0 和 ∞ 分别表示结晶进行到某一时刻、结晶初始和结晶终了的时刻；n 为 Avrami 指数，与成核机理和生长方式有关（表 4-10）。

表 4-10 不同成核机理和晶体生长类型的 Avrami 指数

生长方式	成核方式	
	均相成核	异相成核
三维生长（块状、球状晶体）	$n=3+1=4$	$n=3+0=3$
二维生长（片状晶体）	$n=2+1=3$	$n=2+0=2$
一维生长（针状晶体）	$n=1+1=2$	$n=1+0=1$

前已指出，均相成核时，晶核的生成随时间的延长而增多，有时间依赖性，因此时间维数是一维的；而异相成核与时间无关，时间维数为零。所以当球晶三维生长时，均相成核的 $n=3+1=4$，异相成核的 $n=3+0=3$。将 Avrami 方程的两边取对数，可得

$$\lg(-\ln\theta) = \lg k + n\lg t \tag{4-27}$$

作出 $\lg(-\ln\theta)$ 对 $\lg t$ 的图，求直线的斜率便可得到 n，通过直线的截距便可得到 k。

在实际应用中，常用结晶进行到一半时所需的时间 $t_{1/2}$ 的倒数来表征结晶速度。当结晶进行到一半时，$\theta = 1/2$，则

$$t_{1/2} = \left(\frac{\ln 2}{k}\right)^{1/n} \quad \text{或} \quad k = \frac{\ln 2}{t_{1/2}^n} \tag{4-28}$$

这就是结晶速度常数 k 的意义和利用 $1/t_{1/2}$ 来表征结晶速度的依据。

图 4-23 为聚醚醚酮（PEEK）等温结晶数据的 Avrami 处理结果，可见不论是从熔体结晶还是从玻璃态结晶，在结晶前期，实验结果同理论吻合得很好，存在明显的线性关系，而在后期则出现了偏离。这是因为 Avrami 方程只考虑了球晶的碰撞，而没有考虑球晶的进一步完善。在球晶生长后期，两球晶接触，接触区的生长停止，而球晶的内部结构仍可继续发展。通常把符合 Avrami 方程的部分称为主期结晶，把偏离 Avrami 方程的部分称为次期结晶。在次期结晶中，主要是球晶未接触部分的继续生长，同时球晶的内部结构也可能发生调整，使不完善部分进一步完善。次期结晶过程在体积收缩曲线上表现为后期出现一个台阶（图 4-24）。

从熔体冷却到结晶温度的等温结晶　　从玻璃态升温到结晶温度的等温结晶

图 4-23　PEEK 等温结晶数据的 Avrami 处理结果

图 4-24　几种高聚物的等温结晶曲线

■—聚对苯二甲酸乙二醇酯；I—低密度聚乙烯；▲—高密度聚乙烯；×—聚三氟氯乙烯；●—尼龙-6

4.3.2 影响高聚物结晶速度的因素

（1）温度

如前所述，高聚物的结晶过程包括晶核的形成和晶体的生长，因此讨论结晶过程的影响因素时要从这两方面来论述。

高聚物的结晶在 $T_g \sim T_m$ 之间均可发生，但在这一区间内，温度对结晶速度有很大的影响。以 $1/t_{1/2}$ 对温度作图，即可得到结晶速度-温度曲线，如图 4-25。当用球晶的径向生长速度对温度作图时，也可以得到类似的结果。

高聚物的结晶包括晶核的形成和晶体的生长，因此高聚物的结晶速度与温度的这种关系，是由晶核形成速度与晶体生长速度对温度的依赖性不同造成的。均相成核只有在较低的温度下才能发生，温度过高，分子的热运动过于剧烈，晶核不易形成，或生成的晶核不稳定，容易被分子热运动所破坏，随着温度的降低，均相成核的速度逐渐增大；异相成核可以在较高的温度下发生，而且受温度的影响小。结晶的生长过程则取决于链段向晶核扩散和规整堆积的速度，随着温度的降低，熔体的黏度增大，链段的活动能力降低，晶体生长的速度下降。当结晶温度较高（接近于熔点）时，晶核生成的速度极小，虽然高分子链段的活动能力很强，但结晶速度仍很小；结晶温度降低，使晶核生成速度增加，链段的活动性较强，晶体生长速度很大，因此结晶速度迅速增大，此时生成的球晶数目少，结晶较完善，球晶可以发展到较大的尺寸，球晶间的连接链少；到某一适当的温度时，晶核形成和晶体生长都有较大的速度，结晶速度出现极大值；此后虽然晶核形成的速度仍然较大，但是由于晶体生长速度下降，结晶速度也随之下降，此时形成的球晶数目多，尺寸小，在球晶间的连接链较多。在 T_m 以上晶体将被熔化，而在 T_g 以下，链段被冻结，因此通常只有在 T_m 与 T_g 之间，高聚物的本体结晶才能发生。

图 4-26 为天然橡胶的结晶速度与温度的关系曲线，在 -25℃ 出现极大值，在此温度下结晶速度最快。

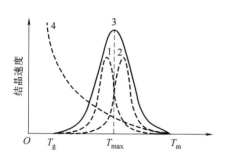

图 4-25　结晶速度与温度的关系曲线
1—成核速度；2—晶体生长速度；
3—结晶总速度；4—黏度曲线

图 4-26　天然橡胶结晶速度与温度的关系

通过对大量高聚物结晶过程的研究发现，结晶速度最大的温度 T_{max} 同高聚物晶体的熔点 T_m 有下列经验关系式

$$T_{max} = (0.80 \sim 0.85) T_m \tag{4-29}$$

表 4-11 中的数据说明了这一点。

表 4-11　几种结晶高聚物的 T_{max} 和 T_m

高聚物	T_{max}/K	T_m/K	T_{max}/T_m
天然橡胶	249	301	0.83
全同聚苯乙烯	448	513	0.81
聚己二酸己二醇酯	271	332	0.82
聚己二酸丁二醇酯	303	380	0.78
聚甲醛	358	456	0.78
聚酰胺-66	420	538	0.78
聚酰胺-6	413	502	0.83
聚氧化丙烯	290	348	0.83
全同聚丙烯	348	456	0.77
聚对苯二甲酸乙二醇酯	453	540	0.84

结晶速度同温度的关系是相当重要的，它对高聚物的成型加工有着重要的影响，最终影响产品的性能。从上面可以看出，结晶速度对温度相当敏感，如聚乙烯、聚丙烯等，当结晶温度相差 1℃时，其结晶速度相差几倍甚至几十倍。温度对结晶速度的影响将影响到高聚物的结晶度，有时为了提高结晶度，需将高聚物在一定温度下进行热处理；有时为了降低结晶度，则需将熔体快速冷却到 T_g 以下。结晶温度还可影响球晶的尺寸，在较高的结晶温度下，晶核的生成速度慢，单位体积内的晶核数目少，晶体可以发展得较完全，尺寸较大，球晶间的连接链少；而在接近 T_g 时，成核速度快，球晶的数目多，但尺寸小，球晶间的连接链多（图 4-27）。在注射成型中，由于高聚物熔体在模具中温度的差异，制品表面和制品内部的结晶度、球晶大小及结构中连接链的多少将产生巨大的差异，这种凝聚态结构的差异将造成性能的不均一性，给制品的性能带来不利的影响。

　　　　由熔体淬冷到室温　　　　　　　熔体缓慢冷却至室温

图 4-27　结晶温度对球晶尺寸的影响

（2）应力

应力在高聚物结晶过程中有两方面的影响。一方面应力影响高聚物的结晶形态，另一方面应力也影响高聚物的结晶速度，应力的作用总是加速结晶的过程。如天然橡胶在常温下不受应力作用时，需几十年才能结晶，而在拉伸下，只要几秒钟即可结晶。这是由于高分子链在应力的作用下可以做一定程度的有序排列，从而有利于结晶的进行。

（3）杂质

杂质对高聚物结晶过程的影响较为复杂，有些杂质会阻碍结晶的进行，有些杂质会加速结晶过程，也就是起到成核剂的作用。成核剂可以通过提高结晶过程的成核速率来提高高聚物的结晶速度，使球晶数目增多，尺寸变小，减少温度对结晶过程的影响，使球晶变得比较均匀。表 4-12 列出了成核剂对尼龙-6 结晶过程的影响。

表 4-12　成核剂对尼龙-6 结晶速度和球晶大小的影响

成核剂	成核剂含量	在 200℃结晶 速度 $t_{1/2}$/min	球晶大小/μm	
			150℃结晶	5℃结晶
无	0	20	50～60	15～20
尼龙-6 本体	0.2 1	10	10～50 4～5	5～10 4～5
聚对苯二甲酸乙二醇酯	0.2 1	6.5	10～15 4～5	5～10 4～5
磷酸铅	0.05 0.1	5.5	10～15 4～5	8～10 4～5

由表可见，加入成核剂可以明显提高结晶的速度并使球晶尺寸减小。这一点在生产上具有重要意义，通过加入成核剂，可以改善制品受热不均匀对产品性能产生的影响，从而获得结构均一、尺寸稳定的制品。

图 4-28 为碳纤维在高聚物熔体中的成核作用，可见沿碳纤维方向球晶的排列较其它方向密集。

（4）溶剂

有些溶剂能明显地促进高聚物的结晶过程。如聚对苯二甲酸乙二醇酯、聚碳酸酯的结晶速度很慢，只要过冷度稍大，就易形成无定形态，但把它们的无定形透明薄膜浸入适当的有机溶剂中，就会发生结晶作用使薄膜变得不透明。一般认为这是因为小分子的渗入增加了高分子链的活动能力，从而有利于晶体的生长。

图 4-28　碳纤维在高聚物熔体结晶过程中的成核作用

（5）高分子链的柔顺性

高分子链结构对结晶速度的影响，从本质上主要是影响分子链的链段运动扩散进入晶格的速度。一般而言，凡是有利于提高结晶性高聚物分子链的链段活动能力的结构因素都有利于结晶速度的提高。链的结构越简单，对称性越高，取代基空间位阻越小，规整性越好，柔性增大，则结晶速度越大；而分子的极性增加、侧基体积增大或分子主链含苯环等刚性单元等因素则使结晶速度下降。表 4-13 列出了几种高聚物在结晶速度最快温度下的结晶速度。

表 4-13　几种高聚物在结晶速度最快温度下的结晶速度

高聚物	$t_{1/2}$/s	高聚物	$t_{1/2}$/s
尼龙-66	0.42	聚对苯二甲酸乙二醇酯	42.0
等规聚丙烯	1.25	等规聚苯乙烯	185
尼龙-6	5.0	天然橡胶	5×10^3

对于同一种高聚物，在相同的结晶条件下分子量将影响链段的活动性，从而影响结晶速度。分子量越低，链段活动越容易，结晶速度越大（图 4-29）。因此对于同样的结晶度，分子量高的要比分子量低的高聚物需要更长的结晶时间。

4.3.3　结晶高聚物的熔融与熔点

当温度达到 T_m 以上时，结晶高聚物将会熔融。高聚物晶体的熔融过程与小分子晶体的熔融过程有很大的差异。图 4-30 为正常升温速度下，两种晶体熔融过程中体积-温度曲线。可以发现，结晶高聚物与小分子晶体在熔融过程中都会发生一些热力学函数（如体积、比热容等）的突变，但小分子晶体的熔融发生在约 0.2℃ 左右的狭窄温度范围内，而高聚物有一个较宽的熔融温度范围。在这个温度范围内，发生边熔融边升温的现象。通常把高聚物完全熔融时的温度称为熔点（T_m），把高聚物从开始熔融到熔融完全的温度范围称为熔限。

图 4-29　聚甲基苯基硅氧烷的分子量对球晶生长速度的影响

图 4-30　结晶熔融过程中的体积-温度曲线

高聚物结晶基本上是多层片晶的结构，片晶之间为非晶态。以小角 X 射线散射测量聚乙烯在熔融过程中结晶部分和非晶部分的平均厚度，发现在很宽的温度范围内，厚度基本保持不变，达到一定温度以上时，继续升温则使结晶层平均厚度明显降低，非晶层的厚度大大增加。这说明片晶的熔融是由表面开始，逐渐进行到晶体内部。

为了解结晶高聚物的热力学本质，采用缓慢升温的方法对其熔融过程进行了研究。如每升温 1℃，维持恒温直到体积不再改变（大约需 24h）后才测定比容值，然后再重复这一过程。结果表明，在这样的条件下，结晶高聚物的熔融过程十分接近跃变过程（图 4-31），熔融过程主要发生在 3~4℃ 的较窄温度范围内，而且在熔融终点，曲线也出现明确的转折。

对于在不同结晶条件下获得的同一种高聚物的不同试样，进行类似的测量，结果得到了相同的转折温度（图 4-32），如线型聚乙烯测得的熔点为（137.5±0.5）℃。这些实验事实有力地证明，结晶高聚物的熔融过程是热力学一级相转变过程，与小分子晶体的熔融现象只

图 4-31　聚己二酸乙二醇酯比容-温度曲线图

图 4-32　线型聚乙烯的比容-温度曲线
a—熔体缓慢冷却结晶试样；
b—130℃结晶 40 天后缓慢冷却试样

有程度的差别，而没有本质的不同。也就是说，通过缓慢升温可以消除高聚物由于结晶条件不同而造成的结构内部差异。

对缓慢升温过程的研究结果表明，结晶高聚物出现边熔融、边升温的现象是由于结晶高聚物中含有完善程度不同的晶体。通常结晶时，随着温度降低，熔体的黏度迅速增加，分子链的活动性减小，来不及做充分的构象调整，使结晶停留在不同的阶段；结晶不完善的晶体将在较低温度下熔融，而比较完善的晶体则需要在较高温度下才能熔融，因而在通常的升温速度下，便出现较宽的熔融温度范围。在上述缓慢升温的条件下，如不完善的晶体在较低的温度下被破坏时，允许更完善的、更稳定的晶体生成，或者说，在这种缓慢升温的条件下，提供了充分地再结晶的机会，再结晶时放热而升温。最后，所有较完善的晶体都在较高的温度下和较窄的温度范围内熔融，因此比容-温度曲线在熔融过程的终点出现了急剧的变化和明显的转折。

结晶熔融时发生不连续变化的各种物理性质，如密度、折射率、热容、透明性等均可用来测定 T_m。除了上面已经指出的观察熔融过程中比容随温度变化的膨胀法之外，利用结晶熔融过程中发生的相当大的热效应也可以测定 T_m，这就是差热分析法（DTA），还有在它的基础上发展起来的，可以定量测量熔融过程热效应的差示扫描量热法（DSC），它们都是目前研究结晶高聚物最常用的方法。此外还有利用结晶熔融时双折射消失的偏光显微镜法，利用结晶熔融时 X 射线衍射图上晶区衍射的消失、红外光谱图以及核磁共振谱上结晶引起的特征谱带的消失的 X 射线衍射法，红外光谱法以及核磁共振法等。

4.3.4 影响结晶高聚物熔点的因素

（1）高聚物链结构

T_m 是结晶高聚物使用温度的上限，也是表征结晶高聚物耐热性的重要指标。T_m 与 T_g 均与高聚物的化学结构有直接关系，而且化学结构对它们的影响趋势是一致的。因此，对同一种结晶高聚物，T_g 与 T_m 之间存在一定关系。大量实验数据表明，对于对称性高分子有

$$\frac{T_g}{T_m} = \frac{1}{2} \tag{4-30}$$

对于非对称性高分子有

$$\frac{T_g}{T_m} = \frac{2}{3} \tag{4-31}$$

上述二式中 T_g 和 T_m 都用热力学温度表示，这是一个很有用的经验规则。如尼龙-6 的 $T_m = 225℃$，按规则计算 T_g 为 59℃，实验值为 50℃；聚对苯二甲酸乙二醇酯的 T_m 为 267℃，按上式推测 T_g 为 87℃，实验值大约为 80℃。又如对称的结晶聚偏二氯乙烯的 T_g 是 −17℃，根据上式推测的 T_m 是 239℃，与实验值相近，但是仍有一些高聚物不符合上述规则，例如聚二甲基硅氧烷、聚碳酸酯等。

在热力学上 T_m 定义为熔融热 ΔH_u 与熔融熵 ΔS_u 之比

$$T_m = \frac{\Delta H_u}{\Delta S_u} \tag{4-32}$$

由此可见，为提高 T_m，可以提高熔融热 ΔH_u 或降低熔融熵 ΔS_u。ΔH_u 主要取决于分子间的相互作用，ΔS_u 主要取决于链的柔性。因此从高分子链结构上看，影响高聚物 T_m 的因素主要有分子间力及链的柔性。表 4-14 列出了一些高聚物的熔融数据。

表 4-14　结晶高聚物的熔融数据表

高聚物	熔点/℃	熔融热(重复单元)ΔH_u/(kJ/mol)	熔融熵(重复单元)ΔS_u/(kJ/mol)
聚乙烯	146	5.02	9.6
等规聚丙烯	200	5.80	12.1
等规聚 1-丁烯	138	7.01	17.0
等规聚 1-戊烯	130	6.31	15.6
聚 4-甲基-1-戊烯	250	9.93	19.0
顺式聚 1,4-异戊二烯	28	5.40	15.5
反式聚 1,4-异戊二烯	74	12.7	36.6
顺式聚 1,4-丁二烯	11.5	9.20	32
反式聚 1,4-丁二烯	142	3.61	8.7
反式聚 1,4-氯丁二烯	80	8.37	23.8
聚异丁烯	128	12.0	29.9
等规聚苯乙烯	243	8.37	16.3
等规聚氯乙烯	212	12.7	26.2
聚偏氯乙烯	198	15.8	33.6
聚偏氟乙烯	210	6.69	13.8
聚三氟氯乙烯	220	5.02	10.2
聚四氟乙烯	327	2.87	5.78
聚甲醛	180	6.66	15.7
聚氧化乙烯	80	8.29	22.4
聚四氢呋喃	57	1.44	43.7
聚六亚甲基醚二醇	73.5	23.2	67.3
聚八亚甲基醚二醇	74	29.4	85.4
聚对二甲苯	375	30.1	46.5
聚对苯二甲酸乙二醇酯	280	26.9	48.6
聚对苯二甲酸丁二醇酯	230	31.8	63.2
聚对苯二甲酸癸二醇酯	138	46.1	113
聚己二酸癸二醇酯	79.5	42.7	121
聚癸二酸乙二醇酯	76	29.1	83.3
聚癸二酸癸二醇酯	80	50.2	142
聚乙内酯	233	11.1	22
聚 β-丙内酯	84	9.1	25.6
聚 ε-己内酯	64	16.2	48.1
聚己内酰胺	270	26.0	48.8
聚己二酰己二胺	280	67.9	123
聚辛内酰胺	218	17.8	36
聚壬二酰癸二胺	214	36.8	113
聚癸二酰癸二胺	216	35.7	71.2
聚双酚 A 碳酸酯	295	33.6	59
三丁酸纤维素	207	12.6	33.9

（2）分子间的作用力

要提高 T_m，首先考虑的是提高分子间的作用力从而提高熔融热 ΔH_u。提高分子间的作用力可以通过在高分子主链或侧基上引入极性基团，在分子间形成氢键等来实现。

图 4-33 列出了一些脂肪族高聚物如脂肪族聚酯、聚酰胺、聚氨酯、聚脲和聚乙烯的 T_m 随重复单元长度的变化，从中可见，随着重复单元长度的增加，T_m 都趋近于聚乙烯。这是因为随着重复单元长度增加，这些极性基团的相对含量减少，使链结构越来越接近聚乙烯。

但对于同系高聚物，如聚酯和聚酰胺，这种 T_m 随重复单元长度的变化呈锯齿状变化（图 4-34），这种现象的产生是由于分子间形成氢键的概率与重复单元中碳原子数的奇偶性有关，见表 4-15 中所列举的聚酰胺间氢键与重复单元中碳原子数的关系。

图 4-33 脂肪族高聚物熔点的变化

图 4-34 熔点与主链上极性基团间碳原子数的关系

表 4-15 聚酰胺间氢键与重复单元中碳原子数的关系

聚酰胺结构示意图			
碳原子数	偶数的氨基酸	奇数的氨基酸	偶酸偶胺	偶酸奇胺
形成氢键数	半数	全部	全部	半数
熔点	低	高	高	低

当高分子侧基为氨基（—NH_2）、羟基（—OH）、氰基（—CN）、硝基（—NO_2）、三氟甲基（—CF_3）等极性基团时，会增大分子间的作用力，从而使高聚物的 T_m 升高。如聚乙烯的 T_m 为 137℃，聚丙烯的 T_m 为 176℃，间同聚氯乙烯的 T_m 为 227℃，聚丙烯腈的 T_m 为 317℃。

要注意的是，在这几类高聚物中，聚酰胺、聚氨酯、聚脲的 T_m 高于聚乙烯，这是由于极性基团的引入增大了分子间的作用力，并有可能形成氢键，从而使 ΔH_u 增大。极性基团和氢键的密度越高，T_m 越高。同时分子中极性基团的引入，特别是氢键的引入，也将降低分子链的柔性，使熔融熵 ΔS_u 降低，这也有利于 T_m 的提高。但是对于脂肪族聚酯，虽然主链中也有极性的酯基，但其 T_m 却低于聚乙烯，一般认为这是由于酯基中 C—O 键的内旋转位垒较 C—C 小，链的柔性好，因而其熔融熵 ΔS_u 很大。

（3）分子链的刚性

分子链刚性增大，则结晶高聚物的熔融熵 ΔS_u 降低，将使 T_m 升高。增大分子链刚性的基本方法是在分子主链中引入刚性基团以及引入体积庞大的侧基，提高分子间的作用力在一定程度上也可以提高分子链的刚性。

在高分子主链上引入苯环、芳杂环、共轭双键等刚性结构会使分子链的刚性大大增加，

熔融熵 ΔS_u 降低，T_m 升高。这类基团如 等，表 4-16 列出了一些高聚物的结构及 T_m。

表 4-16 某些高聚物的熔点

高聚物	重复单元结构	$T_m/℃$
聚乙烯	—CH$_2$—CH$_2$—	146
聚对二甲苯	—CH$_2$—〈苯环〉—CH$_2$—	375
聚苯	—〈联苯〉—	530
聚辛二酸乙二醇酯	—(CH$_2$)$_2$—OC—(CH$_2$)$_6$—CO—	45
聚对苯二甲酸乙二醇酯	—(CH$_2$)$_2$—OC—〈苯环〉—CO—	280
聚间苯二甲酸乙二醇酯	—〈苯环〉—CO—(CH$_2$)$_2$—OC—	240
尼龙-66	—NH(CH$_2$)$_6$NHCO(CH$_2$)$_6$CO—	235
半芳香尼龙	—NH(CH$_2$)$_6$NHCO—〈苯环〉—CO—	350
芳香尼龙	—HN—〈苯环〉—NHCO—〈苯环〉—CO—	430

一般对位芳香族高聚物比相应的间位芳香族高聚物 T_m 高，这是因为对位基团围绕其主链旋转 $180°$ 后构象几乎不变，而间位则不同，因此间位的熔融熵 ΔS_u 高，熔点低。

相反，在高分子主链中引入醚键、非共轭双键等基团，可以明显地增加分子链的柔性，从而使 T_m 显著降低，如顺式聚异戊二烯、顺式聚丁二烯等。

当聚乙烯上亚甲基规律性地被一些烷基取代时，主链的内旋转位垒增大，分子链的柔性降低，T_m 升高。但当正烷基侧链的长度过长时，影响了链间的紧密堆砌，将使 T_m 下降。但当侧链继续增长时，重新出现有序性的堆砌，使 T_m 又升高，如图 4-35 和表 4-17 所示。

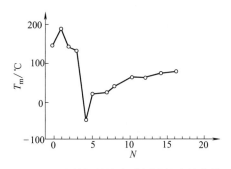

图 4-35 聚烯烃的熔点随侧链长度的变化

表 4-17 侧基对高聚物熔点的影响

高聚物	重复单元	T_m/℃
聚乙烯	—CH₂—CH₂—	146
聚丙烯	—CH—CH₂— 　| 　CH₃	200
聚 3-甲基-1-丁烯	—CH—CH₂— 　| 　CH—CH₃ 　| 　CH₃	304
聚 3,3′-二甲基-1-丁烯	—CH—CH₂— 　| 　H₃C—CH—CH₃ 　| 　CH₃	＞320
聚 1-丁烯	—CH—CH₂— 　| 　CH₂—CH₃	138
聚 1-戊烯	—CH—CH₂— 　| 　CH₂—CH₂—CH₃	130
聚 1-己烯	—CH—CH₂— 　| 　CH₂—CH₂—CH₂—CH₃	−55

图 4-36 高聚物的结晶温度与熔限的关系

当取代基为一些体积庞大的基团时，由于内旋转位垒大，熔融熵 ΔS_u 减小，使 T_m 升高。

（4）结晶温度

在较高温度下结晶时，球晶能充分地生长，形成的晶体较完善，因而 T_m 较高而且熔融范围窄；当结晶温度较低时，晶体的生长受到限制，不仅生成的晶体不够完善，不完善程度相差也较大，因此 T_m 低且熔融范围宽。

图 4-36 是高聚物的结晶温度与熔限的关系。可以发现结晶温度越低，结晶熔融开始和完成的温度越低，并且熔融过程在一个较宽的温度范围内进行；随着结晶温度的升高，开始和完成

熔融的温度均升高，熔融温度范围变窄。

（5）片晶厚度

为了得到所需的制品性能，常对结晶高聚物采用淬火或退火的方式控制结晶度，同时也影响片晶的厚度和完善程度。表 4-18 给出了聚乙烯的片晶厚度与 T_m 的关系，可以发现，T_m 随片晶厚度的增加而增加。

表 4-18　聚乙烯的片晶厚度与 T_m 的关系

厚度/nm	28.2	29.2	30.9	32.3	33.9	35.5	35.1	36.5	39.8	44.3	48.3
熔点 T_m/℃	131.5	131.9	132.2	132.7	134.1	133.7	134.4	134.3	135.5	136.5	136.7

J. I. Lauritzen 和 J. D. Hoffman 从单晶出发导出了片晶厚度 l 与 T_m 的关系式：

$$T_m = T_m^0 \left(1 - \frac{2\sigma_e}{\Delta H \times l}\right) \tag{4-33}$$

式中，ΔH 为片晶单位体积的熔融热；σ_e 为片晶表面能；T_m^0 为当片晶的厚度为无穷大（$l \to \infty$）时晶体的熔点。

可见，片晶厚度对 T_m 的影响与结晶的表面能有关，高聚物晶体表面普遍存在堆砌较不规整的区域，因而在结晶表面上的链将不对熔融热做完全的贡献，片晶厚度越小，单位体积内的结晶物质比完善的单晶有较高的表面能，因此厚度较小和较不完善的晶体 T_m 较低。

（6）杂质

在高聚物的加工和使用过程中，常加入许多加工助剂和添加剂以改进加工和使用性能，这些添加剂通常使结晶高聚物的 T_m 下降，这种作用称为稀释效应。

可以用热力学关系定量地描述。

$$\frac{1}{T_m} - \frac{1}{T_m^0} = \frac{R}{\Delta H_u} \times \frac{V_u}{V_1}(\phi_1 - \chi_1 \phi_1^2) \tag{4-34}$$

式中，T_m^0 为无稀释剂时晶体的熔点；R 为气体常数；ΔH_u 为熔融过程中每摩尔链节的焓增量；V_u 和 V_1 分别为链节的摩尔体积和稀释剂的摩尔体积；χ_1 为高聚物和稀释剂的相互作用参数；ϕ_1 为稀释剂的体积分数。由于（$\phi_1 - \chi_1 \phi_1^2$）通常为正值，因此加入稀释剂总是使 $T_m < T_m^0$，即 T_m 下降。

（7）分子量

高分子链端在结晶过程中将留在非晶相中，当高分子链本身越来越多地参加到结晶相中的规整排列时，留在非晶相中链端的浓度也随之增加，进一步破坏规整排列，使最后结晶的规整性变差，它对熔点的影响也同上述稀释剂一样。高聚物的熔点对分子量的依赖性也可以用这种理论解释。分子量越低，链端越多，对熔点的影响越大。若把链端链节体积同内部链节体积及其相互作用看成是等同的，即 $V_u = V_1$，$\chi_1 = 0$；如果高分子的平均聚合度为 P_n，则链端的体积分数 $\phi_1 = 2/P_n$。把这些关系代入式（4-34）中，可得

$$\frac{1}{T_m} - \frac{1}{T_m^0} = \frac{R}{\Delta H_u} \times \frac{2}{P_n} \tag{4-35}$$

这就是 T_m 与聚合度的关系。随分子量的升高，T_m 提高。如对于聚丙烯，当分子量为 30000 时，T_m 为 170℃；分子量为 2000 时，T_m 为 114℃；分子量为 900 时，T_m 为 90℃。

（8）共聚

共聚高聚物中的共聚单元，也可以看作晶体的"高分子链内稀释剂"。如果将结晶性的

共聚单体 A 同少量的单体 B 进行无规共聚，分子链 B 组分的含量为 X_B，则

$$\frac{1}{T_m} - \frac{1}{T_m^0} = \frac{R}{\Delta H_u} X_B \tag{4-36}$$

若共聚物的两组分都有结晶性，两种组分彼此影响，其无规共聚物的 T_m 将低于各自的 T_m。对于支化和交联高分子，如果支化点和交联点不能进入晶格，那么它们对 T_m 的影响同稀释效应类似，支化点与交联点密度的增加使高聚物结晶较未支化和交联的试样的 T_m 低。

（9）应力

在熔融纺丝中，需对高聚物施加牵引力，以提高纤维的强度。当拉伸结晶高聚物纺丝时，在应力方向上结晶度提高，并产生片晶的取向，使 T_m 上升。根据热力学熔点 $T_m = \frac{\Delta H_u}{\Delta S_u}$ 分析，在拉伸的条件下，使结晶之前分子链沿拉应力方向产生了一定的定向排列，因此减小了熵值，使相转变的 ΔS_u 减小，从而使 T_m 提高。

当高聚物的结晶过程受到压应力时，会使片晶的厚度增加，从而增加晶体的完善性，使熔点升高。如在 226℃、485MPa 压力下形成的聚乙烯结晶为完全伸展链结构，T_m 可达 140℃，而在常压下结晶的聚乙烯 T_m 为 137℃。

4.4 高聚物的次级松弛

非晶态高聚物的玻璃化转变是由链段运动引起的，一般称为主转变，结晶高聚物的熔融也称为主转变。高聚物在结晶态和玻璃态时，链段和分子链的运动被冻结，但一些活化能较低的较小运动单元的运动仍可以被激活。这些较小运动单元的运动也是一种松弛过程，在较低的温度下即可观察到，统称为次级松弛或次级转变。习惯上把包括主转变在内的所有转变，不管其对应的分子运动机理如何，仅按出现的温度顺序由高到低依次用 α、β、γ、δ……字母来标记。α 指主转变，其它字母指次级转变。α 转变有明确的分子运动机理，对非晶态高聚物是指玻璃化转变，对结晶高聚物是指熔融，但次级转变则不然，一个高聚物的 β 转变可能与另一个高聚物的 β 转变有完全不同的分子运动机理。

高聚物的次级转变对研究高聚物的低温韧性有重要意义，一般在低温下有显著次级转变的高聚物可能具有低温韧性。次级转变的研究也是探索高聚物结构与性能之间内在联系的重要途径。高聚物的次级松弛通常用动态力学实验和介电损耗实验来测定。

4.4.1 玻璃态高聚物的次级松弛

对于非晶态高聚物，在玻璃态时虽然链段的运动被冻结，但仍有小范围的主链运动和侧基或侧链的运动，包括以下几种情况。

（1）杂链高聚物中包含的杂原子部分的运动

如聚对苯二甲酸乙二醇酯在 200K 附近出现的 β 松弛是由于主链 —C—O— 的运动，聚酰胺在 230K 附近因酰胺 —C—N— 基的运动导致 β 松弛，聚碳酸酯在 170K 时的 β 松弛起因于碳酸酯基 —O—C—O— 的运动。如果高分子中引入能同上述基团产生相互作用的小分子

或取代基，相应的松弛峰强度或位置有可能发生变化。

（2）碳链高聚物中的局部松弛模式

这是指比较短的链段在其平衡位置做小范围的有限振动。在这些有限振动中，可以是键长的伸缩、键角的变形振动，也可以是围绕碳碳单键的扭曲振动。由于它们的力常数各不相同，加上高分子主链内部自由度很大，这种骨架局部振动模式的频率和振幅范围都很大，从高频小振幅到低频大振幅都有。由于绕碳碳单键的扭曲振动的力常数很小，可在非常低的频率内发生。在玻璃态，由于本体的内摩擦很高，低频扭曲振动模式将由于松弛而强烈地衰减，而高频低振幅的模式仍将保持其周期性振动的特性。正是这类非周期性振动类型的分子运动反映了局部模式的松弛过程，这种松弛标记为 β 松弛。由此可知 β 松弛包括的频率范围很宽。

（3）曲柄运动

在许多高聚物中，当其主链包含有三或四个以上的—CH_2—基时，可出现 γ 转变，其分子运动机理为曲柄运动模型（图 4-37）。当亚甲基链节第一个碳碳键和第七个碳碳键在一条直线上时（a），中间的碳原子能够绕这个轴转动而不扰动沿链的其它原子；当曲柄模型中在成一直线的碳原子中间只有两个碳原子时（b），曲柄运动进行的可能性不大；另外一种可能产生曲柄运动的模型如（c）所示，这是一个紧缩的螺旋，具有较低的能量。实验证明大多数碳链高聚物的 γ 转变是由曲柄运动引起的，一些杂链高聚物如聚酰胺的 γ 转变也归因于亚甲基链的曲柄运动。当 $n=2$ 时，聚酰胺不出现这种运动，因而没有 γ 转变，只有当 $n \geqslant 3$ 时，才可能出现 γ 转变。

图 4-37　曲柄运动模型

（4）侧基或侧链的运动

高分子链上所带的侧基或侧链在玻璃态也能运动。它们的运动是比较复杂的。因它们的大小及在高分子链上位置的不同而异。较大的侧基如聚苯乙烯的苯基、聚甲基丙烯酸甲酯的甲酯基，侧基的内旋转可产生 β 松弛。较长的支链，当其中亚甲基数大于 4 时可能产生曲柄运动。体积较小、与主链相连的 α-甲基可发生内旋转运动，引起 γ 松弛，如聚甲基丙烯酸甲酯的 α-甲基。还有一些侧基的运动发生在更低的温度，例如聚苯乙烯中的苯基，聚甲基丙烯酸甲酯的酯甲基的扭转或摇摆运动产生 δ 松弛。这种松弛的特性是与主链本身无关，在晶相和非晶相中都可产生。

4.4.2　结晶态高聚物的次级松弛

结晶态高聚物的分子运动比非晶态高聚物复杂，这是由前者的复杂性引起的。结晶态高聚物中含有晶区和非晶区，其中的非晶区有上述非晶态的所有分子运动模式，但这些运动模式无疑会在不同程度上因晶区的存在而变得复杂。另外，在晶区也存在着多种多样的分子运动，从而引起种种新的次级转变。为了区分这些转变是晶区还是非晶区产生的，一般在 α、β、γ、δ 等标记的下方加注"c"或"a"，分别表示晶区和非晶区。

晶区的分子运动可能有以下几种情况。

① 晶区的链段运动。

② 晶型的转变。如聚四氟乙烯在 19～30℃ 范围内出现了从三斜晶向六角晶的转变。

③ 晶区内部侧基和链端的运动。例如聚丙烯在 -220℃ 出现侧甲基的松弛。

④ 晶区缺陷的局部运动、分子链折叠部分的运动等。

4.4.3 次级松弛对性能的影响

高聚物主链的次级松弛同材料的韧性有一定联系。当温度低于 T_g 时，材料呈玻璃态。在冲击作用下，虽然链段不能运动，但小尺寸运动单元的运动仍可发生。如果高分子主链的次级松弛时间低于外力作用时间或与之相当，则主链可产生某种形变，同时有一定的能量吸收，从而缓冲了外力的作用，赋予材料韧性。例如聚氯乙烯和聚碳酸酯（图 4-38），在室温下均呈玻璃态，由于它们在低温时存在有主链的局部松弛模式，所以有较好的抗冲击性能。聚甲基丙烯酸甲酯的次级松弛主要源于侧基的运动，因此在玻璃态呈脆性。又如聚乙烯和聚丙烯的 γ 松弛均为链段的局部松弛模式，由于聚丙烯分子链上带有甲基侧基，其运动不如聚乙烯链容易，不但松弛

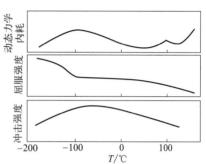

图 4-38 聚碳酸酯的动态力学内耗、屈服强度和冲击强度与温度的关系

温度较高，而且内耗峰强度也不如聚乙烯大，从而造成聚丙烯与聚乙烯的低温韧性差别很大。线型聚乙烯在 -100℃ 以下仍具韧性，具有优良的抗冲击性能，而聚丙烯的抗冲击强度在室温时已不很好，在 15℃ 以下呈脆性。

4.5 高聚物的黏流态转变

4.5.1 高聚物黏性流动的机理

当升高温度超过流动温度 T_f 时，高聚物处于黏流态，此时高聚物产生整链运动。研究表明，整链运动是通过链段运动来实现的。高聚物成型加工必须在 T_f 以上才能完成。

像小分子液体一样，高聚物熔体也存在自由体积，所不同的是，小分子中的空穴与分子的尺寸相当，因此有足够大的空间提供小分子扩散运动（这种运动可看作分子向空穴的跃迁）。但在高聚物熔体中空穴远比整个分子链小，与链段相当，因此只有链段的扩散运动。这一点可以通过液体流动活化能的研究来说明。所谓流动活化能，就是分子向空穴跃迁时克服周围分子的作用所需的能量。分子向空穴跃迁的过程与分子从液面向空间飞出的过程（汽化）相似。因此，液体的流动活化能 ΔE 与汽化热 H_A 有关

$$\Delta E = \beta H_A \tag{4-37}$$

式中，β 为经验常数，通常为 1/4～1/3。

将这种关系应用于同系高聚物熔体时发现，当熔体的分子量很低时，ΔE 随分子量的增加而增加，最后达到一极限值（图 4-39）。这一极限值对应的分子量，相当于由 20～30 个碳原子组成的链段大小。也就是说，高聚物流动时，只需要有相当于链段大小的空穴。因此，整链运动不是简单的整个分子的跃迁，而是通过链段的相继跃迁来实现的。

图 4-39　流动活化能与
聚合度的关系

从上述流动机理可见，分子链呈柔性的高聚物易于流动。分子链的柔性越小，链段越长，所需的流动活化能越大。当分子链足够刚时，只有整链作为运动单元，在这种情况下，所需的流动活化能会超过化学键键能，即加热到流动温度 T_f 之前，高聚物已经分解了。因此，分子链刚性很大的高聚物，例如纤维素，实际上是不能流动的。

高聚物的流动，除了分段流动外，还有另一种流动机理，即化学流动。

化学流动对体型结构的高聚物有特殊的意义。有一些高聚物（如聚氯乙烯、聚氯丁二烯）在高温下会形成交联结构而失去流动性。但这些高聚物实际上却能在辊轧机上混炼或在螺杆挤出机上挤出，这说明它们仍能流动。这是由于高聚物在大的应力作用下发生了机械裂解，形成分子量较小的游离基。这些游离基由于黏度较小，在外力作用下易于流动，在移动中，这些游离基进行再化合而形成体型结构。这种由复杂的力化学反应引起的高聚物的特殊流动称为化学流动。

实际上，在线型高聚物流动时，分段流动和化学流动可能同时存在，而且它们之间的比例可在非常宽的范围内变化。当高聚物的黏度较低（由于高聚物较柔顺、分子量较小或加入增塑剂）时，分段流动是流动的主要机理，甚至可能不发生化学流动。然而在高黏度和外力作用足够快的情况下，化学流动将变得显著。在最严重的力作用（强应力、高形变速度）下，化学流动可能起主要的甚至是决定意义的作用。

4.5.2　影响高聚物流动温度的因素

T_f 是高聚物整链开始运动的温度。从高聚物成型的角度，它是成型温度的下限，成型温度的上限为分解温度（T_d）。一般来说，成型温度越高，对高聚物的成型越不利，因此，T_f 是高聚物的主要工艺性能参数之一。

由于高聚物分子量的多分散性，一般高聚物都没有明确的流动温度，而只有一个较宽的软化温度区域。例如，天然橡胶的 T_f 为 120～160℃，聚氯乙烯的 T_f 为 165～190℃。

下面简单地论述影响高聚物流动温度的因素。

图 4-40　不同聚合度聚苯乙烯的形变-温度曲线
分子量：1—360；2—400；3—500；4—1140；
5—3000；6—40000；7—12×10⁴；
8—55×10⁴；9—63×10⁴

（1）分子量

图 4-40 为不同聚合度的聚苯乙烯的形变-温度曲线。当分子量较低时高聚物只有一种运动单元，其 T_g 与 T_f 重合。分子量超过某一值后，高聚物出现高弹态，它们的 T_g 与分子量基本无关，而 T_f 却随分子量的增加而上升。这是由于玻璃化转变是链段运动，黏流态转变则是整链运动。显然，分子量越大，整链运动越困难，因而流动温度越高。

上述规律具有重要的实际意义。对橡胶而言，实际应用要求它具有宽的高弹温度区 $T_g \sim T_f$，所以作为橡胶高聚物，其分子量一般都很高（几十万到几百万）。但作为塑料的高聚物则不同，为了便于成型，T_f 应尽可能低。因此一般的原则是，在不影响塑料制品强度的前提下，应适当降低高聚物的分子量。

（2）分子链柔性

从高聚物流动的分段移动机理可知，分子链的柔性大，则分段运动所需的空穴小，即流动活化能低，因而 T_f 也低。由于 T_f 与分子量有关，一般很难比较不同柔性高聚物的 T_f。但从倾向性看，较刚的高聚物有较高的 T_f。例如，聚苯乙烯的 T_f 为 112～146℃，刚性较大的聚碳酸酯的 T_f 为 220～230℃，刚性更大的聚砜则有更高的 T_f。

（3）分子间作用力

高分子间作用力越大，分段移动越困难，T_f 越高。有些高聚物，由于分子间作用力很强，以致其 T_f 超过 T_d，例如聚丙烯腈。另外，有些高聚物虽然 T_f 不是很高，但 T_d 也不高，两者很接近以致在成型时伴随分解，例如聚氯乙烯，其 T_f 与 T_d（160℃）相当接近。对这类高聚物的成型，一般可采用两种方法：一是加入热稳定剂以提高其 T_d，二是加入增塑剂以降低 T_f，甚至配制成溶液。

（4）外力

增大外应力能部分抵消分子链链段的无序热运动，从而促进分子链在力作用方向上的分段运动，因此 T_f 随应力的增加而降低。这一点对选择高聚物的成型压力有实际意义。例如对刚性较高的树脂，如聚碳酸酯、聚砜等，为了降低它们的 T_f，通常采用较大的注射压力。近年来发展的冷压成型，实际上也是这一原理的应用。

延长外力作用时间，也有助于分子链的分段运动，使 T_f 降低。

由此可见，高聚物的 T_f 与测试条件有关，因此，为了得到高聚物的最低成型温度，必须在接近成型的条件下测定 T_f。

习题与思考题

解答提示

1. 试讨论非晶、结晶、交联和增塑高聚物的形变-温度曲线的各种情况（考虑分子量、结晶度、交联度和增塑剂含量不同的各种情况）。

2. 在热机械曲线上，为什么 PMMA 的高弹区范围比 PS 大？（已知 PMMA 的 T_g＝378K，T_f＝433～473K；PS 的 T_g＝373K，T_f＝383～423K）。

3. 指出下列错误之处，并给出正确的说法：

对于线型高聚物来说，当分子量大到某一数值后（分子链长大于链段长），高聚物出现 T_g。分子量再增加 T_g 不变。高聚物熔体的黏性流动是通过链段的位移来完成的，因而，流动温度 T_f 也和 T_g 一样，当分子量达到某一数值后，T_f 不再随分子量的增加而变化。

4. 举出 3 种测量玻璃化转变温度的方法，并简述其测量原理。

5. 高聚物的玻璃化转变（T_g）在科学上、应用上的意义是什么？不同方法测得的 T_g 值可以互相比较吗？为什么？

6. 解释下列现象。

（1）高聚物 T_g 开始时随分子量增大而升高，当分子量达到一定值之后，T_g 变为与分子量无关的常数；

（2）高聚物中加入单体、溶剂、增塑剂等低分子物时导致 T_g 下降。

7. 比较下列高聚物玻璃化转变温度的大小，并解释其原因。

（1）聚二甲基硅氧烷、聚甲醛和聚乙烯；

（2）聚乙烯、聚丙烯和聚苯乙烯；

（3）聚甲基丙烯酸甲酯、聚甲基丙烯酸乙酯和聚甲基丙烯酸丙酯；

（4）尼龙-6 和尼龙-10。

8. 总结影响高聚物玻璃化转变温度的因素。

9. 试判别在半晶态高聚物中，发生下列转变时，熵值如何改变，并解释其原因。

（1）T_g 转变；（2）T_m 转变；（3）形成晶体；（4）拉伸取向。

10. 请总结影响高聚物结晶的高聚物化学结构因素。

11. 试分析聚三氟氯乙烯是否为结晶性高聚物。要制成透明薄板制品，成型过程中要注意什么条件的控制？

12. 回答下列问题。

（1）将熔融态的聚乙烯（PE）、聚对苯二甲酸乙二醇酯（PET）和聚苯乙烯（PS）淬冷到室温，PE 是半透明的，而 PET 和 PS 是透明的。为什么？

（2）将上述 PET 透明试样在接近玻璃化转变温度 T_g 下进行拉伸，发现试样外观由透明变为混浊，试从热力学观点来解释这一现象。

13. 总结影响高聚物热力学熔点的因素。

14. 三类线型脂肪族高聚物（对于给定的 n 值）的熔点顺序如下所示，请解释原因。

聚氨酯　　　　　　聚酰胺　　　　　　聚脲

15. 讨论尼龙-n 结晶的熔点随 n 如何变化。还有其它主要性质发生变化吗？

16. 已知聚丙烯的熔点 $T_m = 176℃$，结构单元熔融热 $\Delta H_u = 8.36 kJ/mol$，试计算：

（1）平均聚合度分别为 6、10、30、1000 的情况下，由于链段效应引起的 T_m 下降为多大？

（2）若用第二组分和它共聚，且第二组分不进入晶格，试估计第二组分占摩尔分数 10% 时共聚物的 T_m 为多少。

17. 某均聚物 A 的 T_m 为 200℃，其熔融热（重复单元）为 8368J/mol。

（1）如果在结晶的 AB 无规共聚物中，单体 B 不能进入晶格，试预计含单体 B 10%（摩尔分数）的 AB 无规共聚物的 T_m。

（2）如果向均聚物 A 中分别引入 10.0% 体积分数的增塑剂，假定这两种增塑剂的 χ_1 值分别为 0.200 和 -0.200，$V_u = V_1$，试计算这两种情况下高聚物的熔点。

（3）讨论共聚和增塑对熔点影响的大小。

18. 结晶态与取向态有什么区别？

19. 何谓高聚物的取向？为什么有的材料（如纤维）进行单轴取向，有的材料（如薄膜）则需要双轴取向？说明理由。

20. 试述高聚物耐热性的指标，及提高耐热性的途径。

21. 已知聚乙烯和聚异丁烯的流动活化能分别为 23.3kJ/mol（单元）和 36.9kJ/mol（单元）。问各在何温度下，它们的黏度分别为 166.7℃时黏度的一半？

22. 为什么高聚物的流动活化能与分子量无关？

第5章 高聚物的屈服与断裂

高聚物的力学性能与其结构特点密不可分。如聚苯乙烯很脆，而聚碳酸酯则为坚韧的固体；聚顺丁二烯表现出可逆的大形变，具有较低的模量；而高聚物熔体则表现出不同的黏度。同一种高聚物，在不同的条件下也表现出不同的力学行为。高聚物这种力学行为的差异与其运动单元密切相关。与金属和陶瓷材料相比，高聚物力学性能表现出强烈的时间和温度依赖性，使其力学行为相当复杂。

本书针对高聚物的力学性能，将其分为高聚物的屈服与断裂、橡胶的高弹性、熔体的流变性进行介绍，并说明力学性能对温度与时间的依赖性（黏弹性）。本章讲述高聚物在断裂过程中表现的力学性能的一般规律和特点，以及力学性能与高聚物结构的关系。

5.1 描述材料形变性能的基本物理量

描述材料在力的作用下形变性能的基本物理量是弹性模量（或柔量）和泊松比。

材料受力形式通常有三种基本类型（图 5-1），即单向拉伸、简单切变和液体静压。受力形式不同，其形变形式也不同。

图 5-1 形变的基本类型

当试样受到垂直于截面积 A 的外力 F 作用时，相当于单向拉伸或压缩的情况，如图 5-1（a）。设试样的原始长度为 l_0，受力后材料的长度为 l，则应变定义为

$$\varepsilon = \frac{l - l_0}{l_0} = \frac{\Delta l}{l_0} \tag{5-1}$$

与该应变相对应的应力为

$$\sigma = \frac{F}{A} \tag{5-2}$$

压缩试验时 ε 为负值。

如果高聚物材料受到的是平行于截面的剪切力，如图 5-1（b），即简单切变，材料的形变偏斜一个角度 γ。当 γ 很小时

$$\gamma = \mathrm{tg}\,\gamma = \frac{S}{D} \tag{5-3}$$

对应的切应力为

$$\sigma_s = \frac{F}{A} \tag{5-4}$$

图 5-1（c）表示起始体积为 V_0 的材料受流体静压力 p 作用时，产生均匀压缩，即体积减小 ΔV。在这种形变方式中，体积应变 Δ 定义为

$$\Delta = \frac{\Delta V}{V_0} \tag{5-5}$$

对于理想的弹性固体，应力-应变关系服从胡克定律，即应力与应变成正比。比例系数称为弹性模量，它反映材料的抗形变能力。材料的弹性模量愈高，表示材料的刚度愈高。在上述三种不同的受力方式中，材料的弹性模量分别称为杨氏模量、切变模量和体积模量，分别用 E、G、K 表示

$$\text{杨氏模量} \qquad E = \frac{\sigma}{\varepsilon} \tag{5-6}$$

$$\text{切变模量} \qquad G = \frac{\tau}{\gamma} \tag{5-7}$$

$$\text{体积模量} \qquad K = \frac{p}{\Delta} \tag{5-8}$$

当材料受到拉伸或压缩时，不但纵向长度发生变化，横向尺寸也有变化。横向应变与纵向应变之比称为泊松比 ν

$$\nu = -\frac{\varepsilon_{\text{横}}}{\varepsilon_{\text{纵}}} \tag{5-9}$$

可以证明，如果材料在形变时体积不变，则泊松比为 0.5。大多数材料在形变时有体积变化（膨胀），泊松比为 $0.2 \sim 0.5$。橡胶和小分子液体一样，泊松比接近于 0.5。

各种模量之间存在着联系。对于各向同性理想弹性材料，它们之间的关系为

$$G = \frac{F}{2(1 + \nu)} \tag{5-10}$$

$$K = \frac{E}{3(1 - 2\nu)} \tag{5-11}$$

$$E = \frac{9KG}{3K + G} \tag{5-12}$$

可见，E、G、K、ν 中只有两个参数是独立的。因此，各向同性理想弹性材料的形变性能只需用两个参数就可描述。

但是，高聚物在很多情况下不是各向同性的，例如纤维、薄膜等都是取向的。对这种各向异性材料形变性能的描述要复杂得多，这里不进行阐述。

5.2 高聚物拉伸的应力-应变行为

5.2.1 玻璃态高聚物的拉伸

高聚物的应力-应变试验是研究高聚物形变与强度最常见的一种力学试验，通常在拉应力下进行。应力-应变试验方法简单，从得到的应力-应变曲线上可获得以下物理量：弹性模量、屈服强度和屈服应变、断裂强度和断裂应变以及使材料断裂所需要的断裂能。

图 5-2 是玻璃态高聚物拉伸时典型的应力-应变曲线。拉伸应力按试样的初始截面积计算，此曲线又称工程应力-应变曲线。曲线上有四个特征点：A、Y、B 和 D。

A 点对应的应力称为比例极限 σ_1。当 $\sigma < \sigma_1$ 时，应力-应变之间保持线性比例关系，比例系数（直线的斜率）即材料的弹性模量 E（在拉伸条件下为杨氏模量）为

$$E = \frac{\mathrm{d}\sigma}{\mathrm{d}\varepsilon} = \frac{\sigma_1}{\varepsilon_1} \tag{5-13}$$

当 $\sigma > \sigma_1$ 时，应力-应变之间偏离线性关系。应力增大到曲线上的极大值 Y 点时，出现应变增加而应力不变或应力先下降后不变的现象。这一现象称为材料的屈服，Y 点称为屈服点，它所对应的应力 σ_y 和应变 ε_y 分别称为屈服应力（屈服强度）和屈服应变。曲线上的 B 点称为断裂点，对应的应力 σ_b 和应变 ε_b 分别称为断裂强度（在拉伸条件下也称为拉伸强度）和断裂应变（在拉伸条件

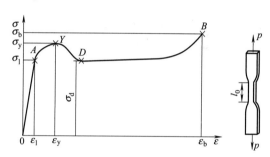

图 5-2　高聚物典型的拉伸应力-应变曲线

下也称为断裂延伸率）。在 Y 点和 B 点之间出现的 D 点对应的应力称为冷拉应力 σ_d。整个应力-应变曲线与应变坐标包围的面积为

$$W = \int_0^{\varepsilon_b} \sigma \mathrm{d}\varepsilon \tag{5-14}$$

它是使材料断裂所需要的断裂能，$\mathrm{J/m}^3$。

Y 点把整个应力-应变曲线分为两部分。在 Y 点之前，即 $\sigma < \sigma_y$ 时，为弹性区，此时材料在除去应力后，形变可完全回复，不留任何永久形变，此时材料为脆性断裂，材料断裂前只发生很小的变形；在 Y 点之后，即 $\sigma > \sigma_y$ 时，出现塑性行为，称为塑性区，此时材料除去应力后，存在永久形变，此时材料为韧性断裂，材料会有明显的塑性变形甚至大的应变。在屈服点 Y 后，先是出现一段应变软化，即应力下降而应变增大的区域；在 D 点后试样出现塑性的不稳定变化，形成细颈；然后又出现取向硬化，即应力急剧增加，直至断裂。应变硬化是由于拉伸过程中分子链产生取向使材料强度得以提高，因而应力又逐渐上升，直到拉断。

判断材料强与弱的指标是断裂强度，判断材料刚与软的指标是弹性模量，判断材料脆与韧的指标是断裂能。一般而言，凡是能出现屈服点、断裂强度高、断裂延伸率大的材料一般具有良好的韧性。

高聚物的应力-应变行为大致可分为如图 5-3 所示的 4 类。

图 5-3　固体高聚物的应力-应变类型

① 刚而脆，如室温下的聚苯乙烯。这一类高聚物的模量高，拉伸强度大，没有屈服点，断裂延伸率一般低于 2%。

② 刚而强，如室温下的有机玻璃。这一类高聚物具有高的模量和拉伸强度，有屈服点，断裂延伸率可达 5%。

③ 软而韧，如各种橡胶材料。这一类高聚物的模量低，屈服点低或者没有明显的屈服点，断裂延伸率很大（20%～1000%），拉伸强度较高。

④ 强而韧，如室温下的聚碳酸酯、尼龙和双轴拉伸定向有机玻璃等工程塑料。这一类高聚物具有高的模量，有明显的屈服，屈服强度和拉伸强度都高，断裂延伸率较大，因而应力-应变曲线包围的面积很大，表明这类材料是良好的韧性材料。

图 5-2 中屈服后出现的较大应变，如果在试样断裂前停止拉伸，除去外力，试样的大形变无法完全回复，但如果将试样加热到 T_g 附近，则形变可以回复。这个拉伸过程由于是在 T_g 以下进行的，因此称为冷拉。这种玻璃态高聚物在大外力的作用下发生的大形变，其本质与橡胶的高弹形变一样，均为熵的变化，通常称为强迫高弹形变。强迫高弹形变的分子机理主要是高分子的链段运动。

实验证明，链段运动的松弛时间 τ 与应力 σ 之间存在如下关系

$$\tau = \tau_0 \exp\left(\frac{\Delta E - \alpha\sigma}{RT}\right)$$

式中，ΔE 是活化能；α 是与材料有关的常数。可见随着应力的增加，链段运动的松弛时间缩短。当应力增大到屈服应力 σ_y 时，链段运动的松弛时间减小至与拉伸速度相适应的数值，高聚物就可产生强迫高弹形变。

非晶玻璃态高聚物在冷拉过程中，可能形成稳定的细颈并持续发展。这个过程好像经过了二次玻璃化转变，第一次为高应力下使非晶玻璃态高聚物的链段运动产生强迫高弹形变，高聚物由无序的玻璃态变化为有一定取向的取向态并形成细颈；第二次为细颈尺寸稳定的过程，即细颈的取向态结构中链段的活动能力降低，T_g 升高，在拉伸方向（取向方向）上刚性增大（即应变硬化效应），因而取向态又被冻结为玻璃态并保持细颈尺寸的稳定。在整个过程中，由于高聚物处于玻璃态，即使外力除去后，也不能自发地回复，而当温度升高到 T_g 以上时，链段运动解冻，分子链卷曲，形变回复。

拉伸温度对强迫高弹性有很大的影响。如果温度降低，为了使链段松弛时间缩短到与拉伸速度相适应，就需要有更大的应力，才能使高聚物发生强迫高弹形变。但是要使强迫高弹形变发生，必须满足 $\sigma_b > \sigma_y$。若温度太低，则 $\sigma_b < \sigma_y$，即在发生强迫高弹形变之前，试样已被拉断。因此并不是任何温度下都能发生强迫高弹性，即存在一个特征的温度 T_b，当 $T < T_b$ 时，玻璃态高聚物不能发展强迫高弹形变，而是发生脆性断裂，因而这个温度称为

脆化温度。玻璃态高聚物只有处在 T_b 到 T_g 之间时，才能在外力作用下实现强迫高弹形变。T_b 是塑料使用的最低温度。

拉伸速度也影响着强迫高弹形变的发生和发展。在相同外力下，拉伸速度过快，强迫高弹形变来不及发生，或者强迫高弹形变得不到充分发展，试样发生脆性断裂；拉伸速度过慢，则线型玻璃态高聚物将发生部分黏性流动；只有在适当的拉伸速度下，玻璃态高聚物的强迫高弹形变才会表现出来。

高聚物的结构是影响强迫高弹性的重要因素。强迫高弹性的必要条件是高聚物要具有可运动的链段，通过链段运动使链的构象改变才能表现出高弹形变，但强迫高弹性又不同于普通的高弹性。普通高弹性要求分子具有柔性链结构，而强迫高弹性则要求分子链不能过于柔软，因为柔性很大的链在冷却成玻璃态时，分子间堆砌紧密，在玻璃态时链段运动困难，要使链段运动需要很大的外力，甚至超过材料的强度，所以链柔性很好的高聚物在玻璃态是脆性的，T_b 与 T_g 很接近。如果高分子链刚性较大，则冷却时堆砌松散，分子间的相互作用力较小，链段活动的余地较大，T_b 与 T_g 的差距较大，高聚物在玻璃态具有强迫高弹性而不脆。但是如果高分子链的刚性太大，虽然链堆砌也较松散，但链段不能运动，不出现强迫高弹性，材料仍是脆性的。

高聚物的分子量对强迫高弹形变也有影响。当分子量较小时，高聚物在玻璃态时堆砌较紧密，T_b 与 T_g 很接近，高聚物呈现脆性；而当分子量增大到一定程度时，T_b 与 T_g 间隔增大，可以出现强迫高弹形变。

5.2.2 结晶高聚物的拉伸

典型的结晶高聚物在拉伸时，应力-应变曲线比玻璃态高聚物的拉伸曲线具有更明显的转折（图 5-4），整个曲线可分为三段。第一段应力随应变线性增加，试样被均匀地拉长，延伸率可达百分之几到十几。到屈服点 Y 后，试样的截面突然变得不均匀，出现一个或几个"细颈"，这是第二阶段，在此阶段，细颈与非细颈部分的截面积分别维持不变，而细颈部分不断扩展，非细颈部分逐渐缩短，直到整个试样完全变为细颈为止。第二阶段的应力-应变曲线表现为应力几乎不变，而应变不断增加。第二阶段的应变与高聚物结构有关，如支链的聚乙烯、聚酯、聚酰胺可达 500%，而线型聚乙烯甚至可达 1000%。第三阶段是成颈后的试样重新被均匀拉伸，应力又随应变的增加而增大直到断裂点。

结晶高聚物在拉伸过程中产生的大形变，也称为冷拉。部分结晶高聚物在拉伸屈服和冷拉过程中，除发生与上述相同的非晶区玻璃态转变为非晶取向态以外，晶区也发生了晶体的变形及片晶的取向，因而细颈的凝聚态结构也是取向态结构。

关于片晶的取向过程，可用图 5-5 表示。设部分结晶高聚物在拉伸前的结晶形态为球晶，则试样中折叠链片晶的方向是无序的，其中大多数片晶都与拉伸方向有一定的夹角。片晶之间存在非晶区〔图 5-5（a）〕。拉伸开始时，首先是片晶之间的相对滑移和非晶区分子链的伸展〔图 5-5（b）〕；继续拉伸时，片晶发生倾斜和转动，沿拉伸方向重排〔图 5-5（c）〕；更进一步，片晶内部发生滑移和分段〔图 5-5（d）〕；最后片晶片段和非晶区的链都沿拉伸方向再度取向，形成试样中的细颈〔图 5-5（e）〕。

图 5-4　结晶高聚物拉伸过程应力-应变曲线及试样外形变化

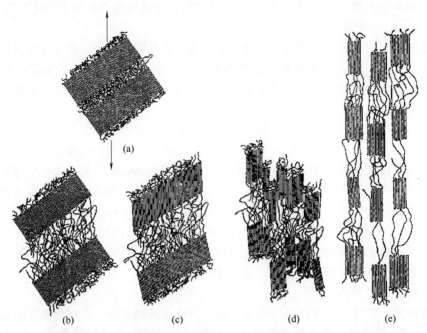

图 5-5　部分结晶高聚物冷拉过程中片晶和分子链的取向过程

这个过程晶区也好像发生了两次晶体熔融——结晶的相转变过程。第一次为高应力下球晶中无序排列的折叠链片晶沿力的方向滑移、变形和伸展取向，发展强迫高弹形变而形成细颈的过程。第二次为细颈尺寸稳定的过程，即被拉伸屈服变形甚至破坏的片晶在力的方向上出现应变诱导结晶，在晶区中形成新的一定取向的有序排列的再结晶片晶，并有部分伸直链片晶及串晶结构的取向态结构，使晶区 T_m 升高和取向方向上的刚性增大（即应变硬化效应），因而晶区取向态结构又被冻结为结晶态（非晶区被玻璃态冻结），并形成了稳定尺寸的细颈。拉伸后的材料在 T_m 以下不易回复到原先未取向的状态，当加热到 T_m 附近时，则能回复到未拉伸时的状态。

结晶高聚物与玻璃态高聚物的拉伸情况有许多相似之处。这两种拉伸过程都经历弹性形变、屈服（"成颈"）、发展大形变以及"应变硬化"等阶段，拉伸的后半程材料都呈现强烈的各向异性，断裂前的大形变在室温时都不能自发回复，而加热后都能回复原状，因而本质上两种拉伸过程造成的大形变都是高弹形变，并把它们统称为"冷拉"。同时，两种拉伸过程又是有差别的，它们可被冷拉的温度范围不同，玻璃态高聚物的冷拉温度区间是 $T_b \sim T_g$，而结晶高聚物的冷拉温度区间是 $T_g \sim T_m$。更本质的差别在于结晶态高聚物拉伸过程中伴随着比玻璃态高聚物拉伸过程更为复杂的分子凝聚态结构的变化，包含有结晶的破坏、取向和再结晶过程；而玻璃态高聚物拉伸过程中只发生分子链的取向，不发生相变。

5.2.3　应变诱发塑料-橡胶转变

当对苯乙烯-丁二烯-苯乙烯三嵌段共聚物（SBS）进行拉伸时，材料室温下像塑料，其拉伸行为起先与一般塑料的冷拉现象相似。在应变约 5% 处发生屈服成颈，随后细颈逐渐发展，应力几乎不变而应变不断增加；随后细颈继续发展直到完成，此时应变约 200%［图 5-6（b）］；进一步拉伸，细颈被均匀拉细，应力可进一步升高，最大应变可高达 500%，甚至更高。此时如果移去外力，这种大形变基本能迅速回复，而不像一般塑料的强迫高弹形

变需要加热到 T_g 或 T_m 附近才回复。如果接着进行第二次拉伸，则开始发生大形变所需要的外力比第一次拉伸要小得多，试样也不再发生屈服和成颈过程，而是与一般交联橡胶的拉伸过程相似，材料呈现高弹性。两次拉伸的应力-应变曲线表现为典型的塑料冷拉和橡胶拉伸曲线。从以上现象可以判断，在第一次拉伸超过屈服点后，试样从塑料逐渐转变成橡胶，因而这种现象被称为应变诱发塑料-橡胶转变。经拉伸变为

图 5-6 SBS 嵌段共聚物（S∶B＝1∶1）
拉伸行为（a）及试样（b）

橡胶的试样，如果在室温下放置较长的时间，又能恢复拉伸前的塑料性质。温度较低时，这种复原过程进行得慢；温度升高可加快复原进程。如 SBS 试样，在 60～80℃ 下，只需 10～30min 便可完全恢复在室温下的塑料性质，而室温放置则需要一天至数日才能复原。

电镜研究揭示了上述拉伸和复原过程的本质。图 5-7 是 SBS 在拉伸前、拉伸至不同阶段以及复原后的电镜照片。拉伸前的照片表明，试样在亚微观上具有无规取向的交替层状结构，其中塑料相和橡胶相都呈连续相。连续塑料相的存在，使材料在室温下呈现塑料性质。第一次拉伸至 $\varepsilon=80\%$ 试样的电镜照片上，塑料相发生歪斜、曲折，并有部分已被撕碎，拉伸至 $\varepsilon=500\%$ 时，塑料相已完全被撕碎成分散在橡胶连续相中的微区。橡胶相成为唯一的连续相而使材料呈现高弹性，因而拉伸试样在外力撤去后形变能迅速回复。塑料分散相微区起物理交联作用，阻止永久形变的发生。另外两张照片是拉伸至 $\varepsilon=600\%$ 的试样，卸载并分别在室温下放置数日和在 100℃ 下加热 2h 后的形态，塑料连续相的重建已基本完成，交替层状结构又清晰可见，使材料重新表现出塑料性质。

| 拉伸前 | $\varepsilon=80\%$ | $\varepsilon=500\%$ | 拉伸至600%后室温放置数日回复 | 拉伸至600%后100℃加热2h回复 |

图 5-7 SBS 薄膜试样超薄切片的电镜照片

OsO_4 染色，黑色部分是聚丁二烯橡胶相，白色部分是聚苯乙烯塑料相

5.3 高聚物的屈服与塑性

5.3.1 高聚物的屈服过程及特征

（1）高聚物的屈服过程
当材料在载荷下处于产生明显塑性形变的临界状态时，称为材料屈服。许多高聚物在一

定的条件下都能发生屈服，有些高聚物屈服后的塑性形变相当显著。在工业应用中热塑性塑料和热固性塑料往往由于屈服即发生塑性形变而失效或断裂。高聚物的屈服和屈服后的塑性形变对塑料、薄膜或纤维的设计、加工和使用都非常重要。

当高聚物出现冷拉时，其典型的拉伸工程应力-应变曲线以及试样形状的变化过程如图5-8所示。在拉伸的初始阶段，试样工作段被均匀拉伸。到达屈服点时，工作段局部区域出现细颈。继续拉伸时，细颈区和未成颈区的截面积都基本保持不变，但细颈长度不断扩展，未成颈段不断减少。直到整个试样工作段全部变为细颈后，才再度被均匀拉伸至断裂。

高聚物试样拉伸屈服出现细颈的原因有两个：①试样截面不均匀，截面较小的部位因所受的实际应力较大而首先屈服；②试样材质不均匀，局部区域薄弱，屈服应力较低，或局部应力集中，所受到的应力水平远高于平均应力。

细颈区应变硬化（或取向强化）的本质是该区的高分子链（链段）或结晶高聚物片晶高度取向，从而在拉伸方向上的模量（刚度）大大提高，拉伸应变时能承受更高的负荷。实际上，屈服后是应变软化和应变硬化（取向硬化）相抗衡的过程。初始阶段是软化效应占优势，出现 $d\sigma/d\varepsilon<0$ 的失稳形变，随着塑性形变（强迫高弹形变）的发展，出现软化和硬化相平衡（$d\sigma/d\varepsilon\approx0$）的恒应力（冷拉应力 σ_d）形变。所以在继续拉伸中，未成颈区容易被拉伸变形，不断转化为细颈区，而已成颈区本身基本保持细颈尺寸稳定不变。应变硬化是高聚物冷拉成颈的必要条件。如果高聚物屈服后，不发生应变硬化，则细颈截面不是保持恒定，而是愈来愈细，直至断裂。如果试样在拉断前卸载，或试样因被拉断而自动卸载，则拉伸中产生的大形变除少量可回复之外，大部分形变都将留存下来。

高聚物的屈服应力 σ_y 和断裂应力 σ_b 对温度的依赖性不同（图5-9），σ_y 对温度的依赖性更显著。将 σ_y-T 和 σ_b-T 两曲线的交点，即屈服应力与断裂应力相等（$\sigma_y=\sigma_b$）时对应的温度定义为高聚物的脆化温度（T_b）。T_b 把高聚物玻璃态分为强迫高弹态（$T_b\sim T_g$）与脆性玻璃态（$T<T_b$）两部分。T_b 是塑料脆性破坏的上限温度，塑料使用的下限温度。所以非晶玻璃态高聚物只有在 $T_b\sim T_g$ 之间才能发生屈服，表现出刚而韧的特点。

图 5-8　高聚物屈服过程中工程应力-应变曲线和试样形状的相应变化

图 5-9　非晶态高聚物的强迫高弹态和脆性玻璃态

（2）高聚物屈服特征

许多高聚物在一定的条件下都能发生屈服，有些高聚物在屈服后能产生很大的塑性形变。从表面上看，高聚物的屈服现象与金属材料的屈服现象类似，但它们的本质却很不相同。与传统的金属材料相比，高聚物的屈服具有下列特征。

① 屈服应变大。高聚物的屈服应变比金属大得多，大多数金属材料的屈服应变约为0.01，甚至更小，但高聚物的屈服应变可高达0.2左右。

② 屈服后出现应变软化。许多高聚物在超过屈服点后均有一个不大的应力下降，叫作应变软化。这时应变增加，应力反而下降。高聚物应变软化的本质目前还不大清楚。

③ 屈服应力对温度、应变速率和流体静压力有强烈的依赖性。高聚物的屈服应力随温度增加而降低，在到达玻璃化转变温度时，屈服应力降低为零（图 5-10）。高聚物的屈服应力随应变速率和流体静压力的增大而增加（图 5-11、图 5-12）。只要不是纯切应力，任何应

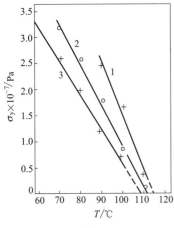

图 5-10　聚甲基丙烯酸甲酯的
屈服应力随温度的变化

应变速率/min⁻¹：1—0.2；
2—0.02；3—0.002

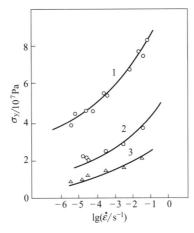

图 5-11　聚甲基丙烯酸甲酯的屈服
应力对应变速率的依赖性

1—23℃，压缩；2—60℃，拉伸；
3—90℃，拉伸

图 5-12　聚甲基丙烯酸甲酯的
最大切应力 τ 与流体
静压 p 的依赖关系

力均有它的正应力分量，都将对高聚物的屈服应力有影响。

④ 屈服后体积略有缩小。

⑤ 压缩屈服应力大于拉伸屈服应力，这种现象也叫包辛格（Bauschinger）效应。按库仑屈服准则推导的结果，许多高聚物的压缩屈服应力约比拉伸屈服应力高11%。

5.3.2　剪切带与银纹

通常对于韧性高聚物，在拉伸断裂过程中可发生较明显的屈服和冷拉现象，而对于脆性高聚物，则在宏观上观察不到明显的屈服和塑性变形行为。但是不论是韧性高聚物还是脆性高聚物，在其宏观断裂前均可发生局部的塑性变形，如对于韧性高聚物在局部薄弱区域易形成剪切带结构，而脆性高聚物则是在局部形成银纹结构。下面对这两种情况分别进行讨论。

5.3.2.1　剪切带及其结构形态

（1）剪切带的形成

双折射或二向色性实验表明，一些韧性高聚物单向拉伸至屈服点发生应变软化后，常可看到试样上某些局部区域出现与拉伸方向成大约45°角的剪切滑移变形带，如图 5-13，说明在该种材料的屈服过程中，剪切应力分量起着重要作用。

韧性材料拉伸时，斜面上的最大切应力首先达到临界屈服应力时，试样上出现与拉伸方向成约45°角的剪切滑移变形带（或互相交叉的剪切带），相当于材料屈服。进一步拉伸时，变形带中由于分子链高度取向而使强度提高，暂时不再发生进一步变形，而变形带的边缘则进一步发生剪切变形。同时，倾角为135°的斜面上也会发生剪切滑移变形。因而，试样逐渐生成对称的细颈。

实际上，单向拉伸或压缩试验产生的剪切带倾角很少恰为45°，一般大于45°。这是由

材料形变时体积变化等原因造成的。如果材料受到组合应力的作用，则截面倾角与试样的受力状态有关。

（2）剪切带的结构

剪切屈服是一种没有明显体积变化的形状扭变，一般又分为扩散剪切屈服和剪切带两种。扩散剪切屈服是指在整个受力区域内发生的大范围剪切形变，剪切带是指只发生在局部带状区域内的剪切形变。剪切屈服不仅在外加剪切力作用下能够发生，而且拉伸应力、压缩应力都能引起。

例如对于非晶态高聚物，压缩应力下可以形成图 5-14 中两种形态的滑移带。一类以 PS 为代表，形成明锐而细微的滑移带，称为微剪切带；另一类以 PMMA、PC 为代表，形成漫散而粗宽的带区。当然还有许多材料，如 PETP、PVC 和 EP 等，显示出介于两者之间的中间形态。

图 5-13　PS 在 60℃单轴拉伸到开始
屈服时截面的偏光显微照片

(a) 呈现微剪切带　　(b) 呈现宽的和扩散的剪切带

图 5-14　PS 和 PMMA 在压缩载荷下屈服时
截面的偏光显微照片

微剪切带内的剪切应变可达 2.50，带的厚度为 500～1000nm，带束的取向大致与压缩轴成 38°交角。带区内有更精细的结构，是由 20～100nm 直径的微纤束组成的。带区内剪切应变可以通过加热到 T_g 以上温度而消除。

对于漫散的带区形态，带区的剪切应变相对较低。但由于带区的范围远比微剪切带宽，所以宏观的变形表现比微剪切带大。漫散带区的取向经测定为 ±45°。

5.3.2.2　银纹

（1）银纹的形成

银纹是某些高聚物在拉应力或拉应力分量（如弯曲试样的受拉面）作用下，在某些局部薄弱地方出现应力集中而产生局部的"塑性形变"和取向（拉伸屈服），以致在材料表面或内部出现垂直于拉应力的微细凹槽。银纹面（银纹的两个张开面，即银纹与本体的界面）总是垂直于拉应力。银纹面内的银纹质由高度取向的微纤束和空穴组成，如图 5-15 所示。

高聚物在其储存或使用过程中，或者在拉伸过程中，由于应力和/或环境介质的作用，常会出现裂缝。裂缝区的折射率低于高聚物本体的折射率，在两者的界面上有全反射现象，看上去呈现银色的闪光（图 5-15），因此又将之称为银纹（craze）。银纹是高分子材料特有的现象，大多数发生在非晶态高聚物中，如 PS、PMMA、PC、PVC、PPO 等。如条件合适，也会在结晶态高聚物如 PE、PP、PET、POM 中形成。某些结晶高聚物中虽然也可以产生银纹，但由于材料不透明，因此银纹并不明显，长期以来一直认为在结晶高聚物的形变和断裂过程中银纹化并不起重要作用。

一些环境因素如溶剂等对银纹的形成有促进作用。能在高聚物中引发银纹的因素主要有两类。

① 应力因素。在材料的受力形式中有拉应力的分量。实验表明，银纹总是垂直于拉应

力方向，纯压缩力不产生银纹。例如材料受到弯曲载荷时，仅在受拉的一侧产生银纹。应力产生的银纹，其银纹平面往往垂直于拉伸轴向，并形成图 5-16（a）所示的有序排布。

图 5-15　聚苯乙烯拉伸试件中的
银纹（a）和银纹的 SEM 照片（b）

（a）有序银纹

（b）无序银纹

图 5-16　银纹区的俯视外观

② 环境因素。与某些活性介质接触，即使不受外载荷作用，有时也会形成银纹，见图 5-16（b）。这类银纹的银纹面呈杂乱无序排布，无明显的方向性。研究表明，这类银纹与化学介质的渗入有关，但仍需要有拉伸应力。有些构件发生环境应力开裂，原因是构件中存在残余应力，再加上在其存放或使用过程中有活性介质渗入，引发银纹并导致开裂。

银纹不同于裂纹，但银纹的形成标志着材料受到损伤，导致某些性能恶化，如透明度、光洁度等，但主要是力学性能恶化，因此银纹与材料的断裂密切相关。

（2）银纹的结构特点

在非晶的玻璃态高聚物中，银纹从结构上看有以下特点。

①银纹由伸长的孔洞和在主应力方向上取向的微纤组成。这种内部结构很像海绵状物（图 5-17）。表面银纹、内部银纹以及裂纹尖端的银纹通常都有这种海绵状的特征，这意味着银纹的结构并不明显依赖于环境条件。

② 银纹中孔洞含量一般约为 50%～80%，每个孔洞的直径约 20nm，孔洞互连，中间仅被微纤阻隔，形成一个连续的网状（图 5-18）。

③ 在载荷下银纹微纤沿形变方向高度取向，它们的直径约为 6～45nm。

图 5-17　高聚物银纹的结构

图 5-18　高聚物圆筒状微纤组成的银纹

高聚物中产生的银纹尺寸及疏密程度与材质的均匀性有关。材质愈均匀，银纹愈细、浅、密。以航空有机玻璃为例，分子量高且分子量分布较窄的 3 号有机玻璃出现的银纹比分子量低且分子量分布较宽的 4 号有机玻璃的银纹要细而浅，因为材质愈均匀，在应力作用下，材料内部各处的应力分布愈均匀。应力不够高时，各处都不出现银纹；应力足够高时，许多微区同时出现银纹。相反，如果材质很不均匀，存在某些特别薄弱的区域，则银纹必然在这些区域首先出现并长大。

（3）银纹与断裂

一般情况，在高聚物（特别是很易形成银纹的高聚物）受张力诱导的断裂过程中，在突然失效之前试样表面已经存在很多银纹——即出现了"应力发白"现象。银纹继续发展，最终可形成裂纹。银纹与裂纹不同，主要区别有以下四点。

① 银纹可以发展到与试样截面可比拟的尺寸而不引起断裂，而慢速扩展的裂纹不可能达到这样大的尺寸；

② 试样中一旦产生银纹，卸载后，室温下，银纹也不会闭合，而裂纹试样卸载后可闭合；

③ 在恒定拉伸载荷作用下，银纹可以恒速扩展，而裂纹将加速扩展；

④ 材料的弹性模量不随银纹化程度明显变化，但大量裂纹的出现会导致材料弹性模量明显下降。

银纹虽然与裂纹不同，但它与材料的断裂行为密切相关，它与裂纹相结合，会使裂纹沿银纹区扩展，并促成脆性断裂。但另一方面也发现，在增韧的多相材料中，或是当材料处于 T_g 附近或平面应力状态时，它会以大量成核的方式在全体积范围内形成。由于增加了能量的消耗，所以有提高材料韧性的作用。

脆性高聚物的断裂与银纹密切相关。裂纹往往（但不一定）始于银纹，并通过银纹扩展（图 5-19），当银纹中的应力水平超过银纹底部微纤束的强度时，微纤束断裂，一部分银纹转化为裂纹；应力水平继续提高时，裂尖银纹区向前扩展，同时，通过银纹底部微纤的断裂，裂纹也向前扩展。正是由于脆性高聚物的裂纹前缘总有一个（或多个）通过局部塑性形变而扩展的银纹，断裂过程需吸收较多的能量。所以，高聚物玻璃态即使在脆化温度以下，韧性也比无机玻璃高得多。

橡胶增韧
环氧树脂

图 5-19　银纹发展成裂纹

5.4　高聚物的断裂和强度

高聚物在载荷作用下，将由于断裂而失效，因此高聚物的断裂和强度是其重要的应用性能之一。高聚物的断裂可以在恒定载荷下完成，此时要考虑它的静态强度、刚性（如模量）、变形能力（如断裂延伸率）；也可以是承受冲击载荷而破坏，可以用相应载荷速率下得到的应力-应变曲线下的面积来表示，通常也采用特定载荷条件下标准尺寸试样发生断裂所需冲击能量来表示；高聚物的破坏也可以由随时间而增长的形变所致，如蠕变断裂；在许多实际应用中，高聚物要承受交变载荷，可能在低于静态的极限应力值之下就发生断裂，即高聚物的疲劳破坏。

5.4.1　脆性断裂和韧性断裂

高聚物材料的显著优点之一是它们内在的韧性，表现为断裂前能够吸收大量的能量。高聚物的这一特性是所有金属材料无法比拟的。但是，高聚物的内在韧性并非总能表现出来，各种高聚物具有不同的结构特征，要在一定的温度和受力状态下方能表现出韧性，离开了这种环境则表现出脆性。

材料的破坏是脆性断裂还是韧性断裂，可以从以下三个方面判别。

① 应力-应变曲线。这是区分脆性和韧性的最好方法。如果材料只发生普弹性小形变，在屈服之前就发生断裂，那么这种断裂就是脆性断裂；如果材料发生屈服或发生与链段运动对应的高弹形变后才断裂，则为韧性断裂。

② 断裂能量。可把冲击强度为 $2kJ/m^3$ 作为临界指标，一般刻痕试样的冲击强度小于这一数值时为脆性断裂，大于这一数值时为韧性断裂。但这一标准并不是绝对的，例如玻璃纤维增强的聚酯塑料，甚至在脆性破坏时也有很高的冲击强度。

③ 试样断裂表面的形态。这是一种直观的经验方法，图 5-20 示意了脆性和韧性断裂表面的形态差异。

同一高聚物在不同的加载条件（如实验温度、应变速率）下，可以表现出脆性或韧性断裂。Ludwik 等人假定材料的脆性破坏和塑性流动是两个独立的变化过程，断裂应力与屈服应力具有不同的应变速率和温度依赖性（图 5-21），改变应变速率或温度可改变材料的破坏方式。在一定温度下，材料的断裂应力和屈服应力都随应变速率的提高而提高，但屈服应力对应变速率更敏感，以致在较低的应变速率下首先达到屈服应力的临界值，材料表现为韧性；而在较高的应变速率下，在达到屈服应力之前已达到断裂应力，材料表现为脆性。图 5-21（a）中两条曲线的交点对应的应变速率即为脆韧转变的临界速率。升高温度将加速运动单元的运动速率，缩短松弛时间，因此高聚物随着温度的升高也可实现由脆性向韧性的转变，如图 5-21（b）中所示的两条曲线的交点为脆韧转变温度 T_b。

(a) 脆性

(b) 中间状态　(c) 韧性

图 5-20　试样断裂后的表面形态类型

(a)　　　　(b)

图 5-21　Ludwik 等关于脆韧转变理论的图解说明

聚丙烯在拉伸作用下的屈服强度及断裂强度随温度的变化曲线（图 5-22）表明，随着温度的升高，材料可以由脆性转化为韧性。

图 5-23 是高抗冲聚苯乙烯（HIPS）在不同拉伸速率时的应力-应变曲线，表明随着拉伸速率的增加，材料的韧性变差。

图 5-22　聚丙烯的断裂强度和屈服
强度的温度依赖关系

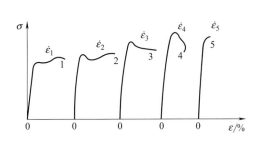

图 5-23　不同拉伸速率下 HIPS 的拉伸曲线

如果在试样上刻上凹槽，将增加脆性破坏的机会。一些高聚物材料在无刻痕时为韧性破坏，而刻上槽痕就可能发生脆性破坏。为此建议将材料的脆性-韧性行为分为三类：$\sigma < \sigma_y$，材料是脆性的；$\sigma_y < \sigma < 3\sigma_y$，在未刻痕的拉伸试验时材料是韧性的，引入刻痕时材料是脆性的；$\sigma > 3\sigma_y$，材料无论是否有刻痕都是韧性的。

5.4.2 高聚物拉伸的真应力-应变曲线及屈服判据

当高聚物材料在外力作用下产生大形变时，由于试样横截面变化很大，真应力与工程应力之间差别很大。在讨论高聚物的屈服与塑性时，真应力-应变曲线更能说明问题。假定试样形变时体积不变，即 $A_0 l_0 = A l$，并定义伸长比 $\lambda = l/l_0 = 1 + \varepsilon$，则实际受力的截面积为

$$A = \frac{A_0 l_0}{l} = \frac{A_0}{1+\varepsilon} \tag{5-15}$$

真应力 σ' 为

$$\sigma' = \frac{F}{A} = (1+\varepsilon)\sigma \tag{5-16}$$

这样我们便可以从通常的工程应力-应变曲线，按式（5-16）换算，作出拉伸真应力-应变曲线。图 5-24 是一种延性材料的工程应力-应变曲线和相应的真应力-应变曲线。可以看到，拉伸时试样的起始面积总是最大的，$A_0 > A$，因而 $\sigma' > \sigma$。在 σ-ε 曲线上，当 σ 达到极大值时，试样的均匀伸长终止，开始成颈，并使工程应力下降，最后试样在细颈的最狭窄部位断裂；而在 σ'-ε 曲线上，σ' 却可能随 ε 增加单调升高，试样成颈时，σ' 并不一定出现极大值。

在工程应力-应变曲线上屈服点处（极值点）$\mathrm{d}\sigma/\mathrm{d}\varepsilon = 0$，而由式（5-16），$\sigma = \sigma'/(1+\varepsilon)$，故

$$\frac{\mathrm{d}\sigma}{\mathrm{d}\varepsilon} = \frac{1}{(1+\varepsilon)^2}\left[(1+\varepsilon)\frac{\mathrm{d}\sigma'}{\mathrm{d}\varepsilon} - \sigma'\right] = 0 \tag{5-17}$$

得到

$$\frac{\mathrm{d}\sigma'}{\mathrm{d}\varepsilon} = \frac{\sigma'}{1+\varepsilon} = \frac{\sigma'}{\lambda} \tag{5-18}$$

或者

$$\frac{\mathrm{d}\sigma'}{\mathrm{d}\varepsilon} = \frac{\mathrm{d}\sigma'}{\mathrm{d}\lambda} = \frac{\sigma'}{\lambda} \tag{5-19}$$

根据式（5-18），在真应力-应变曲线图上从横坐标上 $\varepsilon = -1$ 或 $\lambda = 0$ 处向 σ'-ε 曲线作切线（图 5-25），切点便是屈服点，对应的真应力就是屈服应力 σ'_y。这种作图法称为 Considere

图 5-24　拉伸工程应力-应变曲线与拉伸真应力-应变曲线

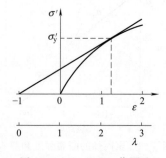

图 5-25　Considere 作图法

作图法。它对根据真应力-应变曲线判断高聚物在拉伸时成颈和冷拉十分有用。高聚物的真应力-应变曲线可以归纳为三种类型。

第一种类型如图 5-26（a）所示，由 $\lambda=0$ 点不可能向 σ'-λ 曲线作切线，$d\sigma'/d\lambda$ 总是大于 σ'/λ。因此，这种高聚物拉伸时，随应力增大而均匀伸长，但不能成颈。

第二种类型如图 5-25 所示，由 $\lambda=0$ 点可以向 σ'-λ 曲线引一条切线，即曲线上有一个点满足 $d\sigma'/d\lambda=\sigma'/\lambda$，此点即屈服点，高聚物均匀伸长到这点成颈，随后细颈逐渐变细，负荷下降，直至断裂。

第三种类型如图 5-26（b）所示，由 $\lambda=0$ 点可向曲线引两条切线，即曲线上有两个点（Y' 和 D）满足 $d\sigma'/d\lambda=\sigma'/\lambda$，$Y'$ 点即屈服点，$\sigma=\sigma'/\lambda$ 在 Y' 点处达到极大值。进一步拉伸时，σ'/λ 沿曲线下降，直至 D 点，之后张力稳定在 D 点而试样细颈增长，即出现冷拉，进一步拉伸则沿曲线的陡峭部分发展，直到断裂。这是既成颈又冷拉的高聚物的 σ'-λ 曲线。

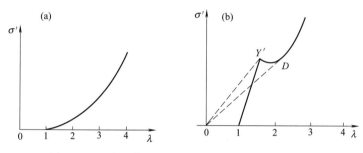

图 5-26　不成颈高聚物和屈服冷拉高聚物的 σ'-λ 曲线

材料在单向拉伸或压缩状态下的屈服应力很容易由拉伸（或压缩）应力-应变曲线得到。若在组合应力状态下确定材料的屈服条件，需要依据强度理论，找到一种各应力分量的函数，对于所有的实验，即对应不同的应力组合，它均已达到一临界值，这种函数就叫作"屈服判据"，它的一般形式可以写成各应力分量的函数

$$f(\sigma_{xx}、\sigma_{yy}、\sigma_{zz}、\sigma_{xy}、\sigma_{yz}、\sigma_{zx})$$

函数 f 的真实形式受若干条件的限制。在对高聚物的屈服进行研究时，做了很多简化处理，包括忽略高聚物的 Bauschinger 效应，在此基础上提出了以下几种屈服判据，如 Tresca 判据、Von Mises 判据、Coulomb 判据等。

需要注意的是，材料在复杂的受力状态下使用时，仅从简单的受力实验来推断其抵抗破坏的能力是不充分的，只有应用屈服判据综合考虑材料受到各种作用力时的屈服条件才是有效的。

5.4.3　高聚物的理论强度和实际强度

材料的强度表征材料抵抗断裂的能力。固体材料的理论强度可以从组成原子间的相互作用势能估算得到。从分子结构的角度来看，高聚物之所以具有抵抗外力破坏的能力，主要靠分子内的化学键力和分子间的范德华力及氢键。

（1）理论强度

高聚物断裂的微观机理如图 5-27 所示。如果高分子链的排列方向是平行于受力方向的，则断裂时可能是化学键的断裂或分子间的滑脱；如果高分子链的排列方向是垂直于受力方向的，则断裂时可能是范德华力或氢键的破坏。

化学键断裂　　　　分子间滑脱　　　范德华力或氢键破坏

图 5-27　高聚物断裂的三种模型

以 C—C 单键为主链的化合物为例，计算按上述三种方式破坏时的理论强度。

按第一种方式断裂时，由 C—C 单键的能量曲线计算可得，一个 C—C 单键破坏时的强度为 $\sigma_{max} = (3\sim4)\times10^{-9}$ N。从 X 射线衍射数据可以计算出聚乙烯链的横向面积约为 $0.2nm^2$，因此 $1m^2$ 面积内完全平行排列的分子链数目（N）为 5×10^{18} 个，所以 N 个键同时断裂的最大理论强度（σ_T）应为

$$\sigma_T = 每个键的强度(\sigma_{max})\times 单位面积上的键数目(N)$$
$$= (4\times10^{-9})\times(5\times10^{18})Pa = 20GPa \tag{5-20}$$

实际上，即使是高度取向的结晶高聚物，其上述理论值也要比实际拉伸强度大几十倍。

按第二种方式断裂时，即高聚物的断裂必须使分子间的氢键或范德华力全部破坏。对于聚乙烯这种分子间没有氢键的结构，每 0.5nm 链段的摩尔内聚能以 5kJ/mol 计算，那么总长为 100nm 的高分子链的摩尔内聚能将为 1000kJ/mol，比共价键的键能高好几倍。若分子间有氢键如聚乙烯醇和尼龙等，它们分子间的摩尔内聚能更高。所以高聚物的断裂完全以分子间滑脱的方式是不可能的。

按第三种情况断裂时，即高聚物断裂是部分氢键或范德华力的破坏。氢键的解离能以 20kJ/mol 计算，作用范围约为 0.3nm，范德华力的解离能以 8kJ/mol 计算，作用范围约为 0.4nm，则拉断一个氢键和范德华力所需要的力分别约为 1×10^{-10} N 和 3×10^{-11} N。假设每 $0.25nm^2$ 上有一个氢键或范德华力，则可估算出高聚物的理论拉伸强度分别为 400MPa 和 120MPa。这个数值与实际测得的高度取向纤维的强度同数量级。

根据以上分析估算，一般认为，由于实际高聚物的取向情况达不到理想状态，断裂时将首先发生未取向部分氢键或范德华力的破坏，然后应力集中到取向的主链上，将主链拉断。但是，即使按第三种情况估算的理论强度也仍然比实际强度高得多。表 5-1 为一些典型高聚物的拉伸模量 E 和拉伸强度 σ 的实测数据以及理论估算 σ_{th} 值。

表 5-1　一些典型高聚物的拉伸模量，以及拉伸强度实测数据与理论估算值的比较

材　　料	E/MPa	σ/MPa	σ_{th}/MPa
PMMA（典型非晶态高聚物）	3000	50	300
HDPE（典型半结晶态高聚物）	2000	20	200
EP（典型热固性高聚物）	3500	70	350
PA-6（典型高聚物纤维）	6000	500	500
聚丁二炔单晶纤维	60000	2000	6000

一般来说，由高分子链化学键强度或链间相互作用力强度估算的理论强度比高聚物实际强度大 100~1000 倍，因此提高高聚物的强度还有很大的潜力。

（2）实际强度与应力集中

一般认为高聚物的实际强度与理论强度产生如此巨大的差异，是由材料内部的应力集中造成的。下面我们对材料中存在的应力集中现象进行分析。

如果在无限大平面（薄板，平面应力）上有一椭圆孔（图 5-28），孔的长轴与应力方向垂直，则椭圆孔两端的拉伸应力为

$$\sigma_t = \sigma_0 \left(1 + \frac{2c}{b}\right) \tag{5-21}$$

式中，σ_t 是椭圆孔两端集中的应力；σ_0 是薄板上的平均应力；c 是孔在垂直于应力方向的半轴长；b 是孔在平行于应力方向上的半轴长。上式说明 $\frac{c}{b}$ 越大，应力在孔端越集中。若是 $c \gg b$，则孔的外形相当于线裂纹，在这种情况下裂纹尖端处的最大应力 σ_m 可以表示为

$$\sigma_m = \sigma_0 \left(1 + 2\sqrt{\frac{c}{\rho}}\right) \approx 2\sigma_0 \sqrt{\frac{c}{\rho}} \tag{5-22}$$

图 5-28　带椭圆孔薄板上的应力分布

式中，c 为裂纹长度的一半；ρ 为裂纹尖端的曲率半径。对于 $c \gg \rho$ 的尖锐裂纹，σ_m 可能是 σ_0 的几十甚至几百倍。

实际高聚物材料总是带有许多缺陷或裂纹，它们来源于产品的成型加工过程、使用过程甚至是结构设计，并且分布在材料的各个部分。对材料强度影响最大的因素是分布在材料表面的裂纹以及分布在材料中的一些致命的缺陷。如果能消除裂纹或钝化裂纹的锐度，则材料的强度就会相应提高。例如，玻璃纤维表面用氢氟酸侵蚀后，强度明显提高。另外，由于在较小的试样中出现致命缺陷的概率比大试样小，因而用小试样测定的拉伸强度一般比用大试样测得的高。普通块状玻璃的强度很低，拉成直径仅几微米至几十微米的玻璃纤维后，强度比钢还高，而且玻璃纤维的直径越细，强度越高。

因此在估算材料的强度时，不仅应考虑分子内和分子间的作用力，还应考虑缺陷的影响。

5.4.4　格里菲斯脆性断裂理论

格里菲斯（Griffith）基于材料脆性断裂时能量的变化提出了脆性断裂理论，用于处理无机玻璃的断裂问题，该理论也可以用于描述高聚物（如聚甲基丙烯酸甲酯、聚苯乙烯等）的脆性断裂。格里菲思理论认为，断裂要产生新的裂纹表面，需要一定的表面能，断裂产生新表面所需要的表面能是由内部弹性储能的减少来供给的；弹性储能在材料中的分布是不均匀的，在材料的微裂纹附近有很大的弹性储能集中，因此断裂从这一集中区开始，首先产生裂纹，从而导致材料的破坏。

（1）裂纹失稳破坏的能量准则

根据外力作用形式可以将材料破坏时产生的裂纹分为三种基本组态，即张开型（Ⅰ型）、滑开型（Ⅱ型）和撕开型（Ⅲ型）（图 5-29）。从工程上考虑，材料破坏时张开型裂纹最普遍也最危险，容易引起低应力脆性断裂，这里仅对它进行讨论。

根据格里菲斯理论，弹性储能提供了裂纹扩展产生新表面所需要的能量，当裂纹扩展（dc）所引起的弹性储能的减少（$-$dU）大于或等于裂纹扩张形成新表面 dA 所需增加的表面能（γdA）时，裂纹开始扩展，进而裂纹长度增加，速度加快，进入裂纹的失稳扩展。裂纹失稳扩展的临界条件是

图 5-29　裂纹的三种组态

$$-\frac{dU}{dc} \geqslant \gamma\frac{dA}{dc} \tag{5-23}$$

式中，γ 是表面能。把裂纹附近的应力分布视为一个椭圆形小孔在垂直于长轴方向上受力的应力分布，通过对材料裂纹附近弹性储能的估计，可以推导出脆性材料的拉伸强度 σ_b 为

$$\sigma_b = \sqrt{\frac{2E\gamma}{\pi c}} \tag{5-24}$$

式中，c 是初始半裂纹长度；E 是材料的弹性模量。上式就是脆性断裂的能量准则，它表明材料的断裂强度不但取决于该材料的性能参数 γ，也依赖于材料所含裂纹的长度 c。

对于一条三维的裂纹，则可以表示为

$$\sigma_b \geqslant \sqrt{\frac{2E\gamma}{(1-\nu^2)\pi c}} \tag{5-25}$$

式中，ν 是泊松比。

裂纹失稳扩展时产生单位新表面所需要的能量为 2γ，令 $G_{Ic} = 2\gamma$，定义 G_{Ic} 为临界应变能释放率。

但是对含裂纹高聚物平板进行大量试验，从 $\sigma_b\text{-}c^{-1/2}$ 曲线斜率得到的表面能数据一般为 $10^{-4} \sim 10^{-3}$ J/m^2，比理论高聚物的表面能 10^{-7} J/m^2 高好几个数量级。这是因为高聚物材料即使在脆性断裂的裂纹引发与扩展中，裂纹尖端也必定产生塑性形变（如前所述，裂纹通过银纹而扩展）。因而断裂中产生单位新表面所需的能量远远超过纯表面能。所以式（5-24）中 γ 的真正含义应该是高聚物的断裂表面能。它包括两部分：一部分是破坏原子间作用而形成单位新表面所需的能量 γ_s；另一部分是裂尖区塑性形变中所消耗的能量 γ_p，即 $\gamma = \gamma_s + \gamma_p$，其中 $\gamma_p \gg \gamma_s$。

（2）裂纹失稳的临界应力强度因子准则

将式（5-24）右边的分母移到左边，得到

$$\sigma_b\sqrt{\pi c} = \sqrt{2E\gamma} \tag{5-26}$$

把 $\sigma\sqrt{\pi c}$ 定义为应力强度因子 K_I（下标 I 表示张开型裂纹），把 $\sqrt{2E\gamma}$ 定义为临界应力强度因子 K_{Ic}，于是由式（5-26）可得到判断一个含尖裂纹的材料失稳扩展的临界应力强度因子准则：任何材料的应力强度因子等于或大于由该材料性质（E，γ）决定的临界应力强度因子时，裂纹失稳扩展导致材料发生断裂，即 $K_I \geqslant K_{Ic}$ 时，材料发生断裂。

K_I 是一个试验变量，表明材料的断裂既与所受的应力有关，又与裂纹的长度有关。K_{Ic} 是一个仅与材料性质有关的常数，它表征材料阻止裂纹扩展的能力，是材料抵抗脆性破坏能力的韧性指标，通常称之为断裂韧性，在工程上具有重要意义。

虽然 K_{Ic} 定义为 $\sqrt{2E\gamma}$，但要从材料的 E 和 γ 来确定 K_{Ic} 是困难的，主要是因为 γ 的

精确测定有困难。通常是测定一定几何形状试样的断裂强度与裂纹长度的关系，通过数学分析求得。表 5-2 列出几种高聚物的 K_{Ic} 值。

表 5-2　不同高聚物的 K_{Ic} 值（平面应变断裂）

高聚物	$K_{Ic}/MPa \cdot m^{1/2}$	试样	温度/℃	加载速度/(mm/min)
Epoxy	1.12	SENB	23	1.0
HDPE	1.18	SENB	23	6.0
PS	1.29	SENB	RT	0.076
	1.00	CT	RT	0.03
PMMA	1.97	SENB	20	0.5
PVC	2.81	SENB	20	0.5
PBT	2.73	SENT	RT	
PP	3.37	SENB	−60	0.1
	4.1	SENB	−60	0.5
POM	4.05	SENB	20	0.1
PA-66	3.84	SENB	−40	0.1
PPO	4.85	CT	RT	0.03
PEEK	6.0	SENT	RT	0.254

根据格里菲斯理论，在平面应力条件下有

$$K_{Ic}^2 = EG_{Ic} \tag{5-27}$$

上式对薄片适用。而在平面应变条件下，有

$$K_{Ic}^2 = EG_{Ic}(1 - \nu^2) \tag{5-28}$$

此式适用于厚板。K_{Ic} 和 G_{Ic} 是用来表征材料断裂韧性的两个参量。从工程上来说临界应力强度因子 K_{Ic} 比临界应变能释放速率更有用，而 G_{Ic} 更直接地同微观断裂过程发生联系。

5.4.5　断裂的分子动力学理论

如前所述，格里菲斯理论本质上是一个热力学理论。它只考虑了断裂形成新表面所需要的能量与弹性储能减少之间的关系，没有考虑高聚物材料断裂的时间因素。

断裂的分子动力学理论即茹柯夫理论认为，材料的断裂也是一个松弛过程，宏观断裂是微观化学键断裂的一个活化过程，与时间有关。把高聚物分子链化学键的断裂视为断裂的元过程，它们断裂积累的结果导致大块试件的破坏。

假定当一定数量的键（N）发生了断裂，余下的键不能再支承负荷，即发生了宏观上的断裂过程，这就是断裂条件。所以在一定应力之下，样品从加负荷至破裂的时间 t_f 称为材料的寿命。材料寿命与所施加的应力之间的关系为

$$t_f = \frac{N}{\nu} = \frac{N}{\nu_0} \exp \frac{U_0 - \gamma\sigma}{kT} \tag{5-29}$$

式中，ν 是化学键破裂的频率；ν_0 是热振动频率，其值约为 $10^{12} \sim 10^{13} s^{-1}$；$U_0$ 是断键过程激活能（活化能）；γ 是包含应力集中因子的活化体积；σ 是施加的应力；k 是玻尔兹曼常数；T 是热力学温度。

可见，外力降低了断裂活化能，致使断裂过程加快，断裂时间缩短。

如图 5-30 所示，温度一定时，高聚物的 $\ln t_f$ 与 σ 之间呈良好的线性关系，断裂时间 t_f 随应力 σ 的提高而缩短，或者说，材料受载时间越长，断裂强度越低；改变温度时，断裂强度对受载时间的依赖性随温度的提高而增加，只有在极低温度下，才可以认为断裂强度与受

图 5-30 不同温度下几种高聚物
断裂时间 t_f 与应力的关系
A—未取向的 PMMA；B—黏胶纤维；
C—聚己内酰胺

载时间无关。增塑、取向和增强等措施对材料断键活化能 U_0 几乎没有影响，但能改变活化体积 γ 的大小。

由于高聚物的断裂是一个过程，因此不能根据它们的瞬时强度而应根据它们的持久强度来计算许用应力。高聚物材料的长时力学性能在工程上更有意义。

5.4.6 影响高聚物强度和韧性的因素

影响高聚物强度和韧性的因素很多。高聚物表现出脆性行为还是韧性行为取决于分子链对外力是协同还是分别响应。高聚物对应力的分子响应是由它的化学结构（如分子链结构、分子量及分布、交联密度等），凝聚态结构（如结晶与非晶、结晶度与结晶形态、取向等），材料所处的力学状态（如玻璃态、高弹态、结晶态、玻璃化转变等）和外力条件（如载荷类型、加载速度、加载温度等）所决定的。总的来说可以分为两类：一类是与高聚物本身结构有关的因素；另一类是与外界条件有关的因素。

（1）化学结构

如前对理论强度的分析，高聚物的强度来源于主链化学键和分子间的相互作用力，因此能够提高化学键能以及分子间作用力的因素均可使高聚物强度提高。

相对于非极性高聚物，极性高聚物结构中的极性基团甚至氢键使分子间的作用力提高，因而有利于提高材料的强度（表 5-3）。例如，低密度聚乙烯的拉伸强度只有 9～15MPa；聚氯乙烯因有极性基团，拉伸强度达 50MPa；聚酰胺结构中有氢键，拉伸强度可高达 60～83MPa，且氢键密度越高，材料的强度越高。但从韧性的角度考虑，如果极性基团过密，会阻碍高分子链段的活动性，虽然强度有所提高，但材料变脆。

表 5-3 几种常用塑料的力学性能（试样厚度为 3.2mm）

材　　料	密度/(g/cm³)	拉伸模量/10²MPa	拉伸强度/MPa	断裂延伸率/%	冲击强度/(J/m)
聚乙烯（低密度）	0.915～0.932	1.5～2.8	9.0～14.5	100～650	不断
聚乙烯（高密度）	0.952～0.965	10.5～10.9	22～31	10～1 200	21～210
聚氯乙烯	1.30～1.58	24～41	41～52	40～80	21～1070
聚四氟乙烯	2.14～2.20	4.0～6.5	14～34	200～400	160
聚丙烯（等规）	0.90～0.91	11～16	31～41	100～600	21～53
聚苯乙烯	1.04～1.05	23～33	35～52	1.0～2.5	19～24
聚甲基丙烯酸甲酯	1.15～1.20	22～31	45～76	2～10	15～32
酚醛树脂	1.24～1.32	25～48	34～62	1.5～2.0	13～210
尼龙-66	1.13～1.15	—	75～83	60～300	43～110
聚酯（PET）	1.34～1.39	25～41	59～72	50～300	12～35
聚碳酸酯	1.20	24.0	66	110	850

主链含有芳杂环的高聚物，其强度和模量都比脂肪族主链高聚物高。例如，芳香尼龙的强度和模量比普通尼龙高，聚苯醚比脂肪族聚醚高，双酚 A 型聚碳酸酯比脂肪族聚碳酸酯高。另外，这类高聚物的主链刚性大，链段都比较长。温度低于它们的 T_g 时，虽然链段运动被冻结，但那些小于链段的运动单元仍具有一定的运动能力，因而它们的 T_b 远远低于

T_g，甚至远远低于室温。例如，双酚 A 聚碳酸酯的 T_g 为 170℃，而 T_b 为 −200℃，因此，这类高聚物在很宽的 $T_b \sim T_g$ 范围内都能出现屈服与冷拉，表现出良好的韧性。由于主链含芳杂环的高聚物兼具良好的刚度、强度和韧性，新型的工程塑料大多具有这类主链结构。

当在侧链上引入芳杂环时，也可以抑制高分子链段的运动，使刚性增加，高聚物的强度和模量提高，如聚苯乙烯的强度和模量高于聚乙烯，但其韧性较差，是一个典型的脆性材料，冲击强度低。

分子链运动程度增加，分子间的距离增大，分子间的作用力减小，因而高聚物的拉伸强度降低，韧性提高，冲击强度提高，如高压聚乙烯的拉伸强度低于低压聚乙烯，但冲击强度高于低压聚乙烯。

（2）分子量及其分布

对分子量不同的同系高聚物而言，在分子量较低时，断裂强度随分子量的增加而提高；在分子量较高时，强度对分子量的依赖性逐渐减弱；分子量足够高时，强度实际上与分子量无关（图 5-31 和图 5-32）。这是由于强度取决于分子间的作用力。分子量越高，分子间作用力越大，因而强度越高。但是，当分子量足够大时，分子间的作用力可能接近或超过主链化学键能，分子间还能发生缠结形成物理交联点，这时，材料的强度就由分子间的作用力和化学键力共同承担了，因而对分子量的依赖性就变得不明显了。因此，每一种高聚物都存在一个临界分子量 $\overline{M}_{cr}$，当分子量高于临界分子量时，强度对分子量的依赖性就不明显了。例如有机玻璃的临界分子量约为 2×10^5。

图 5-31　高聚物的脆性断裂强度与分子量的关系（−196℃）
1—PE；2—PMMA；3—PS

图 5-32　丁基橡胶的强度与起始（硫化前）分子量的关系

高聚物都要求有较高的分子量。例如，聚乙烯的分子量在 12000 以上才能成为塑料，聚酯和尼龙的分子量需在 10000 以上才能纺成有用的纤维。

合成高聚物的分子量都有一定的分散性。如果材料中存在分子量低于临界分子量的级分，则材料的强度会受到明显的影响，在使用中容易出现开裂现象。4 号航空有机玻璃板材在大气曝晒中，第四年就在表面出现零星分布的银纹，第五年就发展成长达几至几十厘米的龟裂状裂纹，原因之一就是板材的平均分子量较低，分布较宽，含有较多的低分子量级分（包括因老化降解产生的低分子级分）。

高聚物的屈服强度与分子量的关系不大。因此，当材料的断裂强度随分子量的增加而提高时，材料的脆化温度逐渐降低；在相同的温度下，材料的韧性提高。如超高分子量聚乙烯（$\overline{M} = 5 \times 10^5 \sim 4 \times 10^6$）的抗冲击性能有明显提高，它的冲击强度在室温下比普通聚乙烯提高 3 倍多，在 −40℃，提高 18 倍之多。

（3）交联

将线型高分子适度交联可有效地增加分子链间的作用力，使高聚物材料的断裂强度提

图 5-33　丁苯橡胶的拉伸强度与
交联剂含量的影响

高。如聚乙烯经辐射交联后拉伸强度可提高一倍，冲击强度提高 3～4 倍。对于初始分子量很低的热固性树脂而言，必须通过化学交联形成三维网络结构，才能使之具有工程应用所需的强度和刚度。对于起始分子量很高的橡胶而言，轻度的交联能大幅度提高断裂强度，但交联密度过高，强度反而迅速下降（图 5-33）。因为交联密度较高时，交联点的分布不均匀。在外力作用下，应力往往集中在少数网链上，促进了橡胶断裂。在许多航空橡胶件失效案例中，大量的失效事件是由于橡胶加工中混料不匀，局部过硫化（交联度太高）或贮存不当引起早期过硫化。

交联对分子量很高的刚性高聚物的断裂强度几乎没有影响，但能提高它们的屈服强度。因此，交联通常使塑料的 T_b 提高，材料的韧性降低。

（4）结晶

部分结晶高聚物按其中非晶区在使用条件下处于橡胶态还是玻璃态，可分为韧性高聚物和刚性高聚物。对于韧性高聚物，随结晶度的提高，其模量、硬度、强度提高，而韧性下降。表 5-4 列出了典型的韧性高聚物聚乙烯的力学性能随结晶度的变化。对于刚性高聚物，由于非晶区玻璃态的模量与晶态模量的差别比较小，结晶度对模量的影响是有限的，但会明显降低高聚物的韧性，甚至强度也会有所下降。

表 5-4　不同结晶度聚乙烯的性能

性能	结晶度			
	65	75	85	95
相对密度	0.91	0.93	0.94	0.96
熔点/℃	105	120	125	130
拉伸强度/MPa	14	18	25	40
断裂延伸率/%	500	300	100	20
冲击强度/(J/m²)	54	27	21	16
硬度	130	230	380	700

除结晶度外，球晶大小也是影响结晶高聚物强度与韧性的重要因素，而且在有些情况下，球晶大小的影响超过结晶度的影响。部分结晶高聚物的强度在很大程度上取决于折叠链片晶之间与球晶之间的"连接链"的数目，连接链越多，材料的强度越高。通常，当结晶性高聚物在缓慢冷却中形成大球晶时，尽管折叠链片晶本身的晶体结构比较完善，但片晶之间和球晶之间的"连接链"却比较少，而且片晶之间和球晶边界之间还是"杂质"浓度最高的区域，成为材料中最薄弱的微区，使材料的强度和韧性降低。相反，如果采取适当的工艺措施，例如加入成核剂，使材料中形成均匀的小球晶或微晶，则由于"连接链"数目多，结构均匀，有可能同时获得良好的刚性、强度和韧性。图 5-34 为不同球晶尺寸的 PP 的拉伸应力-应变实验曲线。

（5）取向

取向对材料力学性能最大的影响是使材料呈明显各向异性，即材料平行于取向方向上的

强度和模量高于垂直于取向方向上的相应值。

图 5-35 是取向对多数延性高聚物，特别是结晶高聚物的应力-应变行为的影响。取向的高聚物，在平行于取向方向上进行试验，其屈服强度较大，而其断裂延伸率比横向（垂直方向）试验时的断裂延伸率小。这是因为对取向的结晶材料进行横向拉伸时，取向的微晶被破坏，而重新沿力作用方向再结晶取向，即容易冷拉。但对于脆性材料，由于屈服应力很大，在取向过程发生之前，材料就断裂了。取向度对断裂强度的影响如图 5-36 所示，随着取向度的增大，平行于取向方向的强度增大，而垂直于取向方向的强度则降低。

图 5-34　不同球晶尺寸的 PP 的拉伸应力-应变取向比较
a—$d_{cp} \approx 126\mu m$；b—$d_{cp} \approx 87\mu m$；c—$d_{cp} \approx 46\mu m$

图 5-35　延性高聚物的应力-应变行为

(a) PPMA　　　　　　(b) PS

图 5-36　断裂应力 σ_f 随取向双折射率 Δn 的变化曲线

取向也能使材料的屈服强度表现出各向异性。但研究表明，取向对屈服强度的影响远低于对断裂强度的影响。因此，当材料的断裂强度随取向度提高时，材料的 T_b 下降（图 5-37）。这样，一些未取向时在室温下表现为脆性的材料，经拉伸取向后可能转变为韧性材料。最典型的一个例子是有机玻璃。未拉伸的普通有机玻璃的 T_b 在室温附近，而双轴拉伸定向有机玻璃的 T_b 可低于室温，拉伸度（取向度）比较高时，可使 T_b 下降到−40℃。因此，在常温下，双轴拉伸定向有机玻璃不仅强度比普通有机玻璃高，而且韧性也好得多。被子弹射击时，在定向有机玻璃上可能只留下子弹穿孔，而不发生大面积破裂。

但并不是取向度越高，材料的韧性越好。当取向度很高时，高分子链高度伸展，在外力作用下，在取向方向上继续形变的能力很小（模量和屈服强度都很高），材料则又表现出脆性。如图 5-38 所示，取向对 PMMA 断裂能的影响，随着取向度增大，裂纹平行于取向方向扩展时的断裂能可降低一个数量级。

相对于平行于取向方向，裂纹沿垂直于取向方向的扩展非常困难，因而裂纹体现出沿取向方向扩展的倾向，使分子间的撕裂要比切断分子链容易，因此取向有利于阻止裂纹沿垂直于分子链的方向扩展。这一点可以以橡皮为例加以说明。如果在橡皮试样上预制一个垂直于

图 5-37　取向使脆化温度下降

（取向度按曲线序号依次增加）

图 5-38　PMMA 断裂能 G_c 与取向度的关系

拉伸方向的切口，然后进行拉伸，那么试样拉不了多长，切口便向纵深方向很快扩展，不需要很高的应力即可将它拉断。但如果先把橡皮拉得很长，使其中的高分子链高度取向，然后再在横向划一切口，则切口将顺拉伸方向扩大，且切口尖端钝化为大圆弧状，拉断该试样所需的应力远远高于预制切口试样的强度。

此外，材料在拉伸取向的过程中，能通过链段运动，使局部高应力区发生应力松弛，从而使材料内的应力分布均化。这也是取向材料强度较高的原因之一。

（6）增塑剂

一般在高聚物中加入增塑剂将削弱高分子之间的相互作用，导致材料的断裂强度下降，强度的降低值与加入的增塑剂量约成正比。但有些脆性塑料加入增塑剂后强度反而提高。这是因为加入增塑剂后，材料中高分子链段的活动性有所增加。如果增塑材料中产生了裂纹，裂尖应力集中处的高分子链段能通过运动沿应力方向取向，从而使裂尖钝化，降低裂纹扩展速率。

另外，加入增塑剂也能降低材料的屈服强度，从而提高材料的韧性。但有些增塑剂可能会抑制高分子链上某些基团的运动，使材料在玻璃态时反而变脆，这种现象称为反增塑现象。

图 5-39　丙烯腈含量对共混物冲击强度的影响

（7）共聚和共混

共聚和共混是对高聚物力学性能改性的重要方法，用接枝共聚、嵌段共聚和共混方法获得的高分子合金大多是两相（或多相）体系，改性后高聚物的性能与各组分性能、共混或共聚方式、各组分的形态等因素有关，是一个复杂的问题。下面举例对之进行说明。

图 5-39 为橡胶改性聚氯乙烯的共混物中，丙烯腈含量与共混物冲击强度之间的关系。当橡胶中丙烯腈含量在 $10\%\sim25\%$ 之间时，共混物的冲击强度最高。

表 5-5 为分别用接枝和共混的方法改性聚苯乙烯的效果，发现接枝比共混的改性效果更为优异。因为接枝共聚物中，两相间的相互作用力较强，有利于应力传递，从而能加强分散相对连续相性能的影响。

（8）受力环境的影响

如前所述，高聚物的破坏过程也是一个松弛过程，因此受力环境如温度、应变速率和流体静压力等外界条件对它们的强度和韧性有显著的影响。

表 5-5　接枝与共混改性聚苯乙烯的冲击强度比较

聚　合　物	橡胶相力学损耗 tanδ	冲击强度(缺口)/(J/m)
聚苯乙烯	—	16
聚苯乙烯+5%丁苯胶(共混)	0.030	21
聚苯乙烯+5%丁苯胶(接枝)	0.080	64
聚苯乙烯+5%顺丁胶(共混)	0.045	16
聚苯乙烯+5%顺丁胶(接枝)	0.110	53

① 温度。图 5-40 为典型的非晶态高聚物模量-温度曲线对应的各力学状态的拉伸应力-应变曲线。

图 5-41 是有机玻璃随温度升高的拉伸应力-应变曲线。可见，随温度升高，有机玻璃的模量、屈服强度和断裂强度下降，断裂延伸率增加，在 4℃时，有机玻璃是典型的刚而脆的材料，而在 60℃时则成为典型的强而韧的材料。

图 5-40　一般非晶态高聚物在不同温度下典型的
拉伸应力-应变曲线

（a）$T < T_b$，脆性断裂；（b）$T < T_g$，延性断裂；（c）$T < T_g$，冷拉塑性变形；（d）$T > T_g$，橡胶行为；（e）$T \gg T_g$，黏流体行为

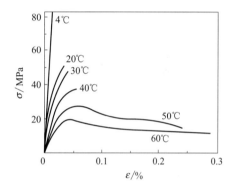

图 5-41　温度对有机玻璃拉伸应力-应变
行为的影响

高聚物处于脆性状态时（$T < T_b$），其断裂强度受温度的影响不大。温度下降时，强度略有提高。但是，高聚物处于其它状态时，其断裂强度有明显的温度依赖性。图 5-42 给出了非晶态高聚物的断裂强度（以真应力表示）与温度的关系曲线。高弹态高聚物的断裂强度随温度的下降而急剧提高，到温度略低于 T_g 时，断裂强度达到最大值。之后，随温度的继续下降，强度又大幅度降低，直至 $T < T_b$ 时，脆性强度又随温度降低而略有提高。这条曲线可以用加载时高聚物所产生的裂纹的扩展和高聚物中的取向来解释。裂纹的扩展导致材料断裂，而取向使材料增强。在温度较高时（$T > T_g$），取向发展相当快，高弹性变大；而在明显低于 T_g 的玻璃态时，这种取向非常困难。裂纹的扩展在小取向材料中进行，随温度降低，裂纹长大速度增大，使取向更难，不易使裂尖钝化，因而导致材料强度显著下降。在 T_b 以下的脆性状态，裂纹扩展和强度增大的速度只与温度有关。

② 应变速率。高聚物材料的应力-应变曲线与应变速率有关。图 5-43 为 PMMA 的应力-应变曲线与应变速率的关系。当应变速率增加时高聚物的拉伸强度和模量也增加，对于刚性高聚物和一些橡胶，其断裂延伸率通常随拉伸速率的增大而减小。

图 5-44 为聚苯乙烯平面应变压缩的实验结果。在 75～80℃时，由于材料相当接近其 T_g ($T_g = 100℃$)，其强度和模量表现出明显的温度、拉伸速率依赖性。在压缩应力下多数表现出明显的屈服过程，即屈服后真应力降低，出现应变软化，但当应变速率极低（1.9×10^{-4}）时在 80℃测试观察不到应变软化。

图 5-42 非晶态高聚物的断裂真
应力与温度的关系曲线

图 5-43 应变速率对聚甲基丙烯酸甲酯的
应力-应变行为的影响

增加应变速率和降低温度对应力-应变曲线的影响是等效的。低温下，正常应变速率时出现的应力-应变性质，同样可以在高温下通过增大应变速率来再现。

如果在不同温度和不同应变速率下测定一种高聚物的拉伸应力-应变曲线，将各曲线的断裂点连结起来，则可得到如图 5-45 中 ABC 曲线所示的断裂包络线。假定在某一温度和某一拉伸速率下，使材料的应力-应变行为沿 OB 发展到 D，然后维持应力不变，则材料的伸长应变将随时间逐渐增加（蠕变），直到 F 点断裂，如果在发展到 D 点后，维持应变不变，则材料的应力将随时间逐渐衰减（应力松弛），直到 E 点断裂。

图 5-44 在平面应变压缩实验中测量的
聚苯乙烯的真应力-真应变曲线

图 5-45 应力-应变曲线随温度
和应变速率的变化

5.5 高聚物的增强与增韧

5.5.1 高聚物的增强

高聚物就力学强度和刚度而言，与金属材料还有相当的差距，对高聚物增强有助于进一步提高它的使用性能，拓展它的应用领域。目前，除了上述从结构因素考虑高聚物强度外，还可通过复合的形式对高聚物进行增强，即通过加入第二组分，发挥第二组分以及它们之间的协同作用，来提高高聚物的强度。如向高聚物中加入固体填料、液晶材料以及目前研究的热点纳米材料等。

5.5.1.1 固体填料

固体填料同高聚物是不相容的，因此在高聚物中加入固体填料将形成多相复合材料。加入固体填料有两个方面的目的：一是加入廉价填料以降低成本，这类填料一般只起稀释作用，称为惰性填料，它会使材料的强度降低；二是提高材料的强度，这类填料称为活性填料，这时不把降低成本作为目标。复合材料的强度同填料本身的强度和填料与高聚物的亲和程度有关。

粉状填料有木粉、炭黑、轻质二氧化硅、碳酸镁、氧化锌等，它们同某些塑料或橡胶复合可使性能显著改善。木粉加于酚醛树脂中，在相当大的范围内可不降低拉伸强度而大幅度提高冲击强度，因为木粉吸收了一部分冲击能量而起到阻尼作用。天然橡胶中添加 20％的胶体炭黑，拉伸强度可从 16MPa 提高到 20MPa。丁苯橡胶由于不能产生结晶，强度只有 3.5MPa，加入炭黑后的增强效果尤其明显，可达 22～25MPa，接近天然橡胶水平。

粉状填料的增强机理一般认为是其活性表面同高聚物作用产生了附加的交联结构（图 5-46），因此加入填料的增强效果同其在高聚物中的浸润性关系很大。如亲油的炭黑对橡胶的增强作用要比普通炭黑好得多。

一些惰性填料在活化剂存在下可作为活性填料使用。例如天然橡胶中含有脂肪酸、蛋白质等表面活性物质，可使惰性的碳酸镁、氯化锌等产生增强效应，而把这种填料用于不含表面活性剂的合成橡胶中则没有增强作用。

图 5-46 粉状填料增强机理

较早使用的纤维状填料是棉、麻、丝等天然纤维，后来发展起来的玻璃纤维以其高强度和价格低廉的优势而被广泛应用。近年来，又开发了许多特种纤维，如碳纤维、石墨纤维、硼纤维、超细金属纤维与晶须纤维等，作为特种增强填料，以其高模量、耐热、耐磨、耐化学试剂等优异性能在宇航、电信和化工等行业得到特殊应用。纤维填料在橡胶制品中主要作为骨架，用以承担应力，如通常采用的纤维织物——帘子线，根据材料的不同应用可选用棉纱、人造丝、尼龙、玻璃纤维以及钢丝等。热固性树脂一般呈脆性，使用各种纤维织物与树脂制成复合材料，可使脆性得到根本的改观。以玻璃布与热固性树脂制成的玻璃纤维层压塑料——玻璃钢的强度可与钢媲美，以环氧树脂制成的玻璃钢的比强度（强度与相对密度的比值）可超过高级合金钢。除了使用织物外，也可用短玻璃纤维增强热塑性塑料，称为玻璃纤维增强塑料。增强材料的拉伸、压缩、弯曲强度等可大幅度提高，冲击强度可能有所下降，但缺口敏感性则有明显改善。表 5-6 列出了若干玻璃纤维增强塑料与金属材料的强度数据。

表 5-6　几种金属材料和玻璃纤维增强塑料的强度对比

材料名称	相对密度	拉伸强度/MPa	比强度
高级合金钢	5.0	1260	158
A_3 钢	5.85	390	50
16 铝合金	2.8	410	150
铸铁	5.4	240	32
聚酯玻璃钢	1.8	280	160
环氧玻璃钢	1.73	490	280
酚醛玻璃钢	1.75	196	112
20%～40%玻璃纤维增强尼龙-66	1.30～1.52	95～214	140
20%～40%玻璃纤维增强尼龙-610	1.15～1.52	90～240	158
30%玻璃增强聚碳酸酯	1.4	120～130	91
30%玻璃纤维增强聚砜	1.45	124	85
30%玻璃纤维增强线型聚酯	1.6	132～142	89
30%玻璃纤维增强 ABS 树脂	1.23～1.36	55～130	96
30%玻璃纤维增强聚乙烯	1.10	62	56
30%玻璃纤维增强聚丙烯	1.05～1.24	41～62	50
30%玻璃纤维增强聚苯乙烯	1.2～1.3	62～82	63

纤维增强塑料的机理是依靠其复合作用，即通过纤维的高强度承载应力，利用基体树脂的塑性流动及其与纤维的黏结性传递应力，如图 5-47。

图 5-47　玻璃纤维/环氧树脂复合材料的剪切破坏断面的 SEM 照片

5.5.1.2　高分子液晶

随着高分子液晶的商品化，20 世纪 80 年代后期发展起来了应用高分子液晶与工程塑料共混制备高性能复合材料的新途径。采用的高分子液晶（LCP）一般为带有柔性链段的热致型液晶。液晶增强剂通过在共混材料中形成微纤以及引发横穿晶的结构而起到增强作用。液晶与高聚物基体匹配性良好的复合材料表现出高强度、高耐磨性和优良的加工性能等多方面的优异性能。与固体纤维增强材料不同，热致液晶增强材料的微纤结构可由棒状分子链段在加工过程中于共混物基体中就地形成，因此把它称为"原位"复合技术。随着增强剂含量的增加，复合材料的弹性模量和拉伸强度增加而断裂延伸率下降，由韧性向脆性转变。

图 5-48 为聚醚醚酮/LCP 复合材料的拉伸屈服强度和脆性断裂强度同 LCP 含量的关系。LCP 含量为 10%以下时材料呈延性破坏，高于这一含量则呈脆性破坏。在 LCP 含量为 75%左右时 σ_b 出现极大值，此时 σ_y 约为未增强塑料的 σ_y 的 2 倍。尽管材料在 LCP 大于 10%时呈脆性破坏，但因为模量的大幅度提高仍可使其冲击强度增加，在 LCP 含量为 90%时，Izod 冲击强度是纯 LCP 的 2 倍，比纯聚醚醚酮提高 10 倍以上（图 5-49）。

5.5.1.3　纳米填料

纳米材料通常是指微观结构上至少有一维处于纳米尺度（一般在 1～100nm）范围的各种固态材料。根据构成晶粒的空间维数，可分为纳米结构晶体（三维纳米结构）、层状纳米结构（二维纳米结构）、纤维状纳米结构（一维纳米结构）及零维原子簇（簇组装）四大类。

由于纳米材料的特殊结构，产生了几种特殊效应，即纳米尺度效应、表面界面效应、量子尺寸效应和宏观量子隧道效应。这些纳米效应导致该种新型材料在力学性能、光学性能、磁学性能、超导性、催化性质、化学反应性、熔点蒸气压、相变温度、烧结以及塑性形变等许多方面具有传统材料所不具备的纳米特性。

图 5-48　聚醚醚酮/LCP 复合材料的拉伸屈服强度 σ_y 和脆性断裂强度 σ_b 与 LCP 含量的关系

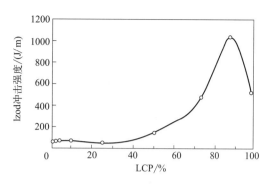

图 5-49　聚醚醚酮/LCP 复合材料的冲击强度与 LCP 含量的关系

高聚物基纳米复合材料是指分散相尺度至少有一维小于 100nm 的高性能、高功能材料。其制备方法主要有以下几种。

（1）插层复合法

这是制备黏土/高聚物纳米复合材料的主要方法。该法是将单体分散、插入经插层剂处理过的层状硅酸盐片层之间或将高聚物与有机黏土混合，利用层间单体聚合热或高聚物/黏土熔融共混时的切应力，破坏硅酸盐的片层结构，使其剥离成单层，并均匀分散在高聚物基体中，实现高聚物与黏土纳米尺度上的复合（图 5-50）。

图 5-50　黏土/高聚物复合材料的简单混合（a）、插层（b）与剥离（c）状态的电镜照片

（2）共混法

这一方法包括熔融共混、溶液或乳液共混、机械共混等。该法所得复合材料虽然也表现出某些优异的性能和功能，但由于纳米粒子（例如纳米 $CaCO_3$、纳米 SiO_2、纳米 TiO_2 等）具有极高的表面能，自身易于团聚，在高聚物基体中难以均匀分散，无机分散相与有机高聚物基体间界面结合弱，因此其应用受到了一定限制。目前，纳米材料的分散与表面改性问题已成为研究的热门课题。

（3）原位聚合或在位分散聚合法

该法应用在位填充，使纳米粒子在单体中均匀分散，然后在一定条件下就地聚合，形成复合材料。制得的复合材料填充粒子分散均匀，粒子的纳米特性完好无损。同时，只经一次聚合成型，不需要热加工，避免了由此产生的降解，保证基体各种性能的稳定。

（4）溶胶-凝胶法

这种方法由前驱物 $R—Si(OCH_3)_3$ 开始反应，其中 R 是可聚合的有机结构单元。无机

相是由—Si（OCH$_3$）$_3$基团的水解和缩合生成的体型硅酸盐，有机相是由 R 聚合而成的高分子，有机-无机两相间以 C—Si 共价键连接。该法制备过程初期就可以在纳米尺度上控制材料结构。其缺点为凝胶干燥过程中，溶剂、小分子、水的挥发导致材料的收缩与脆裂。

5.5.2　高聚物的增韧

5.5.2.1　橡胶或弹性体增韧

这种结构以刚性的连续相作为高聚物的基体，在其中分散一定粒度的微细橡胶相，同时要求两相之间有良好的界面作用。

采用橡胶增韧的热塑性高聚物包括聚苯乙烯、聚甲基丙烯酸甲酯、聚烯烃如（HDPE）、尼龙类、聚碳酸酯、聚甲醛和聚酯（如 PET、PBT）等；热固性高聚物有环氧树脂、酚醛树脂和聚酰亚胺等。其中典型的代表是 HIPS 和 ABS 共聚物。

如在聚丙烯的增韧中，可采用的橡胶和弹性体有多种，如乙丙橡胶（EPR）、顺丁橡胶（BR）、丁苯橡胶（SBR）、三元乙丙橡胶（EPDM）、SBS 弹性体、POE 弹性体等。无论采用何种橡胶或弹性体增韧聚丙烯，最终增韧效果的好坏与聚丙烯的性质、橡胶的性质以及聚丙烯与橡胶粒子之间的相互作用密切相关。例如，聚丙烯是均聚还是共聚产品，聚丙烯的分子量及分布、聚丙烯的结晶度；橡胶的 T_g、橡胶的分子量及分布；橡胶与聚丙烯树脂相容性的好坏，橡胶在聚丙烯基质中的分散情况、粒径大小、分散的形态，橡胶的用量等。

5.5.2.2　非弹性体增韧

刚性粒子增韧理论是在橡胶增韧理论基础上的一个重要飞跃。弹性体增韧可使塑料的韧性大幅度提高，但同时又使基体的强度、刚度、耐热性及加工性能大幅度下降。为此，人们提出了刚性粒子增韧高聚物的思想，希望在提高塑料韧性的同时保持基体的强度，提高基体的刚性和耐热性，为高分子材料的高性能化开辟新的途径。

（1）有机刚性粒子增韧

1984 年，Kurauchi 和 Ohta 在研究 PC/ABS 和 PC/AS 共混物的力学性能时，首先提出了有机刚性粒子（ROF）增韧塑料的新概念，并且用"冷拉"概念解释了共混物韧性提高的原因。他们认为，对于含有有机刚性粒子的复合物，拉伸过程中，由于粒子和基体的模量 E 和泊松比 ν 的差别而在分散相的赤道面上产生一种较高的静压力。在这种静压力作用下，分散相粒子在垂直于赤道面发生屈服冷拉，产生大的塑性形变，从而吸收大量的能量，材料的韧性得以提高。具体地说，当作用在有机刚性粒子分散相赤道面上的静压力大于刚性粒子塑性形变所需的临界静压力时，粒子将发生塑性形变而使材料增韧，这即所谓的脆韧转变的冷拉机理。随着粒子用量的增加，刚性粒子所受的应力场强度随着粒子的相互接近而降低，且随着共混物中两组分比例的接近和粒子间距的减小，强度降低的现象愈加显著，即粒子的含量增加到一定程度后，增韧效果变差，这与 Kurauchi 的结论是一致的，这是因为这时 ROF 粒子间的相互作用已不能忽略。

另一些研究者重复了 Kurauchi 和 Ohta 的实验结果，又研究了 PC/PMMA、PC/PPS、PBT/AS、尼龙/PS、PVC/PS 等体系，其中只有 PC/PMMA 显示增韧效果。他们同样以应力分析为基础，用冷拉概念来解释增韧机理。再如，用不同份数的 MBS 改性 PVC，制得不同模量的共混体系，再添加 PMMA 刚性粒子。发现添加 PMMA 具有明显增韧效果的共混组分都处于韧性对 MBS 用量变化敏感的区域，说明有机刚性粒子与基体间要有合适的脆韧匹配。

总结前人的研究结果可得出，有机刚性粒子增韧塑料必须满足下列条件：基体的模量

E_1、泊松比 ν_1，和粒子的模量 E_2、泊松比 ν_2 要有一定的差异，一般要求 $E_1 < E_2$，$\nu_1 >$ ν_2；基体与 ROF 有一定的脆韧匹配性，基体本身要有一定的强韧比；要求分散的粒子与基体的界面黏结良好，以满足应力传递，从而保证在刚性粒子的赤道面上产生强的压应力；粒子的分散浓度应适当，浓度过大或过小都会导致韧性下降。

（2）无机刚性粒子增韧

有机刚性粒子增韧的新概念，被认为是刚性粒子增韧思想的起源。随后，用量大、价廉并能赋予材料各种独特性能的无机刚性粒子（RIF）增韧塑料引起了人们的极大兴趣。一般来说，对于无机粒子增韧体系，基体韧性，无机粒子形状、尺寸及含量，无机粒子与基体间的界面作用是决定增韧效果的内因。

基体韧性不同，无机刚性粒子增韧的效果也不同。目前广泛研究的无机刚性粒子增韧体系主要是准韧性偏脆性的 PP、PE 等基体；过渡型基体 PVC 也有少量报道，其断裂行为既有剪切屈服又有银纹破坏；但对于脆性基体如 PS 和 SAN 等，用无机刚性粒子增韧的报道很少。

对于化学结构相同的聚合物，增韧效果还与基体的分子量、分子间作用力、结晶度、晶型等有关。总之，准韧性基体必须具有一定韧性和一定的强韧比，才能实现无机刚性粒子增韧。

如果把无机粒子视作惰性粒子，则决定增韧效果的主要因素为粒径大小及其分布和粒子含量等。粒径和粒径分布影响无机粒子填充体系的脆韧转变。粒径小的粒子相对于大颗粒，其表面缺陷少，非配位原子多，与聚合物发生物理或化学结合的可能性大，若与基体黏结良好，则有可能在外力作用下促进基体脆韧转变。例如，选用粒径分别为 $6.6\mu m$、$7.14\mu m$ 和 $15.9\mu m$ 的三种碳酸钙填充 HDPE，发现其临界体积分数分别为 9.3%、10.7% 和 22.3%。碳酸钙粒径越小，临界体积分数越小，材料冲击强度越大；当碳酸钙粒径较大（如 $15.9\mu m$）时，几乎没有增韧效果。此外，对 $CaCO_3$/HDPE 复合体系的研究也表明，其它条件相同时，随着碳酸钙粒径的减小及其分布的变窄，复合材料的冲击强度明显提高。同时，其拉伸强度和弯曲强度也呈增大趋势（但仍低于基体）。当碳酸钙粒径过大且分布过宽时，碳酸钙的加入反而引起材料缺口冲击强度的显著下降，起不到增韧作用。

一定粒径和粒径分布的无机刚性粒子分散于准韧性基体，只有当粒子浓度超过临界值 φ_c 时，体系韧性才迅速增大。在 φ_c 处发生脆韧转变。当 $\varphi > \varphi_c$ 后，体系韧性随 φ 值增大而提高，并于一定 φ 值时达到最大；随后随 φ 增大韧性又急速降低，重新变为脆性破坏。

复合体系的界面是指聚合物基体与无机粒子之间化学成分有显著变化、构成彼此结合、能起载荷传递作用的微小区域，如图 5-51 所示，通过界面相和界面作用，将基体与粒子结合成一个整体，并传递能量，终止裂纹扩展，减缓应力集中，使复合体系韧性提高。

界面作用的强弱和界面相的形态除与基体、粒子种类有关外，还与表面处理剂密切相关。

目前较为普遍的观点是：界面作用太弱，意味着复合体系的相容性太差，导致无机刚性粒子在体系中分散差，不能很好地传递能量，复合体系于裂纹增长前脱黏而于界面处破坏，不利于增韧；但界面作用太强，则空洞化过程受阻，同时限制诱导产生剪切屈服，也对增韧不利。因此，应控制适当的强度范围。

界面形态也决定着复合体系的增韧效果。一般认为，界面

图 5-51 复合体系的界面模型

相若能保证粒子与基体具有良好的结合，并且本身为具有一定厚度的柔性层，则有利于材料在受到破坏时引发银纹，终止裂纹，既可消耗大量能量，又能较好地传递应力，达到既增韧又增强的目的。

例如，在 HDPE/CaCO₃ 复合材料中加入马来酸酐接枝 SEBS（SEBS-g-MAH），由于碳酸钙呈碱性，马来酸酐基团呈酸性，两者之间发生强的酸碱作用而形成离子键，提高了基体与碳酸钙之间的黏结性，复合材料的屈服强度随 SEBS-g-MAH 填充量的增大而提高；但当 SEBS-g-MAH 用量超过 4% 时，由于界面层太厚，传递应力能力减弱，复合材料的屈服强度反而下降。

下面简单介绍几种常见的界面作用理论。

化学键理论是最古老和最重要的理论，它的主要论点是处理无机粒子表面的偶联剂应既含有能与无机粒子起化学作用的官能团，又含有与基体起化学作用的官能团，由此在界面上形成共价键结合。这种理论实质即强调增加界面的化学作用是改进复合材料性能的关键。化学键理论在偶联剂的选择方面有一定的指导意义。

物理吸附理论认为，无机粒子与基体之间的结合属于机械咬合和基于次价键作用的物理吸附。偶联剂的作用主要是促进基体和无机粒子表面完全浸润。目前看来，物理吸附理论确实是极为重要的，它可作为化学键理论的一个补充。

变形层理论认为，无机粒子经表面处理后，在界面上形成一层塑性层，可以松弛并减小界面应力。在这一理论的基础上又有经过修正的优先吸附理论和柔性层理论，即认为偶联剂会促进生成不同厚度的柔性基体界面层，而柔性层厚度与偶联剂本身在界面区的数量无关。

拘束层理论认为界面区（包括偶联剂部分）的模量介于基体和无机粒子填料之间时，则可以均匀地传递应力。这时，吸附在无机粒子表面上的基体要比本体更为聚集紧密，且聚集密度随着与界面区距离的增大而减弱。

从以上讨论可知，无机刚性粒子增韧塑料必须具备以下条件：基体要有一定强韧比；无机粒子粒径及用量应合适；无机粒子与基体间界面黏结应良好；无机粒子在基体中应分散良好。

5.5.2.3 增韧机理

（1）橡胶或弹性体增韧塑料机理

目前被人们普遍接受的这一类型材料的增韧理论为多重银纹化理论、剪切屈服理论、逾渗理论、微孔及空穴化理论等。

多重银纹化理论是 Bucknall 和 Smith 在基于 Schmitt 橡胶粒子作为应力集中物设想的基础上提出的，这一理论认为这些应力集中物引发基体产生大量银纹，耗散冲击能量。此后，Bucknall 和 Kramer 分别对此理论进行了补充，进一步提出了橡胶粒子又是银纹的终止剂以及小粒子终止银纹的观点。

剪切屈服理论的前身是屈服膨胀理论。该理论是由 Newman 和 Styella 在 1965 年提出的。其主要观点是橡胶粒子在周围的基体相中产生了三维静张力，由此引起体积膨胀，使基体的自由体积增加，玻璃化转变温度降低，产生塑性变形。但该理论没有解释材料发生剪切屈服时常常伴随的应力发白现象。

银纹-剪切带理论是在早期增韧理论的基础上，逐步建立起的橡胶增韧塑料机理的初步理论体系。该理论是 Bucknall 等在 20 世纪 70 年代提出的，认为橡胶颗粒在增韧体系中发挥两个重要的作用：一是作为应力集中中心诱发大量银纹和剪切带，二是控制银纹的发展并使银纹及时终止而不致发展成破坏性裂纹。银纹尖端的应力场可诱发剪切带的产生，而剪切带也可阻止银纹的进一步发展。银纹或剪切带的产生和发展消耗能量，从而显著提高材料的韧性。进一步的研究表明，银纹和剪切带所占比例与基体性质有关，基体的韧性越高，剪切带所占的比例越大；同时也与形变速率有关，形变速率增加时，银纹所占比例的提高还与形变类型等有关。由于该理论成功解释了一系列实验事实，因而被广泛采用。

上述早期的增韧理论只能定性地解释一些实验结果，未能从分子水平上对材料形态结构进行定量研究，并缺乏对材料形态结构和韧性之间相关性的研究。

逾渗理论是处理强无序和具有随机几何结构系统常用的理论方法，可被用来研究临界现象的许多问题。20 世纪 80 年代，Wu 将逾渗理论引入聚合物共混物体系的脆韧转变分析，使得脆韧转变过程从定性的图像观测提高到半定量的数值表征，具有十分重要的意义。

对于准韧性聚合物为基体的橡胶增韧体系，其橡胶平均粒间距 ϕ_{rc} 如图 5-52 所示。图中，d 为橡胶的平均粒径。当橡胶的体积分数 ϕ_{rc} 和基体与橡胶的亲和力保持恒定时，体系脆韧转变发生在临界橡胶平均粒径 d_c 值时，d_c 随 ϕ_{rc} 的增大而增大，其定量关系为

$$d_c = T_c \left[(\pi/6\phi_{rc})^{1/3} - 1 \right]^{-1} \tag{5-30}$$

式中，T_c 为临界基体层厚度（即临界粒子间距）；ϕ_{rc} 为临界橡胶相体积分数。该式是共混物发生脆韧转变的单参数判据。Wu 认为，只有当体系中橡胶粒子间距小于临界值时才有增韧的可能。与之相反，如果橡胶颗粒间距远大于临界值，材料表现为脆性。T_c 是决定共混物能否出现脆韧转变的特征参数，它对于所有通过增加基体变形能力增韧聚合物共混物都是适用的。其增韧机理为：当 $T > T_c$ 时，分散相粒子之间的应力场相互影响很小，基体的应力场是这些孤立粒子应力场的简单加和，故基体塑性变形能力很小，材料表现为脆性；当 $T = T_c$ 时，基体层发生平面应变到平面应力的转变，降低了基体的屈服应力，当粒子间剪切应力的叠加超过了基体平面应力状态下的屈服应力时，基体层发生剪切屈服，出现脆韧转变。当 T 进一步减小，剪切带迅速增大，很快布满整个剪切屈服区域。值得一提的是，T_c 的大小除了与基体本身性质有关之外，还受到材料加载方式、测试温度和测试速度的影响。

在此基础上，Wu 建立了塑料脆韧转变的逾渗模型。Wu 提出，当橡胶分散在塑料中时，每个橡胶粒子与其周围的基体球壳形成平面应力体积球，见图 5-53。

图 5-52　粒间距 T
（基体层厚度）

图 5-53　橡胶周围的应力体积球
（图中阴影部分为橡胶粒子）

S 为应力体积球的直径。在橡胶粒子间距 $T > T_c$ 时，相邻平面应力体积球发生关联，出现逾渗通道，体系发生脆韧转变，对应的临界平面应力体积球直径（S_c）为

$$S_c = d_c + T_c \tag{5-31}$$

式中，d_c 为临界橡胶平均粒径；T_c 为临界基体层厚度。此时，对应的橡胶相体积分数 ϕ_{rc} 定义为逾渗阈值。该值随橡胶平均粒径减小而减小。

随着平面应力体积球的体积分数（V_s）增大，发生关联的平面应力体积球的数目增多，

相互连接，形成大小不一的逾渗集团。当 V_s 增大到逾渗阈值（V_{sc}）时，剪切屈服出现一条贯穿整个区域的逾渗通道，体系发生脆韧转变。临界平面应力体积球分数（V_{sc}）

$$V_{sc} = \phi_{rc}(S_c/d_c)^3 \tag{5-32}$$

Wu 的这一理论是增韧理论发展的一个突破，但也存在不足，主要表现在该理论模型是建立在橡胶粒子在基体中呈简单立方分布，粒子为球形且大小相同的假设条件下，忽略了粒子形状、尺寸分布及空间分别对材料韧性的影响。为此，理论尚待进一步完善。

由应力分析可知，橡胶相粒子赤道面的应力集中效应最大，在该处容易发生基体与分散相的界面脱黏，形成微孔。同时，与基体相比，橡胶粒子的泊松比更高，断裂应力值更低。当所受外力达到断裂应力值时，橡胶粒子内部会产生空洞。这些微孔和空洞的形成可吸收能量，使基体发生脆韧转变。例如，van der Wal 和 Gaymans 研究了 PP/EPDM 体系，发现橡胶粒子空洞化是材料形变的主要机理。J. U. Starke 指出，在 EPR 增韧共聚聚丙烯的断裂过程中，橡胶粒子的空洞化是形变的第一步。当 PP/EPR 共混比为 80/20 时，空洞化橡胶粒子之间的基体通过剪切屈服形成空洞带，但空洞带分布不均匀，且彼此孤立。随着橡胶含量增加到出现脆韧转变后，空洞带结构遍布整个试样，且在垂直于拉伸方向上出现了类银纹的丝状结构，即 Argon 等所称的银纹洞。

（2）无机刚性粒子增韧塑料机理

在无机刚性粒子增韧塑料的机理代表性的理论是逾渗理论、裂纹受阻机理以及积分理论。

在对改性 EPDM 增韧 PA-66 的研究中，Wu 同样提出了临界粒子间距普适判据。如对于 HDPE/CaCO$_3$ 复合材料，用特种界面偶联剂处理可得到具有准脆韧转变的超韧 CaCO$_3$/HDPE 复合材料。研究结果表明，其脆韧转变也遵从 L_c 判据和逾渗模型转变定律。未加特种偶联剂表面处理的 CaCO$_3$/HDPE 复合材料，缺口冲击强度随碳酸钙的 V_f 增加急剧减少，表明具有适当界面性能的填充复合材料，其脆韧转变特征和橡胶增韧准韧性聚合物的规律相似。

对于高聚物的韧性随刚性粒子体积分数增加而提高的现象，Lange 用裂纹受阻理论进行了解释。Lange 认为，与位错通过晶体的运动相类似，材料中的裂纹也具有线张力，当遇到不可穿透的阻碍物时，裂纹被阻止，未通过阻碍物，裂纹将弯曲绕行，从而导致断裂能的增加。Lange 导出了断裂能 G_{rc} 和阻碍物分散度 D_s 的关系

$$G_{rc} = G_{rco} + \frac{T_1}{D_s} \tag{5-33}$$

式中，G_{rco} 为基体的断裂能；T_1 为裂纹线张力；D_s 是粒子直径 d_f 的函数，$D_s = 2d_f(1-V_f)/3V_f$。

上述两式表明，对于一定粒子直径 d_f，断裂能随 V_f 增加而增加。在 V_f 值较小时，这一规律和实验现象吻合。但是实验发现，随着 V_f 增加，G_{rc} 值达到一最大值，然后减小，这说明在高填充量时，裂纹阻止理论是不适用的。

J 积分概念最早在研究金属材料时提出，其理论依据是：在塑性较大的材料中，裂纹尖端的应力和应变场具有单值性，可以由一个自裂纹自由表面下任意一点开始，绕裂纹尖端，终止于裂纹自由表面上任意一点回路的积分值表示，这一积分就称为 J 积分。J 积分值与路径无关，反映裂纹尖端附近应力应变场的强度，同时它又代表着向缺口区域的能量输入，可作为大规模塑性屈服时的裂纹判据。

J 积分可以简单定义为势能 U 随裂纹长度 a 降低的速率

$$J = \frac{-1}{B}\left(\frac{\partial U}{\partial a}\right)_{\Delta} \tag{5-34}$$

式中，B 为样条宽度；Δ 为形变。

当 J 积分超过其临界值即 $J > J_c$ 时，裂纹开始生长，J 是与裂纹长度、试件几何形状和加载方式无关的材料参数。

用断裂力学的 J 积分法研究碳酸钙增韧聚丙烯的断裂韧性，结果认为，由于碳酸钙的加入，聚丙烯基体的应力集中状况发生了变化。拉伸时，基体对粒子的作用在两极表现为拉应力，在赤道位置则为压应力，同时由于力的相互作用，球粒赤道附近的聚丙烯基体也受到来自填料的反作用力，三个轴向应力的协同作用有利于基体的屈服。另外，由于无机刚性粒子不会产生大的伸长变形，在拉应力作用下，基体和填料会在两极首先产生界面脱黏，形成空穴，而赤道位置的压应力为本体的 3 倍，其局部区域可产生提前屈服。应力集中产生屈服和界面脱黏都需要消耗更多的能量，这就是无机刚性粒子的增韧作用。众多的研究结果表明，只有超细的无机刚性粒子的表面缺陷少，非配对原子多，比表面积大，与聚合物发生物理或化学结合的可能性大，粒子与基体间的界面黏结时可以承受更大的载荷，才能达到既增强又增韧的目的。

5.6 高聚物其它断裂模式概述

除上述讨论的材料在拉应力作用下的断裂外，材料还可以受到多种应力形式，产生不同的断裂模式，如疲劳断裂、蠕变断裂、环境应力开裂、磨损磨耗、冲击破坏等，它们也是高聚物制品失效中常见的断裂模式。为此，下面对这些断裂模式作一简单的介绍。

5.6.1 疲劳断裂

疲劳试验测试材料在交变应力或应变作用下的力学性能，用来评价材料在多次重复作用力下的抗破坏能力。疲劳性能用疲劳寿命和疲劳极限表征。疲劳寿命（一般用 N_f 表示）是指在给定的振动条件下试样产生破坏所需要的周数，周数越大表示材料的抗疲劳性能越好。疲劳寿命同材料所受交变应力振幅的大小有关，某些材料在足够低的应力下几乎永远不发生破坏。把材料刚好不发生疲劳破坏的最大应力振幅称为材料的疲劳极限或耐久极限。就是说，当所有的应力振幅小于材料的疲劳极限时，材料将永远不断裂。许多高聚物的疲劳极限一般是其拉伸强度的 20%～35%。在选择振动环境下使用的高聚物材料时，应使其疲劳极限高于最大振动应力，不能仅考虑拉伸或弯曲强度。

通常用材料的疲劳寿命与所受的应力水平之间的关系曲线（图 5-54）表征材料的疲劳特征，这种曲线常称为 S-N 曲线。

疲劳寿命同测试条件有关。针对不同的应力环境设计了不同的试验条件，这些条件是：①交变应变的振幅保持不变；②交变应力的振幅保持不变；③交变应力或应变的振幅随时间增加。第一种情况下，材料一旦产生裂纹，应力将有很大的下降，以致试样在短期内不发生破坏。第二种情况下，材料一旦产生裂纹，应变幅度立即增大，试样很快就会破坏。在最后一种情况下，应力与应变幅度持续

图 5-54　材料的疲劳特性曲线
（S-N 曲线）

增大，试样更容易破坏。因此三种不同条件下测定的疲劳寿命依次下降。只有在相同条件下测定的结果才能相互比较。

材料的疲劳过程是材料中微观局部损伤的扩展过程。材料的疲劳过程包括疲劳裂纹的引发和扩展（包括慢速扩展和快速扩展）两个阶段。假设在一定的疲劳条件（包括应力水平、最大最小应力之比、温度、作用频率等）下，材料中引发疲劳裂纹所需经受的应力循环次数为 N_i；裂纹扩展直至材料发生宏观断裂所需经受的应力循环次数为 N_p，则

$$N_f = N_i + N_p \tag{5-35}$$

N_i 和 N_p 在整个疲劳寿命 N_f 中所占的比例与材料中包含的缺陷状况有关。对于一块带缺口试样来说，可能 $N_f \approx N_p$；对于一根表面经精细处理而缺陷数量少、缺陷小的纤维试样来说，$N_f \approx N_i$。

5.6.2 蠕变断裂

图 5-55　聚乙烯在双轴拉伸条件下的蠕变断裂时间与应力的关系曲线

材料在低于其断裂强度的恒定应力作用下，应变随时间逐渐增加，最后发生宏观断裂的现象称为蠕变断裂，也叫作静态疲劳。高聚物从蠕变开始（即从受到恒定应力作用的时刻起）直至断裂所需的时间 t 与所受应力 σ 的关系一般符合下式

$$t = A e^{-B\sigma} \tag{5-36}$$

即

$$\ln t = \ln A - B\sigma \tag{5-37}$$

式中，A 和 B 在一定的应力范围内是常数。图 5-55 给出了聚乙烯在双轴拉伸条件下的蠕变断裂时间与应力的关系曲线。

研究表明，高聚物的蠕变断裂有以下几个特点：①材料在高应力水平下发生的蠕变断裂往往是韧性断裂，断裂应变大，而在低应力水平下发生的断裂往往是脆性断裂，断裂应变小。在一定的应力水平范围内，蠕变断裂发生韧脆转变，图 5-55 中曲线的折点就是韧脆转变点。②在韧性蠕变断裂过程中，材料会出现"发白"现象。"发白"的原因是材料内部出现了许多空穴。③在聚苯乙烯和有机玻璃之类的脆性材料的蠕变断裂过程中，材料内必定产生许多应力银纹。应力水平越高，银纹密度越高。制件在长期使用中出现"发白"或应力银纹是蠕变断裂的征兆。

5.6.3 环境应力开裂

环境应力开裂是材料在使用中因介质（腐蚀性介质、溶剂或某种气氛）和应力的共同作用而产生许多小裂纹甚至发生宏观断裂的现象。这类断裂模式的特点如下。

① 裂纹始于材料表面，裂纹张开面与拉伸应力方向垂直。

② 使材料产生环境应力开裂的应力水平比该种材料的断裂强度低得多，甚至在材料不受外力作用的情况下，其内部存在的残余应力也可能使它在一定的环境中发生开裂。

③ 各种材料在一定的环境中，有一个产生环境应力开裂所需的最低应力值，称为临界应力。当材料所受的应力水平低于这个临界值时，不发生环境应力开裂。

④ 材料在环境应力开裂中产生的许多小裂纹，大多因邻近裂纹的抑制作用而不易扩展，只有少数裂纹互相贯穿时才导致材料宏观断裂。

表征材料抗环境应力开裂的指标是该材料的标准条状试样在单轴拉伸和接触某种介质的

条件下直至断裂所需的时间。

引起高聚物材料发生环境应力开裂的介质是有机溶剂、水、某些表面活性剂和臭氧等。有机溶剂容易促进塑料特别是非晶态塑料的环境应力开裂。例如有机玻璃在苯、丙酮、乙酸乙酯和石油醚中，聚碳酸酯在四氯化碳中。水和表面活性剂容易引起聚乙烯发生环境应力开裂。臭氧容易使不饱和碳链高聚物尤其是不饱和碳链橡胶发生环境应力开裂。例如天然橡胶只要在微量臭氧和5%的应变条件下就能开裂。介质对高聚物的作用是促进高聚物的降解或对高聚物产生溶剂化作用，从而降低局部材料的屈服强度或断裂强度，促使材料产生银纹或裂纹。

高聚物所受的应力水平越高，因环境应力开裂而断裂所需的时间越短。表面看来，环境应力开裂的速率是受应力水平控制的，其实，介质向材料内的扩散速率是更重要的控制因素。应力水平提高时，除了应力对裂纹扩展的直接加速作用之外，更重要的是促进介质向材料内的扩散速率，从而加快应力开裂的速率。

5.6.4 磨损磨耗

有些高聚物制件是在摩擦条件下使用的，例如橡胶轮船和塑料传动零件（齿轮、齿条、轴承等）。制件受摩擦时，表面材料以小颗粒的形式断裂下来，叫作磨损磨耗。很难说磨损磨耗的机理纯粹是材料的断裂过程，因为制件在摩擦中产生的热量能使材料升温，温度过高时，会引起材料的局部熔化、降解和氧化反应等。不过，制件在摩擦中表面材料以碎屑形式掉落下来意味着断裂是磨损磨耗的主要机理。

5.6.5 冲击破坏

冲击试验是使材料在冲击作用力下折断，把折断时截面吸收的能量定义为材料的冲击韧性。冲击试验主要有弯曲梁式（摆锤式）冲击、落锤式冲击和高速拉伸三类。弯曲梁式冲击试验是通过重锤摆动冲击标准试样，测定摆锤冲断试样所消耗的功。试样安放分为简支梁式（Charpy 试验）和悬臂梁式（Izod 试验）两种（图 5-56）。有时为提高试验准确性，可在试样上刻有缺口，使试样在受冲击时于缺口处发生断裂。

落锤式冲击试验是使球形重物从一定高度自由下落到片状试样上，根据重物的质量和刚好使试样产生裂痕或破坏时的临界下落高度，计算使试样破坏的能量。

在高速拉伸试验中，拉断试样所做的功与受冲击破坏时试样吸收的能量相当，此时冲击韧性 σ_{it} 由应力-应变曲线所确定的面积计算。

$$\sigma_{it} = \oint \sigma \mathrm{d}\varepsilon = \int_0^{\varepsilon_b} \sigma \mathrm{d}\varepsilon \qquad (5\text{-}38)$$

不同试验方法所得到的结果不一致，因此冲击韧性的数值要在相似的测试条件下方能相互比较。

冲击韧性的单位比较混乱。对于摆锤式冲击试验，一般无缺口试样冲击韧性的单位为单位断口面积吸收的能量（$\mathrm{J/m^2}$），有缺口试样的冲击韧性则定义为单位缺口厚度吸收的能量（$\mathrm{J/m}$）。表 5-7 给出了一些塑料的缺口 Izod 冲击韧性数据。

图 5-56　摆锤冲击试验
（a）及试件（b）

表 5-7　一些塑料的缺口 Izod 冲击韧性（24℃）　　　　　　　单位：J/m

塑料名称	冲击韧性	塑料名称	冲击韧性
聚苯乙烯	13～21	聚酰胺-11	96
高抗冲聚苯乙烯	25～427	聚甲醛	110～160
ABS 塑料	53～534	低密度聚乙烯	7850
硬聚氯乙烯	21～160	高密度聚乙烯	25～1080
聚氯乙烯共混物	160～1070	聚丙烯	25～110
聚甲基丙烯酸甲酯	21～27	聚碳酸酯	640～960
醋酸纤维素	53～200	聚乙烯基甲醛	53～1070
硝化纤维素	260～370	通用型酚醛塑料	13～19
乙基纤维素	190～320	布填料酚醛塑料	53～160
聚酰胺-66	50～160	玻纤填料酚醛塑料	530～1600
聚酰胺-6	50～160	聚四氟乙烯	105～214
聚酰胺-612	50～210	聚苯醚(25％玻纤)	53～210
聚砜	70～270	玻纤填料环氧树脂	530～1600
玻纤填料聚酯	110～1070	聚酰亚胺	50
环氧树脂	10～270		

解答提示

习题与思考题

1. 说明下列概念

拉伸强度，拉伸屈服强度，真应力，冲击强度，屈服和冷拉，银纹，应力发白，临界应力强度因子

2. 从典型的非晶态高聚物的拉伸应力-应变曲线能得到什么信息？

3. 高聚物的应力-应变曲线有哪几种类型？各自有什么特点？

4. 什么是真应力和真应变？为什么在研究屈服行为时要用真应力和真应变？

5. 试画出下列实验曲线：

（1）不同温度下 PMMA 的应力-应变曲线；

（2）不同应变速率下 HDPE 的应力-应变曲线；

（3）取向高聚物在不同方向拉伸时的应力-应变曲线。

6. 总结讨论高聚物分子量对高聚物下列性能的影响，并说明选择分子量的原则：T_g，T_m，T_f，T_b，σ_y，σ_b，冲击强度。

7. 总结高聚物的结构和外界条件对塑料主要性能如强度、韧性、断裂延伸率的影响规律。

8. 什么是脆性断裂和韧性断裂？如何判定？

9. 温度对高聚物的屈服有什么影响？如何利用屈服强度的温度依赖性和断裂强度的温度依赖性的不同来解释分子量、支化、侧基、交联和增塑等内外因素对高聚物脆韧性的影响？

10. 为什么实际高聚物的强度要比理论强度小很多？你是如何认识应力集中的？

11. 格里菲斯如何从能量的角度来考虑材料的断裂问题？

12. 什么是银纹？产生的原因是什么？银纹与一般所说的裂纹有什么区别？

13. 银纹在玻璃态高聚物的脆性断裂中起着什么重要作用？

14. 什么是剪切带？它是如何形成的？

15. 什么是冲击强度？它与材料其他极限性能有什么不同？

第6章 高聚物的高弹性

高聚物处于高弹态时，在外力作用下，将产生很大的形变；当外力除去后，这种大形变可以完全回复，因而宏观上观测到了可逆的弹性形变。这种独特的高弹态形变是金属材料和其它低分子固体材料所没有的。通常把这种可逆弹性限度很大的物质称为弹性体，这些弹性体所显示的弹性称为高弹性，这种可逆的弹性形变称为高弹形变。

从热力学角度高弹形变可分为平衡态高弹形变和非平衡态高弹形变。平衡态高弹形变是高弹形变的发展和回复始终与外界条件相平衡，即瞬时、平衡、可逆的高弹形变，这是理想高弹性；如果高弹形变的发展与回复始终滞后于外界条件的变化，即为非平衡态高弹形变，此时高弹形变是时间的函数，这是实际高弹性的表现。本章主要讨论平衡态高弹形变。

6.1 高聚物高弹形变的分子运动机理及高弹性特点

高弹态是高聚物特有的力学状态。低分子固体熔化后变为液体，进一步变为气体；而高聚物固体除了玻璃态或结晶态固体外，还存在高弹态固体，表现出特有的高弹性力学行为。

6.1.1 高弹形变的分子运动机理

高聚物处于高弹态时，链段可以自由运动，因而表现出多种分子构象。

在没有受外力作用时，高分子链总是趋向使分子构象熵最大的卷曲分子构象；在受外力作用时，高分子链分子构象随之改变，形成一个应变状态。如等温拉伸橡胶，拉伸前高分子链呈卷曲分子构象（平衡态Ⅰ），分子构象数多，构象熵大；而拉伸后，高分子链通过链段运动使高分子链转变为较伸展的分子构象（平衡态Ⅱ），分子构象数少，构象熵小；当高分子链被完全拉直后，其分子构象数只有一个。因此，高弹形变的过程就是分子构象熵减小的过程。

当拉伸外力被解除后，高弹形变即可回复。高弹形变的回复是由于高分子链力图保持卷曲的分子构象而产生了反抗拉伸形变的回缩张力（即橡胶的回弹力，宏观表现即为高弹模量），使伸展的分子构象回缩到原来卷曲的分子构象的结果。这一自发回复的过程即是热力学熵增的原理。

通常认为在高弹形变发生的过程中，内能的作用很小，可以忽略不计。因此，橡胶高弹形变的分子运动机理是链段的自由运动，其本质是在外力作用下高分子链构象熵变化而引起的熵弹性，这一过程中内能几乎不变。

6.1.2 高弹性的特点

高聚物高弹性的主要特点表现如下。

① 弹性形变很大。高聚物高弹形变的延伸率可高达 1000%，而一般金属、陶瓷材料等的弹性应变不超过 1%。

② 高弹模量低。高聚物的模量一般为 0.1~1.0MPa，而金属材料的普弹模量高达 10^4~10^5MPa；高聚物的高弹模量随热力学温度的升高成正比地增大，而金属材料的普弹模量则随温度升高而减小。

③ 快速拉伸（绝热过程）时，高弹态高聚物的温度升高，而金属材料则温度下降。

④ 理想高弹形变对力的响应是瞬时的，高弹模量与时间无关；而实际高弹体的高弹形变对力的响应不是瞬时的，高弹模量是时间的函数。

6.1.3 影响高弹性的因素

高弹性是高聚物特有的性能，与材料在减震、密封和阻尼等方面的应用密切相关。表征高弹性的主要力学物理量有静态力作用下的拉伸强度、断裂延伸率、定伸强度（表观模量）、永久变形等；而在动态力作用下的动态模量、力学损耗或力学损耗角正切（$\tan\delta$）等力学物理量属黏弹性范畴，将在第 7 章中讲述。高弹性不仅与高分子链自身的化学结构、凝聚态结构有关，也受到使用条件（如温度、频率、气体氛围）等多种因素的影响。

柔性高分子链的高聚物的 T_g 通常远远低于室温，因此这类高聚物在室温时处于高弹态，可以作为橡胶材料。如天然橡胶 T_g 为 -70℃，丁苯橡胶 T_g 为 -60℃，丁腈-30 橡胶 T_g 为 -41℃，聚二甲基硅橡胶 T_g 为 -120℃，氟橡胶（偏氟乙烯-全氟丙烯共聚物）T_g 为 -55℃ 等。

分子链间适当的交联可以阻止高弹形变过程中高分子链相对位移产生的不可逆塑性形变，但这种交联不能抑制链段的运动而影响其高弹形变。当分子链间形成缠结时，相当于在分子链间形成了物理交联点，在一定程度上也可以抑制高弹形变中不可逆形变的发生。但交联密度过高时，将抑制链段的运动，使高聚物的高弹形变不明显。

除柔性外，高聚物在交联前应具有高的分子量，这样可以更好地形成缠结，通过适当交联对链段运动的影响也较小，使之表现出高弹性。如常用橡胶类高聚物如天然橡胶的平均分子量为 70 万，聚二甲基硅橡胶为 40 万~70 万。这样经适度交联后，橡胶网链的平均分子量 $\overline{M_c}$ 较大，可以提供橡胶良好的高弹性能。

某些结构规整的柔性链高聚物，在一定的条件下可以发生结晶，如顺式聚异戊二烯（天然橡胶）、顺式 1,4-聚丁二烯、聚二甲基硅橡胶等，当在低温时发生结晶或在高拉伸比时发生应变诱导结晶后，高分子链的链段失去运动能力，即橡胶失去了高弹性能。

对于橡胶而言，其使用时通常进行适当交联，因此橡胶的使用温度为玻璃化转变温度 T_g 到热分解温度 T_d，在此温度区间，才可以表现出大的可逆弹性形变，即优异的高弹性。因此橡胶材料不仅要具有高的热稳定性（T_d 高），还应有好的耐寒性（T_g 低），即使用温度范围（T_g~T_d）宽。提高橡胶材料的 T_d 应从其化学键的稳定性出发，在结构中引入键能更高的结构，如 Si-O 键的键能大于 C-C 键的键能，因此硅橡胶的热稳定性明显提高，可在 200℃ 以上长期使用。降低橡胶的 T_g 的方法则可参考第 4 章讨论的影响玻璃化转变温度的因素。

橡胶中的交联点除化学键合外，某些物理凝聚态也可表现为交联点的特征，即物理交联点。如热塑弹性体 SBS，其中的 PS 链在室温时凝聚为坚硬的玻璃态，限制顺式聚丁二烯链的滑移，PS 即为物理交联点。

6.2　高弹性的热力学分析及实验评价

6.2.1　平衡态高弹形变的热力学分析

对于平衡态高弹形变即理想高弹形变，可利用热力学定律进行分析。

把交联的橡胶（橡皮）当作热力学体系，环境为外力、温度、压力等。设长度为 l_0 的橡皮等温条件下受外力 f 拉伸，伸长为 $\mathrm{d}l$。由热力学第一定律可知，体系内能的变化 $\mathrm{d}U$ 等于体系吸收的热量 $\mathrm{d}Q$ 与体系对外做功 $\mathrm{d}W$ 的差

$$\mathrm{d}U = \mathrm{d}Q - \mathrm{d}W \tag{6-1}$$

橡皮试样被拉长时，体系对外做的功包括两部分，一部分是拉伸过程中体积变化所做的功 $p\,\mathrm{d}V$，另一部分是拉伸过程中形状变化所做的功 $-f\,\mathrm{d}l$。可得

$$\mathrm{d}W = p\,\mathrm{d}V - f\,\mathrm{d}l \tag{6-2}$$

根据热力学第二定律，对于等温可逆过程

$$\mathrm{d}Q = T\,\mathrm{d}S \tag{6-3}$$

代入式（6-1）可得

$$\mathrm{d}U = T\,\mathrm{d}S - p\,\mathrm{d}V + f\,\mathrm{d}l \tag{6-4}$$

（1）恒温恒容条件

在恒温恒容条件下，橡皮试样在拉伸过程中体积几乎不变，即 $\mathrm{d}V \approx 0$。故

$$\mathrm{d}U = T\,\mathrm{d}S + f\,\mathrm{d}l \tag{6-5}$$

得恒温恒容条件下的橡胶状态方程

$$f = \left(\frac{\partial U}{\partial l}\right)_{T,V} - T\left(\frac{\partial S}{\partial l}\right)_{T,V} = f_{\mathrm{U}} + f_{\mathrm{S}} \tag{6-6}$$

上式的物理意义是，作用在橡皮试样上的外力由两部分组成：一是对橡皮试样内能变化的贡献 f_{U}；另一部分是对橡皮试样熵变的贡献 f_{S}。也就是说在橡皮试样内产生的与外力相平衡的张力是由伸长变形时内能发生变化和熵发生变化引起的。

理想高弹形变的发展与回复是瞬时、平衡、可逆的，即链段运动是完全自由的，不存在分子内邻近原子间的相互作用，因而拉伸过程中不需要克服这种相互作用而做功，因此等温拉伸橡皮试样的高弹形变前后没有内能变化。即

$$f_{\mathrm{U}} = \left(\frac{\partial U}{\partial l}\right)_{T,V} = 0$$

因此

$$f = f_{\mathrm{S}} = -T\left(\frac{\partial S}{\partial l}\right)_{T,V} \tag{6-7}$$

上式表明橡皮试样内的平衡张力仅仅是熵变产生的。

下面依据热力学分析解释高弹性的特点。在等温拉伸过程中橡皮试样的内能几乎是不变的，因此

$$f\,\mathrm{d}l = -T\,\mathrm{d}S = -\mathrm{d}Q \tag{6-8}$$

图 6-1 绝热拉伸（或收缩）
时温度的变化

即在高弹形变过程中，外力所做的功全部转化为构象熵的减少，或者说伴随有放热效应。当橡皮试样被拉伸时，$dl>0$，$f>0$，故 $dQ<0$，体系是放热的；当橡皮试样被压缩时，$dl<0$，$f<0$，故 $dQ<0$，体系仍是放热的。释放的热量表现为橡皮试样温度的升高。如天然橡胶绝热拉伸时温度随延伸率的变化（图 6-1），当延伸率超过 300% 时温升很快。这是由于在高应变区可能出现结晶现象而释放出"潜热"所造成的热效应。由拉伸实验和收缩实验之间缺乏可逆性可证明有结晶作用产生。

当温度升高时，高分子链的链段热运动加剧，高分子链趋于卷曲分子构象的倾向愈大，回缩张力就愈大，所以高弹模量随温度的升高而增大。

（2）恒温恒压条件

根据吉布斯（Gibbs）自由能的定义

$$G=H-TS=U+pV-TS \tag{6-9}$$

对于微小的变化

$$dG=dU+p\,dV+V\,dp-T\,dS-S\,dT \tag{6-10}$$

将式（6-4）代入上式，则得

$$dG=f\,dl+V\,dp-S\,dT \tag{6-11}$$

可见 G 是 p、T、l 的函数，则

$$\left(\frac{\partial G}{\partial p}\right)_{T,l}=V, \quad \left(\frac{\partial G}{\partial T}\right)_{p,l}=-S, \quad \left(\frac{\partial G}{\partial l}\right)_{T,p}=f \tag{6-12}$$

在恒温恒压条件下，$dp=0$，$dT=0$，由式（6-11）得

$$dG=f\,dl$$

即外力所做的功，等于体系自由能的增加，则熵变

$$\left(\frac{\partial S}{\partial l}\right)_{T,p}=-\frac{\partial}{\partial l}\left(\frac{\partial G}{\partial T}\right)_{l,p}=-\frac{\partial}{\partial T}\left(\frac{\partial G}{\partial l}\right)_{T,p}=-\left(\frac{\partial f}{\partial T}\right)_{l,p} \tag{6-13}$$

即在 p、l 不变时，外力 f 随温度的变化反映了试样伸长时熵的改变，而内能的变化由式（6-12）可知

$$\left(\frac{\partial H}{\partial l}\right)_{T,p}=\left(\frac{\partial G}{\partial l}\right)_{T,l}+T\left(\frac{\partial S}{\partial l}\right)_{T,p}=f-\left(\frac{\partial f}{\partial T}\right)_{l,p} \tag{6-14}$$

则

$$f=\left(\frac{\partial H}{\partial l}\right)_{T,p}-T\left(\frac{\partial S}{\partial l}\right)_{T,p} \text{ 或 } f=\left(\frac{\partial H}{\partial l}\right)_{T,p}+T\left(\frac{\partial f}{\partial T}\right)_{l,p} \tag{6-15}$$

式（6-15）即为在恒温恒压条件下的橡胶状态方程，表明外力增加了体系的焓和减小了体系的熵。

6.2.2 高弹性热力学理论的实验评价

为了以实验验证上述热力学理论的结果，先将不能直接测量的量转变为可测量的量，可将恒温恒容条件换算成恒温恒压条件下的数据。

式（6-6）中的 $(\partial S/\partial l)_{T,V}$ 可变换成

$$\left(\frac{\partial S}{\partial l}\right)_{T,V} = -\left[\frac{\partial}{\partial l}\left(\frac{\partial G}{\partial T}\right)_{l,p}\right]_{T,V} = -\left[\frac{\partial}{\partial T}\left(\frac{\partial G}{\partial l}\right)_{T,p}\right]_{l,V} = -\left(\frac{\partial f}{\partial T}\right)_{l,V} \tag{6-16}$$

所以式（6-6）可以改写成

$$f = \left(\frac{\partial U}{\partial l}\right)_{T,V} + T\left(\frac{\partial f}{\partial T}\right)_{l,V} \tag{6-17}$$

这里 $(\partial f/\partial T)_{l,V}$ 的物理意义是：在试样长度 l 和体积 V 保持不变的条件下，维持试样伸长所需的外力 f 随温度的变化，它是可以直接从实验中测量的。

实验时，将橡皮试样在一恒定温度下恒温拉伸到一定长度 l，然后测定维持同样伸长在不同温度下的张力 f。以张力 f 对热力学温度 T 作图，当试样拉伸比不太大时可得到一直线。f-T 直线的斜率为 $(\partial f/\partial T)_{l,V}$，截距为 $(\partial U/\partial l)_{T,V}$。以不同的拉伸长度 l 或拉伸比做平行实验，在 f 对 T 的图上便得到一组直线，如图 6-2 所示。

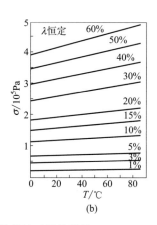

图 6-2　固定伸长以及固定拉伸比时天然橡胶的拉力 f-T 的关系曲线

图 6-3　根据图 6-2 的结果作 f、f_U、f_S 对 ε 图

实验结果表明，在相当宽的伸长范围和温度范围内，维持同样拉伸比的张力随温度升高而增大，且保持良好的线性关系。直线的斜率随延伸率的增加而增加，即在同一温度下，随延伸率增大产生的张力增大，且各直线外推到 $T=0K$ 时，几乎都通过坐标的原点，即

$$\left(\frac{\partial U}{\partial l}\right)_{T,V} \approx 0 \tag{6-18}$$

上式说明橡皮试样被拉伸时，内能几乎不变，而主要是熵的变化。

但实际橡胶弹性体 $(\partial U/\partial l)_{T,V}$ 并不等于 0。已知拉伸橡皮试样内能变化对张力的贡献及熵的变化对张力的贡献分别为

$$\left(\frac{\partial U}{\partial l}\right)_{T,V} = f_U, \quad T\left(\frac{\partial f}{\partial T}\right)_{l,V} = -T\left(\frac{\partial S}{\partial l}\right)_{T,V} = f_S \tag{6-19}$$

进一步做较精细的实验，测定某一温度下不同延伸率时的 f、f_S 和 f_U 值，对延伸率作图，如图 6-3 所示。

由图可见，熵的变化对张力的贡献是主要的，而内能的变化对张力的贡献很小，仅在高伸长率时较明显地偏离了 0 线。偏离的原因主要有两点：一是实际上实验是在恒压条件下进行的，而热力学公式是在恒容条件下推导出来的，实际橡胶高弹形变时体积变化并不为 0，因而实验得到的 f_U 值与定义的 $(\partial U/\partial l)_{T,V}$ 之间有偏差；二是在进行热力学分析时，假设橡胶是理想弹性体，实际上橡胶在高弹形变时，单键内旋转并不是完全自由的，由内旋转形

成的高分子链的各种分子构象的位能也不相同，因此在拉伸时，高分子链分子构象的变化必然引起内能的变化，特别是在高伸长区（约10%），f_U已成为主要因素。

6.3 平衡态高弹形变的统计理论

理想高弹性的本质是熵弹性，因此可以通过分子运动机理将橡胶宏观高弹形变产生的回缩张力与高分子链相应的分子构象联系起来，应用高分子链的构象统计理论和玻尔兹曼定律计算出橡胶交联网络变形时的体系熵变，进一步推导出宏观的应力-应变关系式，即橡胶状态方程。

为了便于进行统计理论分析，假设理想橡胶弹性体的交联网络（图6-4）符合以下四个假设。

① 交联网络中每个网链的各个构象的位能相等，构象变化不引起体系内能变化，可将每个网链看作高斯链，分子内（间）无相互作用。

② 每个网链的构象分布遵从高斯分布，且不占有体积。

③ 交联网络为各向同性网络，其总构象数是各个单独网链构象数的乘积。

④ 无论在应变状态还是非应变状态，假设网络中的交联点是固定在它的平均位置上的，当形变时，这些交联点将仿射地变化，即它们的位置改变将与试样的宏观形变具有同一比例。

6.3.1 高弹性的统计理论

未拉伸变形时，把交联网链中第 i 个网链的一端固定在直角坐标原点上，另一端 P_i 落在点（x_i，y_i，z_i）处（图6-5）的小体积元 $\mathrm{d}x\mathrm{d}y\mathrm{d}z$ 内的概率用高斯分布函数描述，则可得

$$W(x_i,y_i,z_i)\mathrm{d}x\mathrm{d}y\mathrm{d}z=\left(\frac{\beta}{\sqrt{\pi}}\right)^3\mathrm{e}^{-\beta^2(x_i^2+y_i^2+z_i^2)}\mathrm{d}x\mathrm{d}y\mathrm{d}z \tag{6-20}$$

$$\beta^2=\frac{3}{2Zb^2} \tag{6-21}$$

式中，Z 为网链的链段数；b 为链段长度。

图6-4 交联网络结构

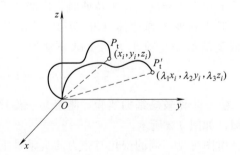

图6-5 网链"仿射"变形前后的坐标

如果 $\mathrm{d}x\mathrm{d}y\mathrm{d}z$ 为单位小体积元，则网链构象数同概率密度 $W(x_i,y_i,z_i)$ 成比例。根据玻尔兹曼定律，体系的熵 S 与体系的微观状态数（即网链的构象数）W 的关系为

$$S = K \ln W \tag{6-22}$$

式中，K 为玻尔兹曼常数。

因此，设未形变时一个网链的构象熵为 S_{iu}，则

$$S_{iu} = C - K\beta^2(x_i^2 + y_i^2 + z_i^2) \tag{6-23}$$

式中，C 为常数。

当拉伸形变后，第 i 个网链的 P_i 端位置落在点 $P_i'(x_i',\ y_i',\ z_i')$ 处（图 6-5）。设三维轴向拉伸比为 λ_1、λ_2、λ_3，则 $x' = \lambda_1 x_i$，$y' = \lambda_2 y_i$，$z' = \lambda_3 z_i$。

这样，形变后一个网链的构象熵 S_{id} 为

$$S_{id} = C' - K\beta^2(\lambda_1^2 x_i^2 + \lambda_2^2 y_i^2 + \lambda_3^2 z_i^2) \tag{6-24}$$

式中，C' 为常数。

则一个网链高弹形变前后产生的构象熵变 ΔS_i 为

$$\Delta S_i = S_{id} - S_{iu} = -K\beta^2 [(\lambda_1^2 - 1)x_i^2 + (\lambda_2^2 - 1)y_i^2 + (\lambda_3^2 - 1)z_i^2] \tag{6-25}$$

设理想弹性体交联网络的单位体积内网链数目为 N，则单位体积网络形变前后的总构象熵变 ΔS 为 N 个交联网链构象熵变的加和，即

$$\Delta S = -K\beta^2 \sum_{i=1}^{N} [(\lambda_1^2 - 1)x_i^2 + (\lambda_2^2 - 1)y_i^2 + (\lambda_3^2 - 1)z_i^2] \tag{6-26}$$

由于每个网链的末端距都不相等，依据假设取其平均值，则

$$\Delta S = -K\beta^2 \sum_{i=1}^{N} [(\lambda_1^2 - 1)\overline{x_i^2} + (\lambda_2^2 - 1)\overline{y_i^2} + (\lambda_3^2 - 1)\overline{z_i^2}] \tag{6-27}$$

因为交联网络是各向同性的，所以

$$\overline{x_i^2} = \overline{y_i^2} = \overline{z_i^2} = \frac{1}{3}\overline{h^2} \tag{6-28}$$

式中，$\overline{h^2}$ 为形变前网链的均方末端距。

网链的均方末端距等于高斯链的均方末端距，即 $\overline{h^2} = \overline{h_0^2}$，则式（6-27）变为

$$\Delta S = -\frac{1}{3}\overline{h_0^2} K\beta^2 \sum_{i=1}^{N} [(\lambda_1^2 - 1) + (\lambda_2^2 - 1) + (\lambda_3^2 - 1)] \tag{6-29}$$

又知 $\beta^2 = \dfrac{3}{2zb^2} = \dfrac{3}{2\overline{h_0^2}}$，代入上式得交联网络高弹形变产生的总构象熵变为

$$\Delta S = -\frac{1}{2}NK[\lambda_1^2 + \lambda_2^2 + \lambda_3^2 - 3] \tag{6-30}$$

假设在恒温拉伸高弹形变过程中，交联网络的内能不变 $\Delta U = 0$，则形变过程中亥姆霍兹自由能的变化为

$$\Delta F = \Delta U - T\Delta S = -T\Delta S = \frac{1}{2}NKT[\lambda_1^2 + \lambda_2^2 + \lambda_3^2 - 3] \tag{6-31}$$

在恒温恒容条件下，外力对体系做的功等于体系自由能的增加，即

$$W = \Delta F = \frac{1}{2}NKT[\lambda_1^2 + \lambda_2^2 + \lambda_3^2 - 3] \tag{6-32}$$

式中，ΔF 为弹性储能函数，其物理意义为外力作用下单位体积橡胶在高弹形变过程中所储存的能量，是形变参数（λ_1，λ_2，λ_3）和橡胶的结构参数（N）及温度（T）的函数。

在单向拉伸情况下，令在 x 方向拉伸，$\lambda_1 = \lambda \left(\lambda = \dfrac{l}{l_0} \right)$，$\lambda_2 = \lambda_3$ 且拉伸时体积不变，

$$\lambda_1 \cdot \lambda_2 \cdot \lambda_3 = 1 , \quad \lambda_2 = \lambda_3 = \frac{1}{\sqrt{\lambda}}$$

则式（6-32）弹性储能函数可写成

$$W = \frac{1}{2} NKT \left(\lambda^2 + \frac{2}{\lambda} - 3 \right) \tag{6-33}$$

又因为 $\mathrm{d}W = f\mathrm{d}l$，故可得

$$f = \left(\frac{\partial W}{\partial l} \right)_{T,V} = \left(\frac{\partial W}{\partial \lambda} \right)_{T,V} \left(\frac{\partial \lambda}{\partial l} \right)_{T,V} = \frac{NKT}{l_0} \left(\lambda - \frac{1}{\lambda^2} \right) \tag{6-34}$$

因为 N 为橡胶交联网络单位体积内的网链数目（或称网链密度），故 l_0 为单位长度，则上式可写为

$$f = NKT \left(\lambda - \frac{1}{\lambda^2} \right) \quad \text{或} \quad \sigma = \frac{f}{A_0} = NKT \left(\lambda - \frac{1}{\lambda^2} \right) \tag{6-35}$$

式中，A_0 为初始单位面积，$A_0 = 1$（面积单位）。

此式即为交联橡胶状态方程，它描述了交联橡胶的应力与拉伸比的关系。

N 也可用交联点间网链的平均分子量 $\overline{M}_\mathrm{c}$ 表示，它们之间存在下列关系

$$\frac{N\overline{M}_\mathrm{c}}{\widetilde{N}} = \rho \quad \text{或} \quad N = \frac{\rho\widetilde{N}}{\overline{M}_\mathrm{c}}$$

式中，$\widetilde{N}$ 为阿伏伽德罗常数；ρ 为高聚物密度。因为 $K\widetilde{N} = R$，R 为气体常数，故式（6-35）可写为

$$\sigma = \frac{\rho RT}{\overline{M}_\mathrm{c}} \left(\lambda - \frac{1}{\lambda^2} \right) \tag{6-36}$$

在上述推导中，没有引入与橡胶分子链化学结构有关的参数，因此所得到的橡胶状态方程适合于各种橡胶材料。

对于理想弹性体的高弹性，应力-应变关系应服从胡克定律 $\sigma = E\varepsilon$，为此，将交联橡胶状态方程中的 $\left(\lambda - \frac{1}{\lambda^2} \right)$ 项展开。

$$\lambda = 1 + \varepsilon \left(\varepsilon = \frac{l - l_0}{l_0} \right), \quad \lambda^{-2} = (1 + \varepsilon)^{-2} = 1 - 2\varepsilon + 3\varepsilon^2 - 4\varepsilon^3 + \cdots$$

当应变 ε 很小时，略去高次方项，$\lambda^{-2} \approx 1 - 2\varepsilon$，则式（6-36）可以写为

$$\sigma = 3 \frac{\rho RT}{\overline{M}_\mathrm{c}} \varepsilon \tag{6-37}$$

上式表明，只有当应变很小时，交联橡胶的应力-应变关系才符合胡克定律。

由于交联橡胶弹性形变时体积几乎不变，泊松比 $\nu \approx 0.5$。根据各向同性理想弹性体材料的拉伸模量与剪切模量的关系

$$E = 2G(1 + \nu) = 3G \tag{6-38}$$

交联橡胶的剪切模量即为

$$G = \frac{\rho RT}{\overline{M}_\mathrm{c}} \tag{6-39}$$

图 6-6　天然橡胶在 10℃ 和 60℃ 时 σ 对 $(\lambda - 1/\lambda^2)$ 作图

这一关系式说明橡胶的弹性模量随温度的升高和交联网链平均分子量的减小而增大。此时将剪切模量 G 代入式（6-36），则交联橡胶状态方程可写为

$$\sigma = G\left(\lambda - \frac{1}{\lambda^2}\right) = \frac{E}{3}\left(\lambda - \frac{1}{\lambda^2}\right) \qquad (6\text{-}40)$$

橡胶弹性的唯象理论

因此，在橡胶弹性理论的研究中，有时也将 $\left(\lambda - \frac{1}{\lambda^2}\right)\Big/3$ 定义为拉伸应变。根据式（6-40）以 σ 对 $\left(\lambda - \frac{1}{\lambda^2}\right)\Big/3$ 作图可得直线，图 6-6 为天然橡胶 10℃和 60℃的实验结果。

6.3.2 高弹性统计理论的实验评价和修正

为了检验由统计热力学导出的交联橡胶状态方程，将按式（6-40）计算天然橡胶的理论曲线与实验曲线进行比较，如图 6-7 所示。

由图 6-7 可见，当拉伸比 $\lambda < 1.5$ 时，理论曲线与实验曲线比较符合，拉伸比 λ 比较大时，偏差则很大。通过实验进一步研究了造成偏差的可能原因，并对其进行了相应的修正。

（1）非高斯效应

在大形变的非结晶性交联橡胶中，网链已接近极限拉伸比，交联网链为高斯链模型的假设此时已不适用，造成与理论的偏离。交联密度愈高，网链愈短，愈容易出现非高斯效应。

进一步定量研究，用修正后的非高斯链统计学及网络理论建立的橡胶状态方程及其理论曲线能在更大的拉伸比下与实验曲线相符合。

（2）应变诱导结晶

在大形变的可结晶性交联橡胶中，形变过程中的网链沿拉伸方向取向，使高分子链有序化程度增加，有利于结晶的形成。由于应变取向而形成结晶的现象称为应变诱导结晶。显然，随拉伸比增大，应变诱导结晶的趋势增大。图 6-8 为天然橡胶在 0℃和 60℃下的应力-拉伸比实验曲线。0℃时的曲线表明应变诱导结晶效应使橡胶弹性模量迅速提高。当 $\lambda \geqslant 4$ 时，拉伸应力急剧升高，X 射线衍射证明此时有结晶出现。结晶的产生，相当于增加了许多"物理交联点"，会使橡胶弹性模量迅速升高。同时继续形变时，晶区的高分子链的链段已失去了运动能力，即失去了高弹性，只能发生因键长、键角变化引起的普弹形变，从而引起实验与理论的偏差。60℃时的曲线，拉伸过程几乎没有结晶效应。大形变时产生的偏差类同非结晶交联橡胶的非高斯效应造成的实验与理论的偏差。

图 6-7　天然橡胶的应力-拉伸比曲线

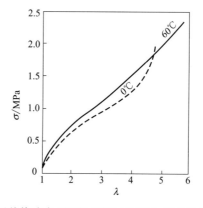

图 6-8　天然橡胶在 0℃和 60℃时的应力-拉伸比实验曲线

（3）非理想交联网络——有效网链和无效网链

由图 6-7 可以看出，在某形变范围内，处于同一拉伸比时，实验值低于理论值。因为实际的交联高聚物不可能形成完美的、理想的交联网络，除了形成对弹性有贡献的有效网链外，还可能形成只有一端固定在交联点上，另一端是自由的自由链——端链，或者形成封闭的链圈（图 6-9），它们对弹性是没有贡献的。因此对总的网链数 N 有必要进行修正。

（a）"物理交联"　　　　　（b）链圈　　　　　（c）自由链

图 6-9　网络缺陷类型

●—交联点；○—链末端

如果单位体积理想交联网络的网链数 $N_0 = \widetilde{N}\left(\dfrac{\rho}{M_c}\right)$，每个高分子链交联后都有两个端链，当忽略物理交联和端链时，单位体积橡胶中实际有效网链的数目 N 应修正为

$$N = \widetilde{N}\left(\frac{\rho}{M_c} - \frac{2\rho}{M_n}\right) = \frac{\widetilde{N}\rho}{M_c}\left(1 - \frac{2\overline{M}_c}{\overline{M}_n}\right) \tag{6-41}$$

式中，$\overline{M}_n$ 为交联前橡胶的数均分子量。由此可得

$$G = \frac{\rho RT}{M_c}\left(1 - \frac{2\overline{M}_c}{\overline{M}_n}\right) \tag{6-42}$$

$$\sigma = \frac{\rho RT}{M_c}\left(1 - \frac{2\overline{M}_c}{\overline{M}_n}\right) \times \left(\lambda - \frac{1}{\lambda^2}\right) \tag{6-43}$$

只有当 $\overline{M}_n \gg \overline{M}_c$ 时，上述修正才可以忽略。

（4）内能的贡献

实际的高弹体在形变过程中，尤其是在大形变时，内能对高弹形变是有贡献的，这与热力学分析结果相矛盾。为此，人们进一步研究得到内能变化对张力的贡献 f_U 及其所占比例

$$\frac{f_U}{f} = 1 - \frac{f_S}{f} = 1 - \frac{T}{f}\left(\frac{\partial f}{\partial T}\right)_{l,V} = 1 - \left(\frac{\partial \ln f}{\partial \ln T}\right)_{l,V} \tag{6-44}$$

根据上式，在 l、V 不变的条件下直接测量张力 f 与温度 T 的关系，即可以求出 f_U/f 值。

（5）体积变化和非仿射形变

实际橡胶在形变时体积会发生约 10^{-4} 数量级的变化，即存在体积变化，需对体积不变的假设进行修正。

假定有一个体积为 V_0 的立方体，在单轴拉伸后，体积变为 V。修正后可得

$$\sigma=\frac{f}{A_0}N_0KT\frac{\overline{h^2}}{\overline{h_0^2}}\times\left(\lambda-\frac{V}{V_0}\times\frac{1}{\lambda^2}\right) \tag{6-45}$$

这是在高斯链理论基础上考虑了形变时体积变化而得出的橡胶状态方程。

近年来的研究还发现，交联网络的形变不是仿射形变，特别是在较高的应变下更是如此。一般，交联点的波动会使模量减小，作为一种简单的修正，引入一个校正因子 A_ϕ，则剪切模量 $G=N_0KT$ 经校正非仿射形变后为

$$G=A_\phi N_0KT,A_\phi<1 \tag{6-46}$$

本章主要是从热力学平衡的角度讨论了高聚物高弹性的本质。实际的高弹形变是一个松弛过程，当观察时间较短时，高弹形变达不到平衡，而是处于非平衡态，表现出极大的黏弹性特征。

习题与思考题

解答提示

1. 用高弹形变的机理讨论高聚物高弹性的特点。

2. 试述交联橡胶平衡态高弹形变热力学分析的依据和所得结果的物理意义。

3. 交联橡胶高弹性统计热力学理论的根据是什么？该理论存在哪些缺陷？为什么？

4. 交联橡胶状态方程的物理意义是什么？如何应用？

5. 用橡胶高弹性热力学和橡胶状态方程解释下列问题：

（1）挂有一个固定质量物体的已拉伸的橡皮带，当温度升高时其长度减小；

（2）交联程度不同的同一橡胶品种，它们的模量、拉伸强度、断裂延伸率不相等；

（3）已被溶剂溶胀了的橡胶试样更符合理想橡胶状态方程。

6. 一理想橡胶试样从原长 5.00cm 被拉伸到 16.0cm，发现其应力增加 1.50×10^5Pa，同时温度升高了 5℃（从 27℃升到 32℃）。如果忽略体积随温度的变化，则在 27℃下，伸长 1% 时的模量是多少？

7. 一交联橡胶试片，长 2.8cm，宽 1.0cm，厚 0.2cm，重 0.518g，于 25℃时将它拉伸一倍，测定张力为 9.8N，估算试样的网链的平均分子量。

8. 27℃时，把一硫化橡胶试样拉长一倍，拉伸应力为 6.25×10^5Pa，试样的泊松比近似为 0.50，试估算：

（1）每立方厘米中的网链数目；

（2）初始剪切模量；

（3）初始拉伸模量；

（4）拉伸过程中每立方厘米橡胶放出的热量。

第7章 高聚物的黏弹性

材料在外力的作用下会产生相应的响应即应变，不同材料对应力的响应是不同的，如图7-1。理想的弹性体服从胡克定律，应力正比于应变，应力恒定时，应变是一个常数，撤掉外力后，应变立即回复到0；纯黏性体服从牛顿定律，应力正比于应变速率，在恒定的外力作用下，应变的数值随时间而线性增加，撤掉外力后，应变不再回复，即产生永久形变；实际物体的力学行为大都偏离这两个定律，高聚物的分子运动强烈地依赖于温度和外力作用的时间，在外力作用下，其应变行为可同时兼有弹性材料和黏性材料的特征，应变的大小既依赖于应力又依赖于应变速率，应变既包含有不可回复的永久形变，又包含有可回复的弹性形变。这种兼具黏性和弹性的性质称为黏弹性。高聚物的各项性质表现出明显的黏弹性特征，这是高聚物最重要的物理特性。

图 7-1 理想弹性体、黏弹性体和纯黏性体在施加恒定应力或恒定形变时的响应

如果黏弹性可由服从胡克定律的线性弹性行为和服从牛顿定律的线性黏性行为的组合来描述，就称为线性黏弹性，否则就称为非线性黏弹性。本章仅讨论线性黏弹性的范围。

高聚物在力的作用下力学性质随时间而变化的现象称为力学松弛。在恒定应力或恒定应变作用下的力学松弛称为静态黏弹性，最基本的表现形式是蠕变现象和应力松弛；在交变应力作用下的力学松弛称为动态黏弹性，最基本的表现形式是滞后现象和力学损耗。

7.1 高聚物的静态黏弹性

7.1.1 蠕变

(1) 蠕变现象

蠕变是在一定温度和远低于该材料断裂强度的恒定外力作用下,材料的形变随时间增加而逐渐增大的现象。几乎所有高聚物均可发生蠕变现象,但不同高聚物蠕变有很大的差异。如挂重物的塑料绳随时间的延长逐渐变长,橡胶在恒定应力作用下高弹形变也可逐渐增大(实际高弹性的表现)。高聚物的蠕变现象实际上是松弛时间长短不同的各种运动单元对外力的响应陆续表现出来的过程。

高聚物的蠕变可用蠕变曲线来表示,图 7-2 为典型线型高聚物的蠕变发展与回复曲线示意图。

当温度一定,在 t_1 时刻给橡胶材料施加恒定的负荷 σ_0,拉伸应变 $\varepsilon(t)$ 随时间的延长而增加。当在 t_2 时刻除去负荷,$\sigma=0$,形变又逐渐回复。这一蠕变的发展与回复过程包括三种应变:ε_1(普弹应变)、ε_2(高弹应变)、ε_3(黏流应变)。

在 t_1 时刻,当高聚物受到外力作用时,松弛时间较短的键长和键角的运动瞬时发生(原子的振动周期约为 $10^{-10} \sim 10^{-13}\,\mathrm{s}$),达到与外力相平衡的状态,表现为胡克弹性行为;但是松弛时间较长的链段运动不能瞬时完成对外力的响应,而是随着时间 t 的延长,松弛时间 τ 与实验观测时间 t 相近的链段相继发生运动,表现为高弹形变随时间的延长而逐渐发展的趋势;同时松弛时间更长的分子链的运动也陆续响应,表现为黏流形变随时间的延长而增大。因此线型高聚物的蠕变过程中在任一时刻的总应变可以由普弹形变 ε_1、实际高弹形变 ε_2 和黏流形变 ε_3 叠加,即

$$\varepsilon(t)=\varepsilon_1+\varepsilon_2+\varepsilon_3=\varepsilon_0+\varepsilon_\infty(1-\mathrm{e}^{-t/\tau})+\frac{\sigma_0}{\eta_3}t=\frac{\sigma_0}{E_1}+\frac{\sigma_0}{E_2}(1-\mathrm{e}^{-t/\tau})+\frac{\sigma_0}{\eta_3}t \qquad (7\text{-}1)$$

式中,E_1 为普弹模量;$(1-\mathrm{e}^{-t/\tau})$ 为蠕变函数,常用 $\Psi(t)$ 表示;η_3 为材料的本体黏度;τ 为松弛时间或推迟时间,与链段运动的黏度 η_2 和高弹模量 E_2 有关;$\tau=\eta_2/E_2$;t 为实验观测时间,如果 t 足够长,则 $\mathrm{e}^{-t/\tau} \to 0$,$\varepsilon_2 \to \varepsilon_\infty$(平衡高弹应变值),即只要外力作用时间比高聚物的松弛时间长得多,则高弹形变可充分发展达到平衡高弹形变。

上述三种应变的相对比例依具体条件不同而不同。当在 t_2 时刻外力除去时,普弹应变能立刻回复,同时高弹形变可逐渐回复,但黏性流动引起了整个分子链重心的滑移,黏流应变是不可回复的,又称为不可逆应变或永久应变。由回复曲线得到的 ε_3 值,按式 $\eta_3=\dfrac{\sigma_0(t_2-t_1)}{\varepsilon_3}$ 可计算高聚物材料的本体黏度。

交联高聚物蠕变时,不会发生黏流形变。当外力作用时间足够长时,高弹应变 ε_2 可以逐渐发展到与外力 σ_0 相平衡的平衡态应变值 ε_∞。当在 t_2 时刻除去外力后,ε_1 和 ε_2 可逐渐完全回复(图 7-3)。这样,交联高聚物的总应变为

$$\varepsilon(t)=\varepsilon_0+\varepsilon_\infty(1-\mathrm{e}^{-t/\tau})=\varepsilon_1+\varepsilon_2=\frac{\sigma_0}{E_1}+\frac{\sigma_0}{E_2}(1-\mathrm{e}^{-t/\tau}) \qquad (7\text{-}2)$$

图 7-2 典型线型高聚物的蠕变曲线

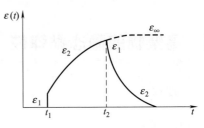

图 7-3 交联高聚物的蠕变曲线

（2）蠕变现象的表征

表征高聚物材料本身蠕变特性的物理量应与外力的大小无关，常用蠕变柔量来表征蠕变现象。柔量的定义为

$$J = \frac{\varepsilon}{\sigma} \tag{7-3}$$

对于线型高聚物，蠕变柔量定义为

$$J(t) = \frac{\varepsilon(t)}{\sigma} = J_0 + J_\infty (1 - e^{-\frac{t}{\tau}}) + \frac{1}{\eta} t \tag{7-4}$$

式中，J_0 为普弹柔量；J_∞ 为平衡高弹柔量。

对于交联高聚物，蠕变柔量定义为

$$J(t) = \frac{\varepsilon(t)}{\sigma} = J_0 + J_\infty (1 - e^{-\frac{t}{\tau}}) \tag{7-5}$$

当 $t \gg \tau$ 时，$J(t)$ 达到平衡态值。

蠕变速率是以双对数坐标中蠕变柔量随时间的变化来表示的，如图 7-4 所示的非晶态高聚物的蠕变速率，它与线性坐标的形变-温度曲线很相似，两者都能明确地区分出高聚物的

图 7-4 非晶态高聚物蠕变的
$\lg J(t)$-$\lg t$ 图

三种力学状态和两个转变。从双对数坐标蠕变曲线上玻璃化转变区得到的特征时间 τ 就是推迟时间。当恒定应力的作用时间 $t \ll \tau$ 时，非晶态高聚物表现为玻璃态，蠕变柔量极低；当 $t \gg \tau$ 时，非晶态高聚物可先后表现为高弹态和黏流态；当 t 与 τ 接近时，表现出明显的玻璃化转变，蠕变柔量变化很快，体现出高聚物的黏弹性特征。

在线性坐标的形变-温度曲线上由玻璃态向高弹态的转变区，得到的是特征温度 T_g。当 $T \ll T_g$ 时，非晶态高聚物表现为玻璃态；当 $T \gg T_g$ 时，先后表现为高弹态和黏流态。

然而需要区别的是，蠕变曲线是在一定温度下，高聚物的力学性质（形变）随时间的变化；而形变-温度曲线是观测时间即升温速率一定时，高聚物的力学性质（形变）随温度的变化。这两个曲线有如此的相似性，表明在一定温度下改变观测时间和在一定观测时间下改变温度对高聚物的力学行为具有等效作用。

通常，将双对数坐标蠕变曲线上任一点的斜率定义为蠕变速率，即 $\frac{\mathrm{d}\lg J(t)}{\mathrm{d}\lg t}$。蠕变速率的物理意义是高聚物的蠕变柔量随力的作用时间变化的大小。如果随力的作用时间 $\lg t$ 的延

长，高聚物蠕变柔量 $\lg J(t)$ 明显增大，则表明蠕变速率很大，但此时并非蠕变柔量值 $\lg J(t)$ 最大。由图 7-4 可见，不同的力学状态和转变区，蠕变速率不同。对于固体高聚物黏弹体，玻璃态的蠕变速率很小，蠕变柔量随时间的变化几乎为一水平线。在高弹态平台区，为准平衡高弹态，蠕变速率几乎为 0。在玻璃化转变区，蠕变柔量随时间延长明显增大，因而蠕变速率最大。

蠕变与应力
松弛的实验
方法

7.1.2　应力松弛

（1）应力松弛现象

应力松弛是指在恒定温度下，快速（短时间内）施加外力，使高聚物试样产生一定的形变，维持这一形变不变所需的应力（等于高聚物试样的内应力）随时间增长而逐渐衰减的现象。应力随时间变化的曲线称为应力松弛曲线。例如密封用的橡胶圈在使用过程中，虽然橡胶圈的压缩变形未改变，但密封效果会随时间的增长而逐渐减小，甚至会完全失去密封作用。

图 7-5 为应力松弛曲线。由图可见，在恒定温度和维持应变不变的情况下，线型高聚物的应力会松弛衰减到 0，而交联高聚物的应力会松弛到与应变相平衡的应力值。

不同高聚物材料的应力松弛差异也很大。在选材和应用时，对高聚物材料的应力松弛这一黏弹性能的要求也不同。如上述密封用的橡胶材料，要求应力松弛愈小愈好。应力松弛时间 τ，即当材料内部的应力衰减到初始应力的 $1/e$ 时所需的时间，就是密封材料的寿命。对于注射成型的聚碳酸酯塑料制品，则要求有一定的应力松弛，以消除制品内存在的内应力，防止制品在存放和使用过程中的变形及应力开裂等现象。

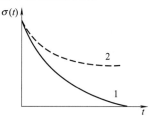

图 7-5　典型的应力松弛曲线
1—线型高聚物；2—交联高聚物

以未交联橡胶为例，对应力松弛这一黏弹性力学行为的分子运动机理进行分析。

当初始时刻 t_0 时，给试样快速加载，使试样突然产生一定的形变。这时的形变为弹性形变，包括由键长键角变化引起的普弹形变（这是主要部分）以及跟得上外力作用的小链段运动单元运动引起的高弹形变。因此，初始形变主要是普弹形变，普弹模量很高，因而维持初始形变所需的应力 σ_0 也较大。与此同时，也产生了大小相同、方向相反的自发的回缩内应力。

在初始形变自发回缩内应力的作用下，随着时间的延长，那些松弛时间较长的链段，先后沿力的方向逐渐由卷曲分子构象向伸展分子构象运动，发展了高弹形变，即逐渐对形变做出贡献，同时普弹形变得以回复。由于高弹模量远低于普弹模量，因此试样维持同样应变的内应力减小，发生了应力松弛。这样，虽然试样应变值相同，但试样内部分子运动机理改变了，形变的性质也由普弹形变转为高弹形变，宏观上就观测到了应力随时间而减小的现象。与此同时，高弹形变后高分子链较伸展的分子构象会自发地向卷曲分子构象发展，并产生回缩的回弹力。

在回弹力的作用下，进一步随着时间的延长，高分子链段继续运动，将导致高分子整链的相对位移，产生了不可逆的黏流形变，同时，高分子链逐渐由较伸展的分子构象回缩变为卷曲的分子构象，高弹形变得以回复。高弹形变所占的比例随时间延长愈来愈少，直至全部高弹形变被黏流形变取代，此时试样的内应力（或外力）也逐渐衰减至 0。

当橡胶交联后，高分子链间形成了化学键而不会发生高分子整链相对位移的黏流形变。

这时，随着观测时间的延长，应力松弛发展到与 ε_0 恒定应变相平衡的应力值 ε_∞ 时为止，而不会松弛到 0。

采用唯象学线性黏弹性理论，建立应力松弛的方程。线型高聚物的应力松弛方程为

$$\sigma(t) = \sigma_0 e^{-\frac{t}{\tau}} \tag{7-6}$$

交联高聚物的应力松弛方程为

$$\sigma(t) = (\sigma_0 - \sigma_\infty) e^{-\frac{t}{\tau}} + \sigma_\infty \tag{7-7}$$

式中，σ_0 为初始应力；σ_∞ 为与恒定应变平衡时的应力；$e^{-t/\tau}$ 为应力松弛函数，常用 $\phi(t)$ 表示；τ 为应力松弛时间。

可见，应力松弛和蠕变现象的分子运动机理是相同的，只不过在不同的实验条件下，观测不同的宏观物理量而已。

（2）应力松弛的表征

以应力松弛模量 $E(t)$ 表征应力松弛，即单位应变的应力松弛。应力松弛模量定义为

$$E(t) = \frac{\sigma(t)}{\varepsilon_0} \tag{7-8}$$

式中，ε_0 为初始应变。将 $\sigma(t)$ 代入应力松弛模量定义式可得

线型高聚物的应力松弛模量为

$$E(t) = \frac{\sigma(t)}{\varepsilon_0} = \frac{\sigma_0}{\varepsilon_0} e^{-t/\tau} = E_0 e^{-t/\tau} \tag{7-9}$$

交联高聚物的应力松弛模量为

$$E(t) = \frac{\sigma(t)}{\varepsilon_0} = (E_0 - E_\infty) e^{-t/\tau} + E_\infty \tag{7-10}$$

式中，E_0 为初始应力松弛模量；E_∞ 为 $t/\tau \to \infty$ 时的平衡应力松弛模量。

交联高聚物在初始形变中普弹形变贡献较大，E_0 很高；但当 $t/\tau \to \infty$ 时，高弹形变占主导地位，因 $E_\infty \ll E_0$，所以式（7-10）近似为

$$E(t) = E_0 e^{-t/\tau} + E_\infty \tag{7-11}$$

对于交联橡胶材料，E_∞ 实际上就是平衡高弹模量。

图 7-6 双对数坐标中的应力松弛曲线

图 7-6 为非晶态高聚物的应力松弛模量与时间关系的双对数坐标图。该曲线与线性坐标中的模量-温度曲线相似，也表明了时间与温度的等效关系。

从高聚物双对数坐标应力松弛曲线的转变区可得到应力松弛时间 τ。在应力松弛过程中，改变维持恒定形变的时间，非晶态线型高聚物先后呈现玻璃态（$t \ll \tau$）、高弹态（$t \gg \tau$）和黏流态（$t \gg \tau$）。双对数坐标应力松弛曲线上任何一点的斜率 $\dfrac{\mathrm{dlg}E(t)}{\mathrm{dlg}t}$ 定义为应力松弛速率。由图可见，在不同力学状态和转变区，应力松弛速率不同。

应力松弛速率的物理意义是高聚物的应力松弛模量 $\lg E$（或 $\lg G$）随力的观测时间 $\lg t$ 变化的大小。如果随着观测时间 $\lg t$ 的延长，高聚物应力松弛模量 $\lg E$（或 $\lg G$）明显地衰

减，则表明应力松弛速率很大。如图 7-6 中玻璃化转变区（$t \approx \tau$）应力松弛速率最大。

7.1.3 静态黏弹性与温度、时间的关系

描述高聚物静态黏弹性力学行为的黏弹性参数如蠕变柔量、应力松弛模量、蠕变速率和应力松弛速率均是时间和温度的函数。在进行比较时，应在同温度或温度范围下比较不同观测时间的蠕变或应力松弛行为；或在同一观测时间或时间范围内比较不同温度下的蠕变或应力松弛行为。

（1）温度、时间对蠕变的影响

高聚物的黏弹性具有明显的松弛特征，随温度的升高，高聚物的各种分子运动单元的松弛时间 τ 减小，即所有的松弛过程加速。蠕变过程中分子运动的松弛时间 τ 遵从阿伦尼乌斯方程。在相同观测时间范围 t（$0 \sim t$）时，不同温度下的蠕变应变及蠕变柔量曲线如图 7-7 所示。

图 7-7 温度（$T_1 > T_2 > T_3 > T_4 > T_5 > T_6$）对蠕变形变的影响（a）
及增塑聚氯乙烯不同温度下的蠕变柔量（b）

对给定结构的高聚物，当处在较低温度（$T < T_g$）时，链段运动的松弛时间很长，$t \ll \tau$，链段运动很困难，高聚物处于玻璃态。此时对恒定应力的响应主要是普弹应变或普弹柔量，蠕变值较小，且在观测时间 t 内蠕变柔量随时间的变化很小，即蠕变速率很小。如图 7-7（a）中 T_6 的蠕变曲线及图 7-7（b）中坚硬状态的蠕变柔量曲线。

随温度升高，高聚物的分子热运动能量和自由体积增大，分子各种运动单元的松弛时间减小，即蠕变过程的推迟时间减小。当升至较高温度（$T_g < T < T_f$）时，链段运动的松弛时间大大减小，$t \gg \tau$，链段可以自由运动，高聚物处于高弹态。瞬时响应应变增大，包括普弹应变和高弹应变（其中平衡高弹应变所占的比例随温度升高而增大）。此时蠕变应变或模量主要是平衡态高弹应变或平衡态高弹柔量。非平衡态高弹应变部分随时间 t 很快接近平衡态，最终达平衡态值 ε_∞ 或 J_∞。在 t 观测时间内，蠕变应变或柔量随时间变化很小，即蠕变速率很小，对交联高聚物，此时蠕变应变可达平衡态值 ε_∞ 或 J_∞，如图 7-7（a）中 T_3 的蠕变曲线。

当高聚物处于 T_g 附近的玻璃化转变区时，链段运动的松弛时间与观测时间为同数量级，即 $t \approx \tau$，这时链段热运动能量和自由体积不足，链段运动不自由，但可逐渐对外力作出蠕变响应，如图 7-7（a）中 T_4 的蠕变曲线。此时主要为非平衡态高弹应变，蠕变应变及蠕变柔量随时间的变化很大，如图 7-7（b）中 22℃的蠕变柔量曲线，蠕变速率最大。这一

结果说明对于固体高聚物，在玻璃化转变区高聚物的蠕变行为最显著。

当温度高于流动温度 T_f 时，$t \gg \tau$，非晶线型高聚物处于黏流态，发生不可逆的黏性流动，且蠕变速率也很大。如图 7-7 (a) 中 T_1、T_2 的蠕变曲线。

综上所述，高聚物的蠕变是温度和时间的函数，即 $\varepsilon(t) = f(T, t)$。这是由于不同温度下的分子运动机理不同，因而在相应温度条件下蠕变现象对时间的依赖性不同，即蠕变速率不同。

在高聚物制品的实际应用中，为了避免发生明显的蠕变，除其他因素之外，考虑温度的影响时，非晶态热塑性塑料的上限使用温度至少应低于 T_g 值 20～30℃；橡胶制品必须交联或硫化，且下限使用温度至少应高于 T_g 值 20～30℃。

（2）温度、时间对应力松弛的影响

应力松弛与蠕变具有同样的分子运动机理，其过程中分子运动的松弛时间 τ 也遵从阿伦尼乌斯方程，升高温度同样也加速应力松弛过程。在相同的观测时间范围 0～t，不同温度下高聚物应力松弛模量曲线及聚甲基丙烯酸甲酯在不同温度下双对数坐标的应力松弛曲线如图 7-8。

图 7-8 温度（$T_1 < T_2 < T_3 < T_4 < T_5$）对应力松弛的影响
（a）及不同温度下聚甲基丙烯酸甲酯的应力松弛（b）

对给定结构的高聚物，当处在较低温度时（$T < T_g$），链段运动的松弛时间很大，$t \ll \tau$，高聚物处于玻璃态。按应力松弛方程可知，恒定应变的初始应力或应力松弛模量很大，主要为普弹模量，且在时间 t 内应力松弛模量（或应力）变化很小，即应力松弛速率很小。如图 7-8 (a) 中 T_1 的应力松弛曲线及图 7-8 (b) 中 40℃的应力松弛曲线。

当升至较高温度（$T_g < T < T_f$）时，链段运动的松弛时间大大减小，$t \gg \tau$，高聚物处于高弹态。瞬时响应的初始应力 σ_0 或模量 E_0 随温度升高而变小。按应力松弛方程可知，此时应力松弛模量（或应力）主要为平衡高弹模量 E_∞（或 σ_∞）。在时间 t 内应力松弛模量（或应力）变化很小，即应力松弛速率很小。对于交联高聚物，应力松弛可达平衡态值 E_∞（或 σ_∞）。如图 7-8 (a) 中 T_3 的应力松弛曲线和图 7-8 (b) 中 125℃的应力松弛曲线。

当高聚物处于 T_g 附近玻璃化转变区时，链段运动的松弛时间与观测时间为同数量级，即 $t \approx \tau$，链段逐渐运动，应力松弛明显。按应力松弛方程可知，此时应力松弛模量主要为非平衡态高弹模量，且在时间 t 内应力松弛模量随时间的变化很大，即应力松弛速率很大。

如图 7-8（b）中 110℃和 112℃时的应力松弛曲线。它表明了在玻璃化转变区，固体高聚物应力松弛黏弹性力学行为最显著。

当温度高于流动温度 T_f 时，$t \gg \tau$，非晶线型高聚物处于黏流态。按应力松弛方程可知，在 t 时间内应力松弛模量快速松弛到 0。如图 7-8（a）中 T_f 的应力松弛曲线。

综上所述，高聚物应力松弛模量（或应力）也是温度和时间的函数，即 $E(t) = f(T, t)$。由于在不同温度下分子运动机理不同，因而在相应温度条件下的应力松弛模量 $E(t)$ 或应力 $\sigma(t)$ 对时间的依赖性明显不同，即应力松弛速率不同。

应力松弛对高聚物的应用有利也有害。对于塑料材料要求有一定的应力松弛，使高聚物制品在生产和使用过程中不易产生大的内应力、不易翘曲变形或开裂。对橡胶密封材料，希望应力松弛愈小愈好。松弛时间 τ 决定其使用寿命。如当 $t = \tau$（t 为使用时间）时，$\sigma(t) = \sigma_0 e^{-1}$，此时橡胶的弹性力只有初始弹性力的 e^{-1}（约为 0.37 倍），弹性明显降低，几乎完全失去密封性能。

对塑料而言，多数塑料使用温度远低于其分解温度，不必考虑因高温而产生化学变化的问题。但交联橡胶使用的上限温度为分解温度。当在较高温度下使用时，常发生氧化裂解等化学变化，造成分子主链或交联点发生高分子链断链。研究表明，交联橡胶在高温（100～130℃或更高温度）下的应力松弛主要是由高分子链发生断裂引起的，称为化学应力松弛。当交联橡胶发生化学应力松弛时，其应力松弛曲线不再松弛到平衡态值 E_∞ 或 σ_∞，而是可以继续应力松弛到 0。图 7-9 中虚线部分为化学应力松弛部分。

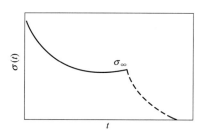

图 7-9　化学应力松弛

7.2　高聚物的动态黏弹性

7.2.1　滞后与力学损耗

高聚物材料在实际使用时，往往受到大小和方向不断变化的外力的作用。例如轮胎、齿轮、减震器、消声器等都受复杂的动态交变应力的作用。高聚物材料在这种动态应力或应变作用下的黏弹性力学行为称为动态黏弹性，表现为滞后现象和力学损耗现象。

 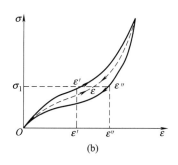

图 7-10　未硫化橡胶（a）和硫化橡胶（b）拉伸-回缩
的应力-应变滞后圈

图 7-10 （a）为未硫化天然橡胶在恒温下缓慢拉伸，又缓慢回复的应力-应变曲线。在第一次循环开始时，应力随延伸率增加而迅速增加，表示高弹性发展很快，这与在室温下橡胶的松弛时间很短的事实相符合。当伸长达到 100% 左右时，橡胶在恒定的负荷下也会继续伸长，好像液体的流动，说明此时已有塑性流动。除去应力，橡胶逐步回缩，回缩过程按位于伸长曲线下方的另一条曲线进行，表现出应变严重地落后于应力，这种现象即滞后现象，这样的伸缩曲线称为滞后圈，待应力完全除去，试样也不能回复到原来的长度，而是保持一定的永久形变（约为 140%）。两个应力-应变曲线下的面积，分别表示拉伸和回缩过程中所做功的大小，相当于材料在整个过程中所吸收和放出的能量。显然，拉伸和回缩两个过程有一能量差，这个能量差表示在一次拉伸和回缩过程中所消耗的能量，称为力学损耗。如果橡胶经过适当的硫化 ［图 7-10 （b）］，拉伸-回缩循环的滞后圈会大大减小，且由于交联结构的存在，不发生塑性流动，不存在永久变形。

滞后现象的分子运动机理是由于高分子链段运动时受到分子内和分子间相互作用的内摩擦阻力和无规热运动影响，使链段运动跟不上外力的变化，所以应变滞后于应力，即在高聚物中存在着力学松弛。滞后现象与分子的化学结构、凝聚态结构及外界条件如温度、外力作用频率等密切相关。

力学损耗的产生与滞后现象密切相关。对于理想弹性体，应变完全跟得上应力的变化，回缩曲线与拉伸曲线重合在一起，如图 7-10 （b）中虚线所示。这时，拉伸形变时环境对体系做的功等于形变回缩时体系对环境做的功，整个循环过程没有滞后现象，也没有能量损耗，而黏弹性材料在交变应力下发生滞后现象。在拉伸时，外力（环境）对高聚物体系做的功，一方面要克服链段的无规则热运动动能，使高分子链沿力的方向择优取向运动，使卷曲分子构象变为较伸展分子构象；另一方面提供链段择优取向运动时克服链段间相互作用内摩擦阻力所需的能量，消耗了部分外力做的功，结果使高聚物应变响应达不到与其应力相适应的平衡应变值，拉伸形变曲线在平衡曲线的左边；当形变回缩时，伸展的高分子链重新卷曲，高聚物体系对环境做功，这时高分子链回缩时的链段运动仍需克服链段间相互作用的内摩擦阻力，也要消耗部分高聚物体系对环境做的功，使高聚物回缩应变也达不到与应力相适应的平衡值，回缩曲线落在平衡曲线的右边。对应于同一个应力，恒存在有 $\varepsilon' < \varepsilon < \varepsilon''$。因此，拉伸形变时环境对体系做的功大于形变回缩时体系对环境做的功，在每一个拉伸-回缩循环周期中有一部分功转化为热能被损耗掉。显然，内摩擦阻力愈大，滞后现象愈严重，消耗的功也愈大，即力学损耗也愈大。

7.2.2　动态黏弹性的表征

动态黏弹性的理想受力状态是材料受到周期性变化的外力，由此产生的应变响应也是周期性的。数学上，对于各种复杂的动态交变的应力或应变都可以用若干个正弦函数的组合来描述。因此，动态力学实验一般是在对试样施加正弦应力或正弦应变的条件下进行的。

（1）复数模量

弹性材料的力学响应是瞬时的，在动态交变应力的作用下，其应变响应与应力同频同相位地周期性变化，不发生滞后现象。黏弹性材料的力学响应依赖于时间，应变响应的周期性变化滞后于应力的变化，即同频而不同相位，即发生滞后现象。

如图 7-11，对高聚物试样施加一个正弦交变应力

$$\sigma(t) = \sigma_0 \sin \omega t \tag{7-12}$$

式中，σ_0 为应力振幅；ω 为外力变化的角频率；t 为观测时间。

图 7-11　理想弹性体、黏弹性体及纯黏性体的正弦形变

对于弹性材料，应变响应可表示为

$$\varepsilon(t)=\varepsilon_0\sin\omega t \tag{7-13}$$

对于黏性牛顿流体，应变响应可表示为

$$\int_{\varepsilon(t_0)}^{\varepsilon(t)}\mathrm{d}\varepsilon(t)=\frac{1}{\eta}\int_{t_0}^{t}\sigma(t)\mathrm{d}t \tag{7-14}$$

由式（7-12）～式（7-14）得

$$\varepsilon(t)=\varepsilon_0\sin\left(\omega t-\frac{\pi}{2}\right) \tag{7-15}$$

表明黏性牛顿流体的应变变化比应力变化滞后 $\pi/2$ 相位。

黏弹性材料的力学响应在弹性材料与黏性材料之间，应变变化要落后于应力变化一个相位角 δ，δ 值在 0 到 $\pi/2$ 之间。因此对于黏弹性材料，应变响应可表示为

$$\varepsilon(t)=\varepsilon_0\sin(\omega t-\delta) \tag{7-16}$$

也可以选择应变 $\varepsilon=0$ 作为 t 起点，这时应力领先于应变一个 δ 相位角，即

$$\varepsilon(t)=\varepsilon_0\sin\omega t$$
$$\sigma(t)=\sigma_0\sin(\omega t+\delta) \tag{7-17}$$

将应力展开为

$$\sigma(t)=\sigma_0\sin\omega t\cos\delta+\sigma_0\cos\omega t\sin\delta \tag{7-18}$$

由此可见，应力由两个部分组成：与应变同相的，幅值为 $\sigma_0\cos\delta$，用于弹性形变；与应变相差 $\pi/2$ 的，幅值为 $\sigma_0\sin\delta$，用于克服内摩擦阻力。于是有两种模量 E' 和 E''

$$E'=\left(\frac{\sigma_0}{\varepsilon_0}\right)\cos\delta \qquad E''=\left(\frac{\sigma_0}{\varepsilon_0}\right)\sin\delta \tag{7-19}$$

E' 表示在力方向上产生的应变可将外力做的功转变为能量在试样中储存起来，这是使弹性形变可回复的弹性储能，因而 E' 称为储能模量。E'' 表示在应变过程中克服内摩擦阻力转变为热能所损耗的能量，因此 E'' 称为损耗模量。此时应力展开式变为

$$\sigma(t)=E'\varepsilon_0\sin\omega t+E''\varepsilon_0\cos\omega t=E'\varepsilon_0\sin\omega t+E''\varepsilon_0\sin\left(\omega t+\frac{\pi}{2}\right) \tag{7-20}$$

为便于把动态模量用一个复数表示，可以将动态交变应力和应变写成复数的圆振函数

形式
$$\varepsilon(t)=\varepsilon_0 e^{i\omega t} \tag{7-21}$$
$$\sigma(t)=\sigma_0 e^{i(\omega t+\delta)} \tag{7-22}$$

此时复数模量推导得
$$E^*=\frac{\sigma(t)}{\varepsilon(t)}=\frac{\sigma_0 e^{i(\omega t+\delta)}}{\varepsilon_0 e^{i\omega t}}=\frac{\sigma_0}{\varepsilon_0}e^{i\delta}=\frac{\sigma_0}{\varepsilon_0}(\cos\delta+i\sin\delta) \tag{7-23}$$

定义
$$E'=\frac{\sigma_0}{\varepsilon_0}\cos\delta \tag{7-24}$$

$$E''=\frac{\sigma_0}{\varepsilon_0}\sin\delta \tag{7-25}$$

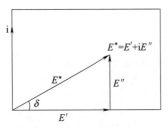

图 7-12　表示在复平面上的复数模量

则动态模量（即复数模量）为
$$E^*=E'+iE'' \tag{7-26}$$

将 E^*、E'、E'' 与 δ 的关系清楚地表示在复平面上（图 7-12），复数的实部为储能模量 E'，虚部为损耗模量 E''。

动态模量的大小用 E^* 的绝对值表示为
$$|E^*|=\sqrt{E'^2+E''^2} \tag{7-27}$$

通常 $E''\ll E'$，所以常用 E' 直接代表材料的动态模量。

（2）复数柔量

对黏弹性高聚物材料施加正弦交变应力 $\sigma(t)=\sigma_0 e^{i\omega t}$ 时，产生了同频不同相位的正弦交变应变响应，即
$$\varepsilon(t)=\varepsilon_0 e^{i(\omega t-\delta)} \tag{7-28}$$

按照柔量的定义和动态模量的定义，可以推导得复数柔量
$$J^*=\frac{\varepsilon(t)}{\sigma(t)}=\frac{\varepsilon_0 e^{i(\omega t-\delta)}}{\sigma_0 e^{i\omega t}}=\frac{\varepsilon_0}{\sigma_0}e^{-i\delta}=\frac{\varepsilon_0}{\sigma_0}(\cos\delta-i\sin\delta) \tag{7-29}$$

定义
$$J'=\frac{\varepsilon_0}{\sigma_0}\cos\delta \tag{7-30}$$

$$J''=\frac{\varepsilon_0}{\sigma_0}\sin\delta \tag{7-31}$$

则复数柔量
$$J^*=J'-iJ'' \tag{7-32}$$

式中，实数部分 J' 为储能柔量；虚数部分 J'' 为损耗柔量。根据复数模量 E^* 和复数柔量 J^* 的定义可知，二者之间互为倒数关系，可推导出
$$E^*=\frac{1}{J^*}=\frac{1}{J'-iJ''}=\frac{J'+iJ''}{(J'-iJ'')(J'+iJ'')}=\frac{J'+iJ''}{J'^2+J''^2}$$
$$=\frac{J'}{|J^*|^2}+i\frac{J''}{|J^*|^2}=E'+iE''$$
$$E'=\frac{J'}{|J^*|^2}\qquad E''=\frac{J''}{|J^*|^2} \tag{7-33}$$

（3）力学损耗

根据力学损耗的概念有多种不同的表征方式。

① 黏弹性高聚物材料在正弦应力或正弦应变作用下的应力-应变曲线达到平衡时，形成一个稳定的滞后圈（图7-13）。将滞后圈面积积分后，计算得到每个循环周期中单位体积试样损耗的能量为力学损耗 ΔW。

$$\begin{aligned} \Delta W &= \oint \sigma(t) \frac{\mathrm{d}\varepsilon(t)}{\mathrm{d}t}\mathrm{d}t \\ &= \int_0^{\frac{2\pi}{\omega}} (E'\varepsilon_0 \sin\omega t + E''\varepsilon_0 \cos\omega t) \frac{\mathrm{d}(\varepsilon_0 \sin\omega t)}{\mathrm{d}t}\mathrm{d}t \\ &= \pi E''\varepsilon_0^2 \end{aligned} \tag{7-34}$$

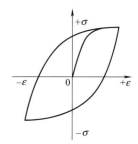

图7-13 黏弹性材料在交变应力下的应力-应变曲线

它表明每一循环周期的力学损耗正比于损耗模量和应变振幅的平方。同理，由复数柔量可以推导出每一循环周期的力学损耗的表达式

$$\Delta W = \pi J'' \varepsilon_0^2 \tag{7-35}$$

② 定义每个循环周期中损耗能量 ΔW 与最大储存能量 W 之比值为力学损耗 Ψ。

$$\Psi = \frac{\Delta W}{W} = \frac{\pi E'' \varepsilon_0^2}{\frac{1}{2} E' \varepsilon_0^2} = 2\pi \frac{E''}{E'} \tag{7-36}$$

令 $\dfrac{E''}{E'} = \tan\delta$，则

$$\Psi = 2\pi \tan\delta \tag{7-37}$$

可见以损耗角正切或介电损耗 tgδ 也可表征力学损耗。以剪切模量表示力学损耗时

$$\tan\delta = \frac{G''}{G'} \tag{7-38}$$

③ 根据力学损耗概念，不同的动态力学实验方法定义的物理参量不同，力学损耗的表征也不同。如扭摆式自由振动法动态力学实验用相继两个振动振幅之比的自然对数（称为对数减量 Δ）表征力学损耗。

$$\Delta = \ln \frac{A_i}{A_{i+1}} \tag{7-39}$$

式中，A_i，A_{i+1} 分别表示第 i、$i+1$ 个振动的振幅。振幅衰减得愈快，其对数减量也愈大，表明试样的力学损耗就愈大。

④ 工程上常用单位时间损耗能量的发热量 Q 表征力学损耗

$$Q = \Delta W f \tag{7-40}$$

式中，f 为交变应力或应变的线频率。

7.2.3 动态黏弹性与温度和频率的关系

高聚物的动态黏弹性与温度和频率密切相关，常用动态黏弹性的力学参数（动态模量和力学损耗）的温度谱（固定频率，改变温度）和频率谱（固定温度，改变频率）来描述高聚物动态黏弹性与温度和频率的关系，这一方法称为动态力学性能分析（dynamic mechanical analysis，DMA），所得谱图也称为 DMA 谱。

（1）动态黏弹性的温度谱

维持交变应力的频率一定，用动态力学实验测定典型的非晶态线型高聚物动态黏弹性参数的全域温度谱（图 7-14），从中不但能得到高聚物的动态模量（E' 和 E''）和力学损耗（$\tan\delta$ 或 E''），而且能灵敏地反映高聚物多重分子运动的特性。因此，DMA 谱是研究高聚物结构、分子运动及其与性能关系的重要方法。

图 7-14　典型的非晶态线型高聚物的 DMA 温度谱

图 7-15　频率约为 1.2Hz 时，未取向的非晶态聚对苯二甲酸乙二酯的拉伸模量和损耗因子 tgδ 温度谱

从高聚物分子运动机理分析，在同样的交变应力作用下（应力振幅 σ_0 相同，应力频率 ω 相同，交变应力周期为 $T=2\pi/\omega$），随温度升高，应变响应的大小、形变的性质以及滞后位相角 δ 均随不同温度下分子运动方式的改变而改变，使宏观观测的储能模量 E' 以及 $\tan\delta$（或 E''）发生变化。

当温度较低时（$T < T_g$），高聚物在该频率下处于玻璃态，链段几乎不能运动（$\tau \gg 2\pi/\omega$），主要是键长、键角运动对交变应力做出响应，这时储能模量 E' 为普弹模量。同时，由于链段根本来不及运动，力学损耗（$\tan\delta$ 或 E''）也很小。

当温度较高（$T_g < T < T_f$）时，高聚物处于高弹态，$\tau \ll 2\pi/\omega$，链段具有足够的热运动能量和自由体积可以自由运动，储能模量 E' 相当于平衡高弹模量。这时由于链段运动已达到或已接近平衡态，故力学损耗（$\tan\delta$ 或 E''）也很小。

当温度为玻璃化转变区 $T_g \pm (20\sim30℃)$ 时，$\tau \approx 2\pi/\omega$，即链段运动的松弛时间与交变应力的周期 T 为同一数量级，虽然链段运动可以在交变应力作用周期内做出力学响应，但因为需克服较大的内摩擦阻力以及链段热运动能量和自由体积的不足而消耗一部分外功，使应变响应总滞后于交变应力的变化。随着温度升高，愈来愈多的链段运动做出力学响应，使储能模量 E' 急剧降低，并过渡到高弹态的平衡高弹模量值。这样，在玻璃化转变区就出现了显著力学损耗的峰形曲线（$\tan\delta$ 或 E''），表明在玻璃化转变区的力学损耗最大。链段运动的松弛时间分布愈宽，则玻璃化转变区愈宽。这时储能模量 E' 随温度的变化相对较平缓，$\tan\delta$（或 E''）的峰也比较扁而宽。

图 7-15 为包括一个主转变的典型的线型非晶态高聚物动态黏弹性参数温度谱。由图可见，随着温度的升高，E' 在约 $60\sim80℃$ 急剧下降，此时 $\tan\delta$ 出现一个峰形曲线。一般，以 DMA 谱测定的 α 主转变的 $\tan\delta$ 峰顶对应的温度（在相应测定频率 ω 下）为玻璃化转变温度，可以判断这一高聚物的 T_g 约为 82℃。

（2）动态黏弹性的频率谱

恒定温度，改变动态力学性能实验的频率，可得到 DMA 频率谱，图 7-16 为在某恒定温度下典型的非晶线型高聚物的动态黏弹性参数的频率谱图（只包含一个主转变）。随着交变应力频率的下降，储能模量 E' 在某频率区间急剧下降，同时出现力学损耗峰形曲线（$\tan\delta$ 或 E''）。

实验过程中温度恒定表明高聚物各种分子运动单元的松弛时间 τ 是一定的。改变交变应力的频率，即改变外力作用周期 $T(T=2\pi/\omega)$。在不同频率区域，τ 与 T 的相对关系不同，从低频到高频分别为 $\tau\ll T$、$\tau\approx T$、$\tau\gg T$，可以观察到的分子运动单元不同，反映在宏观上观测的物理量（如动态黏弹性参数）的变化规律如图 7-16 所示。

高聚物动态黏弹性力学量中的复数柔量是复数模量的倒数，

$$J^*(\omega)=\frac{1}{E^*(\omega)} \tag{7-41}$$

因而复数柔量黏弹性参数 $[J'(\omega)，J''(\omega)，\tan\delta]$ 和温度、频率的关系与复数模量类同。图 7-17 为非晶态高聚物的储能柔量 $J'(\omega)$ 和损耗柔量 $J''(\omega)$ 与频率关系曲线的示意图。

图 7-16　典型非晶线型高聚物的 DMA 频率谱图

图 7-17　非晶态高聚物的储能柔量 $J'(\omega)$ 和损耗柔量 $J''(\omega)$ 的频率谱图

7.2.4　动态力学分析的应用

高聚物的动态力学性能灵敏地反映了高聚物分子运动的状况。每一特定的运动单元发生"冻结"到"自由"的相互转变（α、β、γ、δ……转变）时，都会在动态力学温度谱或频率谱图上出现一个模量突变的台阶和力学损耗峰。动态力学分析已成为研究高聚物的工艺-结构-分子运动-力学性能关系的一种十分有效的手段。同时，动态力学分析所需试样小，可以在宽的温度或频率范围内连续测定，只需数小时即可获得高聚物材料的模量和力学损耗的全面信息。因此，动态力学分析技术在许多领域得到了广泛的应用。下面仅简单地列举几个应用的例子。

（1）未知材料的初步分析

测定未知材料的动态力学谱（DMA 谱），将它与已知的 DMA 谱进行对比，可初步确定未知材料的类型。例如 ABS 品种很多，虽然基本成分都是丙烯腈、丁二烯、苯乙烯，但性能差别可能很大。例如有甲、乙、丙三种 ABS，甲的耐寒性最优，丙最差。用红外光谱分析找不出造成这种差别的结构原因。分别测定它们的 DMA 温度谱图，实验结果如图 7-18 所示，发现这三种 ABS 的低温损耗峰对应的温度不同，分别为 -80℃，-40℃ 和 -5℃。低温损耗峰的温度愈低，材料的耐寒性愈好。根据低温损耗峰的位置进一步推断，这三种 ABS 在结构上的主要差别在于橡胶相的组成不同，甲为聚丁二烯（$T_g \approx -80\text{℃}$），乙为丁苯橡胶（$T_g \approx -40\text{℃}$），丙为丁腈橡胶（$T_g \approx -5\text{℃}$）。

（2）评价塑料的低温韧性和耐热性

塑料的低温韧性主要取决于组成塑料的高分子在低温下是否存在链段或比链段小的运动单元的运动，这可以通过测定它们的 DMA 温度谱中是否有低温损耗峰进行判断。图 7-19 为部分结晶高聚物典型的 DMA 温度谱示意图。低温损耗峰所处的温度愈低，强度愈高，则可以预料这种塑料的低温韧性愈好。因此，凡存在明显的低温损耗峰的塑料，在低温损耗峰顶对应的温度以上具有良好的冲击韧性。

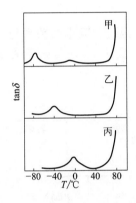

图 7-18　三种 ABS 的 tanδ-T 曲线

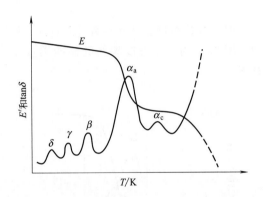

图 7-19　部分晶态高聚物的典型动态力学温度谱

从 DMA 温度图谱可以得到 T_g（或 T_m），还可以得到关于被测试样耐热性的如下信息：材料在每一温度下储能模量值或模量的保留百分数；材料在各温度区域内所处的物理状态；材料在某一温度附近，性能是否稳定。显然，只有把工程设计的要求和材料随温度的变化结合起来考虑，才能准确评价材料的耐热性。因此可以利用 DMA 温度谱获得的上述几种信息来决定高聚物的最高使用温度或选择适用的材料。

（3）表征高聚物的阻尼特性及提供减震器设计参数

若在整个要求使用的工作温度范围内都有较高的损耗，即 tanδ 大，tanδ-T 曲线变化较平缓，与温度坐标之间的包络面积大，即表明该高聚物具有高的阻尼特性。利用材料的 DMA 温度谱图，可以选择在特定温度范围内适用的阻尼材料。如在 $-60 \sim 150\text{℃}$ 范围内损耗大，且损耗峰足够宽的氟硅橡胶，为某航空壁板最适用的阻尼材料。

在机械结构中，橡胶材料广泛用于各种减震器和弹性联轴中。减震器的减震效果取决于减震器的动态频率与自振频率之比（f/f_n）以及减震器的临界阻尼比（c/c_c）。

减震器的自振频率与减震材料动态储能模量 E' 之间的关系为

$$f_n = 4.98\sqrt{\frac{AE'}{W}} \tag{7-42}$$

式中，A 为与减震器几何形状有关的常数；W 为被支承物体的重量；AE' 为减震器的动刚度。临界阻尼比 c/c_c 与减震材料的力学损耗 tanδ 之间的关系为

$$\frac{c}{c_c} = \frac{\tan\delta}{\sqrt{4+\tan^2\delta}} \tag{7-43}$$

可见，橡胶减震材料的动态储能模量 E' 和力学损耗 $\tan\delta$ 是橡胶减震器的重要设计参数。

（4）判断共混高聚物的相容性

判断共混高聚物组分间相容性的方法之一是玻璃化转变温度法。以双组分共混高聚物为例，如果组分之间完全相容，则共混物为单相体系，只有一个 T_g，其值介于两组分均聚物的 T_{g1} 和 T_{g2} 之间，与组分配比有关；如果组分之间完全不相容，则共混物为两相体系，各相分别为组分均聚物，共混物有两个玻璃化转变温度 T_{g1} 和 T_{g2}，并不随组分配比而变化；如果组分之间有部分相容性，则共混物也是两相体系，也有两个 T_g，但两个 T_g 范围都将变宽并彼此靠拢，组分配比愈接近，两个 T_g 靠得愈近。图 7-20 为聚氯乙烯/聚丁二烯共混物的 DMA 温度谱的实测曲线，该共混体系分别在 $-100℃$ 和 $86℃$ 出现两个玻璃化转变。聚丁二烯含量增加时，两个损耗峰的位置基本不变，由此判断聚氯乙烯和聚丁二烯是基本不相容的。图 7-21 中两种共聚物均只有一个玻璃化转变温度，可以判定它们是完全相容的体系。

图 7-20　聚氯乙烯/聚丁二烯共混物的 DMA 温度谱

——— 100/0；—·—· 100/5；—··— 100/15

图 7-21　相容的共混聚合物的动态力学性能

1—聚乙酸乙烯酯和聚丙烯酸甲酯 50/50 摩尔比的混合物；
2—乙酸乙烯酯-丙烯酸甲酯共聚物

（5）预浸料或树脂的固化工艺研究和质量控制

复合材料在航空材料上占有重要的地位，其通常是通过预浸料成型的。同样预浸料，在不同的工艺条件下固化可以形成性能差异很大的复合材料。

利用 DMA 技术（如扭辫法、共振法）不仅能跟踪预浸料在等速升温固化过程中的动态力学性能变化，获得对制订部件固化工艺方案极其重要的特征温度，还能模拟预定的固化工艺方案，获悉预浸料在实际固化过程中的力学性能变化以及最终达到的力学性能，从而较快地筛选出最佳工艺方案。

图 7-22 是预浸料在等速升温固化过程中的 DMA 谱。图中相对刚度是指预浸料在任一温度下的动态储能模量与它的起始动态储能模量之比。由图可见，随温度的升高，预浸料的刚度在经历了短暂的缓慢下降后发生急剧跌落，这是起始分子量不高的树脂升温软化引起的，此时内耗曲线上出现第一个峰，对应的温度称为软化温度 T_s；随后，在一定的温度范围内，预浸料的刚度变化不大，这是由于温升既会使树脂的黏度及模量继续下降，又会导致聚合物的链生长和支化从而使树脂的模量增大；当温度继续升高到某一温度时，线型和支化的分子开始转向网型分子，此时树脂中不溶性凝胶物开始大量产生，使模量曲线上拐，内耗

曲线出现一肩状峰，对应的温度可称为凝胶化温度 T_{gel}；温度继续升高，固化反应进一步进行，网型分子转变为体型分子，因此模量急剧提高，并且在内耗出现第二个驼峰的温区，模量的增长速率经历一个最大值，它标志着树脂的交联达到相当高的程度，可以认为这时的树脂硬化了，相应的温度称之为硬化温度 T_h；在 T_h 以上，随交联密度增加，分子运动受到的抑制也增加，已形成的体型大分子将未反应的官能团包围在交联结构之中，使它们相互作用的可能性大为减小，并且随着固化反应的进行，活性官能团的浓度也逐渐降低，所以在高于 T_h 时，模量的增长速度逐渐减小。

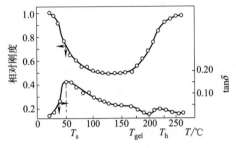

图 7-22　预浸料等速升温固化
过程的典型 DMA 谱

从图 7-22 的 DMA 温度谱得到的预浸料的 T_s、T_{gel}、T_h 可以作为确定预浸料固化温度的参考温度。判断复合材料是否固化完全，最简单的办法是对已固化材料多次测定它的 DMA 温度谱。如果材料已完全固化，则多次测定中得到的 DMA 温度谱基本重合。否则，DMA 温度谱中的模量和玻璃化转变温度会逐次提高。应用 DMA 技术也可以判断预浸料的存放质量和存放寿命。

7.3　影响高聚物黏弹性的因素

7.3.1　高聚物结构的影响

（1）分子链刚性和交联的影响

在一定温度下，分子链刚性愈大，链段和分子链的运动愈困难，在相同观测时间的蠕变柔量愈低。由刚性链组成的高聚物如聚碳酸酯、聚砜、聚苯硫醚等都具有优良的抗蠕变性。同理，分子链刚性限制了分子运动的能力，在相同观测时间的应力松弛也会减小。

交联阻止了高分子链间的滑移，也阻碍交联点附近链段的运动。高聚物分子链间交联度增大，会降低分子运动的能力，高聚物的蠕变和应力松弛均减弱。一般，高度交联的热固性塑料的抗蠕变性比热塑性塑料更好，如图 7-23、图 7-24 所示。

图 7-23　不同分子量和交联度的丁苯橡
胶在 24℃的蠕变曲线
A—未交联，$\overline{M}_w = 280000$；B～E—交联，
$\overline{M}_c$ 分别为 29000、18200、14000、5200

图 7-24　不同分子量和交联度的聚异
丁烯橡胶的应力松弛曲线
1—分子量为 475000；2—分子量为 860000；
3—交联

对动态黏弹性的影响如图 7-25 所示，随交联度增大，动态模量增大，力学损耗峰变宽。

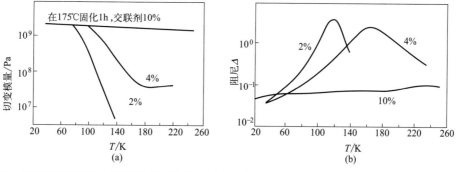

图 7-25　以六亚甲基四胺交联的酚醛树脂的不同交联度下的切变模量（a）和力学损耗（b）的温度谱

（2）高聚物凝聚态结构的影响

① 结晶。部分结晶高聚物的晶区可以看作物理交联点，因此与交联作用相似。结晶主要影响高聚物在 $T_g \sim T_m$ 温度区间的黏弹性力学行为。结晶使蠕变柔量、蠕变速率和应力松弛速率下降，应力松弛模量增大。同一种高聚物的结晶度愈高，蠕变和应力松弛速率愈低。图 7-26 实验曲线说明了结晶度对蠕变和应力松弛影响的一般趋势。

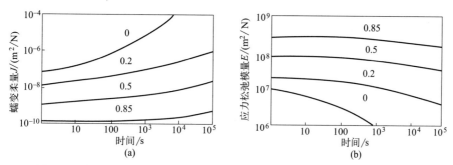

图 7-26　高于 T_g 时，蠕变柔量（a）和应力松弛模量（b）与结晶度的关系

某些结晶高聚物，如聚四氟乙烯（PTFE）的蠕变比预期明显得多，这是在应力作用下发生晶面滑移、晶粒取向而引起的。

结晶对高聚物的动态黏弹性有显著的影响。在 $T_g \sim T_m$ 温度区域，部分结晶高聚物的动态模量随结晶度增大而增大，如图 7-27 所示。在中等结晶度以下时，图 7-28 曲线可用下式近似地描述

$$\lg G' = x_c \lg G'_c + (1 - x_c) \lg G'_a \tag{7-44}$$

式中，x_c 为结晶度；G'_c 为完全结晶高聚物的储能切变模量；G'_a 为该高聚物处非晶玻璃态时的储能切变模量；G' 为部分结晶高聚物的储能切变模量。此对数混合法则适用于许多连续的两相体系。

结晶高聚物力学损耗的大小主要取决于非晶区的玻璃化转变。随结晶度增大，玻璃化转变的力学损耗减小，且力学损耗峰移向高温侧，如聚丙烯动态力学性能与结晶的关系（图 7-28）。玻璃化转变力学损耗峰的极大值可近似表示为

$$\tan\delta = \frac{G''}{G'} \approx (1 - x_c) \frac{G''}{G'} \tag{7-45}$$

由于结晶高聚物结构的复杂性，在结晶态，除了非晶区的玻璃化转变力学损耗峰外，还有一个或数个与结晶相关的力学损耗峰，如图7-29聚乙烯的力学损耗温度谱所示。

图 7-27　部分结晶高聚物的动态
模量随结晶度的变化

图 7-28　聚丙烯动态力学性能
1—结晶聚丙烯；2—非晶态为主的聚丙烯

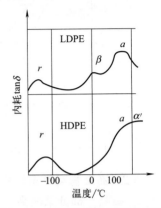

图 7-29　低密度聚乙烯和高密度
聚乙烯的力学损耗温度谱

② 取向的影响。取向使高聚物具有各向异性。在相同的观察时间，取向高聚物在取向方向上的蠕变柔量比未取向高聚物低得多，部分原因是取向方向上模量提高的结果。

双轴取向高聚物薄膜比未取向高聚物的蠕变要小，而应力松弛模量升高。

取向对结晶高聚物和非晶高聚物的动态模量的影响相似。取向高聚物的纵向储能模量E'_L比未取向高聚物的模量大，而垂直于取向方向的横向储能模量E'_T小于未取向高聚物的模量。图7-30为取向聚乙烯的动态模量（E'、E''）的温度谱图。

对于结晶高聚物的损耗特性，由于在取向过程中发生了结晶度和结晶形态的变化而变得更复杂。取向和结晶的综合影响，往往使T_g升高，并使与玻璃化转变相关的力学损耗降低。

③ 增塑、共聚及共混的影响。增塑和无规共聚的方法通常制得均相体系。对非晶态高聚物的作用主要是改变T_g；对结晶高聚物的作用是降低其T_m，以及使结晶度发生变化。因此增塑和无规共聚通常使高聚物蠕变柔量增大而应力松弛模量减小。

增塑和无规共聚体系的动态力学损耗峰的温度（T_g或T_m）降低，且使损耗峰变宽，如图7-31所示。一般共聚使结晶性高聚物T_m降低和结晶度下降的程度比增塑剂的影响更大；良好的增塑剂使T_g降低的程度比共聚的影响大，如图7-32所示。

图 7-30　取向聚乙烯的实数和虚数模量随温度的变化

图 7-31　增塑聚乙烯的动态力学性能

PVC+ { 体积分数 0.254 DEP
　　　 体积分数 0.158 DBP
　　　 体积分数 0.402 DOP

图 7-32　共聚和增塑引起的结晶度、熔点和
玻璃化转变温度的相对下降

图 7-33　天然橡胶和聚甲基丙烯甲酯的
某种接枝共聚物的动态力学性能

接枝或嵌段共聚物在分子水平上也是非均相的多相体系，其动态力学转变与松弛行为也不同于均相高聚物。例如，天然橡胶和聚甲基丙烯酸甲酯的某种接枝共聚物的动态力学温度谱（图 7-33）中存在两个转变与松弛现象，它们分别对应于两种均聚物自身的 T_g，表明天然橡胶和聚甲基丙烯酸甲酯接枝链是不相容的。

7.3.2　其它外界因素的影响

（1）热处理的影响

通常将结晶高聚物在 T_m 以下或将非晶态高聚物在 T_g 以下进行退火处理后，可降低它们的蠕变和应力松弛速率。例如，经退火的聚甲基丙烯酸甲酯，其蠕变速率只有快速冷却试样的 1/50。由分析退火处理作用机理可知，退火处理首先能消除高聚物的残余内应力。同时，对非晶态高聚物还能促进其体积松弛，减少分子的自由体积；对结晶性高聚物可改变结晶形态，可继续二次结晶使结晶结构更完善以及提高结晶度等。因此，退火热处理对静态黏弹性的影响是由于降低了分子运动能力。

基于上述原理，热处理对高聚物动态黏弹性影响的一般规律是：经热处理后，其动态模量（如 E'、G'）增大、力学损耗减小、α 转变温度（α_a 转变的 T_g 或 α_c 转变的 T_m）升高。相比非晶高聚物，结晶高聚物的动态黏弹性对热处理更为敏感。

（2）应力或应变及流体静压力的影响

当高聚物所受的恒定应力远远低于它的断裂强度时，根据玻尔兹曼叠加原理，任何时候蠕变应变和应力总是成正比的，就是说蠕变柔量与应力大小无关。但在结构材料的实际应用中，常遇到要承受大应力的情况，当应力接近高聚物的断裂强度时，玻尔兹曼叠加原理不再适用。这时蠕变柔量随大应力的增大而急剧增加。大应力加速高聚物蠕变的根本原因是应力有助于降低分子运动的位垒，减少分子运动的松弛时间，从而使在小应力下不可能实现的分子运动，在大应力作用下得以实现（如强迫高弹性），因而使高聚物蠕变柔量大大增加。因此，为保证高聚物制品在长期使用中保持尺寸的稳定性，制品承受的应力应远小于它的临界应力值（屈服应力）。

应变对应力松弛的影响与应力对蠕变的影响类似。在小应变的情况下，一定时间内的应

力松弛模量与初始恒定的应变无关。当初始应变较大时，应力或应力松弛模量会快速下降。这时，玻尔兹曼叠加原理不再适用。例如 ABS 塑料和聚碳酸酯，当初始应变接近屈服应变时，显示出特别急速的应力松弛现象。因此，只要初始应变远小于屈服应变时应力松弛就很缓慢，其原因与应力对蠕变的影响相同。

　　流体静压力对高聚物黏弹性影响的一般规律是，高聚物所受的流体静压力愈高，高聚物分子的自由体积就愈少，各种分子运动单元运动的松弛时间因此而延长，所以使高聚物的蠕变和应力松弛速率降低，在一定观测时间达到的蠕变柔量减小，而应力松弛模量增高。例如在 34.45MPa 作用下，聚乙烯的蠕变柔量还不到 0.1MPa 下相应值的 1/10。

　　关于应力或应变以及流体静压力对高聚物动态黏弹性影响的研究不多。由于高聚物材料存在损耗，增大应变振幅时，通常观察到试样温度升高，特别在高频情况下的温度上升更为显著。每一周期产生的热量与损耗模量 E'' 或 G'' 成正比，也与应变振幅的平方成正比。这表明试样温度随应变振幅增大而升高的现象是力学损耗增大的结果。试样温度升高又会引起模量和损耗的进一步变化。当应力或应变的振幅在某个临界值以上时，则随振幅增大模量下降，损耗 $\tan\delta$ 或 E'' 增大，如图 7-34 所示。

图 7-34　聚丙烯的动态力学性质
（1 高于、2 低于临界形变极限）

7.4　线性黏弹性的数学描述

　　黏弹性材料的应力与应变之间不具有简单的关系。线性黏弹性现象数学描述的目的是建立包含时间参量的本构关系，把应力、应变及其他黏弹性参数联系起来。

7.4.1　线性黏弹性的力学模型

　　用微分方程描述线性黏弹性的应力和应变作为时间的函数，可表示为

$$a_0\sigma + a_1\frac{d\sigma}{dt} + a_2\frac{d^2\sigma}{dt^2} + \cdots = b_0\varepsilon + b_1\frac{d\varepsilon}{dt} + b_2\frac{d^2\varepsilon}{dt^2} + \cdots$$

　　如在方程两边各取第一项即为胡克弹性体的情况；左边取第一项，右边取第二项则为牛顿流体的情况；一般可取有限项描述黏弹性的实验数据。这类微分方程的建立可由唯象理论即对一定的力学模型体系的理论分析来实现。

　　为了从现象上模拟高聚物的黏弹性力学行为，采用两种基本力学元件（图 7-35），一种是胡克弹簧，其运动服从胡克定律，应力正比于应变，比例系数为杨氏模量，其倒数为弹簧的柔量；另一种是牛顿黏壶，其应变对应于活塞在充满黏度为 η 的液体的圆筒中的相对运动，可用牛顿流动定律描述其应力-应变关系。力学模型方法是把这两种元件按一定方式组合起来，建立组合体系的运动方程，并用来描述实际高聚物的黏弹性力学行为。

　　最简单的力学模型由一个弹簧和一个黏壶以串联或并联的方式所构成，即 Maxwell 模型和 Kelvin（或 Voigt）模型。

（1）麦克斯韦尔（Maxwell）模型

　　Maxwell 模型由一个弹簧和一个黏壶串联而成［图 7-36（a）］。体系的总应变 ε 为弹簧

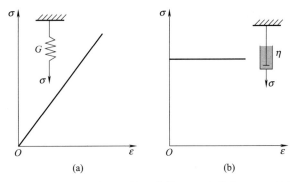

图 7-35　描述高聚物黏弹性行为的两个力学元件：弹簧（a）和黏壶（b）以及它们的应力-应变曲线

的应变 ε_1 和黏壶的应变 ε_2 之和，体系的总应力与元件各自的应力彼此相等。

图 7-36　Maxwell 模型（a）及应力松弛图解（b）

施加恒定应力 σ 后，产生的应变 $\varepsilon = \varepsilon_1 + \varepsilon_2$，所以

$$\frac{d\varepsilon}{dt} = \frac{d\varepsilon_1}{dt} + \frac{d\varepsilon_2}{dt} \tag{7-46}$$

由胡克定律和牛顿定律可知

$$\frac{d\varepsilon_1}{dt} = \frac{1}{E} \times \frac{d\sigma}{dt} \qquad \frac{d\varepsilon_2}{dt} = \frac{\sigma}{\eta}$$

由此可得 Maxwell 模型的运动方程

$$\frac{d\varepsilon}{dt} = \frac{1}{E} \times \frac{d\sigma}{dt} + \frac{\sigma}{\eta} \tag{7-47}$$

因为总应变恒定，所以 $\dfrac{d\varepsilon}{dt} = 0$，代入运动方程（7-47）中得

$$\frac{1}{E} \times \frac{d\sigma}{dt} + \frac{\sigma}{\eta} = 0$$

当 $t = 0$ 时，$\sigma = \sigma_0$，所以

$$\int_{\sigma_0}^{\sigma(t)} \frac{d\sigma}{dt} = -\int_0^t \frac{E}{\eta} dt$$

由此可得到 Maxwell 模型给出的应力随时间变化的方程

$$\sigma(t) = \sigma_0 e^{-t/\tau} \tag{7-48}$$

式中，$\tau = \dfrac{\eta}{E}$ 称为松弛时间。把式（7-48）两边除以 ε_0，得应力松弛模量的表达式

$$E(t) = E_0 e^{-t/\tau} \tag{7-49}$$

式中，$E_0 = \sigma_0/\varepsilon_0$，表示起始模量。显然它等于胡克弹簧的模量 E。

当 $t = \tau$ 时，$\sigma = \sigma_0 e^{-1}$。所以 τ 表示形变固定时，应力松弛到起始应力的 e^{-1} 时所需要的时间。τ 由弹簧的模量和黏壶的黏度来决定，说明松弛过程是弹性行为和黏性行为共同作用的结果。不同材料的应力松弛行为对应于力学元件的不同模量与黏度。图 7-37 为 $E = 10^6 \, \mathrm{Pa}$，$\eta = 5 \times 10^6 \, \mathrm{Pa \cdot s}$，$\tau = 5\mathrm{s}$ 的 Maxwell 模型的应力松弛曲线。

Maxwell 模型可以模拟线型高聚物的应力松弛过程。但 Maxwell 模型在应用中存在着一些不足之处：不管是描述应力松弛还是动态力学性能，只给出了一个松弛时间，且转变区小；不能描述交联高聚物的黏弹性行为；不能描述实际高聚物的蠕变；Maxwell 模型在描述动态力学性能时，求得的 $\tan\delta$ 为一直线，这与事实不符。

（2）开尔文（Kelvin）模型

Kelvin 模型是由一个胡克弹簧与一个牛顿黏壶并联构成的（如图 7-38）。这时两个力学元件的应变与总应变相等 $\varepsilon = \varepsilon_1 = \varepsilon_2$，而应力为两个力学元件共同承受。随着时间的延长，应力在两个元件上的分布不断变化着，但始终满足 $\sigma_0 = \sigma_1 + \sigma_2$。由此得到 Kelvin 模型的运动方程为

$$\sigma_0 = E\varepsilon + \eta \frac{\mathrm{d}\varepsilon}{\mathrm{d}t} \tag{7-50}$$

图 7-37 Maxwell 模型的应力松弛曲线

图 7-38 Kelvin 模型

在蠕变过程中，应力保持不变，$\sigma = \sigma_0$ 为常数，于是

$$\frac{\mathrm{d}\varepsilon(t)}{\sigma_0 - E\varepsilon(t)} = \frac{\mathrm{d}t}{\eta}$$

当 $t = 0$ 时 $\varepsilon = 0$，积分上式得

$$\varepsilon(t) = \frac{\sigma_0}{E}(1 - e^{-t/\tau}) = \varepsilon_\infty (1 - e^{-t/\tau}) \tag{7-51}$$

式中，ε_∞ 为 $t \to \infty$ 时的平衡应变；$\tau = \eta/E$ 称为推迟时间，也是蠕变过程的松弛时间。上式除以 σ_0 可得蠕变柔量

$$J(t) = J_\infty (1 - e^{-t/\tau}) \tag{7-52}$$

在蠕变回复过程中，$\sigma = 0$，运动方程此时为

$$E\varepsilon(t) + \eta \frac{\mathrm{d}\varepsilon(t)}{\mathrm{d}t} = 0$$

即

$$\frac{\mathrm{d}\varepsilon}{\mathrm{d}t} = -\frac{E}{\eta}\mathrm{d}t$$

以 ε_0 表示开始回复时的应变，积分上式得

$$\varepsilon(t) = \varepsilon_0 \mathrm{e}^{-t/\tau} \tag{7-53}$$

这是模拟蠕变回复过程的方程，蠕变应变以 $\mathrm{e}^{-t/\tau}$ 的倍率降低。

Kelvin 模型可以用来模拟交联高聚物实际高弹形变的蠕变过程。但 Kevlin 模型也存在着不足之处：不能呈现高聚物蠕变时的瞬时普弹性；未能反映线型高聚物可能存在的流动；不能用来描述高聚物的应力松弛行为；不管是描述应力松弛时间还是动态力学性能，模型只给出了一个松弛时间，且转变区较小；求得的 $\tan\delta$ 是一条直线，与事实不符。

（3）四元件模型和三元件模型

四元件模型是根据高聚物中的分子运动机理设计的（图 7-39），由三个部分组成。第一部分是由分子内部键长键角改变引起的普弹形变，这种形变是瞬时完成的，因而可以用一个硬弹簧 E_1 来模拟；第二部分是链段运动引起的高弹形变，这种形变是随时间而变化的，可以用弹簧 E_2 和黏壶 η_2 并联起来模拟；第三部分是由高分子链滑移引起的黏性流动，这种形变是随时间线性发展的，可以用一个黏壶 η_3 来模拟。线型高聚物的总形变等于这三部分形变的总和，因此把这三部分元件串联起来构成的四元件模型可以看作是由 Maxwell 模型和 Kelvin 模型串联而成的。四元件模型适于描述线型高聚物的蠕变过程。

蠕变过程中 $\sigma = \sigma_0$，因而高聚物的总应变

$$\varepsilon(t) = \varepsilon_1 + \varepsilon_2 + \varepsilon_3 = \frac{\sigma_0}{E_1} + \frac{\sigma_0}{E_2}(1 - \mathrm{e}^{-t/\tau}) + \frac{\sigma_0}{\eta_3}t$$

即

$$\varepsilon(t) = \varepsilon_0 + \varepsilon_\infty(1 - \mathrm{e}^{-t/\tau}) + \frac{\sigma_0}{\eta}t \tag{7-54}$$

或

$$J(t) = J_0 + J_\infty(1 - \mathrm{e}^{-t/\tau}) + \frac{1}{\eta}t$$

图 7-40 是四元件模型的蠕变曲线和回复曲线，以及各时刻对应的模型各元件的相应行为。与图 7-41 给出的天然橡胶蠕变实验得到的蠕变曲线和回复曲线比较，定性地讲，四元件模型与实验是颇为符合的。

图 7-39　四元件模型

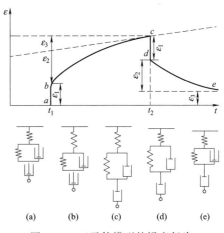

图 7-40　四元件模型的蠕变行为

在二元件的 Maxwell 模型和 Kelvin 模型中，仅用一个弹簧元件表示弹性，无法区分普弹性与高弹性。图 7-42 所示的两种三元件模型，则可以很好地模拟交联高聚物的蠕变和应力松弛现象。由三元件模型推导得到交联高聚物的蠕变方程和应力松弛方程。

图 7-41　天然橡胶的压缩蠕变曲线

图 7-42　两种三元件模型

交联高聚物的蠕变方程为

$$\varepsilon(t) = \varepsilon_0 + \varepsilon_\infty (1 - e^{-t/\tau}) \tag{7-55}$$

$$J(t) = J_0 + J_\infty (1 - e^{-t/\tau}) \tag{7-56}$$

交联高聚物的应力松弛方程为

$$\sigma(t) = (\sigma_0 - \sigma_\infty) e^{-t/\tau} + \sigma_\infty \tag{7-57}$$

$$E(t) = (E_0 - E_\infty) e^{-t/\tau} + E_\infty \tag{7-58}$$

（4）广义力学模型与松弛时间和推迟时间分布

上述诸模型虽然可以表示高聚物黏弹性行为的主要特征，但过于简单，尤其是它们都只能给出具有单一松弛时间的指数形式的响应；而实际高聚物由于结构的复杂性及其运动单元的多重性，实际力学松弛过程不止一个松弛时间，而是一个分布很宽的连续谱，须采用多元件组合模型模拟。如采用广义 Maxwell 模型［图 7-43（a）］或一般广义 Maxwell 模型［图 7-43（b）］来描述线型高聚物及交联高聚物的应力松弛模量 $E(t)$。

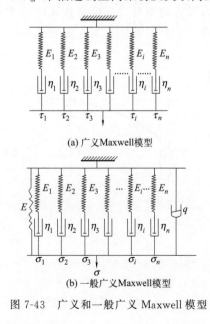

(a) 广义Maxwell模型

(b) 一般广义Maxwell模型

图 7-43　广义和一般广义 Maxwell 模型

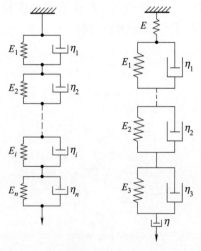

(a) 广义Kelvin-Voigt模型　(b) 一般广义Kelvin-Voigt模型

图 7-44　广义和一般广义 Kelvin-Voigt 模型

同样，可以将一系列 Kelvin 或 Voigt 模型单元串联起来得到广义 Kelvin-Voigt 模型和一般广义 Kelvin-Voigt 模型，如图 7-44，以描述高聚物的普弹柔量或线型高聚物柔量变化。

由这一模型可以得到求松弛时间谱和推迟时间谱的方法，但实际上这种运算非常复杂，而精确的计算则不可能实现。实际上常依据时-温等效原理（WLF 法），实验测定不同温度下应力松弛曲线，然后移动作叠合主曲线（见下文）。另外，从理论研究出发，希望把力学松弛过程同实际分子运动过程直接地联系起来，以高分子的分子运动为基础研究其黏弹行为，由此建立和发展了黏弹性分子模型理论，可以从理论上对高聚物黏弹性力学行为进行一些估计，如预测高聚物松弛时间谱。

7.4.2 玻尔兹曼叠加原理

前述力学模型给出了线性黏弹性的微分方程形式，而玻尔兹曼（Boltzmann）叠加原理给出了应力与应变随时间变化的积分表达式。玻尔兹曼叠加原理是线性黏弹性的理论基础，利用它可以将不同的黏弹性参数联系起来。

玻尔兹曼叠加原理指出，高聚物黏弹性力学行为是其整个历史进程中诸松弛过程的线性加和的结果。对于蠕变过程，形变是整个负荷历史的函数。每个阶跃式加荷对高聚物形变的贡献是独立的，总的蠕变是各个加荷引起的蠕变的线性加和；对于应力松弛，每个应变对高聚物的应力松弛的贡献也是独立的，高聚物的总应力等于历史上诸应变引起的应力松弛的线性加和。利用这个原理，我们可以根据有限的实验数据，预测高聚物在很宽时间范围内的力学性质。

以图 7-45 为例，讨论玻尔兹曼叠加原理。对于黏弹性高聚物蠕变实验，考虑在 0 时刻，给试样加上应力 σ_0，则该负荷在时刻 t 时对应变的贡献为

$$\varepsilon_0(t) = \sigma_0 J(t) \tag{7-59}$$

$J(t)$ 为材料的蠕变柔量，是时间的函数。如果在时刻 u_1 施加于试样上的应力为 $\Delta\sigma_1$，则它在 t 时刻引起的应变为

$$\varepsilon_1(t) = \Delta\sigma_1 J(t-u_1) \tag{7-60}$$

按照玻尔兹曼叠加原理，如果在 0 时刻加荷 σ_0，在 u_1 时刻再加荷 $\Delta\sigma_1$，则在 t 时刻（$t > u_1$）的应变 $\varepsilon(t)$ 为

$$\varepsilon(t) = \varepsilon_0(t) + \varepsilon_1(t) = \sigma_0 J(t) + \Delta\sigma_1 J(t-u_1) \tag{7-61}$$

图 7-45 黏弹性固体对单阶负荷（a）、二阶负荷（b）的加荷、去荷（c）的响应情况

蠕变回复时，相当于在时间 $u_1 = t_1$ 时施加一个 $-\sigma_0$ 应力，到达时间 $u = t$ 时的应变 $\varepsilon(t)$ 为

$$\varepsilon(t) = \varepsilon_1 + \varepsilon_2 = \sigma_0 J(t) - \sigma_0 J(t-t_1) \tag{7-62}$$

蠕变回复应变 $\varepsilon(t-t_1)$ 定义为起始应力作用下，到达 t 时预期的蠕变值与实际测定蠕变值之差值，即

$$\varepsilon(t-t_1) = \sigma_0 J(t) - [\sigma_0 J(t) - \sigma_0 J(t-t_1)] = \sigma_0 J(t-t_1) \tag{7-63}$$

由此可以看出，蠕变的回复应变和在时间 t_1 施加 σ_0 应力所产生的蠕变值是相同的。它表明蠕变的应变和回复的应变大小一样，这也是玻尔兹曼叠加原理所要说明的第二个结果。

对于多次阶跃加荷的情况（如图7-46），在u_1，u_2，u_3，$\cdots$，u_n分别施加应力$\Delta\sigma_1$，$\Delta\sigma_2$，$\Delta\sigma_3$，$\cdots$，$\Delta\sigma_n$，在t时刻（$t>u_n$）的应变为

$$\varepsilon(t)=\sum_{i=1}^{n}\Delta\sigma_i J(t-u_i) \tag{7-64}$$

上式即玻尔兹曼叠加原理的数学表达式。

对于线型高聚物，其中

$$J(t-u_i)=J_0+J_\infty(1-\mathrm{e}^{-\frac{t-u_i}{\tau}})+\frac{1}{\eta}(t-u_i) \tag{7-65}$$

$\Delta\sigma_i J(t-u)$为u_i时刻增加$\Delta\sigma_i$应力使高聚物试样在t时刻产生的蠕变应变。如果是连续加荷的，加荷随时间的变化率为$\partial\sigma(u)/\partial u$，则

$$\varepsilon(t)=\int_{-\infty}^{t}J(t-u)\mathrm{d}\sigma u=\int_{-\infty}^{t}J(t-u)\frac{\partial\sigma(u)}{\partial u}\mathrm{d}u \tag{7-66}$$

图7-46 多次阶跃加荷的情况

这里积分下限取$-\infty$是因为t以前的整个历史对t时刻的应变都有贡献。上限取t是因为t以后的应力对t时刻的应变没有影响。式（7-66）给出了玻尔兹曼叠加原理的积分表达式，即描述线性黏弹性的应力和应变作为时间的函数的积分表达式。

用玻尔兹曼叠加原理同样可以得到应力松弛行为数学表达式。若在时间u分别等于t_1，t_2，t_3，$\cdots$，t_n时，施加应变增量分别为$\Delta\varepsilon_1$，$\Delta\varepsilon_2$，$\Delta\varepsilon_3$，$\cdots$，$\Delta\varepsilon_n$，则在时间$u=t$时总的应力为

$$\sigma(t)=\Delta\varepsilon_1 E(t-t_1)+\Delta\varepsilon_2 E(t-t_2)+\Delta\varepsilon_3 E(t-t_3)+\cdots+\Delta\varepsilon_n E(t-t_n)$$

$$=\sum_{i=1}^{n}\Delta\varepsilon_i E(t-t_i) \tag{7-67}$$

当应变连续变化时，则

$$\sigma(t)=\int_{-\infty}^{t}E(t-u)\frac{\partial\varepsilon(u)}{\partial u}\mathrm{d}u \tag{7-68}$$

上式为玻尔兹曼叠加原理的应力松弛积分表达式。

需指出，当高聚物所受的应力接近或超过屈服应力时，玻尔兹曼叠加原理不再适用。

7.5 时-温等效原理及其数学表达式

7.5.1 时-温等效原理

高聚物是典型的黏弹性体，无论是静态还是动态黏弹性力学现象，都存在一个普遍的规律，即时间和温度对高聚物黏弹性具有某种等效作用。任何一种高聚物的性能均是其分子运动形式的表现，对于同一种分子运动模式表现出的高聚物的物理性质，既可以在较低温度下观察到，也可以在较长时间（或较低的力作用频率）下观察到。可见，延长观察时间（或降低力作用频率）与升高温度对分子运动是等效的，因而对高聚物黏弹性力学行为也是等效的，这就是时-温等效原理。

如图 7-47 所示，观测到同一个黏弹性力学量值如蠕变应变 $\varepsilon(t)$、应力松弛应力 $\sigma(t)$、动态黏弹性的储能模量 E' 及力学损耗 $\tan\delta$ 等，可以在较低温度、较长力作用时间（或较低频率）下获得，也可以在较高温度、较短力作用时间（或较高频率）下获得。

图 7-47　黏弹性力学现象与时-温等效

用作飞机轮胎的橡胶在室温下呈现良好的高弹性，因为交联橡胶网络中的链段运动很自由，很容易对外力作出响应。但是当飞机高速着陆时轮胎瞬间接触地面，链段运动对这么短时间的作用力来不及做出响应，轮胎就不能显示其高弹性，而只能显示玻璃态的普弹性，好像橡胶在这一瞬间，温度下降到了 T_g 以下一样，从而失去橡胶弹性。正因为如此，用作飞机轮胎的橡胶要求具有很低的 T_g，同时，对飞机着陆速度也有一定限制。相反，一些在室温下处于玻璃态的塑料，如有机玻璃和聚碳酸酯等，在外力缓慢拉伸下，能像橡胶一样产生大形变，好像温度升高了许多似的。同理，比较高聚物的动态力学性能和静态力学性能时发现，同一高聚物的动态模量比静态模量高，从 DMA 温度谱上得到的 T_g 比从静态模量-温度曲线上得到的 T_g 高。

7.5.2　时-温等效原理的数学表达式

按照时-温等效原理，高聚物试样在不同温度下的黏弹性力学行为可通过时间标尺（观测时间）的改变联系起来。对于应力松弛实验，由于时间和温度的等效性，可将不同温度下测定的应力松弛模量曲线，沿时间对数坐标轴平移而叠合在一起，如图 7-48，即平移前后保持曲线上所有点的应力松弛模量值相同（即保持曲线形状不变）。

如把实验温度为 T 的曲线转换为参考温度为 T_0 的曲线时需沿时标（对数坐标轴）平移量为 $\lg\alpha_T$，则时-温等效原理的应力松弛模量的数学表达式为

$$E(T,t)=E(T_0,\lg t_0)=E\left(T_0,\lg\frac{t}{\alpha_T}\right) \tag{7-69}$$

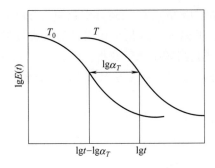

图 7-48 两个不同温度下的应力松弛曲线时标转换

或

$$E(T,t)=E\left(T_0,\frac{t}{\alpha_T}\right) \tag{7-70}$$

如果 $T<T_0$，则 $\alpha_T>1$，$\lg\alpha_T>0$，即把低温实验曲线移动叠合到高温参考曲线上时，应向左（短时间）移动；如果 $T>T_0$ 则 $\alpha_T<1$，$\lg\alpha_T<0$，即把高温实验曲线叠合到低温参考曲线上时，则应向右（长时间）移动。

同理，对蠕变和动态力学性能，其时-温等效原理的数学表达式为

$$J(T,t)=J\left(T_0,\frac{t}{\alpha_T}\right) \tag{7-71}$$

$$J'(T,\omega)=J'(T_0,\alpha_T\omega) \tag{7-72}$$

$$E'(T,\omega)=E'(T_0,\alpha_T\omega) \tag{7-73}$$

为定量地描述时-温等效原理的转换与叠加，定义移动因子 α_T 为

$$\alpha_T=\frac{t}{t_0}=\frac{\tau(T)}{\tau_0(T_0)} \tag{7-74}$$

或

$$\lg\alpha_T=\lg\frac{t}{t_0}=\lg\frac{\tau}{\tau_0} \tag{7-75}$$

移动因子 α_T 表示温度为 T 时的黏弹性参数（此时时标为 t，τ）转换为温度为 T_0 时的黏弹性参数（此时时标为 t_0，τ_0）在时间或频率坐标上的移动量。它是高聚物试样在不同温度下达到同一力学响应的时间比值。不同温度下的 α_T 值常用 WLF 经验方程计算

$$\lg\alpha_T=\frac{-c_1(T-T_g)}{c_2+(T-T_g)} \tag{7-76}$$

式中，普适常数 $c_1=17.44$，$c_2=51.6$；T 为实验温度；T_g 为参考温度。

此式适合于非晶态高聚物在 $T_g\sim T_g+100℃$ 范围。但由于不同高聚物 c_1、c_2 值差别过大，常用 T_s 为参考温度，此时 WLF 方程为

$$\lg\alpha_T=\frac{-c_1(T-T_s)}{c_2+(T-T_s)} \tag{7-77}$$

式中，普适常数 $c_1=7.86$，$c_2=101.6$；T_s 为参考温度。

几乎所有的非晶态高聚物在 $T_s\pm50℃$ 范围此式都可适用。表 7-1 和表 7-2 分别给出了某些高聚物的 c_1 和 c_2 值及参考温度 T_s 值。

表 7-1 几种高聚物的 WLF 方程中的 c_1、c_2 值

高聚物	c_1	c_2	T_g/K
聚异丁烯	16.6	104	202
天然橡胶	16.7	53.6	200
聚氨酯弹性体	15.6	32.6	238
聚苯乙烯	14.5	50.4	373
聚甲基丙烯酸乙酯	17.6	65.5	335
普适常数	17.4	51.6	—

表 7-2　几种高聚物的参考温度 T_s 值

高聚物	T_s/K	T_g/K	$(T_s-T_g)/K$
聚异丁烯	243	202	41
聚丙烯酸甲酯	378	324	54
聚醋酸乙烯酯	349	301	48
聚苯乙烯	408	373	35
聚甲基丙烯酸甲酯	433	378	55
聚乙烯醇缩乙醛	380		
丁苯共聚物 B/S75/25	268	216	52
丁苯共聚物 B/S60/40	283	235	48
丁苯共聚物 B/S45/55	296	252	44
丁苯共聚物 B/S30/70	328	291	37

各种高聚物都可以按照 WLF 方程直接计算各测定温度向参考温度转移时标的移动因子 α_T 值。但对于结晶高聚物，由于随着温度变化会引起结晶结构及结晶度的变化，因而 $\lg\alpha_T$ 不与 WLF 方程相对应，所以不能用上述方法对应作时-温等效转换。

如果忽略高聚物弹性中的普弹部分，认为所有的弹性都是高弹性，那么根据橡胶高弹性理论，模量为

$$E \propto \frac{\rho RT}{\overline{M}_c}$$

可见，橡胶模量不仅与热力学温度成正比，同时与随温度而变化的密度成正比，因此在进行时-温等效转换时还需进行温度和密度校正，校正后的模量称为折合模量 $E_{折合}$。以应力松弛模量曲线为例，修正后的时-温等效关系表达式为

$$E_{折合} = \frac{\rho T}{\rho_0 T_0} E\left(T_0, \frac{t}{\alpha_T}\right) \tag{7-78}$$

它表示当选择参考温度为 T_0，将温度 T 时的应力松弛模量转换为温度为 T_0 时的应力松弛模量时，时标轴水平移动 $\lg\alpha_T$ 后，需在纵坐标轴上再垂直移动一个因子 $\rho T/\rho_0 T_0$（图7-49）。当然也可以先垂直移动后水平移动进行时-温等效转换。

此时时-温等效关系表达式为

$$E_{折合} = \frac{\rho_0 T_0}{\rho T} E(T,t) = E_{折合}\left(T_0, \frac{t}{\alpha_T}\right) \tag{7-79}$$

同理，蠕变柔量的温度、密度校正及时-温等效关系为

$$J_{折合} = \frac{\rho T}{\rho_0 T_0} J(T,t) = J_{折合}\left(T_0, \frac{t}{\alpha_T}\right) \tag{7-80}$$

图 7-49　作叠合曲线时的垂直校正

对于动态黏弹参数的时-温等效关系的温度、密度校正为

$$\frac{\rho_0 T_0}{\rho T} E'(T,\omega) = E'(T,\omega\alpha_T) \tag{7-81}$$

$$\frac{\rho_0 T_0}{\rho T} E''(T,\omega) = E''(T,\omega\alpha_T) \tag{7-82}$$

$$\frac{\rho T}{\rho_0 T_0} J'(T,\omega) = J'(T,\omega\alpha_T) \tag{7-83}$$

$$\frac{\rho T}{\rho_0 T_0} J''(T,\omega) = J''(T,\omega\alpha_T) \tag{7-84}$$

一般温度校正的改变量很小，有时不经垂直校正也能得到完好的光滑组合曲线。

利用时-温等效原理和转换，可以通过在有限的时间范围，测定一系列温度下的黏弹性力学量的实验曲线，将它们叠加成为某一恒定参考温度下、相当宽时间范围内黏弹性参数的变化曲线，称组合曲线或主曲线。利用这种方法可以将一些实验时间很长的实验在短期内完成。下面以应力松弛模量曲线为例对组合曲线作图法作一介绍。

首先在不同温度下测定有限时间范围内的应力松弛实验曲线；然后按选择的参考温度 T_0 确定各实验温度的校正因子 $\rho_0 T_0/\rho T$ 值，计算温度校正后的应力松弛模量值即折合模量值 $E_{折合}$，并绘制相应的应力松弛折合模量、曲线（即将原应力松弛实验曲线做温度校正的垂直移动）；接着由 $\lg\alpha_T$-T 关系曲线查出或按 WLF 方程计算出各温度 T 实验曲线相应的水平移动量 α_T 或 $\lg\alpha_T$ 值；最后按时-温等效关系式依次转换水平移动每一温度的应力松弛模量曲线后，即得组合曲线或主曲线。

图 7-50 是利用时-温等效原理将不同温度下，在 $10^{-2}\sim10^2$ h 时间范围内测得的聚异丁烯应力松弛曲线转换成 $T_0=25℃$ 的应力松弛主曲线的典型实例。

图 7-50　聚异丁烯应力松弛数据时间-温度叠加主曲线（主曲线的参考温度为 25℃）

时-温等效原理是高聚物黏弹性力学现象共同存在的基本原理，它大大简化了高聚物黏弹性的测试。高聚物的黏弹性研究，必须解决 $E(T,t)$-$\lg t$-T 或 $E'(T,\omega)$-$\lg\omega$-T 之间的关系。有两个独立变量，是一个三维空间的问题。现在用时-温等效原理联系了两个变量 (t,T) 或 (ω,T) 之间的关系，独立变量便减少为一个，这样就把一个空间问题简化成了一个平面问题。另外，实验上，如果要得到一条包括三个力学状态和两个转变在内完整的应力松弛或蠕变曲线，一般需连续测试几天甚至几月，这是不现实的；如果要用一台动态黏弹仪得到从低频至高频的动态力学性能频率谱，在仪器设计上几乎是做不到的。采用时-温等效原理，就可以在不同温度下测定有限时间范围内的应力松弛或蠕变曲线，或测定有限频率范围内的动态力学性能频率谱，然后利用时-温等效原理，把不同温度下得到的曲线，通过水平位移和垂直位移，获得一条某参考温度下，覆盖许多个时间数量级的应力松弛或蠕变组合曲线，或覆盖许多个频率数量级的动态力学性能组合频率谱，这类组合曲线称为主曲线，从而便于进行高聚物黏弹性理论研究，也有利于指导生产实践。

时-温等效原理虽然具有普适性，但只适用于非晶态高聚物。部分结晶高聚物（$T\ll$

T_m，T 为实验温度)、复合材料等拉伸比低、力的作用时间不太长时也可以适用。同时，时-温等效原理仅适用于线性黏弹性范围。

✏️ 习题与思考题

🔍
解答提示

1. 什么是蠕变现象和应力松弛现象？其本质是什么？举例说明生活中哪些现象是蠕变现象，哪些是应力松弛现象？这些现象对高聚物的使用性能有什么利弊？

2. 若分别对线型或交联高聚物施加较长时间的恒定应力，将产生一大形变，分别讨论：

(1) 它可能包含有哪几种形变？为什么？

(2) 怎样鉴定这几种形变？

3. 交联橡胶在动态应力-应变行为中出现滞后和力学损耗现象，是典型的动态黏弹性力学行为。试说明：

(1) 对应于同一应力，回缩时的应变值大于拉伸时应变值的原因是什么？

(2) 阐明拉伸曲线、回缩曲线和滞后圈，及它们分别所包围面积的物理意义。

(3) 举例说明力学损耗在实际中的应用，并阐明力学损耗大小与频率及温度的关系及其在研究工作中的意义。

4. 试总结橡胶材料力学性能(包括高弹性和黏弹性)与高聚物结构和分子运动三者之间的关系。

5. 试讨论影响高聚物黏弹性的主要因素。

6. 描述高聚物线性黏弹性的二元件力学模型是怎样的模型？试由模型推导出相应的蠕变和应力松弛的运动方程，分析方程所描述的黏弹性力学现象。为什么不能用这样单一的力学模型来定量描述高聚物线性黏弹性的力学现象呢？

7. 以某种高聚物材料作为两根管子接口法兰的密封垫圈，假设该材料的力学行为可以用 Maxwell 模型来描述。已知垫圈压缩应变为 0.2，初始模量为 $3 \times 10^6 \text{Pa}$，材料应力松弛时间为 300d，管内流体的压强为 $0.3 \times 10^6 \text{Pa}$，问多少天后接口处将发生泄漏？

8. 某高聚物的蠕变行为可近似用下式表示：

$$\varepsilon(t) = \varepsilon_\infty (1 - e^{-t/\tau})$$

若已知平衡应变值为 600%，而应变开始半小时后可达到 300%，试求

(1) 高聚物蠕变的推迟时间 τ；

(2) 应变量达到 400% 时需要的时间 t。

9. 聚苯乙烯在同样的应力下进行蠕变，求在 423K 时比 393K 或 378K 时的蠕变响应值快多少？已知聚苯乙烯的 $T_g = 358\text{K}$。$\lg\alpha_T = \dfrac{-c_1(T - T_g)}{c_2 + (T - T_g)}$

10. 若静态下测定某橡皮的 $T_g = -40℃$，在动态应力下(如 1000Hz)它能否在 $-40℃$ 下使用？为什么？

11. 为了减轻桥梁的震动，常在桥梁的支点处垫上衬垫。当货车的轮距为 10m，并以每小时 60km 的车速通过桥梁时，欲缓冲其震动，今有三种高聚物抗震材料可供选择：

(1) $\eta_1 = 10^9 \text{Pa} \cdot \text{s}$，$E_1 = 2 \times 10^7 \text{Pa}$；

(2) $\eta_2 = 10^7 \text{Pa} \cdot \text{s}$，$E_2 = 2 \times 10^7 \text{Pa}$；

(3) $\eta_3 = 10^5 \text{Pa} \cdot \text{s}$，$E_3 = 2 \times 10^7 \text{Pa}$。

问选择哪一种最合适？

12. 用于模拟某一线型高聚物的蠕变行为的四元件模型的参数为：$E_1 = 5.0 \times 10^8\,\mathrm{Pa}$，$E_2 = 1.0 \times 10^8\,\mathrm{Pa}$，$\eta_2 = 1.0 \times 10^8\,\mathrm{Pa \cdot s}$，$\eta_3 = 5.0 \times 10^{10}\,\mathrm{Pa \cdot s}$。蠕变试验开始时，应力为 $\sigma_0 = 1.0 \times 10^8\,\mathrm{Pa}$，经 5s 后，应力增加至两倍，求 10s 时的应变值。

13. 什么是高聚物的时-温等效原理？试分析说明高聚物黏弹性各种力学现象中的时-温等效原理。

14. 移动因子 α_T 的定义式是什么？它代表的物理意义是什么？试讨论由应力松弛实验结果，依据时-温等效原理转换为 T_g 温度下的组合（主）曲线的原理、方法和步骤（画出示意图）。

第8章 高聚物熔体的流变性

当温度超过流动温度 T_f 或熔点 T_m 时，高聚物处于黏流态成为熔体，其力学特性是流变性。熔体的流动不仅表现出黏性形变（不可逆形变），而且表现出弹性形变（可逆形变），其流动特征需用高聚物流变学原理描述。

本章重点

高聚物流变学研究对象是应力作用下高聚物产生的弹性、塑性和黏性形变的行为以及影响这些行为的各种因素，如高聚物的结构与性质、温度、力的大小和作用方式、作用时间以及高聚物体系的组成等的相互关系。

高聚物熔体的流动机理与小分子液体不同，小分子液体的流动是在外力作用下，分子与空穴相继向某一方向跃迁；但高聚物熔体内要形成能容纳整个大分子的空穴并使整个大分子跃迁是困难的。一般来说，高聚物的流动单元为链段，通过链段的相继跃迁实现整个大分子的流动，与蚯蚓的蠕动类似。高聚物熔体流动的另一个特点是在外力作用下流动时，除了分子链发生相对位移形成不可逆形变外（即黏性形变），还有卷曲分子链伸展形成的构象变化，当外力去除后，大分子链又会自发地发生卷曲，即伴随着高弹形变。

高聚物特别是热塑性塑料的加工，都是在熔融态进行的。例如，挤压、挤出、注射、吹塑、浇注薄膜以及合成纤维的纺丝等。因此，高聚物在一定温度条件下的流动性，是其加工成型的主要依据。

高聚物的流变行为十分复杂，诸如高聚物熔体在黏性流动时不仅有弹性效应，而且还有热效应。因此，准确测定高聚物的流变行为十分困难。迄今为止，有关聚合物流变性的解释很多都基于定性或者经验，若干定量的描述还需要附加条件，不能完全符合真实的条件。所以高聚物流变学是一门半经验的物理科学，很多理论知识有待完善。

8.1 流变学的基本概念

8.1.1 流动方式

按照作用方式可以将液体的流动分为三种基本类型。

第一种流动是层流，这是液体最常见的流动方式。在层流时，液体各质点的速度都向着流动方向，基本上没有左右移动。若液体各质点的速度除了沿着流动方向，还有次要的左右移动时则为紊流。高聚物熔体黏度大，流速低，在加工过程中切变速率一般小于 10^4 s^{-1}，通常形成层流。

具有横向速度梯度场的流动称为剪切流动或简称为切流动（图 8-1），是高聚物熔体的主要流动方式。按照流动的边界条件可进一步划分为两种：由于运动边界造成的流动称为库埃特流动或拖流动，它可由运动的平面、圆柱面、圆锥面带动（图8-2）；边界条件相对静止，由压力梯度产生的流动称为泊肃叶流动或者压力流动，例如由流动液体静压差或者外施压力引起的通过两平面间隙和圆管的流动（图8-3）。

第二种流动是拉伸流动，特点是液体流动的速度梯度方向与流动方向平行，具有纵向速度梯度场（图8-4）。高聚物熔体的单轴拉伸和双轴拉伸，吹塑成型中型坯离开环形口模的流动，纺丝中熔体离开喷丝孔的流动，熔体在截面突然缩小的管道或模具中的收敛流动，薄膜经过双向拉伸时的流动，吸塑成型中板材在模具内的扩张流动等，都含有拉伸流动的成分。

图 8-1　横向速度梯度场

图 8-2　库埃特流动

图 8-3　泊肃叶流动

图 8-4　纵向速度梯度场

第三种流动是液体在各向等值压力（流体静压力）作用下的流动，即体积压缩流动。高聚物熔体在高压下成型时，能产生这种流动。这种流动比较少见。

高聚物熔体在成型加工中的流动是复杂的，往往是剪切、拉伸、体积压缩的复合。例如熔体在截面积逐渐缩小的管道中进行收敛流动时就同时存在着拉伸流动和剪切流动。因此，单纯从一种流动方式出发研究的流变规律与实际成型加工还有一定的差距。

8.1.2　牛顿流体和非牛顿流体

在剪切流动中，表征切应力 σ_τ 与切变速率 $\dot{\gamma}$ 之间关系的曲线称为流动曲线。按照流动曲线的不同，可将液体的流动分为牛顿流体和非牛顿流体。

8.1.2.1　牛顿流体

描述牛顿流体层流行为的最基本定律是牛顿流动定律。设平行板流动流体中液层之间的距离为 $\mathrm{d}y$，液层所受的切应力为 σ_τ，上下两层速度差为 $\mathrm{d}v$（图8-5），则液层的速度梯度为 $\mathrm{d}v/\mathrm{d}y$。实验证明，切应力与速度梯度成正比，即

$$\sigma_\tau = \eta \frac{\mathrm{d}v}{\mathrm{d}y} \tag{8-1}$$

这就是牛顿定律。比例系数 η 称为牛顿流体黏度或绝对黏度。η 是液体自身所固有的性质，表征液体抵抗外力引起流动形变的能力。

从应力应变的角度看，$\mathrm{d}v/\mathrm{d}y$ 就是切变速率。因为 $\mathrm{d}v = \mathrm{d}x/\mathrm{d}t$（其中 x 是距离），因而有

$$\frac{\mathrm{d}v}{\mathrm{d}y}=\frac{1}{\mathrm{d}y}\left(\frac{\mathrm{d}x}{\mathrm{d}t}\right)=\frac{1}{\mathrm{d}t}\left(\frac{\mathrm{d}x}{\mathrm{d}y}\right)$$

式中，$\mathrm{d}x/\mathrm{d}y$ 是剪切应变，即 $\mathrm{d}\gamma=\mathrm{d}x/\mathrm{d}y$，所以

$$\frac{\mathrm{d}v}{\mathrm{d}y}=\frac{\mathrm{d}\gamma}{\mathrm{d}t} \tag{8-2}$$

令 $\dot{\gamma}=\dfrac{\mathrm{d}\gamma}{\mathrm{d}t}$ 为切变速率，则牛顿流动定律可改写为

$$\sigma_{\tau}=\eta\dot{\gamma} \tag{8-3}$$

式中，σ_{τ} 的单位为 Pa；$\mathrm{d}\gamma/\mathrm{d}t$ 的单位为 s^{-1}；η 的单位为 Pa·s。

凡流动行为符合牛顿流动定律的流体称为牛顿流体，其黏度在一定温度下为常数，仅与流体分子的结构和温度有关，与切应力或切变速率无关。其切应力 σ_{τ} 与切变速率 $\dot{\gamma}$ 的关系曲线为过原点的直线，如图 8-6 所示，直线的斜率即为牛顿流体黏度或简称牛顿黏度。

图 8-5　平行板间流体的切流动

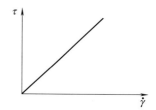

图 8-6　牛顿流体的流动曲线

在恒定温度下，牛顿流体的黏度为一常数，其应变具有不可逆性质，应力解除后应变以永久形变保留下来，呈现纯黏性流动的特点。

一般来说，小分子流体可看作牛顿流体，而包括高聚物熔体和浓溶液在内的许多流体并不服从牛顿定律。只有某些高聚物如聚碳酸酯、偏二氯乙烯-氯乙烯共聚物等在一定条件下可作为牛顿流体来处理。

8.1.2.2　非牛顿流体

不服从牛顿流动定律的流体统称为非牛顿流体，其特点是切应力与切变速率之间呈非线性关系，而且它的黏度在一定温度下不是常数，而是随切应力、切变速率的变化而变化，甚至有些还随时间而变化。根据切应力与切变速率呈非线性关系的特征，可将非牛顿流动的流体分为三大类：黏性流体、有时间依赖性的流体和黏弹性体系。

黏性流体的切变速率只依赖于所施加的切应力，即切变速率与切应力有函数关系，而与切应力施加的时间长短无关。

有时间依赖性的流体的切变速率不仅依赖于切应力的大小，而且还与切应力施加的时间有关。这类非牛顿流体有两种：触变性流体和震凝性流体。触变性流体是指在恒温和恒定的切变速率下，切应力随时间而递减（即黏度随时间而递减）的流体。像油墨、高聚物冻胶、某些高聚物浓溶液（如涂料）就是触变性流体。相反，震凝性流体是指在恒温和恒定的切变速率下，切应力随时间而递增（即黏度随时间而增加）的流体，例如某些工业淤浆、石膏冰体系等。

黏弹性体系是指既有流体的黏性行为，又有固体的弹性行为的体系。高聚物是典型的黏弹性体系，而非单纯的黏性流体。

下面仅讨论最为常见的黏性流体，高聚物熔体和浓溶液通常都属于这种流体。

非牛顿黏性流体的流动曲线如图 8-7 所示。根据流动曲线的特征，非牛顿黏性流体具有如下几种类型。

（1）宾汉塑性体

宾汉塑性体与牛顿流体的流动曲线均为直线，但不通过原点。这种流体的特征是，当切应力 σ_τ 小于临界值 σ_y 时，根本不流动，其形变行为类似于胡克弹性体。只有当 σ_τ 大于临界值 σ_y 时才产生牛顿流动，其流动方程为

$$\sigma_\tau - \sigma_y = \eta\dot{\gamma} \tag{8-4}$$

式中，σ_y 为屈服应力。

符合这种规律的流动称为塑性流动或宾汉流动。塑性流动可以看作是弹性和黏性的组合。许多含填料的高聚物体系（如硝酸纤维素塑料、聚氯乙烯塑料）就属于宾汉塑性体。泥浆、牙膏、油漆和沥青等也属于宾汉流体。

（2）假塑性流体

假塑性流体是非牛顿流体中最常见、最重要的一种，橡胶和绝大多数高聚物熔体、浓溶液都属于假塑性流体。对假塑性流体，切应力 σ_τ 与切变速率 $\dot{\gamma}$ 不呈线性关系，即 σ_τ 与 $\dot{\gamma}$ 之间不再为一常数，根据与牛顿流体黏度的类比，把比值 $\sigma_\tau/\dot{\gamma}$ 定义为表观黏度 η_a，即

$$\eta_a = \eta(\dot{\gamma}) = \frac{\sigma_\tau(\dot{\gamma})}{\dot{\gamma}} \tag{8-5}$$

由图 8-8 可以看出，相应于流动曲线上某点的表观黏度是此点切应力 σ_τ 与切变速率 $\dot{\gamma}$ 的比值，或切应力与原点相连直线的斜率，而流动曲线上任一点的斜率，称为该切变速率或切应力下的稠度或微分黏度，它是流动曲线上该点切线的斜率，即

$$\eta_c = \frac{d\tau}{d\dot{\gamma}} \tag{8-6}$$

图 8-7　各种类型的流动曲线

图 8-8　表观黏度和微分黏度定义

因此，假塑性流体的特征是表观黏度随切变速率或切应力的增大而减小，故称为切力变稀流体。图 8-9 是高聚物流动曲线的实例，表示不同分子量的聚二甲基硅氧烷、聚苯乙烯和高密度聚乙烯的流动特性。

（3）膨胀性流体

膨胀性流体的 $\sigma_\tau/\dot{\gamma}$ 也非常数，因而同样可定义表观黏度。膨胀体的特征是表观黏度随切应力、切变速率的增大而增大，故称为切力增稠流体。含有高体积分数固相粒子的悬浮体系（如高聚物悬浮液、泥沙），某些高聚物熔体-填料体系（含填料的聚己内酰胺熔体、乳液聚合的聚氯乙烯-增塑剂糊状体系、沥青等）都属于膨胀体。

8.1.2.3 非牛顿流体的幂律方程

描述假塑性和膨胀性流体的非牛顿流体的流动行为，最常用的是幂律方程

$$\sigma_\tau = K \dot{\gamma}^n \qquad (8\text{-}7)$$

式中，K 为流体的稠度，K 愈大，流体愈黏；n 为流变指数或流动指数、非牛顿黏度，用来表征液体偏离牛顿流体的程度。K 和 n 是与材料有关的非牛顿参数。

通过和牛顿流体的流动方程式（8-3）进行比较，此时表观黏度可表示为

$$\eta_a = \frac{\sigma_\tau}{\dot{\gamma}} \qquad (8\text{-}8)$$

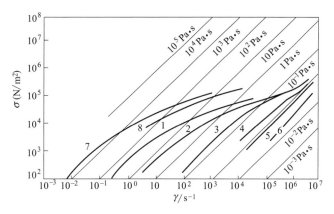

图 8-9　高聚物熔体的流动曲线

1~6：聚二甲基硅氧烷，35℃；黏均分子量：1—160000；
2—84000；3—31000；4—14500；5—5400；6—2400；
7—聚苯乙烯；8—高密度聚乙烯

流变指数 n 表示非牛顿流体与牛顿流体的偏差程度。当 $n=1$ 时，式（8-7）变为牛顿流动方程，K 即为牛顿黏度 η；$n>1$ 时属膨胀体的流动；$n<1$ 时属假塑性体的流动。n 值越小于 1，假塑性流动偏离牛顿流动方程越远，表观黏度随 $\dot{\gamma}$ 值增大而降低越多，非牛顿性越强。

式（8-7）可改写为其它形式的幂律方程

$$\dot{\gamma} = k\sigma_\tau^m \qquad (8\text{-}9)$$

这是工程上常用的幂律方程，式中 $m=1/n$，$k=1/K$，k 称为流动系数。对假塑性体，$k>1$，如橡胶的 k 为 3~7，塑料的 k 为 1~4。

必须指出，上述幂律方程并无明确的物理意义。实践表明，幂律方程也仅适合于中等 $\dot{\gamma}$ 范围。对大多数流体来说，当 $\dot{\gamma}$ 值变化范围较小时，K、k、n 和 m 可近似地看作常数。此外，它没有很好地反映流体的弹性形变。

8.2　高聚物熔体剪切流动的非牛顿性特征

在高聚物成型加工过程中，高聚物熔体或浓溶液的流动以剪切流动最为普遍。由于高聚物熔体多为非牛顿流体，而且黏度很大（$10^0 \sim 10^6$ Pa·s），在各种成型加工中熔体所受的切应力以及切变速率变化范围很大（表 8-1），因此研究高聚物熔体的流变行为，特别是表观黏度随切变速率而变化的规律，对成型加工极为重要。前已指出，绝大多数高聚物熔体和溶液的流动行为类似于假塑性体，因此我们着重分析这类流体的非牛顿性特征。

表 8-1　高聚物成型加工中切变速率的变化范围

加工方法	切变速率/s^{-1}	加工方法	切变速率/s^{-1}
压制	1~10	纺丝	$10^3 \sim 10^5$
混炼与压延	$10 \sim 10^2$	注射	$10^3 \sim 10^5$
挤出	$10^2 \sim 10^3$		

8.2.1 高聚物熔体的普适流动曲线

由于高聚物熔体在加工过程中切变速率的变化范围很大，因此表征切应力 σ_τ——切变速率 $\dot{\gamma}$ 的流动曲线一般为双对数坐标，即 $\log\sigma_\tau$-$\log\dot{\gamma}$ 流动曲线，将式（8-7）写成对数形式

$$\log\sigma_\tau = \log K + n\log\dot{\gamma} \tag{8-10}$$

对于牛顿流体，$\log\sigma_\tau$-$\log\dot{\gamma}$ 流动曲线是斜率为 1（即 $n=1$）的直线，在 $\log\dot{\gamma}=0$（即 $n=1$）线上交点的 σ_τ 值就是 η 值（这时 $K=\eta$），见图 8-10。

对假塑性高聚物熔体，其 $\log\tau$-$\log\dot{\gamma}$ 流动曲线以及表观黏度与切变速率的关系曲线一般如图 8-11 所示。

图 8-10　牛顿流体的 $\log\tau$-$\log\dot{\gamma}$

图 8-11　高聚物熔体的 $\log\tau$-$\log\dot{\gamma}$ 流动曲线（a）以及表观黏度与切变速率的关系曲线（b）

从图 8-11 可以看出，假塑性高聚物熔体的流动曲线包括三个区域：在很低切变速率区是斜率为 1（即 $n=1$）的直线，符合牛顿流动，称为第一牛顿（流动）区；在很高切变速率区是另一条斜率为 1（即 $n=1$）的直线，也符合牛顿流动，称为第二牛顿（流动）区；在这两个区域之间，即非牛顿特征区域，称为假塑性区。假塑性区的曲线呈反 S 形，按式（8-10），其斜率为 $\dfrac{\mathrm{dlog}\sigma_\tau}{\mathrm{dlog}\dot{\gamma}}=n$，且 $n<1$。它表示随着切变速率 $\dot{\gamma}$ 增大引起黏度下降程度的大小，熔体发生切力变稀。

高聚物熔体在第一牛顿区的黏度称为零切变速率黏度 η_0；在第二牛顿区的黏度则称为无穷切变速率黏度 η_∞。显然，在图 8-11 中斜率为 $n=1$ 的直线代表等黏度线（黏度不随切变速率而变）。将第一、第二牛顿区斜率为 $n=1$ 的直线延长至与 $\lg\dot{\gamma}=0$ 垂线的交点，可得到 $\lg\eta_0$ 和 $\lg\eta_\infty$。从假塑性区曲线上任一点所引斜率为 1 的直线与 $\lg\dot{\gamma}=0$ 直线的交点，可得到该切变速率下的表观黏度 η_a。从图 8-11 可见，η_0 最大，η_∞ 最小，表观黏度 η_a 介于二者之间。

在高聚物成型加工中，熔体的切变速率达不到第二牛顿区，熔体的切变速率大多处于假塑性区，远未达到这个区域之前熔体就已出现不稳定流动，图 8-12 为典型高聚物流动曲线的实例。表 8-2 列出六种高聚物在不同切变速率下的 n 值。由表中数据也可看出，在所研究的切变速率范围内，随切变速率值的增大，n 值减小，即熔体的表观黏度下降。

一般来说，表观黏度与切变速率不呈线性关系，在一定的切变速率范围内，表观黏度随切变速率的增加下降较快，当切变速率达到一定值后，黏度下降很小（图 8-13）。这种非牛

表 8-2　六种高聚物的 n 值

切变速率 /s^{-1}	PMMA（230℃）	POM（200℃）	PA-66（280℃）	EPR（230℃）	LDPE（170℃）	PVC（150℃）
10^{-1}				0.93	0.7	
1	1.00	1.00		0.66	0.44	
10	0.82	1.00	0.96	0.46	0.32	0.62
10^2	0.46	0.80	0.91	0.34	0.26	0.55
10^3	0.22	0.42	0.71	0.19		0.47
10^4	0.18	0.18	0.40	0.15		
10^5			0.28			

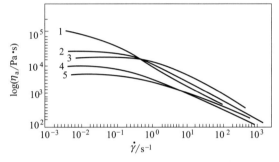

图 8-12　典型高聚物熔体表观黏度与切变速率的关系曲线（200℃）
1—高密度聚乙烯；2—聚苯乙烯；3—聚甲基丙烯酸甲酯；
4—低密度聚乙烯；5—聚丙烯

图 8-13　天然橡胶的流动曲线
1—填料为炭黑；2—填料为陶土

顿性在高聚物成型加工中具有重要的实际意义。在高聚物成型加工时，一般应选择表观黏度对切变速率不敏感的切变速率范围，这样既可大大降低熔体的黏度并减少功耗，提高生产率，又能保证产品质量的稳定，即不会由于切变速率微小的波动引起黏度的急剧变化。从图 8-13 可见，对于加有填料的天然橡胶的加工，调节切变速率为 $400s^{-1}$ 比较合适。

8.2.2　高聚物熔体假塑性流动曲线的解释

对高聚物熔体或溶液的假塑性流动曲线形状的解释有许多理论，如构象理论、缠结理论、松弛理论等。

从高分子构象的改变出发，在足够小的切应力或切变速率下流动时，高分子构象分布不改变，流动服从牛顿定律（相当于第一牛顿区）。当切应力或切变速率较大时，高分子构象及分布发生变化，大分子偏离平衡构象而沿流动方向取向，结果使大分子间的相对运动更加容易，这时表观黏度随切应力或切变速率的增大而下降（相当于假塑性区）。当切应力或切变速率增加到一定程度后，大分子的取向达到极限状态，取向程度不再随切应力或切变速率而变化，熔体又服从牛顿定律，表观黏度又成为常数（相当于第二牛顿区）。

缠结理论解释认为，在高聚物熔体中，高分子链间存在缠结。缠结有两种类型：一种是柔性分子链相互扭曲成结（几何缠结）；另一种是大分子间形成的范德华交联点。在形成熔体这样高的温度下，有人认为第一种缠结是主要的。由于缠结的存在，可以认为熔体具有拟网结构，不过这种网状结构是可变的。由于分子的无规热运动，缠结点可在一处解开而又在另一处迅速形成，始终趋向于与外界条件（温度、外力等）相适应的动态平衡。在低切变速率下，熔体中被切应力破坏的缠结来得及重建，处于动态平衡的拟网结构的密度不变，所以熔体黏度不变，表现为牛顿流体行为。当切变速率超过一定值后，随着切变速率的增加，缠结的解开速率越来越大于形成速率，动态平衡被打破，即拟网结构越来越少，因此熔体的黏度随切变速率的增加而下降，表现为假塑性流体行为。当切变速率大到被破坏的缠结完全来不及重建时，黏度降至最小值并不再改变，又表现为牛顿流体行为。

上述两种解释并不矛盾，而是互相补充的。高聚物中的运动单元在切应力下沿流动方向取向的结果，必然使熔体在黏性流动中伴有高弹形变，这已为大量的实验所证实。此时，测得的表观黏度，实际上是由不可逆的黏性流动和可逆的弹性形变汇合在一起所反映的黏度。真正的黏度应该是对黏性流动而言的，所以表观黏度比真正的黏度值要小。

高聚物熔体的物理结构（包括缠结）的变化是可逆的，受力时结构破坏，黏度下降，去除外力时结构又形成，黏度又增加到波动前的值。这一点也为实验所证实。

必须指出，高聚物熔体-填料体系，高聚物分散体系（如胶乳）的流动特性是很复杂的。除了以上所说的切力变稀流动之外，还有切力增稠流动（膨胀体）。这是切力作用下体系结构产生的结果。例如高树脂浓度的乳液聚合聚氯乙烯（颗粒直径 $0.5\mu m$）的增塑剂糊状体系，当树脂浓度在 50%（体积分数）以上时，就有显著的切力增稠现象。如果在 $0.5\mu m$ 中的聚氯乙烯颗粒中混入 $0.14\mu m$ 以下的小颗粒乳液聚合聚氯乙烯，就变为切力变稀的流动。

8.3　高聚物熔体的切黏度及影响因素

在对高聚物进行各种加工成型时，必须使高聚物具有合适的流动性，即具有适当的黏度。不同的加工方法要求不同的流动性，一般来说，注射成型要求流动性大些，挤出成型要求流动性小些，吹塑成型要求流动性介于这二者之间。即使是同一种加工方法，所需流动性的大小也因制品形状的复杂程度而异。因此，了解高聚物熔体的黏度及其变化规律，从而严格控制高聚物的流动性是十分重要的。

8.3.1　高聚物熔体切黏度的测试

高聚物熔体切黏度的测定方法主要有下列三种，即落球式黏度计、毛细管黏度计和转动黏度计（同轴圆筒或锥板）。高聚物熔体切黏度测定方法的基本原理见图 8-14，高聚物熔体黏度测定方法以及每种方法适用的切变速率范围和测得的黏度范围见表 8-3。

高聚物切
黏度的测试

(a) 落球法　　(b) 毛细管法　　(c) 旋转圆筒法　　(d) 圆锥-圆板法

图 8-14　切黏度测定方法原理

表 8-3　高聚物熔体黏度的测定方法和范围

仪　　器		切变速率范围/s^{-1}	黏度范围/Pa·s
落球式黏度计		$<10^{-2}$	$10^{-3} \sim 10^{3}$
毛细管黏度计		$10^{-1} \sim 10^{6}$	$10^{-1} \sim 10^{7}$
转动黏度计	平板式	$10^{-3} \sim 10^{1}$	$10^{3} \sim 10^{8}$
	同轴圆筒式	$10^{-3} \sim 10^{1}$	$10^{-1} \sim 10^{11}$
	锥板式	$10^{-3} \sim 10^{1}$	$10^{2} \sim 10^{11}$

8.3.2　高聚物分子结构对熔体切黏度的影响

流体的黏度来源于分子间的内摩擦。因此，分子间作用力小，分子链柔顺性大、分子量较小的高聚物具有好的流动性。

（1）高分子链结构单元的极性

通常而言，极性高聚物的分子间作用力比非极性高聚物大，流动性差。也可以说，对于分子量接近的不同高聚物，刚性链的高聚物黏度比柔性链的高聚物黏度大。例如，顺丁橡胶的结构简单，取代基均为氢，T_g 低（−100℃），链段活性大，为柔性链，因此黏度小，流动性好，甚至常温下也会出现由于自重产生的"冷流现象"。刚性很强的高聚物，如极性的聚氯乙烯、聚丙烯腈，含氢键的聚酰胺、聚乙烯醇、聚酰亚胺，含芳环的聚碳酸酯、聚苯醚、聚砜、聚酰亚胺等黏度都很高，加工相对较为困难。

（2）分子量

高聚物的流动是整个大分子链的重心发生位移的结果，大分子链重心的位移是许多链段的协同位移产生的。分子量愈高，大分子链包含的链段数愈多，为了使大分子链重心位移而需要完成的链段协同位移次数就愈多，因此熔体的黏度愈大，而熔融指数则愈小。

熔融指数与分子量之间有如下关系：

$$\log(\text{MI}) = A - B \log \overline{M} \tag{8-11}$$

式中，A、B 为材料常数。由于分子链的支化度和支链的长短等因素对熔融指数也有影响，因此只有对同一结构的高聚物，才能用熔融指数衡量其分子量的大小。

线型高聚物的零切黏度与重均分子量 $\overline{M}_w$ 的关系如图 8-15 所示，直线的交点对应的分子量称为临界分子量 $\overline{M}_{cr}$。

零切黏度 η_0 与分子量的经验关系式为

当 $\overline{M}_w > \overline{M}_{cr}$ 时
$$\eta_0 = k_1 M^{3.4} \tag{8-12}$$

当 $\overline{M}_w < \overline{M}_{cr}$ 时
$$\eta_0 = k_2 M^{1.0 \sim 1.5} \tag{8-13}$$

式中，k_1、k_2 为经验常数。图 8-16 是 11 种不同来源和不同分子量的聚丙烯表观黏度与黏均分子量的关系，它们的实验点均落在同一直线上，斜率为 3.5，符合式（8-12）。至于在很高切变速率区的无穷切变黏度 η_∞ 是正比于分子量，还是与分子量无关，目前尚不清楚。

临界分子量 $\overline{M}_{cr}$ 是一个重要的结构参数。当 $\overline{M}_w > \overline{M}_{cr}$ 时，η_0 正比于 M 的幂要大得多的原因，一般认为是高分子链间的相互缠结，形成了网状结构。因此 $\overline{M}_{cr}$ 可以看作发生分子链缠结的最小分子量值。这也是高聚物固体的温度-形变曲线上出现高弹态平台所需的最小分子量值，即在 $\overline{M}_w < \overline{M}_{cr}$ 时没有高弹态。因此有人把 $\overline{M}_{cr}$ 值作为划分小分子和高分子的界线。

图 8-15　熔体零切黏度与分子量的依赖性

图 8-16　11 种聚丙烯的 η_a 与临界分子量的关系

　　分子量不仅决定了熔体的流动性（黏度），而且也影响熔体的流变性（即黏度对切变速率的依赖性）。分子量与流变性的关系如图 8-17 所示。从图可见，高聚物熔体开始出现非牛顿流动的切变速率值（即从水平线转为曲线的转折点对应的切变速率值）随分子量的增加而减小。这可能是因为分子量大，缠结点多，易使分子链取向，弹性表现显著的缘故。

　　从成型加工的角度来看，降低分子量可以降低黏度，改善加工性能，但又会影响制品的力学强度和橡胶的弹性。所以在三大合成材料的生产中要恰当地调节分子量的大小。

　　（3）分子量分布

　　分子量分布主要影响熔体的流变性。当分子量相同时，分子量分布宽的聚合物出现非牛顿流动的切变速率比分子量分布窄的要低，如图 8-18 所示。

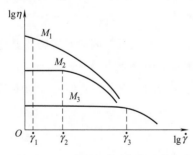

图 8-17　分子量对流变性能的影响
（$M_1 > M_2 > M_3$）

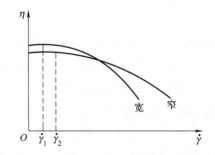

图 8-18　分子量相同而分布不同的高聚物熔体的流动曲线

　　从图 8-18 可见，当切变速率较小时，分子量分布宽的熔体的黏度较高，这是因为平均分子量相同而分布宽的高聚物中必然有较多的特长和特短的分子，特长分子链对黏度的贡献大。当切变速率增大时，分布宽的高聚物熔体首先出现黏度下降，并在较高的切变速率值范围内具有比分布窄的高聚物低得多的黏度。因此，分子量分布宽的高聚物在加工条件下应有较好的流动性。

　　由于分子量分布宽窄对熔体黏度的切变速率依赖性很大，因此通常在极低切变速率下测定的熔融指数 MI 不能反映熔体在注射成型时的流动性（表 8-4）。

表 8-4　三个高密度聚乙烯试样的熔融指数与分子量分布的关系

试样	MI	多分散性
甲	0.12	36
乙	0.14	7.7
丙	1.60	3.2

试样甲、乙分子量（MI 值）相似，但分布宽窄差距很大，试样丙的分子量小得多，但分子量分布窄。若以注射成型时充满一定的平板模所需熔体液压来衡量流动性的好坏，则甲比乙好得多，也比丙的流动性好。因此对注射成型的塑料，如在荷重 2.16kg 时测定熔融指数则更能反映实际的流动性。由于分子量分布对 $\log\eta$-$\log\sigma_\tau$ 图的影响很大，其简易可行的办法是，在同一温度下，用荷重 10kg 和 2.16kg 测得的熔融指数的比值来粗略地表征试样的分子量分布，并指示其流动性能。

虽然分子量分布较宽对加工有利，但也会影响制品的力学强度。对塑料而言，由于分子量一般都较低，流动性已能满足加工要求，所以分子量分布不宜过宽。例如聚碳酸酯，低分子量部分多时，端基和单体杂质含量多，应力开裂越严重。PP 的高分子量部分含量越多，流动性越差，可纺性越差。

与塑料相反，橡胶的分子量一般都很高，分子量分布宽一些能增加其流动性，对其物理-力学性能几乎没有影响。

（4）支化

当分子量相同时，分子链的支化度及支链长度对熔体切黏度的影响很大。一般来说，短支链的存在使高分子链的链间距增大，相互作用比较小，分子链的缠结可能性变小，因而其熔体黏度较直链低。例如，比较聚乙烯、聚丙烯、聚 1-丁烯在相同特性黏数值 $[\eta]^{145℃}=100\text{mL/g}$ 的熔融指数，可知短支链越长，其熔体黏度越低（表 8-5）。

表 8-5　相同 $[\eta]$ 下熔融指数的比较

试样	—CH₂—CH₂—	$\begin{array}{c}CH_3\\|\\—CH—CH_2—\end{array}$	$\begin{array}{c}CH_2—CH_3\\|\\—CH—CH_2—\end{array}$
$[\eta]$=100 时的分子量	45000	89000	320000
聚合度	1600	21000	5700
熔融指数（190℃）	1.0	1.6	4.1

长支链对熔体黏度有显著的影响，许多实验表明，当支链很长以致支链本身就能产生缠结时，支链高聚物在低切变速率下的黏度要比分子量相同的线型高聚物高。支化度越大黏度增加越多。

由于短支链能降低高聚物熔体的黏度，在橡胶工业中，有时为了改进胶料的加工性而在胶料中掺入一定量的支化或有一定交联度的橡胶。例如在胶料中加入少量的再生胶就能获得较好的流动性，成型压出容易，制品尺寸稳定。

8.3.3　加工条件对高聚物熔体切黏度的影响

（1）温度

温度对高聚物熔体黏度的影响很大，虽然有许多描述这种关系的公式，但没有一个适用于所有高聚物和整个温度范围内的公式。当温度高于某种高聚物的熔点时，熔体黏度的温度依赖性用阿伦尼乌斯（Arrhenius）方程表示：

$$\eta=A\mathrm{e}^{\Delta E/RT}$$

$$(8-14)$$

或

$$\ln\eta = \ln A + \frac{\Delta E}{RT} \tag{8-15}$$

式中，ΔE 为流动活化能；A 为与结构有关的常数；R 为气体常数。艾林（Fyring）曾用他的流体空穴理论解释了这个公式。按照这一理论，流体中存在着空穴，它们在流体中无规则地运动，由于分子从一个位置向另一个位置的跃迁，它们不断被填满又不断重新产生。分子每一次跃迁都要跃过一个大小为 ΔE 的能垒，因此流体流动时需要活化能。

前面已指出，对高聚物来说，ΔE 与分子量无关。但实验证明，在非牛顿流动区，应有很大的切变速率依赖性——随切变速率的增加而降低。例如聚丙烯的切变速率增加 10 倍时，ΔE 值约减小至 $1.42 \times 10^4 \mathrm{J/mol}$。这说明，高切变速率下高聚物熔体黏度的温度敏感性比在低切变速率小得多。因此，在测定高聚物的流动活化能 ΔE 时，必须采用恒定的切变速率。

毫无疑问，ΔE 应与高聚物的分子结构有关。从图 8-19 和表 8-6 可见，分子链刚性越大，流动活化能越高，黏度对温度的敏感性越大。在加工时只要少许改变温度，其流动性就可以显著增加，如聚碳酸酯就属于这种情况。对于柔性的聚甲醛和聚乙烯，因其流动活化能很低，黏度对温度的敏感性较小，即使温度升高 10℃，切黏度也降低不了一个数量级。对于活化能大的高聚物，在加

图 8-19　表观黏度与温度的关系

1—聚碳酸酯（4MPa）；2—聚乙烯（4MPa）；
3—聚甲醛；4—聚甲基丙烯酸甲酯；5—乙酸
纤维（4MPa）；6—聚酰胺（250℃）

工时往往采用提高成型温度的办法来提高物料的流动性。但必须注意保持成型温度的恒定，以减少由于物料流动性的波动而对制品质量的影响。

表 8-6　一些高聚物的流动活化能

高聚物	$\Delta E/(\mathrm{kJ/mol})$	高聚物	$\Delta E/(\mathrm{kJ/mol})$
高密度聚乙烯	28.3～29.2	聚对苯二甲酸乙二醇酯	79.2
低密度聚乙烯	48.8	聚碳酸酯	108.3～125
聚丙烯	37.5～41.7	ABS(20%橡胶)	108.3
聚苯乙烯	94.6～104.2	ABS(30%橡胶)	100
聚氯乙烯	147～168	ABS(40%橡胶)	87.5
聚酰胺	63.9		

为了评价某一高聚物熔体流动性对温度的敏感性，一个实用的办法是给定切变速率下，测定熔体在相差 40℃的两个温度下的切黏度，以它们的比值来作为熔体黏度对温度敏感性的指标。

在实际成型时，温度与切应力是主要的工艺条件。因此在选择工艺条件时，必须综合考虑两者对熔体黏度的影响。例如注射成型长流程薄壁制件时，要求高聚物有较好的流动性，以保证物料充满模腔。如果注射的是聚甲醛、聚乙烯之类的对切应力敏感性大而对温度敏感性小的高聚物，则主要应加大柱塞压力或螺杆转速，以增加物料的流动性；反之，对刚性高聚物（如聚碳酸酯、聚砜）应首先考虑提高料筒温度。

当温度接近和低于流动温度时，高聚物黏度与温度的关系不再服从阿伦尼乌斯方程，而是表现出明显的黏弹性特征。此时流动活化能 ΔE 不再是常数，而是随温度的降低而增加。这可解释如下：导致大分子位移的链段协同跃迁（分段移动）取决于链段跃迁的能量和自由体积的大小。当温度较低时，自由体积随温度降低而减小，第二个条件变得不充分，因此链段跃迁不再是一般的活化过程，而与自由体积有关，此时的黏度与温度的关系遵循 WLF 方程。

（2）切变速率和切应力

前面已讨论过，加大切变速率和切应力能降低高聚物熔体的表观黏度，这对高聚物加工是极为重要的。图 8-20 列出一些高聚物表观黏度的切变速率和切应力依赖性。从图可见，表观黏度的切应力依赖性比切变速率依赖性更能明显反映流动性能与分子结构的关系。有些高聚物如聚甲醛、聚乙烯对切应力的敏感性较大。有些高聚物如聚碳酸酯和聚甲基丙烯酸甲酯对切应力的敏感性较小。这可能与分子链的柔顺性有关。柔顺性大的分子链在切应力下易改变构象而取向，因此其切黏度对切应力敏感。尼龙熔体的黏度对切应力的敏感性很小，这可能是由于其分子量较小。

（3）压力

高聚物在挤出、注射等成型过程中，作用于熔体的压力能达到相当高的数值。压力增加会使熔体的流动性降低。因此有必要研究压力对熔体黏度的影响。

一般认为流体的黏度与其自由体积有关，当流体受压时，自由体积减少，分子间作用力增大，熔体黏度增加，甚至无法加工。同小分子相比，高聚物熔体的分子堆砌密度较小，受压力作用时体积变化较大，切黏度的变化更为剧烈。

高聚物切黏度对压力的敏感性，可用黏度压力系数来表征：

$$K = \frac{1}{\eta} \times \frac{\mathrm{d}\ln\eta}{\mathrm{d}p} \qquad (8\text{-}16)$$

式中，p 为静压力。表 8-7 列出几种高聚物的黏度压力系数值。

图 8-20　表观黏度与切应力的关系
1—PC：280℃；2—PE：200℃；
3—POM：200℃；4—PMMA：
200℃；5—CA：180℃；
6—PA：230℃

表 8-7　几种高聚物熔体的黏度压力系数

高聚物	$T/℃$	$K \times 10^8/\mathrm{Pa}^{-1}$
低密度聚乙烯	210	1.43
高密度聚乙烯	170	0.68
聚丙烯	210	1.50
聚苯乙烯	165	4.3
聚氯乙烯	190	3.5
聚甲基丙烯酸甲酯	235	2.14
聚碳酸酯	270	2.35
聚二甲基硅氧烷	40	0.73

从表 8-7 中的数据可以看出，高聚物结构不同，对压力的敏感程度也不同。一般来说，带有体积较大的侧芳基（如苯基）或分子量较大和密度较低的高聚物，其黏度压力系数较大。如聚苯乙烯，其黏度受压力的影响最显著，有实验表明，它在 196℃下压力增加到 123.6MPa 时，黏度增加了 134 倍。所以当注射成型聚苯乙烯时，压力对黏度的影响不容忽视。

在挤出、注射成型时，高聚物熔体的黏度因压力升高而增加的值，往往会被熔体的剪切发热而抵消一部分，因而不易觉察。此外，切变速率对黏度的降低作用也掩盖了压力对黏度的影响。然而，压力增大毕竟会引起黏度增大。在加工时有时为了提高生产率而同时提高温度和压力，结果两种相反的作用抵消，熔体的黏度基本保持不变。如果施加的压力过大，压力的效应可以超过温度的效应，黏度反而升高。

8.4 高聚物熔体的弹性表现

高聚物熔体在切应力下不但表现出黏性流动，而且表现出弹性形变。这种弹性形变的性质是高分子链特有的高弹形变：弹性形变的发展和回复都是松弛过程。当熔体的分子量大，力作用的时间短或速度快，温度在熔点或流动温度以上不多时，由于黏性流动的形变不大，所以弹性形变的表现更为显著。

高聚物熔体的弹性表现是成型加工中必须充分重视的问题，因为熔体的弹性形变及其随后的松弛过程会对制品的外观和尺寸稳定性产生不利影响，造成制品尺寸精度难以控制、表面缺陷、收缩内应力等。但熔体的弹性表现也有有利的一面，如利用熔体的弹性实现"记忆效应"，制造热收缩管和热膨胀管。

8.4.1 熔体的黏弹性

用同轴圆筒黏度计，可将高聚物熔体的可回复形变与黏性流动产生的形变分开，如图 8-21 所示。实际上，这是一种蠕变试验方法。当温度高、起始的外加形变大、维持恒定形变的时间长，均能使弹性形变部分相对减少。如 $\theta = 20℃$，聚丙烯熔体 176℃时弹性形变可达 70% 以上，232℃时为 45%，260℃时为 15%。从弹性应变 $\gamma_{弹}$、切应力 σ_{τ}，可以定义熔体的切模量 G 为：

$$G = \frac{\sigma_{\tau}}{\gamma_{弹}} \qquad (8-17)$$

高聚物熔体的切模量在 $\sigma_{\tau} < 10^4$ Pa 时近似为一常数，约为 $10^3 \sim 10^5$ Pa，以后随 σ_{τ} 的增加而增大。温度对 G 值的影响随温度范围而异。在熔点或稍高于熔点时，G 值从橡胶态的 $10^7 \sim 10^8$ Pa 下降 2~4 个数量级，高于熔点之后，G 值随温度的变化就不大了。六种热塑性塑料熔体弹性切模量与切应力的关系如图 8-22 所示。各种高聚物有所不同，聚烯烃熔体的 G 值几乎与温度和分子量无关，而聚甲基丙烯酸甲酯的 G 值随温度上升而减小，随分子量增大而增大。

图 8-21　熔体的可回复形变与流动

图 8-22　六种热塑性塑料熔体在常压下切变弹性数据

1—尼龙-66，285℃；2—尼龙-11，220℃；

3—缩醛共聚物，200℃；4—LDPE，190℃；

5—丙烯酸类高聚物，230℃；6—乙丙共聚物，230℃

熔体弹性形变在外力去除后的松弛快慢由松弛时间 $\tau = \eta/G$ 决定，如形变的实验时间比熔体的松弛时间长得多，则形变主要反映黏性流动，因为弹性形变在此时间内几乎都松弛了。反之，如果形变的实验时间尺度远比熔体的 τ 值小，则形变主要反映弹性，因为黏性流动产生的形变还很小。与切黏度相比，熔体的切模量对温度、液压和分子量并不敏感，但都显著地依赖于分子量分布。当分子量足够大，特别是分子量分布宽时，高聚物熔体的弹性表现特别显著。因此分子量分布宽度是高聚物熔体弹性表现的主要控制因素。这应当从松弛时间来理解。分子量大，则熔体黏度大，松弛时间长，弹性形变松弛缓慢，分子量分布宽，则熔体切模量低，松弛时间分布也宽，因此弹性形变大而松弛时间长，熔体的弹性表现就特别显著。

熔体的黏弹性也可由动力学测定，即以动态黏度表征。在交变应力作用下，熔体的黏性和弹性反应不同。弹性形变与应力同相位或接近同相位，但其应变速率 $\dot{\gamma}_{弹}$ 较应力 σ_τ 或应变 $\dot{\gamma}$ 超前 90°，不消耗能量；黏性形变的情况正好相反，其应变速率 $\dot{\gamma}_{黏}$ 与应力 σ_τ 同相位，消耗能量。如果仍以 $\sigma_\tau/\dot{\gamma}$ 定义动态黏度，而 $\dot{\gamma}$ 是 $\dot{\gamma}_{弹}$ 和 $\dot{\gamma}_{黏}$ 的总和，则此动态黏度有与 σ_τ 同相位的组分，也有落后于 σ_τ 90°相位的组分，因此要用复合黏度来表示动态黏度：

$$\eta^{\#} = \eta' - i\eta'' \tag{8-18}$$

式中，η' 为动态黏度，与 σ_τ 同相位；η'' 代表落后于 σ_τ 90°相位的弹性部分，与熔体的切模量有关。$\eta^{\#}$、η'、η'' 都是依赖于温度和振动频率的量。动态实验中的频率与稳态流动中的切变速率有相同的量纲（都是 s^{-1}），$\dot{\gamma}$ 应与 ω 成正比。动态黏度的频率依赖性与稳态流动的表观黏度的切变速率依赖性相当，只是动态实验的振幅很小，是小形变，而稳态流动是大形变。有些实验结果表明，$\log|\eta^{\#}| - \log\omega$ 曲线与 $\log\eta - \log\dot{\gamma}$ 曲线完全重叠。

由于高聚物熔体具有弹性，在流动时会引起许多在牛顿流体中观察不到的特殊现象，主要有法向应力效应、挤出物胀大和不稳定流动。

8.4.2　法向应力效应

当高聚物熔体或浓溶液在各种旋转黏度计或容器中搅拌时，在旋转剪切作用下，流体会沿内筒壁或转动轴上升，发生包轴或爬竿现象（图 8-23），这种现象称为韦森堡效应。韦森堡效应是弹性流体法向效应的一种表现。牛顿流体没有这种效应，相反，由于离心力的作用，轴的旋转反而会引起牛顿流体液面的下降。

对牛顿流体来说，由于它在切流动时没有弹性形变，作用于体积单元上的法向应力（正应力）三个分量相等，即：

$$\sigma_{11} = \sigma_{22} = \sigma_{33} = -p \tag{8-19}$$

因此，牛顿流体切流动时除受切应力外，还受压力 p 的作用。弹性流体则不然，它在切流动中伴有弹性形变，三个法向应力分量不等（图 8-24）：

$$N_1 = \sigma_{11} - \sigma_{22} > 0 \tag{8-20}$$

$$N_2 = \sigma_{22} - \sigma_{33} < 0 \tag{8-21}$$

式中，N_1、N_2 分别称为第一和第二法向应力差，一般 N_1 为正，N_2 为负。由此可见，弹性流体之所以产生法向应力差，是由于其中的弹性部分受纯切应力的作用，产生了拉伸应力和压应力，从而造成原来三个法向应力不再相等。然而目前还没有有关这方面的精确的分子解释。但可以包轴现象为例作简单的定性解释。

(a) 包轴现象　(b) 爬竿现象

图 8-23　高聚物熔体或浓溶液的
　　　　　包轴现象和爬竿现象

图 8-24　黏性流动中的弹性形变

如图 8-25 所示，在这种现象中，流体的流线是轴向对称的封闭圆环。由于剪切作用，一方面使弹性流体沿着流动方向受拉伸，拉伸了的分子链产生最大法向应力差 σ_{11}，使流体处于张紧状态，限制了它的流动；另一方面，会在垂直于流动轴方向（垂直于剪切面）产生正向推力 σ_{22}，这两个力（σ_{11} 和 σ_{22}）的差值就是第一法向应力差。同理有第二法向应力差。由于 $\sigma_{11} > \sigma_{22}$，所以流动层被拉伸，层与层之间处于张紧状态，因而产生向内侧的张力，这种张力向内作用强迫流体流向旋转轴，只能使流体自界面发生形变，而且由于靠近旋转轴壁面上的切变速率最大，因此法向应力差最大（N_1 随 $\dot{\gamma}$ 的增加而增大），结果使流体沿旋转轴向上爬。

实验表明，N_1 和 $|N_2|$ 都随切变速率 $\dot{\gamma}$ 的增加而增加（图 8-26）。在低 $\dot{\gamma}$ 值下，高聚物熔体的弹性表现可忽略，故 N_1 和 N_2 接近于零。在较高的 $\dot{\gamma}$ 值下，$|N_1| > |N_2|$，通常 $|N_2| \approx 1/10 |N_1|$，故 N_1 又称为主法向应力差。当 $\dot{\gamma}$ 值很高时，高聚物熔体的 N_1 值可比剪切应力 σ_{12} 大。法向应力差与切变速率之间的关系，通常可用下式表示

$$N_1 = \theta_1(\dot{\gamma})\dot{\gamma}^2 \tag{8-22}$$

$$N_2 = \theta_2(\dot{\gamma})\dot{\gamma}^2 \tag{8-23}$$

式中，$\theta_1(\dot{\gamma})$、$\theta_2(\dot{\gamma})$ 分别为第一和第二法向应力差材料函数。

图 8-25　韦森堡效应的解释

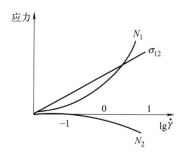

图 8-26　法向应力差与 $\dot{\gamma}$ 的关系

法向应力差可用锥板式黏度计、同轴圆筒黏度计、毛细管黏度计等来测定。以锥板式黏度计为例，测定法向应力差的原理如下。

当高聚物熔体旋转时产生的法向应力差总是力图把锥与板分开。因此可用压力传感器测得使锥和板分开的轴向力 F，这个力是对锥或板的总推力，由此可计算出对锥或板的净推力 F'：

$$F' = F - \pi R^2 p_0 \tag{8-24}$$

式中，p_0 单位为 Pa；R 为锥的半径。第一法向应力差可用下式计算

$$N_1 = \frac{2F'}{\pi R^2} \tag{8-25}$$

至此，我们可以看出，为了全面理解高聚物的流变性，不仅要测出切应力与切变速率的关系，求出表观黏度这个材料函数，而且要测定法向应力差与切变速率的关系，求出材料函数 $\theta_1(\dot{\gamma})$、$\theta_2(\dot{\gamma})$。

必须指出，法向应力效应通常对高聚物加工是不利的，例如在挤出时会产生抱轴现象。但在某些情况下法向应力效应起着重要的作用，例如导线的涂覆（包胶）工艺。在发生熔体破裂之前，法向应力有助于涂覆层厚度均一、表面光滑。

8.4.3　挤出物胀大

这是指高聚物熔体挤出模口后其直径增大的现象，又称为巴拉斯效应。如挤出管子时，管径和管壁厚度都胀大。挤出物胀大程度用胀大比 B 表示，它等于挤出物最大直径 d_∞ 与模口直径 d 之比。

挤出物胀大也是高聚物熔体的弹性表现，即弹性的记忆效应。出模孔后要回复到它进模孔前的形状（图 8-27），可以设想至少有两个因素产生挤出物胀大。

① 熔体进入模孔时流线收缩，流动方向上产生速度梯度，因而熔体在拉应力分量作用下产生弹性形变。这部分形变一般在经过模孔的时间内来不及完全松弛，出模孔之后，外力对分子链的作用解除，高分子链就会由伸展状态重新回缩为卷曲状态，形变回复，发生出口膨胀。

② 在模孔内流动时由于切应力和法向应力差的作用产生弹性形变，出模后也要回复。当模孔的长径比 L/D 小时前者是主要的，当 L/D 很大时（$L/D > 16$）后者是主要的。然而当切变速率一定时，挤出物胀大比 B 随毛细管长径比的增加而下降。其原因在于，毛细管流动中的分子取向实际上主要是毛细管入口区（inlet zone）的拉伸流动引起的，而不是由毛细管内的切变所引起的。因此，在毛细管较长时，入口区造成的高聚物分子取向在毛细

管内会部分松弛掉。挤出物胀大比 B 强烈地依赖于切变速率。对牛顿流体和很低切变速率下的高聚物熔体，B 应为 1.0，但实测为 1.1。在熔体出现非牛顿性的切变速率下，挤出物胀大比开始显著增加，这是因为切变速率增加时熔体的弹性形变会变得更大。如图 8-28 所示。由于温度愈高，取向分子的松弛愈快，所以在切变速率不变的情况下，挤出物胀大往往随温度的升高略有下降，然而温度升高时，作为切变速率函数的 B 的最大可能值也变得较高。温度愈高，出现 B 最大值的切变速率也愈高。

图 8-27　挤出物胀大现象

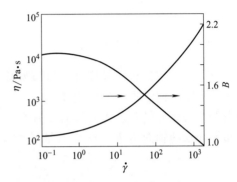

图 8-28　胀大比与 $\dot{\gamma}$ 的关系

　　一般来说，分子量增大，分子量分布变宽，长支链支化程度增大时，B 值增加。显然，分子量增大会引起熔体更大的弹性形变，因此 B 值增加是可以理解的。但分子量分布、长支链支化引起 B 值增加的原因尚不很清楚。

　　加入填料能减小高聚物的挤出胀大。刚性填料的效果最为显著，甚至像耐冲击 ABS 材料的橡胶或微粒凝胶颗粒也能使挤出物胀大减小。因为填料确实能增加切模量，所以它的上述作用还不能解释得很清楚。

　　在塑料成型加工中，挤出物胀大与制品尺寸的精确性和稳定性有很大的关系，对制品强度也有一定的影响。在制品设计时，必须充分考虑模口尺寸和胀大程度的关系。一般地说，模口尺寸要小一些，才能达到预定的制品尺寸。

8.4.4　不稳定流动

　　当切应力不是很大时，高聚物熔体挤出物表面是光滑的，但当切应力达到某一临界值（约 $10^5\,\mathrm{Pa}$）时，高聚物熔体往往会出现不稳定流动，使挤出物外表不光滑。随着切应力的增加，挤出物的外观依次出现表面粗糙（如鲨鱼皮状）、尺寸周期性起伏（如呈波纹状、竹节状、螺旋状），直至破裂成碎块，如图 8-29 所示。挤出物的这些外形畸变现象统称为不稳定流动或弹性湍流。熔体破碎（melt fraction）是其中最严重的情况。

图 8-29　挤出物的形状畸变（切应力从（a）到（d）递增）
（a）波浪形；（b）竹节形；（c）螺旋形；（d）不规则破碎

　　对于高聚物熔体，其黏度大、黏滞阻力大，在较高的切变速率下，弹性形变增大。当弹性形变储能达到或者超过克服黏滞阻力的流动能量时,不稳定流动发生。因此,把高聚物这种弹性形变储能引起的湍流称为高弹湍流。

引起高聚物弹性形变储能剧烈变化的主要流动区域通常是模孔入口处、毛细管壁以及模孔出口处。

不同高聚物熔体呈现出不同类型的不稳定流动。研究表明,可采用某些类似于雷诺准数的物理量来确定出现高弹湍流的临界条件。

(1)临界切应力 τ_{mf}

实验表明,各种高聚物出现不稳定流动的临界切应力值变化不大,约在 $(0.4\sim3)\times10^5\,Pa$。但各种高聚物因其熔体的黏度不同而开始出现不稳定流动的切变速率值变化很大,相差可达几个数量级。分子量大时临界切变速率小,分子量分布宽时临界切变速率大。

熔体挤出时,当切应力接近 $10^5\,Pa$ 时,往往使挤出出现熔体破碎现象。以不同高聚物熔体出现不稳定流动时的切应力取其平均值可得到临界切应力 $\tau_{mf}=1.25\times10^5\,Pa$。

(2)弹性雷诺准数 N_W

弹性雷诺准数又称韦森堡值,该准数与分子本身的松弛时间 τ 和外界切变速率 $\dot{\gamma}$ 的关系为:

$$N_W=\tau\dot{\gamma} \tag{8-26}$$

$$\tau=\eta/G \tag{8-27}$$

式中,η 为高聚物的熔体黏度;G 为高聚物熔体的弹性剪切模量。

当 $N_W<1$ 时,熔体为黏性流动,弹性形变很小;当 $N_W=1\sim7$ 时,熔体为稳态黏弹性流动;当 $N_W>7$ 时,熔体为不稳定或弹性湍流。

(3)临界黏度降

另一个衡量高聚物不稳定流动的临界条件是临界黏度降,即随切变速率增大,当熔体黏度降至零切黏度的 0.025 倍时,则发生熔体破碎,即:

$$\eta_{mf}/\eta_0=0.025 \tag{8-28}$$

式中,η_{mf} 为高聚物熔体破碎时的熔体黏度;对任何高聚物,只要知道 η_0,就可求出 η_{mf}。

引起不稳定流动的机理目前尚不十分清楚。已提出了各种观点,这些观点大都认为不稳定流动与熔体的弹性有关。主要观点有两种:一种认为同高聚物和毛细管壁间的滑黏现象有关。实际上,管壁处流速不等于零,黏贴于管壁处的熔体会在高切应力下脱离管壁,发生弹性回缩而滑动。另一种观点认为,熔体破碎一般是拉伸应力,而不是切应力造成的。当熔体从截面较大的管道流入截面较小的管道时,熔体会受到拉伸应力的作用,管道的横截面变化愈慢即入口角愈小,则熔体通过时受到的拉伸应力愈小。如果拉伸应力或拉伸应变非常大,则熔体就会以类似于橡皮断裂的方式断裂。发生熔体破碎时,高聚物中的取向分子急速回到解取向的状态。在熔体再次破碎以前,又必须重新建立起这种取向。于是这种周期性的破碎使得挤出物外观发生周期性的变化。

对不稳定流动研究得比较详细的是聚烯烃熔体。研究表明,这类熔体的不稳定流动和挤出物畸形有两种类型。第一种类型,是线型高聚物如高密度聚乙烯和聚丙烯等熔体,在进入模孔前流线扫过容器的整个截面,流线分布是对称的 [图 8-30 (a)],挤出物外形畸变的程度随模孔长度 L 的增长而增加,入口的几何形状对于出现挤出物畸变的临界应力值影响不大。当切变速率增大到一定程度时,挤出物出现螺旋畸变,畸变频率随管长 L 的增加而减

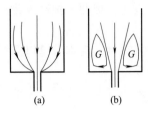

图 8-30　熔体流入毛细管
前的流线

少，幅度增大。可见这类高聚物的畸变主要是出口弹性回复引起的，而且与管壁处熔体的滑黏有关。因此这一类型的挤出物畸变是表面层现象。第二种类型，是支化高聚物，如低密度聚乙烯和聚苯乙烯熔体，进入模孔以前的流线是酒杯形的，在死空间呈旋涡状［图 8-30（b）］，在流速较小时产生的旋涡，对挤出物形状影响较小。当切变速率增加到一定值时，进入模孔的流线会发生周期性的暂时间断，此时旋涡中的熔体进入模孔。这两种熔体入模孔前所受的力不同，挤出后的松弛也不同，使挤出物出现周期性畸变。一般认为，进入模孔的流线发生周期性间断很可能是熔体弹性断裂的结果。这种类型的周期性畸变随模孔长度的增加而减小。畸变频率较第一类小一个数量级。这类畸变的主要因素是入口效应，畸变是整体现象。

为了避免熔体在模孔入口处的死空间，可将模孔入口设计成流线形，这样可以加大挤出率。此外，提高温度可使熔体破碎在更高的切变速率下发生。温度愈高，要达到临界破碎应力就要更高的切变速率。

8.5　拉伸流动和拉伸黏度

特鲁顿发现，对牛顿流体进行单轴拉伸时，拉伸应力 $\sigma_{拉}$ 与拉伸应变速率 $\dot{\varepsilon}$ 有类似于牛顿定律的规律，即：

$$\sigma_{拉} = \overline{\eta}\dot{\varepsilon} \tag{8-29}$$

式中，$\overline{\eta}$ 为拉伸黏度。又称为特鲁顿黏度。研究表明，牛顿流体的拉伸黏度为切黏度的 3 倍。拉伸应变速率 $\dot{\varepsilon}$ 是拉伸流动速度梯度，即

$$\dot{\varepsilon} = \frac{\mathrm{d}\dot{\varepsilon}}{\mathrm{d}t} = \frac{1}{L} \times \frac{\mathrm{d}L}{\mathrm{d}t}$$

牛顿流体双轴拉伸时，如果在 x 方向和 y 方向拉伸应变速率相同，则 z 方向变薄，此时

$$\dot{\varepsilon}_x = \dot{\varepsilon}_y = \dot{\varepsilon}$$
$$\sigma_{xx} = \sigma_{yy} = \overline{\overline{\eta}}\dot{\varepsilon} \tag{8-30}$$
$$\overline{\overline{\eta}} = 2\overline{\eta} = 6\eta$$

式中，$\overline{\overline{\eta}}$ 为双轴拉伸黏度。双轴拉伸黏度为单轴拉伸黏度的 2 倍，为切黏度的 6 倍。

高聚物熔体的拉伸黏度在拉伸应变速率 $\dot{\varepsilon}$ 很小时服从特鲁顿规律，当拉伸应变速率增大后，拉伸黏度不再等于相应切变速率下切黏度的 3 倍，而可能是切黏度的几十倍到几百倍，且拉伸黏度随拉伸应变速率和拉伸应力而变化，不再保持常数。

为了寻找拉伸流动的规律，人们进行了大量的试验工作。发现有三种情况：第一种是拉伸黏度与拉伸应力无关，如聚甲基丙烯酸甲酯、共聚甲醛、尼龙-66；第二种是拉伸黏度随拉伸应力的增加而减小，如乙烯丙烯共聚物；第三种是拉伸黏度随拉伸应力增加而增加，如低密度聚乙烯。图 8-31 是五种高聚物的拉伸黏度与拉伸应力的关系。高聚物熔体的拉伸黏度与拉伸应变速率的关系也有三种情况：如聚异丁烯、聚苯乙烯的 $\overline{\eta}$ 随 $\dot{\varepsilon}$ 的增大而增大；高密度聚乙烯的 $\overline{\eta}$ 随 $\dot{\varepsilon}$ 的增大而减小；有机玻璃、ABS 树脂、聚酰胺、聚甲醛的 $\overline{\eta}$ 与 $\dot{\varepsilon}$ 无关。目前尚缺乏理论来解释高聚物熔体拉伸黏度的变化规律，某一高聚物的单轴拉伸黏度和

双轴拉伸黏度与 $\sigma_{拉}$ 和 $\dot{\varepsilon}$ 关系只能由实验确定。

从高聚物熔体拉伸流动的分子运动机理来看，拉伸应变速率的增加会引起大分子链缠结的破坏，导致拉伸黏度降低；但也会使大分子链的取向增大，取向后大分子间的作用力增大，从而引起拉伸黏度的增加。至于最终拉伸黏度究竟是增大还是减小，要视哪一种趋势占优。

在高拉伸应力下高聚物拉伸行为的不同，对加工具有重要的意义。凡是拉伸黏度随拉伸应力增大的高聚物，比较适合纺丝和吹塑。原因是如果试样的某一部分存在缺点，因拉伸会使此处截面尺寸变小，引起该点的拉伸应力增大。但拉伸应力的增大又导致了拉伸黏度的增大，使该点的继续伸长受到限制，致使试样的伸长主要发生在黏度低的其它部位，从而使原先的薄弱部位不致断裂，形变能均匀发展，其结果是制品的粗细或厚薄比较均匀，成型过程能够顺利进行下去。

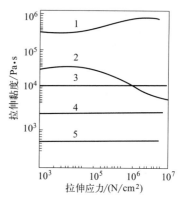

图 8-31　五种高聚物在常压下拉伸
黏度与拉伸应力的关系
1—低密度聚乙烯，170℃；
2—丙烯/乙烯共聚物，230℃；
3—丙烯酸酯类高聚物，230℃；
4—缩醛类高聚物，200℃；
5—尼龙-66，285℃

习题与思考题

1. 解释牛顿黏度、表观黏度、微分黏度、零切变速率黏度、无穷切变速率黏度、拉伸黏度的概念。

2. 高聚物加工成型的温度范围及分子量的选择原则是什么？

3. 拉伸流动和剪切流动的主要区别是什么？

4. 熔体的流变曲线有哪些类型？解释切变速率对黏度的影响机理。

5. 影响高聚物熔体流动性的因素有哪些？

6. 举例说明高聚物熔体弹性行为的表现有哪些。这些弹性表现对成型加工会有什么影响？

7. 在相同温度下，用旋转黏度计测得三种高分子流体在不同切变速率下的切应力数据如下表。试作出切应力-切变速率关系图，判别它们各为何种类型流体？其相应的流变方程的一般表达式是什么？

$\dot{\gamma}/s^{-1}$	σ_r/Pa		
	甲基硅油	PVC 增塑糊	聚丙烯酰胺
5.40	5.837	7.82	1.728
9.00	9.780	13.26	2.808
19.20	17.49	24.90	4.714
27.00	29.32	42.79	7.560
81.00	87.64	129.0	19.2

8. 已知 PE 和 PMMA 的流动活化能分别为 41.8kJ/mol 和 192.3kJ/mol，PE 在 473K 时的黏度 $\eta_{(473)}$ 为 91 Pa·s，而 PMMA 在 513K 时的黏度 $\eta_{(513)}$ 为 200Pa·s。试求

a. PE 在 483K 和 463K 时的黏度，PMMA 在 623K 和 503K 时的黏度；

b. 说明链结构对高聚物黏度的影响；

c. 说明温度对不同结构高聚物黏度的影响。

9. 已知聚苯乙烯的临界分子量为 35000，数均分子量为 250000 的聚苯乙烯在 220℃ 时的零切黏度为 5000Pa·s，试估算在临界分子量时的零切黏度和分子量在 20000 时的零切黏度。

10. 某高聚物以 $1 \times 10^6 Pa$ 的压力差通过直径 2mm、长度 8mm 的毛细管时的流率为 $0.05cm^3/s$。在同样的温度下，以 $5 \times 10^6 Pa$ 的压力差试验时，流率为 $0.5cm^3/s$。问该熔体在毛细管中的流动是牛顿型流动还是非牛顿型流动？熔体的切变速率和表观黏度是多少？

11. 已知一旋转黏度计的规格为：内筒外壁半径为 3.2cm，外筒内壁半径为 4cm，在恒温下测定高聚物熔体黏度时，内筒浸入熔体的高度为 5cm。如果在角速度为 $16s^{-1}$ 时测得扭矩为 1N·m，试按牛顿流体计算该高聚物熔体的黏度、最大剪切应力和最大切变速率。如果在角速度为 $20s^{-1}$ 时，测得的扭矩为 1.8N·m，而角速度为 $40s^{-1}$ 时，测得的扭矩为 2.8N·m，在这一段速度范围内，熔体是牛顿型流体还是非牛顿型流体？并求其流变学参数。

第9章　高聚物的电性能

高聚物的电性能是指高聚物在外加电场作用下的行为及其所表现出来的各种物理现象，本章重点 包括高聚物在交变电场中的介电性能，在弱电场中的导电性能或绝缘性能，在强电场中的击穿现象，在高聚物表面的静电现象以及压电性、热电性、铁电性以及光导电性、电致发光等。因此，高聚物对电场的响应可以分为两个主要部分，一是介电性能；二是本体电导性能。表征介电性能的参数是介电常数和介电损耗；表征本体电导性能或绝缘性能的参数是电导率或电阻率以及电击穿强度。

各种固体材料按其电导率（或电阻率）的大小可以分为绝缘体、半导体、导体和超导体，如图 9-1 所示。其中，绝大多数高聚物是绝缘体，也称电介质，具有低的电导率、低的介质损耗和高击穿强度，加上其它优良的物理-化学性能和加工性能，使高聚物在电气工业中成为不可缺少的绝缘材料和介电材料，并被广泛地应用。

随着科学技术的发展，对高聚物的电性能提出了各种各样的要求。这就推动了对高聚物电性能的深入研究，并进一步合成了具有特定电性能的高聚物。近年来已对高聚物驻极体、光导体、半导体、导体甚至超导体进行了研究，取得了许多成就，其中有的已经付诸实用。高聚物的室温电导率如图 9-2 所示。

图 9-1　金属、半导体和绝缘体的室温电导率

图 9-2　高聚物的室温电导率

各种电气工程对高聚物的介电性和电导性能有不同的要求。电气绝缘材料要求电阻率和击穿强度高，介电损耗小。对运输带、地毯、衣服、人造卫星天线和套管材料，则要求有中等的电导率（$10^{-7} \sim 10^{0}\,\mathrm{S/m}$）以消除其摩擦积累的静电电荷。对电磁屏蔽材料，一般要求电导率超过$10^{0}\,\mathrm{S/m}$。对制造电容器的材料，要求介电损耗小而介电常数大和电击穿强度高。无线电遥控技术需要优良的高频和超高频绝缘材料。因此通过对高聚物电性能的研究，可以为电气工程提供选材的数据和理论依据。

高聚物电性能的测试可以在很宽的频率范围内进行，相对于动态力学性能的测量，在研究分子运动上显示出有更大的优越性。高聚物电性能往往可以非常灵敏地反映材料内部结构的变化和分子运动状况。由于高分子链中极性基团的明确性，电性能测定对确定分子运动单元的归属有"指纹"的效果。因此对高聚物介电性能的研究，已成为研究高聚物结构和分子运动的一种有力手段。

9.1 高聚物的介电性

9.1.1 外电场中电介质的极化

高聚物在外电场作用下出现的对电能的储存和损耗的性质，称为高聚物的介电性。通常用介电常数和介质损耗来表征。电容器材料、电气绝缘材料、射频和微波用超高频材料、隐身材料等都与高聚物的介电性能有关。对所有介质来说，其介电性都是由分子在外电场中的极化引起的。

电介质在外电场下发生极化的现象，是其内部分子和原子所带的电荷在电场中运动的宏观表现。高分子内原子间主要由共价键连接，成键电子对的电子云偏离两成键原子的中间位置的程度，决定了键是极性的或非极性的以及极性的强弱。

键的极性强弱和分子极性的强弱分别用键矩和分子偶极矩来表示。偶极矩 μ 定义为正负两个电荷中心（极）之间的距离 d 和极上电荷 q 的乘积：

$$\mu = qd \tag{9-1}$$

偶极矩是一个矢量，与物理上相反，化学上习惯规定其方向从正到负。在国际单位制中，偶极矩的单位是库仑·米（C·m），习惯上采用德拜（Debye），用 D 表示：

$$1\mathrm{D} = 3.33 \times 10^{-30}\,\mathrm{C \cdot m}$$

在外电场的作用下，电介质分子中电荷分布所发生的相应变化统称为极化，按照极化的机理可分为电子极化、原子极化、取向极化等。

（1）电子极化和原子极化

电子极化是外电场作用下电介质分子中原子的价电子云相对于原子核的位移；原子极化是外电场作用下电介质分子中原子核之间的相对位移。这两种极化的结果使电介质分子的电荷分布变形，因此统称为变形极化或诱导极化，由此产生的偶极矩称为诱导偶极矩 μ_1。它的大小与电场强度 E 成正比：

$$\mu_1 = \alpha_{\mathrm{d}} E \tag{9-2}$$

$$\alpha_{\mathrm{d}} = \alpha_1 + \alpha_2 \tag{9-3}$$

式中，α_{d} 称为变形极化率；α_1 和 α_2 分别为电子极化率和原子极化率。α_1 和 α_2 的大小与温度无关，仅取决于电介质分子中电子云的分布情况。

一般来说，外加电场强度比之于核作用于电子的原子内电场要小得多，因此电子极化率很小，而原子极化率更小。另外，由于电子运动的速度很大，所以电子极化所需的时间极短，约 $10^{-15} \sim 10^{-13}$s，原子极化时间稍长，在 10^{-13}s 以上。

（2）取向极化

取向极化发生在具有永久偶极矩的极性分子中。在无外电场时，由于分子的热运动，偶极矩的指向是无序的，所以总的平均偶极矩较小，甚至为零。在外电场作用下，极性分子除了诱导极化外，还会发生转动而沿电场方向排列（图 9-3），即发生取向极化。取向极化产生的偶极矩的大小取决于偶极子的取向程度。分子的永久偶极矩和电场强度愈大，偶极子的取向度愈大；相反，温度愈高，分子热运动能量愈高，极性分子愈不易沿外电场方向取向排列，取向度愈小。研究表明，取向偶极矩 μ_2 与热力学温度 T 成反比，与极性分子的永久偶极矩 μ_0 的平方成正比，与外电场 E 成正比，即：

$$\mu_2 = \frac{\mu_0^2}{3KT}E = \alpha_0 E \tag{9-4}$$

$$\alpha_0 = \frac{\mu_0^2}{3KT} \tag{9-5}$$

式中，K 为玻尔兹曼常数；α_0 为取向极化率。

(a) 无电场作用　　　　(b) 有电场作用　　　　(c) 电场很强，温度较低

图 9-3　极性分子的取向极化

当极性电介质分子在电场中转动时，需要克服分子间的作用力，故完成这种极化所需的时间比诱导极化长。对小分子，约需 10^{-9}s 以上，取决于分子间作用力的大小；对高聚物电介质，其取向极化可以是不同运动单元的取向，从小的侧基到整链，因此高聚物完成取向极化所需的时间范围很宽。

非极性电介质分子在外电场中只产生诱导偶极矩，而极性电介质分子在外电场中产生的偶极矩是诱导偶极矩和取向偶极矩之和，即：

$$\mu = \mu_1 + \mu_2 = \alpha E \tag{9-6}$$

极性电介质分子极化率为：

$$\alpha = \alpha_d + \alpha_0 = \alpha_d + \frac{\mu_0^2}{3KT} \tag{9-7}$$

非极性电介质分子极化率为：

$$\alpha = \alpha_d \tag{9-8}$$

以上讨论的是单个分子产生的偶极矩。如果单位体积内有 N 个分子，每个分子产生的平均偶极矩为 μ，则单位体积内的偶极矩 P 为

$$P = N\mu = N\alpha E \tag{9-9}$$

P 通常称为电介质的极化度（或极化强度），它表明在外电场中电介质极化度（或极化强度）与分子极化率的关系。

（3）界面极化

除了上述三种极化外，还有一种产生于非均相介质界面处的界面极化。由于界面两边的组分具有不同的极性或电导率，在电场作用下将引起电荷在两相界面处聚集，从而产生极化。这种极化所需要的时间较长，从几分之一秒至几分钟。一般非均质高聚物材料如共混高聚物、泡沫高聚物和填充高聚物都能产生界面极化。即使是均质高聚物也因含有杂质或缺陷以及高聚物中晶区与非晶区共存等而产生界面，在这些界面上同样能产生极化。由于界面极化所需时间较长，一般随电场频率增加而下降，因此界面极化主要影响低频率（$10^{-5} \sim 10^2 \, \text{Hz}$）下的介电性能。已发现在非常低的频率下测出的高聚物的介电常数远高于中频或高频下测定的外推值。

9.1.2 介电常数

（1）介电常数的概念

如果在一真空平行板电容器中加上直流电压 U，在两个极板上将产生一定量的电荷 Q_0，则电容器的电容为：

$$C_0 = \frac{Q_0}{U} \tag{9-10}$$

当电容器两极板之间充满电介质时，由于电场的作用，电介质中的电荷发生再分布，靠近极板的电介质表面上将产生表面束缚电荷 Q'，使介质出现宏观的偶极，这一现象称为电介质的极化。此时电容器的电荷量从 Q_0 增加到 $Q_0 + Q'$（图9-4），电容器的电容也相应增加到 C：

$$Q = Q_0 + Q'$$

$$C = \frac{Q}{U} \tag{9-11}$$

含有电介质的电容器的电容与该真空电容器的电容之比称为该电介质的介电常数（也称介电系数），即：

$$\varepsilon = \frac{C}{C_0} \tag{9-12}$$

可见介电常数是一个表征电介质储存电能能力的物理量，因而是介电材料的一个重要性能指标。电介质的极化程度愈大，则极板上感应产生的电荷量 Q' 愈大，介电常数也就愈大。因此，介电常数在宏观上反映了电介质的极化程度。

（2）介电常数与分子极化率

分子极化率是表征电介质在外电场中极化程度的微观物理量，介电常数是表征电介质在外电场中极化程度的宏观物理量，因此介电常数与分子极化率 α 之间存在着必然的关系。按经典静电理论计算作用于分子上的局部电场与外电场的关系推导可得克劳修斯-莫索提（Clausius-Mossotti）方程：

$$P = \frac{\varepsilon - 1}{\varepsilon + 2} \times \frac{M}{\rho} = \frac{4}{3} \pi \widetilde{N} \alpha \tag{9-13}$$

式中，P 为摩尔极化率；M 为分子量；ρ 为密度；$\widetilde{N}$ 为阿伏伽德罗常数。

对非极性电介质：

$$P_0 = \frac{\varepsilon - 1}{\varepsilon + 2} \times \frac{M}{\rho} = \frac{4}{3} \pi \widetilde{N} \alpha_d \tag{9-14}$$

对弱极性电介质，式（9-13）可写成：

$$P=\frac{\varepsilon-1}{\varepsilon+2}\times\frac{M}{\rho}=\frac{4}{3}\pi\widetilde{N}(\alpha_{\mathrm{d}}+\alpha_0)=\frac{4}{3}\pi\widetilde{N}\left(\alpha_{\mathrm{d}}+\frac{\mu_0{}^2}{3KT}\right) \tag{9-15}$$

此式称为德拜方程，这里假设极化质点引起的内电场近似为零，因而只适用于分子间作用力很小的体系，即非极性或弱极性的高聚物。可见对于非极性电介质，摩尔极化率与温度无关，而弱极性电介质的摩尔极化率随温度的升高而减小（图9-5）。

图9-4 介质感应电荷

图9-5 摩尔极化率与温度的关系

从实验数据得知：

$$R=P_0=\frac{n^2-1}{n^2+2}\times\frac{M}{\rho} \tag{9-16}$$

式中，n 是非极性电介质的折射率；R 为摩尔折射。比较式（9-13）和式（9-16）可得：

$$\varepsilon=n^2 \tag{9-17}$$

式（9-17）不仅对非极性小分子，而且对非极性高聚物也是适用的（表9-1）。可见，此式联系着电介质的电性能与光学性能。

表9-1 一些高聚物的介电常数和折射率

高聚物	ε	n	n^2
聚乙烯	2.28	1.51	2.38
聚苯乙烯	2.55	1.60	2.56
聚四氟乙烯	2.05	1.40	1.96
聚异丁烯	2.38	1.51	2.28

克劳修斯-莫索提（Clausius-Mossotti）方程不适用于极性的电介质。将极性的电介质溶于溶剂中，假定溶剂与溶质的极化率满足简单的加和性，则有：

$$\alpha_1f_1+\alpha_2f_2=\frac{3}{\widetilde{N}}\times\frac{\varepsilon_{12}-1}{\varepsilon_{12}+2}\times\frac{M_1f_1+M_2f_2}{\rho_{12}} \tag{9-18}$$

式中，下标1、2和12分别表示溶剂、溶质和溶液；f 表示摩尔分数。极性电介质的极化率可由上式通过溶液和溶剂的极化率数据计算。所得的 α_2 一般同溶液浓度有关，这是由于溶液中溶质分子之间相互作用不能完全消除。为了消除这种效应，需将结果外推到无限稀，即 $f_2\to0$ 的情况。

9.1.3 介电损耗

（1）介电损耗的概念

在交变电场中电介质会损耗部分能量而发热，这就是介电损耗。产生介电损耗的原因有两个。一是电介质所含的微量导电载流子在电场作用下流动时，由于克服内摩擦力需要消耗部分电能，即电导损耗。对非极性高聚物来说，电导损耗可能是主要的。二是偶极取向极化的松弛过程引起的损耗。这种损耗是极性高聚物介电损耗的主要部分。

电子极化、原子极化和取向极化都是一个速度过程，只是前两种极化的速度极快。在交变电场中，三种极化都是电场频率的函数。

当电场频率很低时，三种极化都能跟上外电场的变化，电介质将不产生损耗，如图9-6（a）。当电场变化从0到1/4周期（$T/4$）时，电场对偶极子做功，使偶极子极化并从电场吸收能量；在$T/4 \sim T/2$期间，随电场强度减弱，偶极子靠热运动回复到原状，这时获得的能量又全部还给了电场。在后半周期，也是如此，只是极化方向相反。所以在电场变化一周时，电介质不损耗能量。

当电场频率提高时，首先是取向极化跟不上电场的变化［图9-6（b）］，这时电介质放出的能量小于吸收的能量，这个能量差消耗于克服偶极子取向时所受的摩擦阻力，从而使电介质发热，产生了介质损耗。当电场频率进一步提高时，偶极子的取向极化完全跟不上电场的变化，取向极化不发生，因而介质损耗急剧下降。

由于电子极化和原子极化极快，由它们引起的损耗发生在更高的频率范围，即当外电场的频率与电子或原子的固有振动频率相同时，发生共振吸收，损耗了电场的能量。原子极化损耗在红外光区；电子极化损耗在紫外光区。因此，在电频区，只有取向极化引起的介质损耗。

（2）介电损耗的表征

为了表征介电损耗，可研究电容器的能量损耗情况。一个理想（真空）电容器在交变电场作用一周时没有能量损耗。因此当对它施加交流电压$V = V_0 e^{i\omega t}$时，产生的电流I总是超前电压相位90°：

$$I = C_0 \frac{dV}{dt} = i\omega C_0 U_0 \tag{9-19}$$

式中，U_0为电压的振幅；ω为电场的角频率。如果对一个充满电介质的电容器施加交变电场，当交变电场频率使电介质的取向极化不能完全追随外电场的变化时，则发生介质损耗，这时通过电介质电容器的电流I'与外加电压的相位差不再是90°，而是$90° - \delta = \varphi$（图9-7）。

(a) 偶极转动与电场同步   (b) 偶极转动滞后于电场

图9-6 偶极取向随电场变化图

图9-7 交变电场中电容器
的电流与电压的矢量图

I'与外加电压的关系为：

$$I' = \varepsilon^* \times C_0 \frac{dV}{dt} = i\omega \varepsilon^* C_0 U_0 \tag{9-20}$$

$$\varepsilon^* = \varepsilon' - i\varepsilon'' \tag{9-21}$$

式中，ε^*为复数介电常数；ε'为复数介电常数的实数部分，也就是实验测得的介电常数；ε'' 为复数介电常数的虚数部分，称为损耗因子。

将式（9-20）代入式（9-19）得：

$$I' = (i\omega\varepsilon'C_0 + \omega\varepsilon''C_0)V_0 = iI_c + I_r \tag{9-22}$$

式中，I_c 与电压的相位差为 $90°$，相当于流过"纯电容"的电流；I_r 与电压同相位，相当于流过"纯电阻"的电流，即"损耗"电流。由图 9-7 可见：

$$\tan\delta = \frac{I_r}{I_c} = \frac{\omega\varepsilon''C_0V_0}{\omega\varepsilon'C_0V_0} = \frac{\varepsilon''}{\varepsilon'} \tag{9-23}$$

式中，δ 称为介质损耗角，$\tan\delta$ 称为介质损耗（介质损耗角正切），是表征电介质介电损耗的物理量。介质电容器损耗的功率大小 P 为：

$$P = V_0 I' \cos\varphi \tag{9-24}$$

由于 $\cos\varphi = \sin\delta$，因此

$$P = V_0 I' \sin\delta = V_0 I_c \tan\delta$$

$$\tan\delta = \frac{P}{V_0 I_c} = \frac{每个周期内介质损耗的能量}{每个周期内介质储存的能量}$$

上式表明，介电损耗 $\tan\delta$ 的物理意义是交变电场作用的每一周期内电介质损耗电场能量的大小。对理想电容器，$\tan\delta = 0$。因此，小的损耗角正切值表示能量损耗小。从式（9-23）可见，ε'' 正比于 $\tan\delta$，因此也常用 ε'' 来表示材料介质损耗的大小，通常称 ε'' 为介质损耗因子，$\tan\delta$ 常被称为介电损耗角正切或介电损耗。

作为绝缘材料或电容器材料的高聚物，一般要求它的介质损耗愈小愈好。否则，不仅会消耗较多的电能，还会引起材料本身发热，加速材料老化。反之，如果需要对高聚物高频加热进行干燥、模塑或对塑料薄膜进行高频焊接，则要求高聚物具有较高的介电损耗值。

9.1.4 介电松弛和介电松弛谱

对小分子而言，外电场强度越大，偶极子的取向度越大；温度越高，分子热运动对偶极子的取向干扰越大，取向度越小。对高聚物而言，取向极化的本质与小分子相同，但具有不同运动单元的取向，从小的侧基到整个分子链。在交变电场中，高聚物中与多种运动单元有关的偶极取向极化的响应总是滞后于外电场的变化，故偶极取向极化过程被称为介电松弛过程。高聚物完成取向极化所需的时间范围很宽，与力学松弛时间谱类似，也具有一个时间谱，称为介电松弛谱。

（1）小分子的介电松弛

对于小分子电介质，只有一个松弛时间，在一定温度下，交变电场中的德拜方程为：

$$\frac{\varepsilon^* - 1}{\varepsilon^* + 2} \times \frac{M}{\rho} = \frac{4}{3}\pi\widetilde{N}\left(\alpha_1 + \alpha_0 \frac{1}{1 + i\omega\tau}\right) \tag{9-25}$$

这里忽略了原子极化。式中，ω 为交变电场的角频率；τ 为偶极取向的松弛时间。

当 $\omega \to 0$ 时，介电常数相当于静电场下的介电常数 ε_0，式（9-25）变为：

$$\frac{\varepsilon_0 - 1}{\varepsilon_0 + 2} \times \frac{M}{\rho} = \frac{4}{3}\pi\widetilde{N}(\alpha_1 + \alpha_0) \tag{9-26}$$

当 $\omega \to \infty$ 时，式（9-26）变为：

$$\frac{\varepsilon_\infty - 1}{\varepsilon_\infty + 2} \times \frac{M}{\rho} = \frac{4}{3}\pi\widetilde{N}\alpha_1 \tag{9-27}$$

式中，ε_∞ 是光频时的介电常数。

将式（9-25）～式（9-27）联立可以得：

$$\left.\begin{array}{l} \varepsilon^* = \varepsilon_\infty + \dfrac{\varepsilon_0 - \varepsilon_\infty}{1 + i\omega\tau} \\[3mm] \tau = \tau^* \dfrac{\varepsilon_0 + 2}{\varepsilon_\infty + 2} \end{array}\right\} \tag{9-28}$$

式（9-28）称为德拜色散方程式，将其分解，可得到复数介电常数的实数部分 ε'、虚数部分 ε'' 和介电损耗 $\tan\delta$：

$$\varepsilon' = \varepsilon_\infty + \frac{\varepsilon_0 - \varepsilon_\infty}{1 + \omega^2\tau^2} \tag{9-29}$$

$$\varepsilon'' = \frac{(\varepsilon_0 - \varepsilon_\infty)\omega\tau}{1 + \omega^2\tau^2} \tag{9-30}$$

$$\tan\delta = \frac{(\varepsilon_0 - \varepsilon_\infty)\omega\tau}{\varepsilon_0 + \omega^2\tau^2\varepsilon_\infty} \tag{9-31}$$

在低频区（$\omega \to 0$），所有的极化都能完全追随电场的变化，介电常数达到最大值，即 $\varepsilon' \to \varepsilon_0$，而介电损耗最小，即 $\varepsilon'' \to 0$ 和 $\tan\delta \to 0$；在光频区（$\omega \to \infty$），偶极取向极化不能进行，只发生电子极化，介电常数很小，$\varepsilon' \to \varepsilon_\infty$，介电损耗也小。在上述两个极限频率范围内，偶极取向极化不能完全追随电场的变化，介电常数下降，出现介电损耗。介电常数下降的频率范围称为反常色散区。在反常色散区，介电常数变化最迅速的一点，ε'' 出现极大值。将 ε'' 对 ω 求导，从 $\dfrac{d\varepsilon''}{d\omega} = 0$ 可以得到 $\omega\tau = 1$。将 $\omega = \dfrac{1}{\tau}$ 分别代入式（9-29）和式（9-30），可得：

$$\varepsilon' = \frac{\varepsilon_0 + \varepsilon_\infty}{2} \tag{9-32}$$

$$\varepsilon''_{max} = \frac{\varepsilon_0 - \varepsilon_\infty}{2} \tag{9-33}$$

对于 $\tan\delta$-ω 曲线，其最大值出现在：

$$\omega\tau = \sqrt{\frac{\varepsilon_0}{\varepsilon_\infty}}$$

$$\tan\delta_{max} = \frac{\varepsilon_0 - \varepsilon_\infty}{2}\sqrt{\frac{1}{\varepsilon_0\varepsilon_\infty}} \tag{9-34}$$

以上讨论的介电损耗，称为德拜松弛，可用图9-8来表示。小分子在外电场中发生的介电松弛接近于德拜松弛。

将德拜方程式（9-29）和式（9-30）中消去 $\omega\tau$，可得：

$$\left[\varepsilon' - \frac{\varepsilon_0 + \varepsilon_\infty}{2}\right]^2 + (\varepsilon'')^2 = \left[\frac{\varepsilon_0 - \varepsilon_\infty}{2}\right]^2 \tag{9-35}$$

上式是一个圆的方程。如以 ε'' 对 ε' 作图，可得到一个半圆（图9-9），称为科尔-科尔圆弧，其半径为 $\dfrac{\varepsilon_0 - \varepsilon_\infty}{2}$，圆心的坐标为 $\left(\dfrac{\varepsilon_0 + \varepsilon_\infty}{2}, 0\right)$。科尔-科尔图也可用来说明 ε'、ε'' 和 $\tan\delta$ 随 $\omega\tau$ 的变化关系。

（2）高聚物的介电松弛谱

因为高聚物分子有不同大小的运动单元，如不同长度的链段和取代基团等，这决定了高聚物中偶极取向具有较宽的松弛时间分布。

图 9-8 德拜介电色散曲线

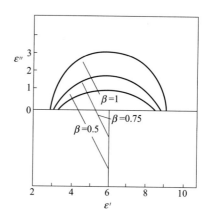

图 9-9 科尔-科尔圆弧

为了描述高聚物的介电松弛，科尔-科尔（Cole-Cole）提出了对德拜方程式的修正式。科尔-科尔在德拜公式（9-28）中引入松弛时间的分布参数 β（$0<\beta\leqslant1$），则：

$$\varepsilon^* = \varepsilon_\infty + \frac{\varepsilon_0 - \varepsilon_\infty}{1 + (i\omega\tau_\beta)^\beta} \tag{9-36}$$

式中，τ_β 为最概然松弛时间。以 ε' 对 ε'' 作图，当 $\beta=1$ 时，即为德拜方程式，可得到半圆。当 β 小于 1 时，得到的是圆弧（图 9-10），介电色散宽度随之增加。τ 的分散性越大，β 越接近于零。由式（9-36）可得：

图 9-10 高聚物的科尔-科尔图

$$\varepsilon' = \varepsilon_\infty + (\varepsilon_0 - \varepsilon_\infty) \frac{1 + (\omega\tau_\beta)^\beta \cos\frac{\beta\pi}{2}}{\left[1 + 2(\omega\tau_\beta)^\beta \cos\frac{\beta\pi}{2} + (\omega\tau_\beta)^{2\beta}\right]} \tag{9-37}$$

$$\varepsilon'' = (\varepsilon_0 - \varepsilon_\infty) \frac{(\omega\tau_\beta)^\beta \sin\frac{\beta\pi}{2}}{\left[1 + 2(\omega\tau_\beta)^\beta \cos\frac{\beta\pi}{2} + (\omega\tau_\beta)^{2\beta}\right]} \tag{9-38}$$

同理也可以解得圆的方程为：

$$\left[\varepsilon' - \left(\frac{\varepsilon_0 + \varepsilon_\infty}{2}\right)\right]^2 + \left[\varepsilon'' + \frac{\varepsilon_0 - \varepsilon_\infty}{2}\cot\frac{\beta\pi}{2}\right]^2 = \left[\frac{\varepsilon_0 - \varepsilon_\infty}{2}\csc\frac{\beta\pi}{2}\right]^2 \tag{9-39}$$

依照此式也可以作 ε' 和 ε'' 关系的科尔-科尔图，许多高聚物都近似符合。

在正弦交变电场下，介电松弛谱与在正弦交变力场下的动态力学松弛时间谱有相同的数学表达式：

$$\frac{\varepsilon'(\omega) - \varepsilon_\infty}{\varepsilon_0 - \varepsilon_\infty} = \int_{-\infty}^{\infty} \frac{F_e(\ln\tau)}{1 + \omega^2\tau^2}\mathrm{d}\ln\tau \tag{9-40}$$

$$\frac{\varepsilon''(\omega)_\infty}{\varepsilon_0 - \varepsilon_\infty} = \int_{-\infty}^{\infty} \frac{F_e(\ln\tau)\omega\tau}{1 + \omega^2\tau^2}\mathrm{d}\ln\tau \tag{9-41}$$

式中，$F_e(\ln\tau)$ 即为介电松弛谱（归一化的松弛时间分布）。因此，损耗峰的宽度实际上是由对应的具有单值的松弛时间的许多小峰叠加的结果。在交变电场中，高聚物的介电松弛行为——介电常数 ε' 和损耗因子 ε'' 与频率的关系的总频谱图如图 9-11 所示，这就是高聚物的介电松弛谱，由低频到高频依次用 α、β、γ 等命名这些损耗峰。介电松弛谱也可以用介电损耗 tanδ 作为纵坐标表示。

同样，在宽的温度范围内测定固体高聚物的介电损耗，也可观察到多个损耗峰，即可得到介电松弛的温度谱，如图 9-12 所示，每个损耗峰分别对应于不同尺寸的运动单元的偶极，在电场中取向的极化程度和偶极取向松弛过程所损耗的电场能量。在温度谱上按高温到低温的顺序，依次用 α、β、γ……命名这些损耗峰。

可见介电松弛谱与力学松弛谱极为相似，相对而言，在反映分子运动单元的程度上，介电松弛谱比力学松弛谱更为灵敏。图 9-13 为三种不同聚乙烯的力学松弛与介电松弛谱的比

图 9-11　ε' 和 ε'' 的总频谱图

图 9-12　介电松弛温度谱示意图

图 9-13　不同结晶度聚乙烯的力学松弛谱与
介电松弛谱的比较

较，最明显的特点是，在两种谱中 α、β、γ 三种主要松弛都发生在大致相同的温度。然而对于同一种聚乙烯，两种谱的峰并不处在完全相同的位置。这可能是由于测定介电损耗的频率比测定力学损耗的频率高得多。

高聚物的介电谱测量可广泛用于高聚物结构的研究。例如，非极性高聚物如聚乙烯、聚四氟乙烯等应没有极性基，但介电损耗谱测试表明，它们具有偶极松弛，这是由杂质（如催化剂、抗氧剂等）和氧化产物引起的。图 9-14 为氧化后的聚乙烯的 tanδ 与羰基含量的关系。如此微量的羰基，即使用光谱法来测定也有困难，但可明显地反映

图 9-14　聚乙烯的 tanδ 与羰基含量的关系
1—高压聚乙烯，25℃，$5×10^7$ Hz；
2—低压聚乙烯，20℃，400Hz

在介电损耗值的变化上，由此可见介电损耗法能灵敏地反映高聚物的化学结构。

9.1.5　影响高聚物介电性的因素

（1）聚合物分子结构

介电性是分子极化的宏观反映。在三种形式的极化中，偶极的取向极化对介电性的影响最大。因此，介电性与分子的极性有密切关系，分子的极性用偶极矩来衡量。

电介质分子偶极矩是分子中所有键矩的矢量和。对高聚物来说，由于分子链的构象较复杂，分子链偶极矩的统计平均计算比较困难，因此实际上只能定性地估计某种高聚物的极性，通常用重复单元的偶极矩来衡量高分子的极性。按照重复单元偶极矩的大小，可以将高聚物划分为四类：

非极性高聚物	$\mu=0$D	$\varepsilon=2.0\sim2.3$
弱极性高聚物	$0<\mu\leqslant0.5$D	$\varepsilon=2.3\sim3.0$
中等极性高物	$0.5<\mu\leqslant0.7$D	$\varepsilon=3.0\sim4.0$
强极性高聚物	$\mu>0.7$D	$\varepsilon=4.0\sim7.0$

随着偶极矩的增大，聚合物的极性增大，介电常数增大。表 9-2 列举了一些高聚物的介电常数。

同样，高聚物极性也明显地影响其介电损耗，极性越大，介电损耗越大，如表 9-3。

表 9-2　常见高聚物的介电常数 （60Hz）

聚合物	ε	聚合物	ε
聚四氟乙烯	2.0	乙基纤维素	3.0~4.2
四氟乙烯-六氟丙烯共聚物	2.1	聚酯	3.00~4.36
聚 4-甲基-1-戊烯	2.12	聚砜	3.14
聚丙烯	2.2	聚氯乙烯	3.2~3.6
聚三氟氯乙烯	2.24	聚甲基丙烯酸甲酯	3.3~3.9
低密度聚乙烯	2.25~2.35	聚酰亚胺	3.4
乙-丙共聚物	2.3	环氧树脂	3.5~5.0
高密度聚乙烯	2.30~2.35	聚甲醛	3.7
ABS 树脂	2.4~5.0	尼龙-6	3.8
聚苯乙烯	2.45~3.10	尼龙-66	4.0
高抗冲聚苯乙烯	2.45~4.75	聚偏氟乙烯	4.5~6.0
乙烯-醋酸乙烯酯共聚物	2.5~3.4	酚醛树脂	5.0~6.5
聚苯醚	2.58	硝化纤维素	7.0~7.5
硅树脂	2.75~4.20	聚偏氯乙烯	8.4
聚碳酸酯	2.97~3.17		

表 9-3　常见高聚物介电损耗角正切 tanδ（20℃，50Hz）

高聚物	$\tan\delta \times 10^4$	高聚物	$\tan\delta \times 10^4$
聚四氟乙烯	<2	环氧树脂	20～100
聚乙烯	2	硅橡胶	40～100
聚丙烯	2～3	氯化聚醚	100
四氟乙烯-六氟丙烯共聚物	<3	聚酰亚胺	40～150
聚苯乙烯	1～3	聚氯乙烯	70～200
聚砜	6～8	ABS 树脂	40～300
聚碳酸酯	9	尼龙-6	100～400
聚三氟氯乙烯	12	尼龙-66	140～600
聚苯醚	20	聚甲基丙烯酸甲酯	400～600
聚邻苯二甲酸二烯丙酯	80		

高聚物的介电性能除受到分子极性的大小及极性基团密度的影响外，极性基团的运动能力对其介电性能也有明显的影响。

极性基团在分子链上所处的位置明显影响其活动性。一般来说，主链上的极性基团活动性小，它的取向随主链的构象发生变化，因而这种极性基团对介电常数的影响较小；而侧基上的极性基团，特别是柔性的极性侧基，因其活动性较大，对介电常数的影响较大。

高聚物的支化和交联都将影响分子的运动能力，从而影响偶极的取向程度，并进一步影响高聚物的介电性能。高聚物的交联通常阻碍极性基团取向，因此热固性高聚物的介电常数和介电损耗均随交联度的提高而下降。如酚醛树脂结构中含有大量的极性基团，极性很强，但只要固化比较完全，它的介电常数和介电损耗仍不甚高。支化使分子链间作用力减弱，分子链活动能力增加，因而使介电常数和介电损耗增大。

分子结构的对称性对介电常数也有很大的影响。对称性越高，介电常数越小，对同一高聚物，全同立构介电常数高，间同立构介电常数低，而无规立构介于两者之间。

（2）凝聚态结构和力学状态

高聚物的凝聚态结构和力学状态与分子的运动密切相关，也影响偶极的取向程度。

结晶能抑制链段上偶极的取向极化，因此高聚物的介电损耗随结晶度增加而下降。当高聚物结晶度大于 70% 时，链段上偶极的极化完全被抑制，介电性能降至最低。

对非晶态高聚物，其力学状态对介电性能也有影响。在玻璃态下，链段运动被冻结，结构单元上的极性基团取向受到了链段的牵制。但在高弹态，极性基团的取向则不受链段的牵制，所以同一高聚物在高弹态的介电常数和介电损耗要比玻璃态大。如聚氯乙烯所含的极性基团密度几乎比氯丁橡胶多一倍，而室温介电常数后者却几乎是前者的 3 倍；当温度提高到 T_g 以上时，高聚物的介电常数将大幅度上升，如聚氯乙烯的介电常数将从 3.5 增加到约 15，聚酰胺的介电常数从 4.0 增加到将近 50。

高聚物凝聚态结构的改变也能在介电松弛谱上反映出来。图 9-15 为聚对苯二甲酸乙二醇酯的非晶态、晶态和取向态的介电损耗曲线。由图可见，由侧基旋转引起的 β 峰位置不受凝聚态结构改变的影响，但其强度随结晶和取向略有下降；α 峰的位置随结晶或取向而移向高温，并且峰值显著下降。

图 9-15　聚对苯二甲酸乙二醇酯的 tanδ
与温度的关系
1—非晶态；2—晶态；3—取向态

高聚物的介电性质是工业部门选用绝缘材料的重要依据。通常高聚物绝缘材料是在 T_g（非晶态高聚物）和 T_m（晶态高聚物）温度以下使用的，α 损耗峰是不出现的。在航空、航天等某些条件下使用的高聚物往往必须兼备极低的介电常数（$\varepsilon < 2$）和极低的介质损耗（$\tan\delta \leqslant 1 \times 10^{-4}$），例如取代陶瓷作雷达天线罩的透波材料。这时，在满足结构强度要求的情况下可考虑选用某些非极性高聚物的蜂窝或泡沫结构材料，从而使介电常数达到预定指标。表 9-4 列举出几种泡沫塑料的介电常数值。

表 9-4　几种泡沫塑料的介电常数

泡沫塑料	ABS	醋酸纤维	聚乙烯	聚苯乙烯	有机硅树脂
ε'	1.63	1.12	1.1	1.02~1.06	1.2

与电气和电子工程的要求相反，在高频介质加热的应用中却需要高介电性能的高聚物。在这里，加热效率往往用比较系数 J 来表示，J 可定义为：

$$J = \frac{1}{\varepsilon' \tan\delta} \tag{9-42}$$

由于在交变电场作用一周时产生的热与 ε' 和 $\tan\delta$ 的乘积成正比，因此 J 值愈接近 1 的高聚物愈有利于高频介质加热。表 9-5 列出了一些高聚物的 J 值，这些数据可在实际场合应用。例如，在某一特定操作过程中酚醛树脂的高频介质加热所需时间为 30s，在相同操作过程中聚苯乙烯加热所需的时间便是 $30 \times (1330/1.9) = 21000$（s），即 5.83h。因此就介质加热而言，聚苯乙烯是极为不良的高聚物。

表 9-5　某些高聚物的高频介质加热的比较系数

高聚物	J	高聚物	J
聚苯乙烯	1330	聚甲基丙烯酸甲酯	4~15
聚乙烯	1100	聚酰胺	1.5~15
ABS 树脂	40	脲醛树脂	3.8
聚对苯二甲酸乙二醇酯	20~35	三聚氰胺甲醛树脂	2.4
聚氯乙烯	20	酚醛树脂	1~1.9

（3）外界条件的影响

如前对介电松弛的讨论，在交变电场下，电场的频率和温度对介电性能均有明显的影响。与高聚物的动态力学性能相似，高聚物的介电性能也随交变电场频率而变化（图 9-16）。当电场频率较低时（$\omega \to 0$，相当于高温），电子极化、原子极化和取向极化都跟得上电场的变化，因此取向程度高、介电常数大、介电损耗小（$\varepsilon'' \to 0$）；在高频区（光频区），只有电子极化能跟上电场的变化，而偶极取向极化来不及进行（相当于低温），介电常数降低到只有原子极化、电子极化所贡献的值，介电损耗也很小。在中等频率范围内，偶极子能跟着电场变化而运动，但运动速度又不能完全跟上电场的变化，偶极取向的相位落后于电场变化的相位，一部分电能转化为热能而损耗，此时 ε'' 增大，出现极大值，而介电常数随电场频率增高而下降。

当固定电场频率测定温度谱时，介电性能也随之发生变化，图 9-17 为不同频率下单一松弛峰的温度谱实例。温度过低，分子活动性过小，以致偶极子的转动取向完全跟不上电场变化时，ε' 和 ε'' 都很小。升高温度，使偶极子的取向加速，但又不完全能跟上电场的变化，即发生滞后于电场变化的偶极取向的松弛过程，这时 ε' 和 ε'' 都增大。进一步升高温度，一些偶极子的取向完全跟得上电场的变化，即这些偶极子的取向为平衡过程，不滞后于电场，不发生松弛，这时 ε'' 又变得很小。介电常数通过一个峰值后缓慢地随温度升高而下降，这是因为分子热运动加剧使偶极子在电场中的取向程度降低。在高聚物介电常数随温度的变化中还反映了高聚物密度随温度的变化。因为随温度升高，单位体积的分子数减少（密度降低），极化度 P 和介电常数也随之降低。当测试电场频率增高时，介电常数和损耗因子的峰温移向高温。

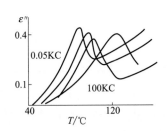

图 9-16　ε' 和 ε'' 随电场交变频率的变化　图 9-17　聚乙烯醇缩丁醛的介电常数和损耗因子的温度依赖性

上述影响主要是对极性高聚物的取向极化而言的。对非极性高聚物，由于温度对电子极化及原子极化的影响不大，因此介电常数随温度的变化可以忽略不计。

由介电松弛谱图可测出各运动单元的活化能。已知偶极子在电场中取向，必须具有足够的能量以克服位垒，这种速度过程也服从阿伦尼乌斯方程：

$$\tau = A\exp\left(\frac{\Delta H}{RT}\right) \quad 或 \quad \ln\tau = \ln A + \frac{\Delta H}{RT} \tag{9-43}$$

在介电松弛谱图上，ε'' 出现最大值的条件为 $\omega\tau = 1$，由此可得 $\dfrac{1}{\tau} = 2\pi f_{\max}$（$f$ 为交变电场频率），代入式（9-43）后，由各个损耗峰对应的 $f_{\max}$ 和 $T_{\max}$，以 $\ln f_{\max}$ 对 $\dfrac{1}{T_{\max}}$ 作图，

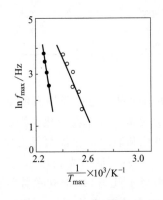

可得一直线，其斜率为 $-\dfrac{\Delta H}{R}$，由此可求得偶极取向的活化能（图 9-18）。表 9-6 列出一些高聚物的 α 和 β 松弛的活化能 ΔH_α 和 ΔH_β。

图 9-18　$\ln f_{\max}$-$\dfrac{1}{T_{\max}}$ 的关系曲线

●—聚丙烯酸甲酯；○—聚丙烯酸乙酯

表 9-6　一些高聚物的 ΔH_α 和 ΔH_β

单位：J/mol

高聚物	ΔH_α	ΔH_β
聚丙烯酸甲酯	238	63
聚甲基丙烯酸甲酯	460	84
聚氯代丙烯酸甲酯	544	109
聚乙酸乙烯酯	272	42
聚氯乙烯	423	63

（4）增塑剂

加入增塑剂可以降低高聚物的黏度，促进偶极子的取向，实际上起着与升温相同的效果。因此，加入增塑剂使高聚物的介电损耗峰移向低温（频率一定时）或移向高频（温度一定时）。

图 9-19 为不同增塑剂（二苯酚）含量的聚氯乙烯的介电温度谱。由图可见，当同一 ε'

和 ε'' 值比较时，增塑剂含量的增加相当于温度升高。

在高聚物中加入极性增塑剂，不但使损耗峰移向低温，而且由于引入了新的偶极损耗而使介电损耗增加。例如在聚苯乙烯中加入增塑剂苯甲酸甲酯，使常温下的 $\tan\delta$ 值增加约 10 倍。

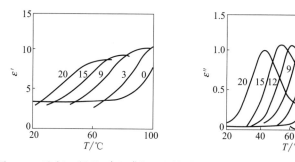

图 9-19　聚氯乙烯的 ε' 和 ε'' 的温度依赖性（曲线上的数字为增塑剂含量）

（5）杂质

杂质对高聚物的介电性能影响很大。导电杂质和极性杂质（特别是水）会大大增加高聚物的电导电流和极化度，从而使介电性能严重恶化（图 9-20）。对于非极性高聚物来说，杂质是引起介电损耗的主要原因。用金属有机催化剂合成的高聚物，必须经过特别的纯化后才能使用，因为即使是微量的催化剂也会对介电损耗带来严重的影响。

高聚物驻极体和热释电流法

图 9-20　聚砜的介电损耗（a）及酚醛-纤维素层压板中界面损耗
（b）与含水量的关系

极性高聚物由于吸水而对介电性能产生重大影响是常常碰到的问题。一般来说，水在低频下会产生离子电导引起介电损耗；在微波频率范围内，会发生偶极松弛，出现损耗峰；在水-高聚物界面，还会发生界面极化，结果在低频下出现损耗峰。因此，易于吸水的极性高聚物，其应用受到限制。例如，聚乙酸乙烯酯和聚氯乙烯在干燥状态下介电性能接近，但由于前者暴露在潮湿空气中时介电损耗增大，以致不像后者那样广泛地应用于电气工业。也有一些塑料的介电性能受到潮湿环境的影响极小。如聚碳酸酯浸入水中数小时后，其介电性能变化很小。聚碳酸酯的介电常数对温度的依赖性也较小，因而可用作印刷线路板和电容器薄膜等。

总之，介电测量在研究高聚物松弛方面有很多应用。

① 利用介电法可得到介电常数 ε' 和介电损耗 ε'' 的温度谱（频率恒定）或频率谱（温度

恒定），从而来表征某种高聚物的极大损耗峰温度和极大损耗峰频率。因此，可以算出各种转变（α、β、γ峰）的活化能，从而可以和分子运动联系起来。

② 将介电测量方法得到的结果与力学方法、膨胀计法、热学方法（如 DSC）、核磁共振（NMR）等方法联合起来，达到互相验证和补充的目的。

③ 利用介电松弛方法研究共聚物、共混物和接枝高聚物。如果两种高聚物机械混合，二者又不相容，则分别出现这两种高聚物的内耗峰。如果是共聚物，则反映在介电谱上有一个新的内耗峰，且处于两种均聚物的转变之间，同时随着两种单体浓度而改变。对于接枝高聚物，如果主链是非极性的，接上去的支链是极性的，则在链段运动时，接枝产物就有内耗峰；如果主链是极性的，接上去的支链是非极性的，这时大分子运动才能产生内耗峰。

④ 利用介电松弛方法研究不同空间立构（不同取代基或取代基位置不同）的高聚物。

⑤ 研究热处理对介电松弛的影响，因为同一种试样由于热历史不同表现在介电谱上也不同。

⑥ 研究拉伸和取向对介电谱的影响。拉伸方向不同，介电转变也不同。

⑦ 研究增塑作用，像聚甲基丙烯酸甲酯和聚氯乙烯这样的高聚物，用不同的增塑剂增塑和增塑剂含量不同，反映在介电谱上是有差异的。

⑧ 利用介电方法研究动态过程的行为，如聚合、分解、老化、辐射、交联、固化等过程，也可以研究老化、辐射、交联等前后介电谱的变化等。

9.2 高聚物的导电性

一般来说，高聚物是绝缘的，这是由于共价键连接的高分子链没有能自由运动的电子（载流子），而且靠范德华力堆砌的高聚物分子之间距离大，电子云交叠差，载流子的移动极为困难。理论计算表明，纯净高聚物的电导率仅为 $10^{-25}\,S/cm$。实际高聚物绝缘体之所以没有达到这样低的电导率，是因为高聚物本体中杂质的影响。这些杂质包括少量没有反应的单体、残留的引发剂、各种助剂，乃至吸附的微量水汽，它们可以使高聚物的电导率提高好几个数量级，也就是说，一般高聚物的载流子主要来自外部杂质，其中无机杂质比有机杂质影响更大。

近年来，随着对高聚物导电性的研究，发现高聚物在一些特定结构形式下也具有导电性，其电导率甚至可以达到半导体的级别。如一些高聚物电解质，其解离出来的离子可使高聚物具有导电性。除此之外，研究还发现若高分子链上的电子云有一定程度交叠，可在相邻碳原子之间运动，则可使高聚物具有导电性，如聚乙炔、聚苯、聚苯胺等。此外，在电子给体与电子受体间形成电荷转移络合物，也可具有导电性，如由电子给体四硫富瓦烯（TTF）和电子受体四氰基对二次甲基苯醌（TCNQ）形成的电荷转移络合物。

9.2.1 高聚物的电阻率和电导率

9.2.1.1 高聚物导电性的表征

大多数高聚物都是电绝缘体，其电绝缘性常用电阻率 ρ 或电导率 σ 表示。微观上，物质的电导是载流子在电场作用下在物质内部的定向迁移。载流子可以是电子、空穴，也可以是离子等。

设 dQ 为时间 dt 内经过面积 S 的电荷量，那么传导电流为：

$$I = \frac{\mathrm{d}Q}{\mathrm{d}t} = nqv_0 S \tag{9-44}$$

式中，n 是单位体积（$1\mathrm{cm}^3$）内载流子的数目；q 是每个载流子所带电荷；v_0 是载流子的迁移速度。假定在所加电场下载流子迁移速度正比于所加电场 E，即 $v_0 = \mu E$，则：

$$I = nq\mu ES \tag{9-45}$$

式中，μ 是载流子的迁移率 $[\mathrm{cm}^2/(\mathrm{V \cdot s})]$，是电位梯度 E 等于 1 个单位（$1\mathrm{V/cm}$）时的载流子迁移速度。电导率定义为：

$$\sigma = \frac{Id}{VS} \tag{9-46}$$

式中，d 是样品的厚度；V 为施加的电压。当介质放入均匀电场时，即 $E = \dfrac{V}{d}$，因此：

$$\sigma = nq\mu \tag{9-47}$$

式中包含了两个重要参数，即单位体积中载流子数目 n 和载流子的迁移率 μ，介质的电导性能即取决于这两个参数。表 9-7 列举了一些高聚物的载流子及迁移率。

表 9-7　一些高聚物的载流子及迁移率

高聚物	载流子[①]	温度/K	迁移率/$[\mathrm{cm}^2/(\mathrm{V \cdot s})]$
聚对苯二甲酸乙二醇酯	N	293	1×10^{-10}
	P	295	1×10^{-4}
聚乙烯	N	340	1×10^{-11}
	P	368	9×10^{-10}
聚乙烯咔唑	P		1×10^{-6}
聚乙烯咔唑＋$(\mathrm{TNF})_{0.2}$	N		2×10^{-8}
聚苯乙烯	N		1.4×10^{-4}
	P		1.3×10^{-6}
聚氯乙烯	N		7×10^{-4}
聚甲基丙烯酸甲酯			2.5×10^{-11}

① N—电子；P—空穴。
注：TNF 指三硝基芴酮。

高聚物中载流子的浓度和迁移率均随温度的升高按指数规律增加，因此高聚物的电导率与热力学温度的关系可用下式表示：

$$\sigma = \sigma_0 \mathrm{e}^{\frac{-E_c}{RT}} \tag{9-48}$$

式中，σ_0 为常数；E_c 为电导活化能。所以电导过程可以看作一个热活化过程。它表明随温度的升高，高聚物的电导率升高，导电性提高。

9.2.1.2　绝缘电阻率

迄今为止，作为绝缘体的高聚物仍是研究的重点。在工业上，常用电阻率来表示高聚物绝缘性的大小，它是电导率的倒数。根据欧姆定律，式（9-46）可写成：

$$\sigma = \frac{1}{R} \times \frac{d}{S} \tag{9-49}$$

式中，R 为试样的电阻。电阻率为：

$$\rho = \frac{1}{\sigma} = R\frac{S}{d} \tag{9-50}$$

电阻率分为体积电阻率和表面电阻率。把试样置于电极间，外加直流电压 V，测得流经试样体积内的电流 I_V，试样的体积电阻为 R_V：

$$R_V = \frac{V}{I_V}$$

则试样的体积电阻率为：

$$\rho_V = R_V \frac{S}{d_V} \tag{9-51}$$

式（9-50）中的 S 表示测量电极的面积；d 仍为试样的厚度。如果在试样的一个面上放置两个电极。施加直流电压 V，测得沿两电极间试样表面层上流过的电流 I_S，则可得到试样的表面电阻为：

$$R_S = \frac{V}{I_S} \tag{9-52}$$

表面电阻的测试可采用平面电极或环电极，对平面电极，表面电阻率 ρ_S 为：

$$\rho_S = R_S \frac{L}{b} \tag{9-53}$$

对环电极，表面电阻率为：

$$\rho_S = R_S \frac{2\pi}{\ln \dfrac{D_2}{D_1}} \tag{9-54}$$

电阻率的测试方法

式中，L 是平行电极的长度，cm；b 是平行电极间的距离，cm；D_2 是环电极的内径，cm；D_1 是环电极的外径，cm。

电阻在千欧到兆欧的试样的电阻率或电导率，采用简单的二探针法就可以保证测量的精度，但对于高电导率的试样，如导电高聚物，探针与试样之间的接触电阻相对较大，这时应采用四探针法以消除接触电阻。

9.2.1.3 高聚物电绝缘性的基本特点

高聚物电绝缘体的体积电阻率约在 $10^8 \sim 10^{18}\ \Omega \cdot m$ 之间。在直流电场下流经高聚物电绝缘体的电流一般有三种。一种是瞬时充电电流，它是在加上电场后瞬时的、由电子和原子极化引起的电流；第二种称为吸收电流，它随电场作用时间的增加而减少，存在时间大约几秒到几十分钟，可能是由偶极取向极化、界面极化、空间电荷极化等引起的；第三种称为漏导电流，是通过高聚物的恒稳电流，其特点是不随时间而变化。如果经过 t_1 时间充电后，两电极间短路放电时，可观察到三种电流的变化规律（图 9-21）。

高聚物的电导性能只取决于漏导电流，因此在测量高聚物的电导率或电阻率时，必须除去吸收电流。工业上规定测定电流时，读取 1min 时的数值。

一般认为，高聚物绝缘体中的载流子来源于外部的杂质，因此其电导是离子型的。在一些特殊情况下，某些外部因素也能引起高聚物非离子型的电导。例如，当测定电压较高时，从电极中

图 9-21　在直流电场下流经高聚物
电绝缘体的电流

I_d—瞬时充电电流；I_a—吸收电流；I_b—漏导电流；
I_d'—瞬时放电电流；I_a'—瞬时吸收电流

可以发射出电子注入高聚物中而成为载流子。

杂质对电导率的影响很大，纯化后的高聚物电阻率呈现数量级的增大。无机杂质比有机杂质的影响更大，其中尤以水的影响最甚。非极性高聚物如聚乙烯表面不被水分润湿，因此不能形成连续的湿膜。极性高聚物如聚乙烯醇是亲水介质，在潮湿空气中，表面会出现很薄的吸附水膜，这时表面电阻率急剧降低，甚至周围湿度下降时，仍然保持很高的数值。多孔性材料的吸水性很强，泡沫塑料、酚醛层压板等均属这类情况。复合材料的电阻率与填料的特性有很大关系，在大多数情况下取决于填料的亲水程度。例如，以橡胶填充的聚苯乙烯，在水中浸渍前后电导率相差两个数量级，而用木屑填充的聚苯乙烯在同样情况下电阻率猛降八个数量级。因此当我们选用高聚物电绝缘材料时，不仅要测定它们的介电性能，还必须考虑电阻率受湿度的影响。这点在选用航空电气材料时尤为重要。例如飞机从低温高空突然飞入高湿度的气流时，如果电信绝缘材料的吸湿性较大，则可因表面电阻率的猛降而使通信设备一时失效。

高聚物的电绝缘性也与分子结构有关。一般极性高聚物的绝缘性比非极性差，这可能是因为前者的介电常数较高，使杂质离子间的库仑引力降低，从而促进了杂质的离解。

电导活化能随高聚物交联度的增加而增加，结晶也有同样的影响。因此，交联和结晶使电阻率升高。例如聚三氟氯乙烯的结晶度从 10% 增至 50% 时，电阻率增高 $10\sim1000$ 倍。这和高聚物的导电机理有关。高聚物主要是离子型电导，交联和结晶使高聚物的自由体积减小，从而使离子迁移率减小，电阻率升高。

9.2.1.4 导电高聚物

导电高聚物是由具有共轭 π 键的高聚物经化学或电化学"掺杂"使其由绝缘体转变为导体的一类高聚物材料，如聚乙炔、聚对苯硫醚、聚联苯、聚苯胺、聚吡咯、聚噻吩及 TC-NQ 电荷转移络合高聚物等。它们不同于由金属或碳粉与高聚物共混而制成的复合型导电塑料，在其自身的化学结构中即带入载流子。导电高聚物不仅具有由于掺杂而带来的金属特性（高电导率）和半导体（p 和 n 型）特性，还具有高聚物结构的可分子设计性、可加工性和密度小等特点。

导电高聚物在能源、光电子器件、信息、传感器、分子导线和分子器件、电磁屏蔽、金属防腐、隐身技术等方面有着广泛、诱人的应用前景。由它们制作的大功率高聚物蓄电池、高能量密度电容器、微波吸收材料、电致变色材料，都已获得成功。

导电高聚物主要有三类，即具有共轭结构的高聚物、高分子电荷转移络合物以及有机金属高聚物，此外某些聚合物电解质也可以具有导电性。

（1）具有共轭结构的高聚物

由共轭分子聚合而成的共轭高聚物具有半导性甚至导电性。典型的共轭型导电高分子如表 9-8 所示。

表 9-8　典型的共轭型导电高分子

导电高聚物（合成年份）	结构式	室温电导率/(S/cm)
反式聚乙炔 PA(1977)		10^4
聚吡咯 PPy(1978)		10^3

导电高聚物（合成年份）	结构式	室温电导率/(S/cm)
聚噻吩 PTh(1981)		10^3
聚对苯 PPP(1979)		10^3
聚苯乙炔 PPV(1979)		10^3
聚苯胺 PANi(1980)		10^2

例如聚炔类的聚乙炔和聚苯乙炔，它们的电子云在高分子内交叠，只是由于分子量不高，而且共轭不完善，它们才是半导体。但是最近发现聚氮化硫 $(SN)_n$ 单晶在分子链方向具有金属电导性能，室温时 $\sigma = 2 \times 10^3 S/m$，可能的结构是

$$-\overset{+}{\underset{..}{S}}-\overset{..}{\underset{..}{N}}=\overset{..}{\underset{..}{S}}-N-\overset{+}{\underset{..}{S}}-\overset{..}{\underset{..}{N}}=\overset{..}{\underset{..}{S}}-N=$$

此外，碳化高聚物如经拉伸的聚丙烯腈纤维经高温碳化后实际上形成了人造石墨（图9-22），在石墨纤维轴方向呈现金属导电性 $\sigma = 10^{10} S/m$。

图 9-22 由聚丙烯腈碳化制备石墨纤维

（2）电荷转移络合物和自由基-离子化合物

电荷转移络合物和自由基-离子化合物是另一类导电性有机化合物。它是由电子给予体和电子接受体之间电子部分或完全转移而形成的：

$$D + A \longrightarrow D^{\delta+} A^{\delta-} \qquad 电荷转移络合物$$
$$D + A \longrightarrow D^+ A^{\cdot -} \qquad 自由基-离子化合物$$

电荷转移量 δ 主要取决于给体（D）的电离位 I_D 和受体（A）的电子亲和力。D 的最高占有轨道愈高，A 的最低空轨道愈低，分子间的电荷传递愈易进行。实际电荷转移络合物总是由电离位小的 D 分子和亲和力大的 A 分子组成。电荷转移可发生在 D 和 A 分子之间，也可发生在它们的激发态之间。

已报道的电荷转移络合物多半由给体型高聚物 D 与 A 组成，形成脆性的固体，其电导性能是通过电子给予体与电子接受体之间的电荷转移而传递电子形成的，因而电导率具有明显的各向异性，其中沿交替堆砌的方向最高。为了将这种高导电性与柔性长链高聚物的韧性和可加工性结合起来，有人把电子给予体结构作为侧基接到高分子主链上，然后加入电子接受体化合物，以形成高聚物的电荷转移络合物。

例如选择聚亚乙基亚胺为主链，电子给予体单元是甲巯基苯氧基，以 2,4,5,7-四硝基-9-芴酮作为电子接受体，则得到的高聚物络合物的电导率为 10^{-9} S/m（图 9-23）。当采用聚 2-乙烯吡啶或聚乙烯咔唑作为高分子电子给予体，碘作为电子接受体制备的聚 2-乙烯吡啶-碘的电导率约为 10^{-1} S/m，它已在高效率固体电池 Li-I$_2$ 原电池中得到了实际应用。

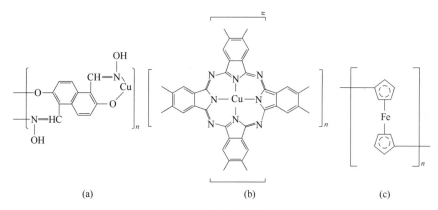

图 9-23 以聚亚乙基亚胺为主链的高聚物电荷转移络合物

（3）金属有机高聚物

将金属元素引入高聚物主链即得到金属有机高聚物。由于有机金属基团的存在，高聚物的电子电导增加。其原因是金属原子的 d 电子轨道可以和有机结构的 π 电子轨道交叠，从而延伸分子内的电子通道，同时由于 d 电子轨道比较弥散，它甚至可以增加分子间的轨道交叠，在结晶的近邻层片间架桥。这类高聚物可分为主链型高分子金属络合物、金属酞菁高聚物和二茂铁型金属有机高聚物。如 1,5-二甲酰 2,6-二羟基萘二肟的二价铜的络合物 [图 9-24 (a)]，其电导率达 $10^{-3} \sim 10^{-2}$ S/m。聚酞菁铜 [图 9-24 (b)]，具有二维电子通道的平面结构，电导率高达 5S/m。当有机金属高聚物中的过渡金属原子存在混合氧化态时，可以提供一种新的、与有机骨架无关的导电途径，电子直接在不同氧化态的金属原子间传递，就像在自由基-离子化合物中，电子直接在自由基-离子的不同氧化态之间传递一样，因为电子传递完全不需要有机骨架参与，所以即使有机骨架是非共轭的也没有关系。聚二茂铁（或含二茂铁的高聚物）[图 9-24 (c)]，原为电绝缘体，当加入 TCNQ 等电子受体使其中部分二价铁被氧化成三价铁时，形成混合价态，电导率提高到 10^{-4} S/m。

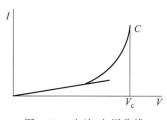

（注：此图为图 9-24 金属有机高聚物结构式中 (a) (b) (c) 三部分，此处仅裁剪了其中一部分）

图 9-24 金属有机高聚物结构式

9.2.2 高聚物的介电击穿

前面讨论的都是高聚物在弱电场中的行为。在弱电场中，高聚物电绝缘体的电流-电压关系服从欧姆定律。但在强电场（$10^5 \sim 10^6$ V/cm）中，随着电压的升高，电流-电压关系不再服从欧姆定律，电流比电压增大得更快。当电压升至某临界值时，高聚物中形成了局部电导，从而使它丧失了电绝缘性能，这种现象称为介电击穿（图 9-25）。

图 9-25 电流-电压曲线

击穿时，材料的化学结构遭到破坏（通常是焦化、烧毁）。导致材料击穿的电压（图 9-25 中的 C 点）称为击穿电压，它表示一定厚度的试样所能承受的极限电压。在均匀电场中，试样的击穿电压随厚度的增加而增加。因此通常用击穿电压 V_c 与试样厚度 d 之比，即电击穿强度 E（或介电强度）来表示高聚物电绝缘体的耐电压指标

$$E = \frac{V_c}{d} \tag{9-55}$$

电击穿试验是一种破坏性试验，一般常用非破坏性的耐压试验来代替电击穿试验。耐压试验是在试样上施加额定电压经规定时间后观察试样是否被电击穿的一种试验，如果试样未被电击穿即为合格产品。

电击穿强度是绝缘材料的重要指标，但不是高聚物电绝缘体的特征物理量。因为这些指标受高聚物材料的缺陷、杂质、成型加工历史、试样的几何形状、环境条件、测试条件等因素的影响。实际上它只是一定条件下的测定值，仅作为材料耐电压的相对比较。

电击穿的机理可以是多种多样的，有电击穿、电机械击穿、热击穿、化学击穿，等等。

① 电击穿。在高聚物中总有载流子存在，在弱电场中，载流子从电场中获得的能量在与周围分子的碰撞中大部分消耗了。但当电场强度达到某一临界值时，载流子从外部电场获得的能量大大超过它们与周围碰撞所损失的能量，因此载流子能使被撞击的高分子链发生电离，产生新的电子或离子。这些新生的载流子又再撞击高分子而产生更多的载流子，如此继续就会发生所谓的"雪崩"现象，以致电流急剧上升，最后达到电击穿破坏。

② 电机械击穿。如果高聚物材料在低于电击穿所需的电场强度下就发生变形，那么击穿强度主要取决于电机械压缩，即当电压升高时材料的厚度因电应力的机械压缩作用而减小。一般把电击穿和电机械击穿统称为内部击穿。

③ 热击穿。在强电场作用下，高聚物因介质损耗而发热。当高聚物材料传导热量的速度不足以及时将介质损耗热散发出去时，材料内部温度就会逐渐升高。随着温度的升高，电导率增加，介质损耗又进一步增加。如此循环的结果会导致高聚物氧化、熔化和焦化，以致击穿。显然，热击穿一般都发生在试样散热最不好的地方。

④ 化学击穿。化学击穿是高聚物电绝缘体在高压下长期工作后出现的。高电压能在高聚物表面或缺陷、小孔处引起局部的空气碰撞电离，从而生成 O_3 或 NO_2 等氧化物，这些化合物都能使高聚物老化，引起电导的增加直至发生击穿。

高聚物电绝缘体的实际击穿，通常不只是一种机理，可能是多种机理的综合结果。

由于高聚物的介电击穿是一个很复杂的过程，还存在着许多未知因素，因此有关介电击穿与高聚物结构的关系至今还知之甚少。图 9-26 为一些线型高聚物的电击穿强度对温度的依赖关系。一般来说，当温度低于 T_g 时，电击穿强度随温度的升高下降较少，而且介电击穿机理主要是电击穿。当温度高于 T_g 时，电击穿强度随温度的升高迅速下降，原因在于除了电击穿外，还存在热击穿、电机械击穿等"二次"击穿。

在高聚物结构因素中，以极性对电击穿强度的影响较为显著。一般的结论是，当温度低于 T_g 时，高聚物的极性增加，击穿强度提高。总的来说，高聚物电击穿强度的最高值在 20℃ 时为 $100 \sim 900 MV/m$，有的极性高聚物的击穿强度值甚至可超过 $1000 MV/m$。例如，在

图 9-26　高聚物的电击穿强度-温度曲线
1—聚甲基丙烯酸甲酯；2—聚乙烯醇；
3—氯化聚乙烯；4—聚苯乙烯；
5—聚乙烯；6—聚异丁烯

195℃，聚乙烯的击穿强度为 680MV/m，聚甲基丙烯酸甲酯的击穿强度为 1340MV/m。极性基团对击穿强度的正效应可解释为在高电场作用下加速电子被偶极子散射，从而降低了电击穿的概率。一些高聚物的击穿强度列于表 9-9 中，可以看出，对同一种高聚物，薄膜试样比块状厚试样的击穿强度高很多。

表 9-9　某些高聚物的击穿强度工程数据

高聚物	$E_b/(MV/m)$	高聚物	$E_b/(MV/m)$
聚乙烯	18~28	环氧树脂	16~20
聚丙烯	20~26	聚乙烯薄膜	40~60
聚甲基丙烯酸甲酯	18~22	聚丙烯薄膜	100~140
聚氯乙烯	14~20	聚苯乙烯薄膜	50~60
聚苯醚	16~20	聚酯薄膜	100~130
聚砜	17~22	聚酰亚胺薄膜	80~110
酚醛树脂	12~16	芳香聚酰胺薄膜	70~90

高聚物的分子量、交联度、结晶度的增加也可增加击穿电压，特别是在高温区（高于 T_g）的击穿强度，这是因为上述结构因素能提高高聚物的热击穿能力。

9.3　高聚物的静电作用

（1）静电的产生和起电机理

当高聚物之间或高聚物与其它物体接触或摩擦后，高聚物表面会产生静电现象。高聚物及其制品的静电现象通常在它们生产和加工时已形成。一般来说，静电现象对高聚物加工和制品的使用是个不利因素，因此，工业上迫切要求解决这个问题。

根据目前的认识，任何两个固体，不论其化学组成是否相同，只要它们的物理状态不同，其内部结构中电荷载体能量的分布也不同。当这两种固体接触时，在固-固表面就会发生电荷再分配。在它们重新分离之后，每一个固体都将带有比接触前过量的正（或负）电荷，这种现象称为静电现象。

高聚物电绝缘体与金属接触而从金属获得的电荷密度已被测量出，其值在 10^{-5} ～ $10^{-3}C/m^2$。电荷密度为 $10^{-4}C/m^2$ 相当于每 10^4 个表面原子有一个电荷单元，即接触起电的绝对值是极小的。如果气体放电的电场强度按 4.0MV/m 推算，这相当于表面电荷密度为 $3.6×10^{-5}C/m^2$，如此小的电荷密度却能产生足够强的电场将周围的空气击穿，从而产生火花。因此，高聚物的静电效应是极其显著的。

目前，对接触起电的机理已进行了许多研究。通常认为，在接触时电荷从一个物体转移到另一物体可以有三种方式，即电子转移、离子转移和带有电荷的材料的转移（例如高聚物和金属摩擦时，金属转移到高聚物或高聚物转移到金属都可能发生）。许多试验研究表明，电荷转移往往源于电子的转移。正因为如此，两种物质的接触起电与它们的功函数有关。所谓功函数（或称为逸出功），就是电子克服核的吸引从物质表面逸出所需的最小能量。不同的物质具有不同的功函数。当两种功函数不同的金属接触时，在界面上将产生电场，其接触电位差与一对金属的功函数之差成正比。在这种电场作用下，电荷将从功函数小的金属向功函数大的金属转移，直到接触界面上形成的双电层产生的反电位差与接触电位差相抵消为止。结果功函数高的金属带负电，功函数低的金属带正电，接触界面上电荷转移量 Q 与材料的功函数差 $(\varphi_1-\varphi_2)$ 和接触面积 S 成正比。在热力学平衡状态下：

$$Q=\alpha S(\varphi_1-\varphi_2) \tag{9-56}$$

式中，α 是一系数。对大多数材料，上式是适用的。

当高聚物与金属接触时，界面上也发生类似的电荷转移，而且多数情况下电子是由金属转移到高聚物。

两种高聚物接触时的起电原理与金属相似，即功函数高的带负电，功函数低的带正电。表 9-10 列出了一些高聚物的功函数。摩擦起电的情况要比接触起电复杂得多，其机理尚不完全了解。对尼龙-66 与不同金属在室温氮气流中摩擦起电的实验结果表明，对功函数大的金属，尼龙-66 带正电；对功函数低的金属，尼龙-66 带负电。即金属与高聚物的摩擦起电，基本上由它们的功函数大小所决定。在高聚物与高聚物摩擦时，所带电荷的正负取决于材料的介电常数。一般认为，介电常数大的高聚物带正电，介电常数小的带负电。

表 9-11 列出了高聚物的起电顺序。任何两种高聚物摩擦时，排在前面的高聚物带正电，后面的带负电。将表 9-10 和表 9-11 比较可看出，高聚物的摩擦起电顺序与其功函数顺序基本一致。

表 9-10　高聚物的功函数

高聚物	功函数/eV	高聚物	功函数/eV
聚四氟乙烯	5.75	聚乙烯	4.90
聚三氟氯乙烯	5.30	聚碳酸酯	4.80
氯化聚乙烯	5.14	聚甲基丙烯酸甲酯	4.68
聚氯乙烯	5.13	聚乙酸乙烯酯	4.38
氯化聚醚	5.11	聚异丁烯	4.30
聚砜	4.95	尼龙-66	4.30
聚苯乙烯	4.90	聚氧化乙烯	3.95

表 9-11　高聚物的起电顺序

聚氨酯　尼龙-66　羊毛　蚕丝　黏纤　皮肤　纤维素（棉）　乙酸纤维素　聚甲基丙烯酸甲酯　聚乙烯醇缩甲醛　聚对苯二甲酸乙二醇酯　聚丙烯腈　聚氯乙烯　聚碳酸酯　聚氯醚　聚偏三氯乙烯　聚苯醚　聚苯乙烯　聚丙烯　聚四氟乙烯

摩擦起电只是导致高聚物电荷积累的一个方面。在摩擦过程中高聚物不断起电，又不断泄漏，因此电荷的积累是这两个过程的动态平衡。如果电荷只靠材料体内泄漏来消除，则相当于电阻电容放电，电荷按指数规律衰减，即：

$$Q=Q_0 e^{-\frac{t}{\tau}} \tag{9-57}$$

式中，Q_0 为起始电量；t 为时间；τ 为放电时间常数，它与材料的介电常数和电阻率成正比。

由于高聚物大多数是绝缘体，放电时间很长，电荷衰减很慢。例如，聚乙烯、聚四氟乙烯、聚苯乙烯、有机玻璃等的静电可保持几个月。所以摩擦起电后静电来不及泄漏而保持下来。由于高聚物电荷衰减很慢，通常用起始静电量衰减至一半，即 $Q = \frac{1}{2}Q_0$ 时所需的时间来表示高聚物泄漏电荷的能力，称为高聚物的静电半衰期，表 9-12 列出了某些高聚物的静电半衰期。

表 9-12　高聚物的静电半衰期

高聚物	半衰期/s	
	正电荷	负电荷
聚乙烯基咔唑	0.18	0.24
赛璐珞	0.30	0.30
聚 N,N-二甲基丙烯酰胺	0.66	0.48
聚丙烯酸	1.5	0.96
羊毛	2.5	1.55
棉花	3.6	4.80
聚 N-乙烯基吡咯烷酮	41.0	15.8
聚丙烯腈	667	687
尼龙-66	936	720

（2）静电的危害和消除

一般来说，静电作用对高聚物的加工和使用是有害的，其危害性通过三种方式表现出来。

① 吸引力和斥力。静电的吸引力和斥力给一些工艺过程带来困难，这在合成纤维和电影胶片工业中表现尤为突出。另外，在静电的吸引力作用下，高聚物表面吸附灰尘和水汽，从而大大降低制品质量。

② 触电。在一般情况下，静电不致对人身造成直接的伤害，但经常会给生产操作带来困难。例如，在生产电影胶片时，产生的静电压有时可高达几千伏，使人经常触电，在塑料制品使用时，也会发生触电现象。

③ 放电。静电所引起的放电包括火花放电和电晕放电。放电对产品、人身或设备的安全具有更大的威胁，特别是当现场有易燃易爆物时，放电可引起燃烧和爆炸。

从静电作用的危害性可见，消除静电的确是高聚物加工和使用中的实际问题。

从静电积聚过程可知，消除和减少静电可以从两方面着手，一是尽量控制电荷的产生，二是使产生的电荷尽快地泄漏。一般来说，控制电荷的产生较为困难，因此主要靠提高材料的表面电导率来消除静电。

一般认为，当高聚物的表面电阻率 $\rho_S < 10^{10} \Omega$ 时，静电电荷会较快地泄漏，从而消除静电作用。消除高聚物静电的方法基本有两种：一种是加入导电性填料（例如金属细屑、炭黑和碳纤维等），从而达到所需的电导率；另一种是加入抗静电剂使高聚物表面活化，提高表面电导率。抗静电剂主要是一些表面活性剂，它们的分子结构为 R—Y—X，其中 R 为亲油基，X 为亲水基，Y 为连接基。典型的亲油基为 C_{12} 以上的烷基，典型的亲水基有羟基、羧基、磺酸基和醚基等。根据抗静电剂分子中的亲水基能否电离，抗静电剂分为离子型和非离子型两类，离子型还可进一步分为阳离子型、阴离子型和两性离子型。由于离子型抗静电剂可以直接利用本身的离子导电性泄漏电荷，所以目前用得最多。例如阳离子型抗静电剂硬脂酰

胺丙基 β-羟乙基-二甲基硝酸胺 （$C_{17}H_{35}CONHCH_2CH_2CH_2N(CH_3)_2CH_2CH_2OHNO_3$）可广泛用于聚乙烯、聚丙烯、聚苯乙烯、聚氯乙烯、ABS、聚碳酸酯等高聚物，其使用方法既可配成溶液或乳液（一般浓度为 $0.5\%\sim2.0\%$）直接涂布于塑料制品表面，也可在高聚物加工过程中通过混炼方法添加到高聚物中。目前抗静电剂种类很多，每种抗静电剂只适用于某些高聚物。有关选择抗静电剂的理论尚未建立，一般由实验确定。

静电现象也有有利的一面，如静电现象可应用于高聚物的静电喷涂、静电印刷、静电分离和混合等。

解答提示

习题与思考题

1. 说明下列概念。

介电常数、介电损耗、体积电阻率、表面电阻率、电击穿强度、电导率。

2. 高分子在电场中的极化有哪几种形式？各有什么特点？

3. 试讨论影响高聚物介电常数和介电损耗的因素。

4. 为什么说高聚物的介电松弛和力学松弛本质上是相同的？

5. 从下表的数据比较 PE 和 PVC 在导电性和介电性上的优缺点，并从高聚物的结构分析其原因。

品种	E_b/(kV/mm)	$\rho_V/\Omega\cdot cm$	$\tan\delta(\omega=10Hz)$	$\varepsilon(\omega=10^5Hz)$
PE	40~50	$>10^{14}$	$(3\sim5)\times10^{-4}$	2.3~2.5
PVC	15~20	$10^{12}\sim10^{13}$	$(4\sim8)\times10^{-3}$	3.2~3.6

6. 将非晶态极性聚合物的介电系数和介电损耗的变化值对外电场的频率作图，在图上标出 ε_0、ε_∞ 以及临界频率 ω_{max}，并说明这些曲线的意义；将这些曲线与介电常数和介电损耗对温度的关系曲线进行比较。

7. 根据下图说明这几种高聚物的介电损耗 $\tan\delta$ 与温度的关系。

(a)

(b)

第10章　高分子溶液

大多数线型或支链高聚物均可自发地溶于适当溶剂中，形成分子水平分散的高分子溶液，它处于热力学平衡状态，具有可逆性，服从相平衡规律，是能用热力学状态函数描述的真溶液。研究高分子溶液的性质，对于指导生产和发展高分子的基本理论都是有意义的。 🌸 本章重点

根据浓度，高分子溶液可以分为极浓溶液、浓溶液、亚浓溶液、稀溶液、极稀溶液，但它们之间没有明确的界限。通常把浓度超过 5％（质量分数）的高分子溶液称为浓溶液，把浓度低于 1％的溶液称为稀溶液。实际上判定一种高分子的溶液属于稀溶液还是浓溶液，是根据溶液性质而不是溶液浓度高低。稀溶液和浓溶液的本质区别在于稀溶液中单个大分子链线团是孤立存在的，相互之间没有交叠；而在浓溶液体系中，高分子链之间发生聚集和缠结。

在生产实践中常常要用浓溶液，例如纺丝液、油漆、涂料、胶黏剂、增塑塑料、制备复合材料用的树脂溶液等。这方面的研究着重于应用，如浓溶液的物理-力学性能、浓溶液的流变行为等。由于浓溶液的复杂性，至今还没有很成熟的理论来描述它们的性质。

与高分子浓溶液不同，高分子稀溶液已有广泛和深入的研究。在高分子科学研究中，经常应用的是稀溶液。高分子稀溶液可用来进行热力学性质的研究（如高分子-溶剂体系的混合熵、混合热、混合自由能等），动力学性质的研究（如高分子溶液的黏度、离心沉降等），高聚物分子量及其分布、高分子在溶液中的形态和尺寸的研究，高分子的相互作用（包括高分子链段与溶剂分子之间的相互作用）的研究。这些方面的研究都已取得了较大的成就，已经建立了描述稀溶液性质的定量和半定量关系式，同时也大大加强了对高分子结构以及结构与性能之间基本规律的认识。

10.1　高分子溶液概述

10.1.1　高聚物的溶解过程

所谓溶解，就是指溶质分子通过分子扩散与溶剂分子混合成为分子分散的均相体系。高聚物的溶解具有其特殊性，一是溶解过程比小分子缓慢，高分子的溶解相当费时，一般需要几小时、几天甚至几个星期；二是不论是非晶态高聚物还是晶态高聚物，其溶解都必须经历先溶胀后溶解的过程，如图 10-1 所示，即溶剂分子先渗透进入高聚物中，使高聚物体积膨胀，然后高分子才逐渐分散到溶剂中，直到完全溶解。

高聚物溶胀和溶解行为与其分子量很大有关。高分子与溶剂分子的尺寸相差悬殊，因此两者的分子运动速度存在着数量级的差别，溶剂分子首先渗入高聚物中，并与链段发生溶剂

化作用，高聚物溶胀。在高分子的溶剂化程度达到能摆脱高分子间相互作用之后，高分子才向溶剂中扩散，从而进入溶解阶段。在其它条件相似的情况下，高聚物的分子量越大，溶解过程越困难。

| 本体高聚物放入溶剂中 | 受溶剂作用，高分子链被拉开 | 高分子链分散在溶剂中 |

图 10-1　高聚物溶解过程的示意图

高聚物的溶胀和溶解行为与凝聚态结构也有关。非晶态高聚物分子的堆砌比较疏松，分子间的相互作用力较弱，溶剂分子比较容易渗入高聚物的内部使其溶胀和溶解。对于晶态高聚物，分子间的相互作用力很强，溶剂分子渗入高聚物内部非常困难。因此，晶态高聚物的溶解比非晶态高聚物难得多。对于非极性晶态高聚物，室温时几乎不溶解，只有当升高温度至熔点附近，使晶态转变为非晶态后，小分子溶剂才能渗入高聚物内部使高聚物逐渐溶解；而极性的晶态高聚物溶解相对容易，在室温下即可溶于强极性溶剂。例如，高密度聚乙烯的熔点是135℃，它在135℃才能很好地溶解在十氢萘中；聚酰胺在室温下可溶于甲苯酚、40%硫酸、苯酚-冰醋酸的混合溶剂。极性结晶高聚物的溶解与溶剂的溶剂化作用有关，如果溶剂与高聚物的相互作用不是很强时，要使高聚物溶解需要加热，例如聚酰胺在150℃左右才能溶于苯甲醇、苯胺。可见，无论非极性还是极性晶态高聚物，其溶解过程都要先使晶态熔融为非晶态后，才能经过溶胀而溶解。

具有网络结构的交联高聚物，因受交联的化学键束缚，只能达到溶胀平衡而不能溶解，故称为有限溶胀。平衡时高聚物的溶胀体积与网络结构的交联度有关。交联度愈大，溶胀体积愈小，因而可用溶胀度来测定交联度。

线型高聚物在不良溶剂中也能产生有限溶胀。例如，天然橡胶在甲醇中就能发生有限溶胀。这是因为高分子链不能被溶剂分子完全分离，而只能与溶剂部分互溶。然而当升高温度时，由于高分子热运动加剧，有限溶胀可转变为溶解。

可见，高聚物的溶解过程与高聚物自身的化学结构、分子形态、凝聚态结构、分子量以及外界条件（如溶解温度）等有关。

10.1.2　高聚物溶解的热力学解释

高分子溶液是热力学平衡体系，可用热力学方法来研究。溶解是溶质分子和溶剂分子相互混合的过程，在恒温恒压下，这种过程能自发进行的必要条件是混合自由能 $\Delta G_M < 0$，即：

$$\Delta G_M = \Delta H_M - T\Delta S_M < 0 \tag{10-1}$$

式中，T 是溶解温度；ΔS_M 和 ΔH_M 分别是混合熵和混合热。可以根据 ΔS_M 和 ΔH_M 来判断溶解能否进行。

由于在溶解过程中分子的排列趋于混乱，因此混合过程熵增大，即 $\Delta S_M > 0$。按式(10-1)，ΔG_M 的正负取决于 ΔH_M 的正负及大小。这里有三种情况。

① $\Delta H_M < 0$，即溶解时放热，使体系的自由能降低（$\Delta G_M < 0$），溶解能自动进行。通常极性高聚物在极性溶剂中属于这种情况。因为这种高分子与溶剂分子有强烈的作用，溶解

时放热。

② $\Delta H_M = 0$，由于 $\Delta S_M > 0$，故 $\Delta G_M < 0$，即溶解能自动进行。非极性的柔顺链高聚物溶解在其结构相似的溶剂（即其氢化单体）中属于这种情况。例如聚异丁烯溶于异庚烷中。

③ $\Delta H_M > 0$，即溶解时吸热。在这种情况下，只有当 $\Delta S_M > 0$，且 $T|\Delta S_M| > |\Delta H_M|$ 时，溶解才能自动进行（$\Delta G_M < 0$）。通常非极性柔性高聚物溶于非极性溶剂时吸热。由于柔性高聚物的混合熵很大，即使溶解时吸热也能满足 $T|\Delta S_M| > |\Delta H_M|$ 的条件，溶解仍能自发进行，如橡胶溶于苯的情况。显然，在这种情况下，升高温度有利于溶解的进行。

10.1.3 溶剂的选择原则

（1）"极性相似"原则

对于小分子溶质在溶剂中的溶解，极性大的溶质溶于极性大的溶剂，极性小的溶质溶于极性小的溶剂。即溶质和溶剂的极性越接近，它们越容易互溶。这个规律称为"极性相似"原则。它在一定程度上适用于高聚物的溶解。例如天然橡胶、丁苯橡胶等非极性的高聚物能溶于苯、石油醚、乙烷等碳氢化合物；非极性的聚苯乙烯既能溶于苯或乙苯，也能溶于弱极性的丁酮等溶剂；极性的聚甲基丙烯酸甲酯不易溶于苯而能很好地溶于丙酮；聚乙烯醇则可溶于水，而聚丙烯腈可溶于二甲基甲酰胺。

（2）"溶度参数相近"原则

从溶解过程热力学分析知道，当非极性高聚物与溶剂混合时，$\Delta H_M > 0$。因此要使 $\Delta G_M < 0$，则 ΔH_M 愈小愈好。ΔH_M 的计算可沿用小分子液体混合时的计算公式。假定两种液体混合时没有体积变化（$\Delta V = 0$），则混合热为：

$$\Delta H_M = V_M \left[\left(\frac{\Delta E_1}{V_1} \right)^{1/2} - \left(\frac{\Delta E_2}{V_2} \right)^{1/2} \right]^2 \varphi_1 \varphi_2 \tag{10-2}$$

式中，V_M 为混合后的总体积；φ_1 和 φ_2 分别为溶剂和溶质的体积分数；V_1 和 V_2 分别为溶剂和溶质的摩尔体积；$\Delta E_1/V_1$ 和 $\Delta E_2/V_2$ 分别为溶剂和溶质的内聚能密度。此式称为赫尔德布兰德（Hilidebrand）溶度公式。

定义 $\delta_1 = \left(\frac{\Delta E_1}{V_1} \right)^{1/2}$ 为溶剂的溶度参数，$\delta_2 = \left(\frac{\Delta E_2}{V_2} \right)^{1/2}$ 为溶质的溶度参数，则式（10-2）可写成：

$$\Delta H_M = V_M (\delta_1 - \delta_2)^2 \varphi_1 \varphi_2 \tag{10-3}$$

由上式可见，ΔH_M 总是正值，要使 $\Delta G_M < 0$，必须使得 ΔH_M 越小越好。也就是说，溶剂和溶质的溶度参数必须接近或相等。表 10-1 和表 10-2 分别列出一些高聚物和溶剂的溶度参数。一般来说，当 $|\delta_1 - \delta_2| > 1.7 \sim 2.0$ 时，高聚物就不能溶于该"溶剂"中。

表 10-1　某些高聚物溶度参数的实验值 δ_p　　　　单位：$(J/cm^3)^{1/2}$

高聚物	δ_p	高聚物	δ_p
聚乙烯	16.1~16.5	聚三氟氯乙烯	14.7
聚丙烯	16.8~18.8	聚偏二氯乙烯	20.5~24.9
聚氯乙烯	19.4~20.5	聚溴乙烯	19.4~19.6
聚苯乙烯	17.8~18.6	聚环氧丙烷	19.2
聚四氟乙烯	12.7	聚氯丙烯	17.3~18.8

高聚物	δ_p	高聚物	δ_p
聚异丁烯	15.8~16.4	尼龙-66	27.8
聚异戊二烯	16.2~17.0	尼龙-6	27.6
聚丁二烯	16.6~17.6	尼龙-8	25.9
氢化聚丁二烯(氢化82%)	16.5	聚氨酯	20.5
聚甲基丙烯酸甲酯	18.4~19.4	天然橡胶	16.6
聚甲基丙烯酸乙酯	16.2~18.6	丁苯橡胶	16.5~17.5
聚甲基丙烯酸丙酯	17.9~18.2	氯丁橡胶	18.8~19.2
聚甲基丙烯酸正丁酯	17.7~17.8	氯化橡胶	19.2
聚甲基丙烯酸叔丁酯	16.9	乙丙橡胶	16.2
聚甲基丙烯酸正己酯	17.6	聚硫橡胶	18.4~19.2
聚甲基丙烯酸月桂酯	16.7	聚二甲基硅氧烷	14.9
聚甲基丙烯酸异冰片酯	16.7	聚苯基甲基硅氧烷	18.4
聚甲基丙烯酸十八酯	16.7	聚乙酸乙烯酯	19.1~22.6
聚丙烯酸甲酯	20.1~20.7	酚醛树脂	23.1
聚丙烯酸乙酯	18.8~19.2	聚碳酸酯	19.4
聚丙烯酸丙酯	18.4	聚对苯二甲酸乙二醇酯	21.9
聚丙烯酸丁酯	17.8	聚氨基甲酸酯	20.5
聚丙烯酸乙烯酯	19.2	环氧树脂	19.8~22.3
聚 α-氰基丙烯酸甲酯	28.6	硝酸纤维素	17.4~23.5
聚 α-氯丙烯酸甲酯	20.6	乙基纤维素	21.1
聚乙烯醇	47.8	纤维素二乙酯	23.2
聚丙烯腈	26.0~31.5	纤维素二硝酸酯	21.5
聚甲基丙烯腈	21.9		

表 10-2　常用溶剂的溶度参数 δ_s　　　　　单位：$(J/cm^3)^{1/2}$

溶剂	δ	溶剂	δ
异丙醚	14.3	二硫化碳	20.5
正戊烷	14.4	二氧六环	20.5
异戊烷	14.4	溴苯	20.5
正己烷	14.9	丙酮	20.5
正庚烷	15.2	硝基苯	20.5
乙醚	15.1	四氯乙烷	21.3
正辛烷	15.4	丙烯腈	21.4
环己烷	16.8	丙腈	21.9
甲基丙烯酸丁酯	16.8	吡啶	21.9
氯乙烷	17.4	苯胺	22.1
1,1,1-三氯乙烷	17.4	二甲基乙酰胺	22.7
乙酸戊酯	17.4	硝基乙烷	22.7
乙酸丁酯	17.5	环己醇	23.3
四氯化碳	17.6	正丁醇	23.3
正丙苯	17.7	异丁醇	23.9
苯乙烯	17.7	间二甲苯	18.0
甲基丙烯酸甲酯	17.8	乙苯	18.0
乙酸乙烯酯	17.8	异丙苯	18.1
对二甲苯	17.9	甲苯	18.2
二乙基酮	18.0	丙烯酸甲酯	18.2
萘	20.3	邻二甲苯	18.4
环己酮	20.3	乙酸乙酯	18.6
四氢呋喃	20.3	1,1-二氯乙烷	18.6

溶剂	δ	溶剂	δ
甲基丙烯腈	18.6	乙酸	25.8
苯	18.7	硝基甲烷	25.8
三氯甲烷	19.0	乙醇	26.0
丁酮	19.0	二甲基亚砜	27.4
四氯乙烯	19.2	甲酸	27.6
甲酸乙酯	19.2	苯酚	29.7
氯苯	19.4	甲醇	29.7
苯甲酸乙酯	19.8	碳酸乙烯酯	29.7
二氯甲烷	19.8	二甲基砜	29.9
顺式二氯乙烯	19.8	丙二腈	80.9
1,2-二氯乙烷	20.1	乙二醇	32.1
乙醛	20.1	丙三醇	33.8
正丙醇	24.3	甲酰胺	36.4
乙腈	24.3	水	47.3
二甲基甲酰胺	24.8		

溶剂的溶度参数可以计算得到。首先从溶剂的蒸气压 p 与温度 T 的关系，通过克拉珀龙-克劳修斯（Clapeyron-Clausius）方程求得摩尔蒸发热 ΔH_V：

$$\frac{\mathrm{d}p}{\mathrm{d}T} = \frac{\Delta H_V}{T(V_G - V_L)} \tag{10-4}$$

再根据热力学第一定律换算成摩尔气化能（即内聚能）ΔE，即：

$$\Delta E = \Delta H_V - p(V_G - V_L)$$

式中，V_L 和 V_G 是溶剂汽化前后的体积。如果已知溶剂的摩尔体积 V_1，则可算出溶剂的溶度参数 δ_1。

由于高聚物不能汽化，因此它的溶度参数 δ_2 只能用间接法测定。通常采用的测定方法是黏度法或交联后溶胀法。如果高聚物的溶度参数与溶剂的溶度参数相等，那么此溶剂就是该高聚物的良溶剂，高分子链在此溶剂中就会充分伸展、扩张，因而溶液的黏度最大。根据这一原理，我们选用各种溶度参数的液体作为溶剂，分别溶解同一高聚物，然后在相同条件下测定这些高聚物溶液的黏度，选黏度最大的溶液所用溶剂的溶度参数作为该高聚物的溶度参数。同样，交联高聚物在良溶剂中的溶胀度也最大，因此将交联高聚物在相同条件下在不同溶度参数的溶剂中溶胀，以平衡溶胀度最大的溶剂的溶度参数作为交联高聚物的溶度参数（图 10-2）。

图 10-2　平衡溶胀法测定高聚物的溶度参数

高聚物的溶度参数还可由结构单元中各基团或原子的摩尔吸引常数直接计算得到。斯摩尔（Small）把组合量 $(\Delta E \cdot V)^{1/2} = F$ 称为摩尔吸引常数（其中 V 为结构单元的摩尔体积），并认为结构单元的摩尔吸引常数具有加和性，即 $F = \sum F_i$。溶度参数和摩尔吸引常数有如下关系：

$$\delta_2 = \left(\frac{\Delta E_2}{V_2}\right)^{1/2} = \frac{F}{V} = \frac{\sum F_i}{V} = \frac{\rho \sum F_i}{M_0} \tag{10-5}$$

式中，ρ 为高聚物密度；M_0 为结构单元的分子量。因此若已知结构单元中所有基团的摩尔吸引常数（表 10-3），从式（10-5）就能计算出高聚物的溶度参数。

表 10-3　一些基团的摩尔吸引常数 F_i　　　　单位：$(J \cdot cm^3)^{1/2}$

基团	F_i	基团	F_i
—CH₃	303.4	$\overset{H}{\underset{}{-C=C-}}$	421.5
—CH₂—	269.0	—C(CH₃)=CH—	724.9
$\overset{H}{\underset{}{-C-}}$	176.0	环戊基	1295.1
$-\overset{\mid}{\underset{\mid}{C}}-$	65.5	环己基	1473.3
—CH(CH₃)—	479.4	苯基	1398.4
—C(CH₃)₂—	672.3	对亚苯基	1442.2
$\overset{H\ \ H}{\underset{}{-C=C-}}$	497.4	—F	84.5
—Cl	419.6	—CO—	538.1
—Br	527.7	—COCH—	1000.1
—I		—COO	668.2
—CN	725.5	$-O-\overset{O}{\underset{}{C}}-O-$	903.5
—CHCN—	901.5	$-\overset{O}{\underset{}{C}}-\overset{O}{\underset{}{C}}-\overset{O}{\underset{}{C}}-$	1160.7
—OH	462.0	$-\overset{O}{\underset{}{C}}-\overset{H}{\underset{}{N}}-$	906.4
—O—	235.3	—S—	428.4

在选择高聚物溶剂时，除了使用单一溶剂外，还可使用混合溶剂。在这种情况下，溶度参数也可作为选择混合溶剂的依据。由两种溶剂按一定的比例配成混合溶剂，若其溶度参数与某一高聚物的溶度参数接近，则可能溶解该高聚物。实验证明，混合溶剂对高聚物的溶解能力往往比单一溶剂好（表 10-4），甚至两种非溶剂的混合物也会对某一高聚物有很好的溶解能力。

聚氯乙烯
溶度参数
的计算

表 10-4　某些混合溶剂的溶解能力

体系	$\delta/(J/cm^3)^{1/2}$	单一溶剂的溶解能力	混合溶剂的溶解能力
己烷	14.9	不溶解	溶解
氯丁橡胶	18.9		
丙酮	20.4	不溶解	
戊烷	14.4	不溶解	溶解
丁苯橡胶	17.1		
乙酸乙酯	18.5	不溶解	

体系	$\delta/(J/cm^3)^{1/2}$	单一溶剂的溶解能力	混合溶剂的溶解能力
甲苯 ⎫	18.2	⎫ 不溶解	
丁腈橡胶 ⎬	19.1	⎬	溶解
邻苯二甲酸二丁酯 ⎭	21	⎭ 不溶解	
碳酸-2,3-丁二酯 ⎫	24.6	⎫ 185℃时溶解	
聚丙烯腈 ⎬	31.4	⎬	150~160℃ 时溶解
丁二酰亚胺 ⎭	33.1	⎭ 约220℃时溶解	
丙酮 ⎫	20.4	⎫ 不溶解	
聚氯乙烯 ⎬	19.4	⎬	极易溶解
二硫化碳 ⎭	20.4	⎭ 不溶解	

混合溶剂的溶度参数 δ_M 可按下式计算：

$$\delta_M = \delta_1 \varphi_1 + \delta_1' \varphi_1' \tag{10-6}$$

式中，δ_1 和 δ_1' 分别为两种溶剂的溶度参数；φ_1 和 φ_1' 分别为两种溶剂的体积分数。例如氯乙烯和乙酸乙烯酯共聚物的 $\delta_2 = 21.2$，乙醚的 δ_1 为 15.2，乙腈的 δ_1' 为 24.2，乙醚或乙腈单独均不能溶解上述共聚物，但若用 33% 乙醚和 67% 乙腈（体积分数）的混合物，则可溶解它。

必须指出，赫尔德布兰德溶度公式只适用于非极性的溶质和溶剂的相互混合，因为在推导该公式时只考虑了结构单元间的色散力。对于极性高聚物以及能形成分子间氢键的高聚物的溶解，赫尔德布兰德公式不适用。因此，溶度参数接近的极性高聚物-溶剂体系，并不一定都能很好地互溶。例如，聚丙烯腈不能溶解在溶度参数与它接近的乙醇、甲醇、苯酚、乙二醇等溶剂中，这是因为这些溶剂的极性太弱。一般来说，对极性高聚物，可采用溶剂化作用原则来选择溶剂。

（3）溶剂化作用原则

溶剂化作用是指溶质和溶剂分子之间的作用力大于溶质分子之间的作用力，以致溶质分子彼此分离而溶解于溶剂中。研究表明，极性高聚物的溶剂化作用与广义的酸、碱作用有关。广义的酸是指电子接受体（即亲电体），广义的碱是指电子给予体（即亲核体）。当高分子与溶剂分子所含的极性基团分别为亲电基团和亲核基团时，能产生强烈的溶剂化作用而互溶。常见的亲电、亲核基团的强弱次序如下：

亲电基团：

$-SO_2OH > -COOH > -C_6H_4OH > \diagdown CHCN > \diagdown CHNO_2 > \diagdown CHONO_2 > -CH_2Cl > \diagdown CHCl$

亲核基团：

$-CH_2NH_2 > -C_6H_4NH_2 > -CON(CH_3)_2 > - CONH- > \equiv PO_4 > -CH_2OCOCH_2- > -CH_2-O-CH_2-$

例如硝化纤维素含有亲电基团 $-ONO_2$，故可溶于含亲核基团的丙酮、丁酮；三醋酸纤维含有亲核基团 $-O-COCH_3$，故可溶于含亲电基团的二氯甲烷和三氯甲烷。这就是按基团的酸碱性选择溶剂的一般原则。

但是，如果高分子中含有上述序列中后几个基团时，由于这些基团的亲核或亲电性较弱，溶解就不需要很强的溶剂化作用，可以溶于两序列中的很多溶剂。如聚氯乙烯含有亲电性很弱的 $=CHCl$ 基团，可溶于环己酮、四氢呋喃，也可溶于硝基苯。反之，如果高分子中含有序列中的前几个基团时，由于这些基团的亲电性或亲核性很强，要溶解这类高聚物，应该选择相反系列中含有最前几个基团的液体作为溶剂。例如含有酰胺基的尼龙-6 和尼龙-66 的溶剂就是含强亲核基团的甲酸、浓硫酸、间苯酚；含亲电子基团—CH—CN 的聚丙烯腈，则要用含亲核基团—CON(CH$_3$)$_2$ 的二甲基甲酰胺作溶剂。

氢键的形成是溶剂化的一种重要形式。在形成氢键时，混合热为放热（$\Delta H_M < 0$），有利于溶解。因此，有人将溶剂按照生成氢键的倾向分为三类：弱氢键类、中等氢键类和强氢键类（表 10-5）。

表 10-5　溶剂生成氢键倾向的分类

弱氢键类	中等氢键类	强氢键类
庚烷	碳酸亚乙基酯	乙二醇
硝基甲烷	乙丙酯	甲醇
四氯乙烷	二甲基甲酰胺	乙醇
氯苯	乙腈	甲酸
十氢化萘	二甲基乙酰胺	正丙醇
三氯甲烷	丙酮	异丙醇
苯	四氢呋喃	间甲酚
甲苯	环己酮	
对二甲苯	甲乙酮	
四氯化碳	乙酸乙酯	
环己烷	乙醚	

由高分子溶液热力学理论推导出的高分子-溶剂分子相互作用的 Flory-Huggins 参数 χ_1 可作为溶剂溶解性强弱的一个半定性的判据。如果 $\chi_1 < 1/2$，则高聚物能溶解在所给定的溶剂中，比 1/2 小得越多，溶剂的溶解能力越好；如果 $\chi_1 > 1/2$，则高聚物一般不能被溶解。因此 χ_1 偏离 1/2 的程度可作为判定溶剂溶解能力的半定量判据。表 10-6 列出了几种高分子-溶剂相互作用关系的 χ_1 值。

表 10-6　某些高分子-溶剂体系的 χ_1 值

高分子	溶剂	温度/℃	χ_1	高分子	溶剂	温度/℃	χ_1
聚异丁烯	环己烷	27	0.44		二氧六环	27	0.52
	苯	27	0.50	聚氯乙烯	丙酮	27	0.63
聚苯乙烯	甲苯	27	0.44		丁酮	53	1.74
	月桂酸乙酯	25	0.47			76	1.58
聚氯乙烯	磷酸三丁酯	53	−0.65		四氯化碳	15～20	0.28
		76	−0.53		氯仿	15～20	0.37
	四氢呋喃	27	0.14	天然橡胶	苯	25	0.44
	硝基苯	53	0.29		二硫化碳	25	0.49
		76	0.29		乙酸戊酯	25	0.49

上述选择溶剂的三个原则，是从不同角度出发而得到的规律，它们各有一定的适用范围。这三个原则对大多数高聚物是适用的，但不能解释所有的溶解规律。在实际选择溶剂时，要具体分析高聚物是结晶的还是非结晶的、是极性的还是非极性的、分子量大还是小等，然后将三个原则综合起来考虑，并进行试验，才能选择出合适的溶剂。例如，聚碳酸酯（$\delta_2 = 19.4$）和聚氯乙烯（$\delta_2 = 20.3$）的溶度参数接近，如果按照极性相似及溶度参数相近这两个原则来考虑，它们应能溶于极性溶剂三氯甲烷（$\delta_1 = 19.0$）中，但实验证明三氯甲烷和二氯甲烷只是聚碳酸酯的良溶剂，对聚氯乙烯则是不良溶剂；相反，环己酮（$\delta_1 = 20.3$）和四氢呋喃（$\delta_1 = 20.3$）都是聚氯乙烯的良溶剂，对聚碳酸酯却是不良溶剂。这些现象可以

从溶剂化作用原则得到解释。聚氯乙烯是一个弱亲电剂，而聚碳酸酯则是一个弱亲核剂，它们的良溶剂应该是电性相反的化合物（图 10-3）。

必须指出，选择溶剂除了满足高聚物的溶解这一前提外，还要考虑使用的目的。后者常使选择的溶剂复杂化。例如增塑高聚物用溶剂（增塑剂）应沸点高、挥发性低、无毒或低毒、对高聚物的使用性能没有不利影响等。实际上，要找到全面或主要方面能满足使用要求的溶剂，常常需要进行许多综合分析和试验工作。

图 10-3 聚氯乙烯和聚碳酸酯的溶剂选择

10.1.4 高分子链在溶液中的分子构象与尺寸

众所周知，单个高分子链的模型是无规统计线团。在溶液中，高分子链也卷曲成无规统计线团，但线团所占的体积要比纯高分子线团所占体积要大得多（图 10-4）。这是因为这些线团是被溶剂化的，即它们被溶剂所饱和。被线团所吸收的溶剂称为内含溶剂或束缚溶剂。在高分子稀溶液中，除了内含溶剂之外，还有自由溶剂。当然，这两类溶剂可通过扩散而达到稳定的平衡。一些实验表明，线团内含溶剂的体积可高达 $90\% \sim 99.8\%$。当然这一值并非常数，而是随分子量的大小、溶剂的种类和温度的不同而变化。

图 10-4 高分子在稀溶液中的状态

由此可见，在溶液中高分子以被溶剂饱和的线团形式存在。由于线团中孔隙的毛细管力控制着线团内的溶剂，从而使其成为一个整体跟随线团一起运动，也就是说，线团和存在于线团内的溶剂可以成为一个运动单元。在高分子溶液中除了线团的移动和转动外，还有线团内链段的连续运动。其结果是线团的构象不断变化，其最可能的分子构象是黄豆状的椭圆体。

高分子在溶液中的分子构象可用高斯链来表示。高斯链的均方末端距为

$$\overline{h_0^2} = ZA_m^2$$

式中，Z 为链段数；A_m 为链段长度。高分子链在某一特定溶剂中的链段长度 A_m 为一常数，最大链长 L_{max} 为

$$L_{max} = ZA_m = \frac{\overline{M}}{M_0} I_M$$

式中，$\overline{M}$ 为高聚物的分子量；M_0 为链节的分子量；I_M 为链节的长度。由此可得

$$(\overline{h_0^2})^{1/2} = (L_{max} I_M)^{1/2} = \left(A_m \frac{I_M}{M_0} \overline{M} \right)^{1/2}$$

$$(\overline{h_0^2})^{1/2} = 常数 (\overline{M})^{1/2} \tag{10-7}$$

此即库恩（Kuhn）平方根定律。

图 10-5 统计线团与等效球

单个溶解在溶剂里的高分子线团体积，常用和椭圆形线团体积相同的等效球体积来表示，如图 10-5 所示。

设单个高分子链质量为 m

$$m = \frac{\overline{M}}{\widetilde{N}}$$

式中，$\overline{M}$ 为高分子链的摩尔质量；$\widetilde{N}$ 为阿伏伽德罗常数，则不含溶剂的平均线团密度为

$$\overline{\rho} = \frac{\overline{M}}{\frac{1}{6}\pi d^3 \widetilde{N}} \tag{10-8}$$

式中，d 为线团的等效球直径。等效球直径 d 与 $\sqrt{h_0^2}$ 成正比，即

$$d = F\sqrt{h_0^2} \tag{10-9}$$

式中，F 为形状因子，所以

$$\overline{\rho} = 常数 \times \frac{\overline{M}}{(\sqrt{h_0^2})^3} \tag{10-10}$$

$$\overline{\rho} = 常数 \times \frac{1}{\sqrt{\overline{M}}} \tag{10-11}$$

可见，平均线团密度与分子量的平方根成反比，高聚物的分子量愈大，则线团愈松散。

上述高斯链是假定它不占有体积和分子间无相互作用的理想结构，实际上这种理想结构是不存在的。在高分子溶液中真实线团占有一定的空间，显然该空间不能同时再容纳其它链段，这必然影响线团分子构象的进一步扩展，这种影响称为排斥体积效应。

此外，在高分子溶液中存在着链段与链段之间的作用力，以及链段与溶剂分子之间的作用力。前一种力倾向于使高分子彼此接近而凝聚；后一种力倾向于使高分子彼此分离而溶解，并使分子链趋于伸展而变刚，显然这种力相当于链段间的斥力。如果某一溶剂与高分子链段的作用力占优势，即链段间的相互作用以斥力为主，则高分子线团趋于松散，体积变大，这种溶剂就是良溶剂；反之，若溶液中链段与链段之间的作用力占优势，则线团紧缩，相应的溶剂就是不良溶剂。除了溶剂的性质之外，温度对这两种作用力也有影响。一种高聚物对每一种溶剂均可找到使这两种作用力达到平衡的温度，这种温度称为 θ 温度或弗洛里温度。在一定温度下，能使这两种作用力达到平衡的溶剂则称为 θ 溶剂。在 θ 溶剂或 θ 温度下，由于这两种作用力相等，线团的运动处于自由状态，故可近似地看作理想的高斯链，符合式（10-7）和式（10-11）。

然而，一般情况下，真实链的排斥体积效应和两种作用力的不平衡，必然导致真实高分子链的构象与理想的分子链构象存在偏差。例如，处在良溶剂中的高分子链，由于线团扩展，均方末端距或回转半径增大，平均线团密度减小。实验表明，真实统计的线团密度可表示为

$$\overline{\rho} = 常数 \times \overline{M}^{-\alpha} \tag{10-12}$$

α 值可能大于 0.5，也可能小于 0.5。此时均方末端距可表示为

$$\sqrt{h^2} = 常数 \times \overline{M}^{\frac{1+\alpha}{3}} \tag{10-13}$$

高分子链线团的大小一般为 1000～10000nm，电子显微镜的分辨率虽然很高，但处在稀溶液中的高分子线团包含溶剂量达 90％以上，与周围的溶剂不易区分，因此目前还不能直接观察到线团的形状。

10.2 柔性链高分子溶液热力学

10.2.1 理想溶液

柔性链高分子溶液是处于热力学平衡状态的真溶液。在研究它的热力学性质时，常引入"理想溶液"的概念作为讨论的基础。所谓"理想溶液"，是指溶液中溶质分子和溶剂分子间的相互作用相等、溶解过程中没有体积变化（$\Delta V_M^i = 0$）和没有热效应（$\Delta H_M^i = 0$），溶液的混合熵为

$$\Delta S_M^i = -K(N_1 \ln N_1 + N_2 \ln N_2) \tag{10-14}$$

或

$$\Delta S_M^i = -R(n_1 \ln N_1 + n_2 \ln N_2)$$

式中，$N_1 = \dfrac{n_1}{n_1 + n_2}$ 为溶剂的摩尔分数；$N_2 = \dfrac{n_2}{n_1 + n_2}$ 为溶质的摩尔分数；N_1、N_2 分别为溶剂和溶质的分子数；n_1、n_2 分别为溶剂和溶质的摩尔数；K 为玻耳兹曼常数；R 为摩尔气体常数。理想溶液的蒸气压服从拉乌尔定律：

$$p_1 = p_1^0 N_1$$

式中，p_1 为溶液中溶剂的蒸气压，p_1^0 为纯溶剂的蒸气压。

理想溶液实际上是不存在的，即使像苯-甲苯、正己烷-正庚烷、甲醇-乙醇等体系也只是接近于理想溶液的性质。实际溶液在混合过程中，一系列热力学函数的变化与理想溶液的差异，称为超额热力学函数，表示为：

$$\Delta Z^E = \Delta Z + \Delta Z^i \tag{10-15}$$

式中，Z 是任一热力学函数；角标 E、i 分别表示"超额"和"理想"。从超额热力学函数的概念出发，可将溶液分为以下四类。

① 理想溶液

$\Delta S_M^E = 0$ $\qquad$ $(\Delta S_M = \Delta S_M^i)$

$\Delta H_M^E = 0$ $\qquad$ $(\Delta H_M = \Delta H_M^i = 0)$

② 正规溶液

$\Delta S_M^E = 0$ $\qquad$ $(\Delta S_M = \Delta S_M^i)$

$\Delta H_M^E = \Delta H_M \neq 0$ $\qquad$ $(\Delta H_M \neq \Delta N_M^i)$

③ 无热溶液

$\Delta S_M^E \neq 0$ $\qquad$ $(\Delta S_M \neq \Delta S_M^i)$

$\Delta H_M^E = 0$ $\qquad$ $(\Delta H_M = \Delta H_M^i = 0)$

④ 非理想溶液

$\Delta S_M^E \neq 0$ $\qquad$ $(\Delta S_M \neq \Delta S_M^i)$

$\Delta H_M^E \neq 0$ $\qquad$ $(\Delta H_M \neq \Delta H_M^i)$

高分子溶液的热力学性质与理想溶液的偏差体现在两个方面：一是高分子溶解时有热效应，即 $\Delta H \neq 0$；二是高分子的混合熵远大于理想溶液的混合熵，即有很大的超额混合熵。因此，高分子溶液一般属于第 3 或第 4 类。

10.2.2 高分子溶液的统计理论——弗洛里-哈金斯似晶格模型理论

高分子溶液的统计理论是最成功的高分子科学理论，对高分子科学的建立和发展具有重要的贡献，是高分子物理近代理论发展的切入点

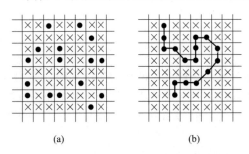

图 10-6 小分子溶液（a）和高分子溶液
（b）的似晶格模型
×—溶剂分子；●—溶质分子或高分子链段

之一。Folry 与 Huggins 针对高分子溶液混合熵偏离理想溶液很大的事实，分别假设高聚物溶液为似晶格模型（图 10-6），运用统计热力学方法，推导出高分子溶液的混合熵、混合热及混合自由能等热力学函数的表达式。

（1）高分子溶液的混合熵

高分子溶液混合熵的推导过程采用如下假设。

① 溶液中高分子链及溶剂分子的排列为似晶体排列，每个溶剂分子占有一个格子，高分子链占有相连的 x 个格子，x 为高分子与溶剂分子的体积比。即把高分子看作由 x 个链段组成，每个链段的体积与溶剂分子的体积相等。

② 柔性高分子链的所有构象都具有相同的能量。

③ 所有高分子具有相同的聚合度。

④ 溶液中高分子链段是均匀分布的，即链段占有任一格子的概率相等。

根据统计热力学可知，体系的熵与体系的微观状态数 Ω 关系为：

$$S = K \ln \Omega$$

考虑由 N_1 个溶剂分子和 N_2 个溶质分子组成的溶液，其微观状态数显然应等于在 $N = N_1 + x N_2$ 个格子中放置 N_1 个溶剂分子和 N_2 个高分子的排列方法的总数。

假定 N 个空格子中已经放了 j 个高分子，第 $j+1$ 个高分子放入 $N - xj$ 个剩余空格中的放置方法数为 W_{j+1}，现在先计算 W_{j+1}。第 $j+1$ 个高分子的第一个链段可以放在 $N - xj$ 个空格子中的任意一个格子内，因此其放置方法数为 $N - xj$。第二个链段只能放在第一个链段的相邻的空格中（图 10-7）。

设晶格的配位数为 Z，第一个链段的邻近空格数不一定为 Z，因为有可能已被放进去的高分子链段所占据。根据高分子链段在溶液中均匀分布的假定，第一个链段相邻的空格数目应为 $Z\left(\dfrac{N-xj-1}{N}\right)$，因此第二个链段有 $Z\left(\dfrac{N-xj-1}{N}\right)$ 种放法。与第二个链段相邻的 Z 个格子中已有一个被第一个链段所占，所以第三个链段有 $(Z-1) \times \dfrac{N-xj-2}{N}$ 种放法。第四、第五……第 x 个链段的放法依次分别为：

$$(Z-1) \times \frac{N-xj-3}{N} \cdots \cdots (Z-1) \times \frac{N-xj-x+1}{N}$$

这里 3、4……x 比 xj 要小得多，可近似地写成 $(Z-1) \times \dfrac{N-xj}{N}$。

图 10-7　已经有 j 个高分子无规地放在格子中，放置第 $j+1$ 个高分子的放法图解

（a）、（b）、（c）、（d）依次放第一、第二、第三、第四个结构单元

因此，第 $(j+1)$ 个高分子在格中的排列方式数为：

$$W_{j+1}=N-xj \times Z\frac{N-xj}{N}\left[(Z-1)\times\frac{N-xj}{N}\right]^{x-2}$$

近似地以 $(Z-1)$ 代替式中的 Z，整理后得到：

$$W_{j+1}=(N-xj)^2\left(\frac{Z-1}{N}\right)^{x-1}$$

进一步近似：

$$W_{j+1}=\left(\frac{Z-1}{N}\right)^{x-1}\frac{(N-xj)!}{(N-xj-x)!} \tag{10-16}$$

N_2 个高分子在 N 个格子中放置放法的总数为：

$$\Omega=\frac{1}{N_2!}W_1W_2W_3\cdots W_{N_2}=\frac{1}{N_2!}\prod_{j=0}^{N_2-1}W_{j+1} \tag{10-17}$$

除以 $N_2!$ 是因为 N_2 个高分子是等同的、不可区分的。当它们互调位置时，并不引起排列方式的改变。将式（10-16）代入式（10-17）并展开得：

$$\Omega=\frac{N!}{N_2!\ (N-xN_2)!}\left(\frac{Z-1}{N}\right)^{N_2(x-1)} \tag{10-18}$$

N_1 个溶剂分子也是等同的，因此只有一种放置方法，式（10-18）即表示溶液总的微观状态数。因此溶液的熵值为：

$$S_{溶液}=K\ln\Omega=-K\left[N_1\ln\frac{N_1}{N_1+xN_2}+N_2\ln\frac{xN_2}{N_1+xN_2}-N_2\ln x-N_2(x-1)\ln\frac{Z-1}{e}\right] \tag{10-19}$$

高分子溶液的混合熵 ΔS_M 是指体系混合前后熵的变化。高分子与溶剂分子的混合过程可用图 10-8 来表示。

高聚物熵值可因其为结晶态、取向态、解取向态而不同。高聚物在溶解过程中，其分子的排列必然变得极其混乱，因而把其解取向的熵值作为混合前高分子的熵值。从图 10-8 可知，混合前的熵值为：

图 10-8　高分子与溶剂分子的混合过程

$$S_\text{始} = S_\text{溶剂} + S_\text{解取向高分子}$$

所以混合熵为：

$$\Delta S_\text{M} = S_\text{溶液} - (S_\text{溶剂} + S_\text{解取向高分子})$$

在纯溶剂中，分子的排列方式只有一种，$S_\text{溶剂} = 0$。对解取向高分子，由于其排列方式是极其混乱的，它们在 xN_2 个格子中的排列方式数，可按上面的方法计算。即由式（10-19）令 $N_1 = 0$ 可求得 $S_\text{解取向高分子}$ 的值为

$$S_\text{解取向高分子} = KN_2 \left[\ln x + (x-1) \ln \frac{Z-1}{\mathrm{e}} \right]$$

则

$$\Delta S_\text{M} = -K(N_1 \ln \varphi_1 + N_2 \ln \varphi_2) \tag{10-20}$$

式中，φ_1、φ_2 分别表示溶剂和高分子在溶液中的体积分数

$$\varphi_1 = \frac{N_1}{N_1 + xN_2}, \quad \varphi_2 = \frac{xN_2}{N_1 + xN_2}$$

如果用摩尔数 n 代替分子数 N，可得

$$\Delta S_\text{M} = -R(n_1 \ln \varphi_1 + n_2 \ln \varphi_2) \tag{10-21}$$

由上述推导可知，ΔS_M 仅表示高分子链段在溶液中排列的构象熵，没有考虑高分子链段与溶剂分子相互作用引起的熵变，所以 ΔS_M 称为混合构象熵。

比较式（10-14）和式（10-20），只是摩尔分数 N 换成了体积分数 φ。如果溶质分子和溶剂分子的体积相等，$x = 1$，则式（10-14）与式（10-20）就完全相同了。由式（10-20）计算的 ΔS_M 比式（10-14）计算的 ΔS_M 大得多。这是因为一个高分子在溶液中不止起一个分子的作用，但是也起不到 x 个小分子的作用，因为高分子中每个链段是相互连接的，因此高分子溶液的混合熵比把高分子切成 x 个链段与溶剂混合时的混合熵值小。

对于多分散性高聚物

$$\Delta S_\text{M} = -K \left(N_1 \ln \varphi_1 + \sum_i N_i \ln \varphi_i \right) \tag{10-22}$$

式中，N_i、φ_i 分别为各种聚合度的分子数和体积分数。

似晶格模型理论有以下不合理之处，从而导致理论与实验结果有较大偏离。

① 假定高分子链段与溶剂分子具有相同的晶格形式，这显然是不合理的，只能说是一种权宜之计。

② 没有考虑高分子链段之间、溶剂分子之间以及链段与溶剂分子之间存在着不同的相互作用，也没有考虑高分子在溶解前后由于所处环境不同而引起的高分子构象熵的改变。

③ 高分子链段均匀分布的假定只是在浓溶液中才比较合理，而在稀溶液中高分子链段

的分布是不均匀的，高分子是以一个线团散布在溶液中，线团占有一定的体积而不能贯穿，因而线团内链段密度较大，线团外几乎没有链段，即使在高分子链球内，链段的分布也是不均匀的。

（2）高分子溶液的混合热与弗洛里-哈金斯参数 χ_1

仍以似晶格模型来推导溶液的混合热。推导时只考虑最邻近分子间的相互作用。以"1"表示溶剂分子，"2"表示高分子的一个链段，[1-1]、[2-2] 和 [1-2] 分别表示相邻的一对溶剂分子、相邻的一对链段和相邻的一对溶剂与链段。混合过程为拆散一对 [1-1] 和 [2-2] 而形成两对 [1-2] 的过程

$$[1\text{-}1]+[2\text{-}2]\Longrightarrow 2[1\text{-}2]$$

用 ε_{11}、ε_{22} 和 ε_{12} 分别表示它们的结合能，形成一对 [1-2] 能量的变化为

$$\Delta\varepsilon_{12}=\varepsilon_{12}-\frac{1}{2}(\varepsilon_{11}+\varepsilon_{22})$$

假定在溶液中有 P_{12} 对 [1-2]，混合时没有体积变化，那么混合热为

$$\Delta H_M=P_{12}\Delta\varepsilon_{12}$$

应用似晶格模型理论可计算出 ΔH_M 值。设溶剂的体积分数为 φ_1，每一个高分子周围有 $(Z-2)x+2$ 个空格，当 x 很大时 $(Z-2)x+2$ 近似地等于 $(Z-2)x$，每个空格被溶剂分子所占的概率为 φ_1，也就是说一个高分子可以生成 $(Z-2)x\varphi_1$ 对 [1-2]，在溶液中有 N_2 个高分子，则

$$P_{12}=(Z-2)x\varphi_1 N_2=(Z-2)N_1\varphi_2$$
$$\Delta H_M=(Z-2)N_1\varphi_2\Delta\varepsilon_{12}$$

令 $\chi_1=\dfrac{(Z-2)\ \Delta\varepsilon_{12}}{KT}$，则

$$\Delta H_M=KT\chi_1 N_1\varphi_2=RT\chi_1 n_1\varphi_2 \tag{10-23}$$

χ_1 定义为弗洛里-哈金斯（Flory-Huggins）参数，反映了高分子与溶剂混合时相互作用能的变化，是一个无量纲的量。$\chi_1 KT$ 的物理意义表示一个溶剂分子放入高聚物中时引起的能量变化。式中当 Z 很大时，$Z-2$ 近似地等于 Z。

（3）高分子溶液的混合自由能和化学位

高分子溶液的混合自由能为 $\Delta G_M=\Delta H_M-T\Delta S_M$，即

$$\Delta G_M=KT[N_1\ln\varphi_1+N_2\ln\varphi_2+\chi_1 N_1\varphi_2] \tag{10-24}$$

对于多分散性高聚物

$$\Delta G_M=KT\left[N_1\ln\varphi_1+\sum_i N_i\ln\varphi_i+\chi_1 N_1\varphi_2\right] \tag{10-25}$$

将分子数换成摩尔数，式（10-24）与式（10-25）可写为

$$\Delta G_M=RT[n_1\ln\varphi_1+n_2\ln\varphi_2+\chi_1 n_1\varphi_2] \tag{10-26}$$

$$\Delta G_M=RT\left[n_1\ln\varphi_1+\sum_i n_i\ln\varphi_i+\chi_1 n_1\varphi_2\right] \tag{10-27}$$

溶液中溶剂的化学位变化 $\Delta\mu_1$ 和溶质的化学位变化 $\Delta\mu_2$ 分别为

$$\Delta\mu_1=\left[\frac{\partial(\Delta G_M)}{\partial n_1}\right]_{T,p,n_2}=RT\left[\ln\varphi_1+\left(1-\frac{1}{x}\right)\varphi_2+\chi_1\varphi_2^2\right] \tag{10-28a}$$

$$\Delta\mu_2=\left[\frac{\partial(\Delta G_M)}{\partial n_2}\right]_{T,p,n_1}=RT[\ln\varphi_2-(x-1)\varphi_1+x\chi_1\varphi_1^2] \tag{10-28b}$$

对于多分散性高聚物，由式（10-28）可得

$$\Delta\mu_1 = RT\left[\ln\varphi_1 + \left(1-\frac{1}{x_n}\right)\varphi_2 + \chi_1\varphi_2^2\right] \quad (10\text{-}29a)$$

$$\Delta\mu_2 = RT\left[\ln\varphi_x - (x-1) + x\varphi_2\left(1-\frac{1}{x_n}\right) + \chi_1 x\varphi_1^2\right] \quad (10\text{-}29b)$$

当 $x = \overline{x}_n$, $\varphi_x = \varphi_2$ 时, 即表示分子量是均一的, 式 (10-29) 就还原为式 (10-28)。如果溶液很稀, $\varphi_2 \ll 1$, 则

$$\ln\varphi_1 = \ln(1-\varphi_2) = -\varphi_2 - \frac{1}{2}\varphi_2^2\cdots$$

代入式 (10-28a) 得

$$\Delta\mu_1 = RT\left[-\frac{1}{x}\varphi_2 + \left(\chi_1 - \frac{1}{2}\right)\varphi_2^2\right] \quad (10\text{-}30)$$

对于很稀的理想溶液

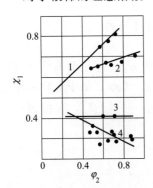

图 10-9 弗洛里-哈金斯参数 χ_1 的实验值对高聚物体积分数 φ_2 作图

1—聚二甲基硅氧烷-苯体系;

2—聚苯乙烯-甲乙酮体系;

3—天然橡胶-苯体系;

4—聚苯乙烯-甲苯体系

$$\Delta\mu_1^i = -RTn_2$$

式 (10-30) 与此式相比可知, 式 (10-30) 右边第一项相当于理想溶液的溶剂化学位变化, 第二项相当于非理想部分, 称为"超额化学位变化" $\Delta\mu_1^E$

$$\Delta\mu_1^E = RT\left(\chi_1 - \frac{1}{2}\right)\varphi_2^2 \quad (10\text{-}31)$$

上述就是由似晶格模型推导的结果, 现在与实验结果进行比较。

由理论得出高分子-溶剂相互作用参数 χ_1 是与高分子溶液的浓度无关的参量。根据 $\Delta\mu_1 = \mu_1 - \mu_1^0 = RT\ln\dfrac{p}{p^0}$ (p^0 和 p 分别为纯溶剂和溶液的蒸气压), 从高分子溶液蒸气压的测量求得 $\Delta\mu_1$, 代入式 (10-28a) 计算出 χ_1。结果表明, 除了个别体系之外, χ_1 都与浓度 φ_2 有关 (图 10-9)。尽管似晶格理论与实验结果有很大偏差, 但是由于它的最终表达式简单, 因而仍广泛应用。

10.2.3 Flory-Krigbaum 高分子稀溶液理论

由于似晶格理论有许多不合理的假设, 导致理论与实验的偏离, 特别是高分子链段均匀分布的假定, 不适合于稀溶液的情况。如前所述, 在稀溶液中高分子链以一个松懈的链球分布在纯溶剂中 (图 10-10), 每个链球都占有一定的体积 (排斥体积), 这是似晶格模型理论与实验发生偏离的主要原因。

据此, 弗洛里 (Flory) 和克雷格鲍姆 (Krigbaum) 提出了高分子稀溶液理论, 他们的基本假设是:

图 10-10 在高分子稀溶液中的高分子链球

① 整个高分子溶液可看作被溶剂化了的高分子"链段云"(即线团) 一朵朵地分散在纯溶剂中, 链段在溶液中的分布是不均匀的;

② 在链段云内链段的分布符合高斯分布, 其中心的密度最大, 向四周密度递减;

③ 每个高分子链段云都有一个"排斥体积", 链段云之间相互贯穿的概率非常小。

由上述假定可推导出溶液的热力学函数表达式。在良溶剂中，高分子链段被溶剂化而扩展，排斥体积增大，高分子链的许多构象不能实现，这样就产生了溶液热力学性质的"超额"部分。超额化学位由两部分组成。一部分是由分子间相互作用不等导致的热效应引起的，另一部分是由构象熵减小引起的，因此分别引入热力学参数 K_1 和熵参数 ψ_1 表征相互作用对混合热和混合熵的影响。溶液的热力学函数表达式为

$$\Delta H_1^E = RTK_1\varphi_2^2$$
$$\Delta S_1^E = R\psi_1\varphi_2^2$$
$$\Delta\mu_1^E = RT(K_1 - \psi_1)\varphi_2^2 \tag{10-32}$$

对于稀溶液，$\varphi_2 \ll 1$，则

$$\ln\varphi_1 = \ln(1-\varphi_2) \approx -\varphi_2 - \frac{1}{2}\varphi_2^2$$

取 $x \to \infty$ 则式（10-28a）简化可得下式

$$\Delta\mu_1^E = RT\left(\chi_1 - \frac{1}{2}\right)\varphi_2^2 \tag{10-33}$$

比较式（10-32）和式（10-33）可得

$$K_1 - \psi_1 = \chi_1 - \frac{1}{2}$$

在实际应用时常采用 θ 温度这一参数，θ 的定义式为

$$\theta = \frac{K_1 T}{\psi_1} = \frac{\Delta H_1^E}{\Delta S_1^E} \tag{10-34}$$

因而

$$\psi_1 - K_1 = \psi_1\left(1 - \frac{\theta}{T}\right) = \frac{1}{2} - \chi_1 \tag{10-35}$$

则式（10-33）可改写为

$$\Delta\mu_1^E = -RT\psi_1\left(1 - \frac{\theta}{T}\right)\varphi_2^2 \tag{10-36}$$

此式表明，当 $T = \theta$ 时，$\Delta\mu_1^E = 0$，是理想溶液的情况，这时排斥体积为零，高分子与溶剂分子都可自由渗透。这样在 θ 温度时，我们就可以利用有关理想溶液的定律来处理高分子溶液。当 $T > \theta$ 时，$\Delta\mu_1^E < 0$，此时高分子链段与溶剂分子间的相互作用使高分子链扩展，排斥体积增大，相当于良溶剂时的情况，T 高于 θ 温度越多溶剂性质越优良。当 $T < \theta$ 时，$\Delta\mu_1^E > 0$，此时高分子链段间彼此吸引，排斥体积为负值，温度 T 低于 θ 温度越多，溶剂性能越差，甚至高聚物从溶液中析出。所以从高分子-溶剂体系的 θ 温度也可判定溶剂的溶解能力。

必须指出，上述理论与似晶格模型理论都没有考虑高聚物与溶剂混合时的体积变化，因此上述理论与实验结果仍存在偏差。后来弗洛里对此进行了修正，使理论向前推进了一步，但所得表达式比较烦琐，使用不方便。

10.3 高分子溶液的相平衡

10.3.1 渗透压与相平衡

（1）渗透压
当溶剂池和溶液池被一层只允许溶剂分子透过、而不允许溶质分子透过的半透膜隔开时

图 10-11　渗透压

（图 10-11），纯溶剂就透过半透膜渗入溶液池，致使溶液池的液面升高，产生液柱差，当液柱差达到某一定值时，溶剂就不再进入溶液，此时达到平衡状态，即热力学相平衡状态。其压力差称为溶液的渗透压 π。

设纯溶液的化学位为 μ_1^0，溶液中溶剂的化学位为 μ_1，纯溶液中气相组分的化学位为 μ_1^0（气），纯溶剂的蒸气压为 p_1^0，溶液中溶剂的蒸气压为 p_1，则

$$\mu_1^0 = \mu_1^0（气）+ RT\ln p_1^0$$

$$\mu_1 = \mu_1^0（气）+ RT\ln p_1$$

由于 $p_1^0 > p_1$，因此 $\mu_1^0 > \mu_1$，溶剂分子就有从溶剂池透过半透膜进入溶液池的倾向，由液柱上升所产生的压力将增加溶液的化学位，直到与纯溶剂的化学位相等，达到热力学相平衡时，渗透过程终止，即

$$\mu_1^0(T,p) = \mu_1^0(T,p+\pi)$$

$$\mu_1^0(T,p+\pi) = \mu_1^0(T,p) + \int_p^{p+\pi} \left(\frac{\partial \mu_1}{\partial p}\right)_T \mathrm{d}p = \mu_1(T,p) + \pi \widetilde{V}_1 \tag{10-37}$$

$$\pi \widetilde{V}_1 = -[\mu_1(T,p) - \mu_1^0(T,p)] = -\Delta \mu_1$$

式中，$\widetilde{V}_1$ 为溶剂的偏摩尔体积。对浓度很稀的低分子溶液，接近于理想溶液，服从拉乌尔定律，$p_1 = p_1^0 N_1$，则

$$\Delta \mu_1 = -\pi \widetilde{V}_1 = RT\frac{p_1}{p_1^0} = RT\ln N_1 = RT\ln(1-N_2) \approx -RTN_2$$

$$\pi \widetilde{V}_1 = RTN_2 \quad N_2 = \frac{n_2}{n_1+n_2} \approx \frac{n_2}{n_1}$$

$$\frac{\pi}{c} = \frac{RT}{M} \tag{10-38}$$

式中，c 为溶液浓度，M 为溶质分子量。

此即范德霍夫（Vant Hoff）方程，它表明在一定温度下，测定已知浓度溶液的渗透压 π，可求出溶质分子量 M。

对于高分子溶液，将式（10-28a）代入式（10-37）可得

$$\pi = -\frac{RT}{\widetilde{V}_1} \times \left[\ln(1-\varphi_2) + \left(1-\frac{1}{x}\right)\varphi_2 + \chi_1 \varphi_2^2\right] \tag{10-39}$$

把 $\ln(1-\varphi_2)$ 展开，稀溶液的 $\varphi_2 \ll 1$，略去高次项简化得

$$\pi = RT\left[\frac{c}{M} + \left(\frac{1}{2}-\chi_1\right) + \frac{\varphi_2^2}{\widetilde{V}_1}\cdots\right]$$

式中，$\widetilde{V}_1$ 为纯溶剂的摩尔体积。用高聚物密度代换 $\rho_2 = \dfrac{c}{\varphi_2}$，则

$$\frac{\pi}{c} = RT\left[\frac{1}{M} + \left(\frac{1}{2}-\chi_1\right)\frac{c}{\widetilde{V}_1 \rho_2^2} + \cdots\right] \tag{10-40}$$

或

$$\frac{\pi}{c} = RT\left[\frac{1}{M} + A_2 c + A_3 c^2 + \cdots\right] \tag{10-41}$$

此式表示高分子溶液渗透压与浓度的依赖关系。式中，A_2、A_3 称为渗透压第二、第三维里系数。

（2）第二维里系数

由式（10-40）和式（10-41）可知第二维里系数为

$$A_2 = \left(\frac{1}{2} - \chi_1\right)\frac{1}{\widetilde{V}_1 \rho_2^2} \tag{10-42}$$

第二维里系数 A_2 与 χ_1 一样表征高分子链段与溶剂分子间的相互作用，也是表征高分子在溶液中的形态参数。其值大小取决于高分子-溶剂体系和试验温度。在良溶剂中，链段间的相互作用以斥力为主，A_2 为正值，即 $\chi_1 < 1/2$（图 10-12 曲线 1）；在不良溶剂中，链段间的引力增加，高分子线团紧缩，排斥体积减小，A_2 值减小（图 10-12）。当温度降低时，A_2 也递减（图 10-13）。当 $A_2 = 0$ 时，$\chi_1 = 1/2$，即表示高分子链段间由于溶剂化及排斥体积效应所表现的斥力恰与链段间的吸引力相抵消，此时排斥体积为零，无远程相互作用，符合理想溶液的行为。如果再继续加入不良溶剂或降低温度，则高分子会沉淀出来。

图 10-12　聚苯乙烯在不同溶剂中的渗透压 　　图 10-13　聚二甲基硅氧烷在丁酮

1—丁酮；2—丁酮：甲醇＝95：5（体积比）；　　　　　溶液中的渗透压

3—丁酮：甲醇＝90：10（体积比）　　　　1—50℃；2—35℃；3—25℃；4—15℃

$A_2 = 0$ 的温度为高分子-溶剂体系的 θ 温度，这时的溶剂是 θ 溶剂。某些高聚物的 θ 溶剂组成和 θ 温度列于表 10-7。

表 10-7　某些高聚物的 θ 溶剂和 θ 温度

高聚物	θ 溶剂		θ 温度/℃
	溶剂	组成	
聚乙烯	二苯醚		161.4
聚异丁烯	苯		24
	四氯化碳-丁酮	66.4/33.6	25
	环己烷-丁酮	63.2/36.8	25
聚丙烯	乙酸异戊酯		34
（无规立构）	环己酮		92
	四氯化碳-正丁醇	67/33	25
（全同立构）	二苯醚		145
聚苯乙烯	苯-正己烷	89/61	20
（无规立构）	丁酮-甲醇	89/11	25
烷	环己烷		35
聚乙酸乙烯酯	丁酮-异丙醇	73.2/35.8	25
（无规立构）	3-庚酮		29

高聚物	θ 溶剂		θ 温度/℃
	溶剂	组成	
聚氯乙烯	苯甲醇		155.4
聚丙烯腈 （无规立构）	二甲基甲酰胺		29.2
聚甲基丙烯酸甲酯 （无规立构）	苯-正己烷	70/30	20
	丙醇-乙醇	47.7/52.3	25
	丁酮-异丙醇	50/50	25
（间同立构）	正丙醇		85.2
（94%全同立构）	丁酮-异丙醇	55/45	25
聚丁二烯 （90%顺式 1,4）	己烷-庚烷	50/50	5
	3-戊酮		10.6
聚异戊二烯 （天然橡胶）	2-戊酮		14.5
96%顺式	正庚烷-正丙醇	69.5/30.5	25
聚二甲基硅氧烷	丁酮		20
	甲苯-环己烷	66/34	25
	氯苯		68
聚碳酸酯	氯仿		20

从 A_2 的实验数据并通过式（10-42）可求得哈金斯参数 χ_1 的值。

实验表明，A_2 还与试样的分子量和分子量分布有关，这是 Flory-Huggins 晶格模型理论不能解释的。稀溶液理论推得 A_2 随高聚物的分子量增加而减小，但理论与实验仍有较大偏离，即该理论也只能定性地解释 A_2 的分子量依赖性。

对高分子溶液渗透压的研究可以应用于以下几方面：

① 测定高聚物的分子量。利用 $\dfrac{\pi}{c}=\dfrac{RT}{M}$，测量不同浓度下的 $\dfrac{\pi}{c}$，作图外推到 $c \to 0$ 则可测得高分子的数均分子量。渗透压测定高聚物分子量的范围取决于半透膜的渗透性。

② 测定高分子溶液的相互作用参数，确定 θ 温度。

③ 可验证高分子溶液理论。事实上，很多教材提供的例子都用的是渗透压实验数据。

10.3.2　相分离热力学

（1）高聚物-溶剂体系

高分子溶液作为高聚物和溶剂组成的二元体系，在一定条件下可分为两相：一相为含高聚物较少的"稀相"；另一相为含高聚物较多的"浓相"。对于一定的高聚物-溶剂体系，相分离发生与否同温度有关。将高分子溶液体系的温度降低到某一特定温度以下或者提高到某一特定温度以上，就有可能出现相分离现象。前一温度称为高临界溶解温度（UCST），后一温度称为低临界溶解温度（LCST）。有的溶液体系同时具有 UCST 和 LCST，例如聚苯乙烯-环己酮体系。图 10-14 为高聚物-溶剂体系的相图。

有关低临界溶解温度及其相分离情况需要更复杂的热力学理论，这里仅仅以似晶格模型理论为基础讨论高临界溶解温度的临界条件。

热力学分析可知，高聚物在溶剂中溶解的必要条件是混合自由能 $\Delta G_M < 0$。但是，$\Delta G_M < 0$ 的条件下，高聚物和溶剂是否在任何比例下都能互溶成均匀的一相，可由 ΔG_M-φ_2

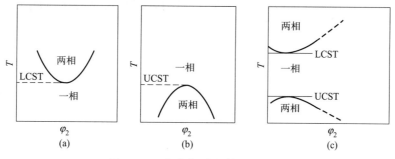

图 10-14　高聚物-溶剂体系的相图

关系曲线来分析。

若体系的总体积为 V，格子的摩尔体积为 $V_{m,u}$，则

$$\varphi_1 = \frac{n_1 V_{m,u}}{V}, \quad \varphi_2 = \frac{n_2 x V_{m,u}}{V}$$

代入 ΔG_M 表达式，得

$$\Delta G_M = \frac{RTV}{V_{m,u}} \left[(1-\varphi_2)\ln(1-\varphi_2) + \frac{\varphi_2}{x}\ln\varphi_2 + \chi_1\varphi_2(1-\varphi_2) \right] \qquad (10\text{-}43)$$

如果混合过程放热，$\chi_1 < 0$，$\Delta G_M < 0$。如果溶解过程吸热，$\chi_1 > 0$，此时 ΔG_M 可能大于零，也可能小于零，视 χ_1 的大小而定。因为 $\Delta G_M > 0$ 的过程是不可能自发进行的，故这里仅讨论 $\Delta G_M < 0$ 的情况。

图 10-15 为 ΔG_M 与 φ_2 的关系，曲线的形状同 x 和 χ_1 大小有关。若 x 一定，则当 χ_1 小于某一临界值 χ_{1c} 或温度高于某一临界值 T_c 时，ΔG_M-φ_2 关系如曲线 AHG 所示，有一极小值 H，整条曲线曲率半径为正，即 $\partial^2 \Delta G_M / \partial \varphi_2^2 > 0$。曲线上每一点都具有不同的切线，整个浓度区域内混合自由能各不相同，高聚物与溶剂可以以任意比例混合而不发生相分离，称为完全互溶。当 χ_1 大于某一临界值 χ_{1c} 或者温度低于某一临界值 T_c 时，ΔG_M-φ_2 关系如曲线 ABC-$DEFG$ 所示。随着 φ_2 的增大，ΔG_M 出现两个极小值（B 和 F）、一个极大值（D）和两个拐点（C 和 E），极小值处组成以 φ' 和 φ'' 表示，拐点处的组成以 φ_a 和 φ_b 表示。可以看出，B 和 F 两点有一共同切线，即浓度的两种状态相应的组分具有相同的混合自由能，可以共同存在，在这种情况下，

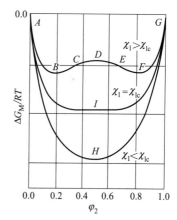

图 10-15　高分子溶液混合自由能与组成的关系

尽管溶液在整个组成范围内 ΔG_M 都小于零，但高聚物和溶剂不能以任意比例混合成一相。具体地说，当 $\varphi < \varphi'$ 和 $\varphi > \varphi''$ 时，$\partial^2 \Delta G_M / \partial \varphi_2^2 > 0$，体系互溶，且为均相态；当 φ 介于 φ' 和 φ_a、φ_b 和 φ'' 之间时，曲线的 $\partial^2 \Delta G_M / \partial \varphi_2^2 > 0$，但与上述均相态不同，体系虽然不能自发发生相分离，但在振动、杂质或过冷等条件下，有可能分相，称作亚稳态；当 φ 介于 φ_a 和 φ_b 之间时，曲线曲率半径为负，即 $\partial^2 \Delta G_M / \partial \varphi_2^2 < 0$，由于稳定的热力学相态是自由能最低的相态，因而该体系极不稳定，相分离是自发的和连续的，必将分离成浓度为 φ' 和 φ'' 的两相，为部分互溶的多相态。当 χ_1 等于某一临界 χ_{1c} 或温度等于某一临界值 T_c 时，ΔG_M-φ_2 曲线

极值和拐点刚刚趋于一点，如曲线 AIG 所示。此时，判别式为函数 ΔG_M 的二阶导数和三阶导数均为零，即

$$\frac{\partial^2 \Delta G_M}{\partial \varphi_2^2} = 0$$

$$\frac{\partial^3 \Delta G_M}{\partial \varphi_2^3} = 0 \tag{10-44}$$

将 ΔG_M 表达式代入，求导得

$$\frac{1}{1+\varphi_{2c}} + \frac{1}{x\varphi_{2c}} - 2\chi_{1c} = 0$$

$$\frac{1}{(1-\varphi_{2c})^2} - \frac{1}{x\varphi_{2c}^2} = 0 \tag{10-45}$$

解方程，即得相分离的临界条件为

$$\varphi_{2c} = \frac{1}{1+\sqrt{x}} \tag{10-46}$$

$$\chi_{1c} = \frac{1}{2}\left(1+\frac{1}{\sqrt{x}}\right)^2 = \frac{1}{2} + \frac{1}{\sqrt{x}} + \frac{1}{2x} \tag{10-47}$$

当 $x \gg 1$ 时，式（10-46）、式（10-47）可近似写作

$$\varphi_{2c} = \frac{1}{\sqrt{x}} \tag{10-48}$$

$$\chi_{1c} = \frac{1}{2} + \frac{1}{\sqrt{x}} \tag{10-49}$$

式中，下标 c 表示临界状态。式（10-48）表明，由于高分子的聚合度通常很大，因此出现相分离的起始浓度一般很小。式（10-49）表明，χ_{1c} 稍微大于 $1/2$。即在 θ 状态下，$\chi_1 = 1/2$，体系尚未发生相分离。分子量趋于无穷大时，χ_{1c} 为 $1/2$，体系可发生相分离。

此外，在稀溶液理论中，定义

$$\chi_1 - \frac{1}{2} = \psi_1\left(\frac{\theta}{T} - 1\right) \tag{10-50}$$

临界条件下，将 χ_{1c} 表达式（10-47）代入上式，整理得

$$\frac{1}{T_c} = \frac{1}{\theta}\left[1 + \frac{1}{\psi_1}\left(\frac{1}{2x} + \frac{1}{\sqrt{x}}\right)\right] \tag{10-51}$$

以 $\frac{1}{T_c}$ 对 $\left(\frac{1}{2x} + \frac{1}{\sqrt{x}}\right)$ 作图，应为一直线，直线的截距表示分子量趋于无穷大时 $1/T_c$ 值，它应该等于 $1/\theta$。所以，θ 温度也是分子量趋于无穷大时高聚物的临界共溶温度，这也是求 θ 温度的一种方法，知道 θ 值后，再由直线的斜率即可计算熵参数 ψ_1。

（2）高聚物-高聚物体系

关于两种高聚物的混合体系，如果把一种高聚物看作另一种高聚物的溶剂，那么两者之间的相容性可用溶液热力学理论进行分析。这种情况下，一个"溶剂"分子不再占有一个格子，而是占有 x 个相邻的格子。设 A、B 两种高聚物分子分别含有 x_A 和 x_B 个链段，根据格子模型，它们混合时热力学函数表示为

$$\Delta S_M = -R(n_A \ln\varphi_A + n_B \ln\varphi_B) \tag{10-52}$$

$$\Delta H_M = RT\chi_1 x_A n_A \varphi_B = RT\chi_1 x_B n_B \varphi_A \tag{10-53}$$

$$\Delta G_M = RT(n_A \ln\varphi_A + n_B \ln\varphi_B + \chi_1 x_A n_A \varphi_B) \tag{10-54}$$

又设 A 与 B "链段" 的摩尔体积相等，均为 V_u，体系的总体积为 V，则

$$\varphi_A = \frac{x_A n_A V_u}{V}, \quad \varphi_B = \frac{x_B n_B V_u}{V}$$

上式可改写为

$$\Delta G_M = \frac{RTV}{V_u}\left(\frac{\varphi_A}{x_A}\ln\varphi_A + \frac{\varphi_B}{x_B}\ln\varphi_B + \chi_1 \varphi_A \varphi_B\right) \tag{10-55}$$

式中，括号内前两项是熵对自由能的贡献，而末项是焓的贡献。显然，A、B 混合后能否得到均相共混物，取决于熵项和焓项的相对大小。

对于某些 $\Delta G_M < 0$ 的热力学相容体系，ΔG_M 与 φ_A（或 φ_B）有类似于图 10-15 所示的关系，图形取决于 x_A、x_B 和 χ_1 值。当 $x_A = x_B$ 时，ΔG_M-φ_A（或 φ_B）曲线在 φ_A（或 φ_B）= 1/2 处出现极小值或极大值。$x_A \neq x_B$ 时，图形将出现不对称的情况。

与高聚物溶液体系类似，对于给定的共混体系，存在着临界值 χ_{1c}。只要 $\chi_1 > \chi_{1c}$，即可出现相分离。两相的组成 φ' 和 φ'' 随 χ_1 而变，而 χ_1 又与温度有关，所以，改变 χ_1 或者说改变温度，可以得到一系列 ΔG_M-φ_A（或 φ_B）曲线。将各条曲线的极小值（称双节点）连接，可得两相共存线（即双节线），将各条曲线的拐点（称旋节点）连接，可得亚稳极限线（即旋节线）。旋节线内的区域称为不稳定的两相区域，旋节线与双节线之间的区域称为亚稳区，双节线之外的区域为互溶的均相区，如图 10-16 所示。

图 10-16 共混高聚物的双节线和旋节线

实际聚合物的 T-φ 相图与理论的双节线相对应，如图 10-17 和图 10-18 所示。

图 10-17 不同 PS/PB 混合物的相图（呈现 UCST）
a—M(PS)=2250，M(PB)=2350;
b—M(PS)=3500，M(PB)=2350;
c—M(PS)=5200，M(PB)=2350

图 10-18 PS（$M=2.0\times10^5$）和 PVME
（$M=4.5\times10^4$）混合物的相图（呈现 LCST）

相图最常用的测定方法是浊点法。将共混物薄膜用显微镜观察，在某一温度下试样透明，则为均相。缓慢改变温度，记录开始观察到浑浊的温度 T_1，继续升温至浊点以上，再逆向转变温度，记录浑浊开始消失的温度 T_2。取 T_1 和 T_2 的平均值即为浊点。变更共混配比，得到一系列不同组成时的浊点，将所得浊点连成的曲线称为浊点曲线。此外，光散射方

法观察共混物散射光强度随温度的变化，是确定相界的有效手段。

下面讨论相分离的临界条件与分子量即 x_A 和 x_B 之间的关系。由式（10-55）以 ΔG_M 对 φ_A 或 φ_B 求二阶导数和三阶导数，并令其等于零，解联立方程，可得到临界条件下的 φ 值和 χ_1 值，以 φ_{Ac}、φ_{Bc} 和 χ_{1c} 表示。

$$\varphi_{Ac} = \frac{x_B^{1/2}}{x_A^{1/2} + x_B^{1/2}}, \ \varphi_{Bc} = \frac{x_A^{1/2}}{x_A^{1/2} + x_B^{1/2}} \tag{10-56}$$

$$\chi_{1c} = \frac{1}{2}\left(\frac{1}{x_A^{1/2}} + \frac{1}{x_B^{1/2}}\right)^2 \tag{10-57}$$

█
热力学相
容的均相
共混物

由此可见，χ_{1c} 随着试样分子量增大而减小。由于 x_A、x_B 值均较高，所以，χ_{1c} 值很小。只有当 χ_1 值非常小，即 $\chi_1 < \chi_{1c}$ 时，共混高聚物才能在全部组成范围内形成热力学上相容的均相体系。当 $\chi_1 > \chi_{1c}$，但 $\Delta G_M < 0$ 时，两种高聚物只能在某种组成范围内形成均相体系。当 χ_1 值增大至 $\Delta G_M > 0$ 时，两种高聚物在任何组成下均将发生相分离从而形成热力学上不相容的非均相体系。

近些年来，发现了不少由于高聚物之间存在着特殊的相互作用，例如氢键作用、强的偶极-偶极作用、离子-偶极作用、电荷转移络合、酸碱作用等，而形成热力学相容的均相共混高聚物体系。

10.3.3 相分离动力学

（1）旋节线机理

体系的组成若处于 ΔG_M-φ_B 曲线两拐点组成 φ_a 和 φ_b 之间，也就是处于旋节线区域之内时，分相属于这种机理。此时，均相是极不稳定的，组成 φ_a 和 φ_b 之间对应的曲线曲率半径为负，微小的组成涨落均可导致体系自由能降低，相分离是自发的和连续的，没有热力学位垒。但是，相分离初期，两相组成差别很小，相区之间没有清晰的界面。随着时间的推移，在降低自由能的驱动力作用下，分子会逆着浓度梯度方向进行相间迁移，即分子向着高浓度方向扩散，产生越来越大的两相组成差，显示出明显的界面。最后，两相逐渐接近双节线所要求的连续的平衡相组成，如图 10-19 所示。由于相分离能自发产生，体系内处处都有分离现象，故分散相间有一定程度的相互连接。

（2）成核与生长机理

如果体系的总组分处于 ΔG_M-φ_B 曲线极小点和拐点之间，即 φ 介于 φ' 和 φ_a、φ_b 和 φ'' 之间，也就是旋节线和双节线间的亚稳区域，相分离按此机理进行。

在此区域内，ΔG_M-φ_B 曲线的曲率半径为正，体系不会自发地分解为相邻组成的两相。但是，如果直接分为 φ' 和 φ'' 两相，则自由能仍然是降低的。这种分相无法通过体系微小的浓度涨落来实现。但是，混合物在震动、杂质或过冷等条件下，可以克服势垒形成零星分布的"核"。若"核"主要由组分 B 构成，则其一旦形成，核中相的组成为 φ''，"核"的近邻处相的组成为 φ'，但稍远处基体混合物仍然具有原来的组分 φ_B，故基体内以组分 B 为主的分子流将沿着浓度梯度方向即低浓度方向扩散。这些分子进入核区，使"核"的体积增大，即所谓"生长"，构成分散相。这种分相过程一直延续到原有的基体耗尽，共混物在全部区域内都达到平衡态组成为 φ' 和 φ'' 的两相体系为止。这种相分离机理如图 10-20 所示。分散相一般不会发生相互连接。

(a) 一维浓度变化

(b) 二维相结构变化，t 为时间，$t_1 < t_2 < t_3$

图 10-19　旋节线分相机理

(a) 一维浓度变化

(b) 二维相结构变化，t 为时间，$t_1 < t_2 < t_3$

图 10-20　成核和生长分相机理

如果体系最后达到平衡，两种相分离结果是没有本质差别的。然而，实际上无论是熔融共混还是溶液共混，由于体系的高黏度，真正的平衡总是不易实现的。这两种不同的相分离机理可能导致共混物具有完全不同的形态和性能。

10.3.4　交联高聚物溶胀

10.3.4.1　溶胀平衡热力学

网状结构的交联高聚物不能被溶剂溶解，仅能吸收大量溶剂而溶胀。溶胀的条件与线型高聚物形成溶液的条件相同。交联高聚物的溶胀过程是两种相反趋势的平衡过程，溶剂力图渗入高聚物内使体积膨胀，引起交联网络三维方向的伸展；交联点间分子链的伸展降低了它的构象熵，又引起交联网络产生弹性收缩力，力图使分子交联网络收缩。当这两种相反的倾向相互抵消时，就达到了溶胀平衡。此时形成两个相，一相是溶胀体，即溶剂分子在高聚物中的溶液；另一相是纯溶剂。两相间存在明显的相界面。

在溶胀过程中，溶胀体内自由能的变化由两部分组成

$$\Delta G = \Delta G_M + \Delta G_{el} < 0 \qquad (10\text{-}58)$$

式中，ΔG_M 为高分子和溶剂的混合自由能（未交联状态下）；ΔG_{el} 为分子交联网的弹性自由能。当达到溶胀平衡时，$\Delta G = 0$。根据高分子溶液理论，得出

$$\Delta G_M = KT[N_1 \ln(1-\varphi_2) + N_2 \ln\varphi_2 + \chi_1 N_1 \varphi_2]$$

或

$$\Delta G_M = RT[n_1 \ln(1-\varphi_2) + n_2 \ln\varphi_2 + \chi_1 n_1 \varphi_2]$$

从高弹统计理论可推导出

$$\Delta G_{el} = \frac{\rho_2 RT}{2\overline{M_c}}(\lambda_1^2 + \lambda_2^2 + \lambda_3^2 - 3) \qquad (10\text{-}59)$$

式中，ρ_2 是高聚物密度；$\overline{M_c}$ 是交联点平均分子量；λ 是溶胀前后高聚物各边长度之比，可表示为

$$\lambda_1 = \frac{l_1}{l_1^0}, \lambda_2 = \frac{l_2}{l_2^0}, \lambda_3 = \frac{l_3}{l_3^0}$$

式中，l_i^0 表示溶胀前各边长度；l_i 表示溶胀后各边长度（其中 $i=1,2,3$）。

一般高聚物是各向同性的（图 10-21），所以溶胀后为

$$\lambda_1 = \lambda_2 = \lambda_3 = \left(\frac{1}{\varphi_2}\right)^{1/3}$$

则
$$\Delta G_{el} = \frac{3\rho_2 RT}{2\overline{M}_c}(\varphi^{-2/3} - 1) \tag{10-60}$$

一块交联高聚物，就是一个大分子（相当于 $x \to \infty$），达到溶胀平衡时，高聚物溶胀体内部溶剂的化学位与高聚物溶胀体外部溶剂的化学位相等，$\Delta\mu_1 = 0$，即

$$\Delta\mu_1 = \Delta\mu_{1M} + \Delta\mu_{1el} = 0$$

$$\Delta\mu_2 = \frac{\partial\Delta G}{\partial n_1}$$

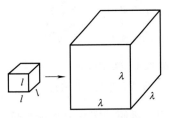

$$\Delta\mu_{1M} = \frac{\partial\Delta G_M}{\partial n_1} = RT[\ln(1-\varphi_2) + \varphi_2 + \chi_1\varphi_2^2] \tag{10-61}$$

图 10-21　交联高聚物的溶胀

$$\Delta\mu_{1el} = \frac{\partial\Delta G_{el}}{\partial n_1} = \frac{\partial\Delta G_{el}}{\partial\varphi_2} \times \frac{\partial\Delta\varphi_2}{\partial n_1} \tag{10-62}$$

设高聚物溶胀前后的体积比为溶胀比 Q（溶胀平衡时 Q 达到一极值）

$$Q = \frac{1}{\varphi_2} = 1 + n_1\tilde{V}_1$$

式中，n_1 为溶胀体内溶剂的摩尔数；$\tilde{V}_1$ 为溶剂的摩尔体积。将上式代入式（10-60）和式（10-62）可得

$$\Delta\mu_{1el} = \frac{\rho_1 RT}{\overline{M}_c}\tilde{V}_1\varphi_2^{1/3} \tag{10-63}$$

故溶胀平衡的总化学位的变化为

$$\Delta\mu_1 = \frac{\partial\Delta G}{\partial n_1} = RT\left[\ln(1-\varphi_2) + \varphi_2 + \chi_1\varphi_2^2 + \frac{\rho_2\tilde{V}_1}{\overline{M}_c}\varphi_2^{1/3}\right] \tag{10-64}$$

所以

$$\ln(1-\varphi_2) + \varphi_2 + \chi_1\varphi_2^2 + \frac{\rho_2\tilde{V}_1}{\overline{M}_c}\varphi_2^{1/3} = 0 \tag{10-65}$$

此式即为溶胀平衡方程。平衡溶胀比由满足此方程式的 φ_2 来计算。

10.3.4.2　溶胀理论的应用

（1）交联度的测定

如果已知高聚物与溶剂的相互作用参数 χ_1，则可以根据溶胀平衡方程，通过测定 φ_2 值算出高聚物两个交联点间分子链的平均分子量 $\overline{M}_c$。高聚物交联度愈大，$\overline{M}_c$ 愈小，所以 $\overline{M}_c$ 值表示交联度大小。

若交联度不太大时，在良溶剂中溶胀比 Q 可以超过 10，此时 φ_2 很小，将 $\ln(1-\varphi_2)$ 展开，略去高次项，这样在高溶胀度下的溶胀平衡方程可简化为

$$\frac{\overline{M}_c}{\rho_2\tilde{V}_1}\left(\frac{1}{2} - \chi_1\right) = Q^{5/3} \tag{10-66}$$

由此式也能计算 $\overline{M}_c$。φ_2 或 Q 可以由高聚物溶胀平衡前后的质量或体积改变求得

$$Q = \frac{1}{\varphi} = \left(\frac{W_1}{\rho_1} + \frac{W_2}{\rho_2} \right) \bigg/ \frac{W_2}{\rho_2} = \frac{V_1 + V_2}{V_2} \qquad (10\text{-}67)$$

式中，W_1、W_2 分别为溶胀高聚物中溶剂和高聚物的质量；ρ_1、ρ_2 分别为溶剂和高聚物的密度；V_1、V_2 分别为溶胀前和溶胀平衡后高聚物的体积。反之，如果 $\overline{M}_c$ 已知，则通过测定平衡溶胀比也可求得相互作用参数 χ_1。

（2）内聚能密度或溶度参数的测定

将交联为网状结构的高聚物放在已知内聚能密度或溶度参数的不同溶剂中，测定在一定温度下的平衡溶胀比。只有当溶剂的 δ_1 与高聚物的 δ_2 几乎相等时，溶剂为最良，溶胀比为最大。故根据溶度参数相近原则，把具有最大溶胀比时该溶剂的内聚能密度或溶度参数作为高聚物内聚能密度或溶度参数的估计值（图 10-22）。

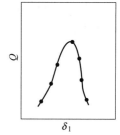

图 10-22　交联高聚物的溶胀比 Q 与溶剂溶度参数 δ_1

10.4 高分子浓溶液

10.4.1 增塑高聚物

为了改变某些高聚物的使用性能或加工性能，常常在高聚物中混溶一定量的高沸点、低挥发性的小分子液体，这种小分子液体称为增塑剂。例如在聚氯乙烯成型过程中常加入 $30\% \sim 50\%$ 的邻苯二甲酸二丁酯。这样，一方面可以降低它的流动温度，以便在较低温度下加工；另一方面，由于增塑剂仍保留在制件中，分子链比未增塑前活动性提高，其 T_g 自 80℃降至室温以下，弹性大大增加，从而改善了制件的耐寒、抗冲击等性能，使聚氯乙烯能制成柔软的薄膜、胶管、电线包皮和人造革等制品。

目前，对于增塑作用的机理还不太清楚，一般认为增塑剂的加入可导致高分子链间相互作用的减弱。然而，非极性增塑剂对非极性高聚物的增塑作用与极性增塑剂对极性高聚物的增塑作用不同。

非极性增塑剂溶于非极性聚合物中，使高分子链之间的距离增大，从而使高分子链之间的作用力减弱，链段间相互运动的摩擦力也减弱。这样，原来在本体中无法运动的链段能够运动，因而 T_g 降低，使高弹态在低温出现。所以，增塑剂的体积愈大其隔离作用愈大。同时，长链分子比环状分子与高分子链的接触机会多，因而所起的增塑作用也较为显著。非极性增塑剂使非极性高聚物的 T_g 降低的数值 ΔT 与增塑剂的体积分数成正比

$$\Delta T = \alpha \varphi \qquad (10\text{-}68)$$

式中，φ 是增塑剂的体积分数；α 是比例常数。长链化合物比同分子量的环状化合物增塑作用大。加入增塑剂后，高聚物的熔融黏度大大降低。

在极性高聚物中，由于极性基团或氢键的强烈相互作用，在分子链间形成了许多物理交联点。增塑剂分子进入大分子链之间，其本身的极性基团与高分子的极性基团相互作用，从而破坏了高分子间的物理交联点，使链段运动得以实现。因此，高聚物 T_g 的降低值与增塑剂的摩尔数成正比，与其体积无关

$$\Delta T = \beta n \qquad (10\text{-}69)$$

式中，n 是增塑剂的摩尔数；β 是比例常数。

可想而知，如果某种增塑剂分子中含有两个可以破坏高分子物理交联点的极性基团，则增塑效果更好，用量只要普通增塑剂的一半。实际上高聚物的增塑往往兼有以上两种类型的情况。

增塑剂的选择必须考虑以下几个因素。

（1）互溶性

从以上分析可知，增塑剂要发挥增塑作用，其本身必须充填到高聚物的分子与分子之间，以分子为单位进行混合，因此可以说，增塑了的高聚物是均相的浓溶液。要使这种浓溶液的性质稳定，不致因时间的延续而分相，就要求增塑剂是高聚物的溶剂，否则即使用机械方法强行混合，体系也不稳定，时间长了会分相，使增塑剂呈微滴状态凝结于制件表面，以致影响制件性能。关于增塑剂的选择与溶剂的选择原则相同。

增塑剂与高聚物的互溶性与温度有关。一般高温互溶性好，低温互溶性差。有些增塑的高聚物，当温度降低至某一值时，会产生相分离。产生相分离时的最高温度称为雾点 T_c。T_c 愈低，制品的耐低温性能愈好。也有一些高聚物-溶剂体系，在低温下能互溶，在高温下却产生相分离。

（2）有效性

选择增塑剂时，总希望加入尽可能少的增塑剂而得到尽可能大的增塑效果，这只是选择增塑剂的一个标准。增塑剂的加入，一方面提高了产品的弹性、耐寒性和抗冲击强度，另一方面却降低了它的硬度、耐热性和抗张强度。前者称为增塑剂的积极效果，后者称为消极效果，对增塑剂有效性的衡量应兼顾这两方面的效果。若某增塑剂的积极效果显著而消极效果在允许的范围之内，则这样的增塑剂可称为有效的增塑剂。

（3）耐久性

为了使产品的性能在长期使用中保持不变，就要求增塑剂稳定地存在于制品中。首先，要求增塑剂具有较高的沸点，使它的挥发速度尽量慢一些，但同时要求其凝固点不得高于使用温度。其次，要求它的水溶性小一些，以免制品在水洗时，增塑剂被水萃取。再次，增塑剂的迁移性愈小愈好。因为含有增塑剂的薄膜常用来包装粉料、化肥、药材、食品等物品，若增塑剂的迁移性较大，它就会从薄膜中转移到其他物品中去，这不仅会失去其包装性能，而且会污染其它物品。从这一角度考虑，某些较低分子量的高聚物应该是较为理想的增塑剂。

此外，还要求增塑剂具有一定的抗氧性及对热和光的稳定性。对于包装食品用的薄膜，还要求增塑剂具有明亮的光泽、无臭、无味和无毒。增塑剂的用量很大，因而还要求它价廉易得。

以上所讨论的增塑作用都称为外增塑，常用增塑剂见表 10-8。

表 10-8　常用增塑剂

增塑剂	冰点/℃	沸点/℃	增塑剂	冰点/℃	沸点/℃
樟脑	176	204	邻苯二甲酸二丁酯	−35	335
乙二醇	12	197	邻苯二甲酸二辛酯	−30	386
甘油	−18	297	癸二酸二丁酯	−8	345
甘油三乙酸酯	−40	258	癸二酸二辛酯	−55	256
蓖麻油	−12	300	磷酸三甲酚酯	−35	430

对某些结晶性高聚物，由于结晶区分子排列紧密规整，增塑剂很难进入晶区，或者高分子极性很强，高聚物分子之间作用力很大，找不到增塑剂分子与高聚物分子之间的作用力大于高聚物自身之间作用力的增塑剂。这时可采用化学的方法进行增塑，即在高分子链上引入其它取代基或短的链段，使结晶破坏，分子链变柔，易于活动，这种方法称为内增塑。如纤维素的酯化，破坏了纤维素分子与分子之间的氢键作用，即属于这种类型。

10.4.2　凝胶与冻胶

凝胶是交联高聚物的溶胀体，可视为高聚物的浓溶液，它不能溶解，也不能熔融，具有高弹性，小分子物质能在其中扩散或进行交换。这种凝胶又称为不可逆性凝胶。

凝胶受到外力作用时，会发生相应的形变，同时也显示出有弹性收缩作用。这是因为凝胶内线团链段在内含溶剂中有较大的改变构象的自由度，当受到外力作用时被迫改变至伸展构象，熵降低。一旦外力消失，凝胶系统有自动回复到具有较高熵的原始构象的趋势。凝胶具有和橡胶或其他弹性体相似的弹性，是一种有熵变化的熵弹性。但是凝胶毕竟和溶液与固体都不相同，溶液内分子没有固定的空间位置而凝胶内分子是由位置已经固定的线团通过交联键形成的整体；凝胶虽也有弹性，但是本身的力学强度很小，能容许的形变程度是有限的，如超过此一限度就会发生破裂，所以从力学角度来分析，凝胶是一种液体和固体过渡区域的状态。

凝胶的弹性与交联度有关，交联度越低则弹性越小，当外力消除后，凝胶不能完全回复到形变以前的原始状态，还留下一定的永久形变，且形变时间越长，永久形变越大。当凝胶交联度极低时，凝胶的强度和弹性也极小，甚至重力的影响就足以使凝胶发生永久形变。这种凝胶更近似于浓溶液，它不能保持本身的形状而呈现缓慢流动，这种凝胶也就无法测定力学性能。如凝胶的交联度较大，则表现出有弹性体的特性，有一定的力学强度，因此可以像固体那样测定它的弹性模量、拉伸强度和断裂延伸率等力学性能参数。

自然界的生物体都是凝胶，一方面有强度，可以保持形态而又柔软，另一方面允许新陈代谢，排泄废物吸取营养。

冻胶则是范德华力缔合而成的网络结构。当温度升高，在机械搅拌、振荡或较大的剪应力作用下，网络结构有可能破坏，溶液黏度会发生骤然降低变成具有流动性的溶液，这种性质称为触变性。可见冻胶的变化是可逆的，所以冻胶又称为可逆性凝胶。由分子内范德华力交联形成的冻胶，高分子链为线团状，不能伸展，黏度小，若将此溶液真空浓缩成为浓溶液，其中每一个高分子本身是一个冻胶，这样可以得到黏度小而浓度高达 30％～40％ 的浓溶液。用这样的溶液纺丝时，由于分子链自身卷曲而不易取向，得不到高强度的纤维。如果形成分子间的范德华力交联，则得到链结构较为伸展的分子间交联的冻胶。用加热的方法可以使分子内交联的冻胶变成分子间交联的冻胶，此时溶液的黏度将增加。因此用同一种高聚物，配成相同浓度的溶液，其黏度相差很大。用不同的处理方法可以得到不同性质的两种冻胶，也可以得到两种冻胶的混合物。

凝胶和冻胶是高分子科学和生物科学的重要研究内容。

10.4.3　纺丝液与涂料

在纤维工业中所采用的纺丝方法，或是将聚合物熔融，或是将聚合物溶解在适当的溶剂中配成浓溶液，然后由喷丝头喷成细流，经冷凝或凝固成为纤维。前者称为熔融纺丝，例如锦纶、涤纶等合成纤维都采用这种纺丝方法；后者称为溶液纺丝。有些合成纤维，如聚丙烯腈、聚乙烯醇、聚氯乙烯，以及某些化学纤维如醋酸纤维素、硝酸纤维素等都无法用升高温度的办法使之处于流动状态，因为它们的分解温度较低，在未达到流动温度时即已分解，因此只能将它们配成浓溶液进行纺丝。

在制备纺丝溶液时，对溶剂的要求有以下几点。

① 溶剂必须是聚合物的良溶剂，以配成任意浓度的溶液。不同的产品，纺丝液的浓度不同，一般在 14%～15% 之间。

② 溶剂有适中的沸点。如果沸点过低，溶剂消耗太大，而且在成型时，溶剂挥发过快会致使纤维成型不良；如果溶剂沸点过高，则不容易将其从纤维中除去，使加工设备复杂化。

③ 溶剂要不易燃、不易爆、无毒性。

④ 溶剂来源丰富，价格低廉，回收容易，在回收过程中不分解变质。

此外，像油漆、涂料、流延成膜所用的溶液都是高分子浓溶液，其对于溶剂的要求与纺丝液大致相同。

10.5　聚电解质溶液

10.5.1　概述

聚电解质是指在高分子链上带有可离子化基团的物质。它溶解于介电常数很大的溶剂中，如在水中会发生离解，产生许多低分子离子，即反离子或抗衡离子，高分子本身则成为留下若干离解位而带有与低分子离子相反电荷的聚离子或称为电位离子。反离子以一定密度分布在高分子周围与聚离子之间处于动态平衡状态。聚电解质的许多性质都与这种平衡状态有关。同时，它兼有高分子水溶液和电解质的性质，如絮凝性、增稠性、分散性、电离性、减阻性等，因而得到广泛的应用。

例如，聚丙烯酸在水溶液中可离解出若干个氢离子，同时高分子链上生成相同数量的阴离子—COO$^-$。

高分子离子是多官能度的，其离解度随离解条件而变。聚丙烯酸链上的离子全是阴离子。离解平衡时，聚离子的静电场限制了反离子的流出，导致高分子链周围的反离子比一般低分子酸周围的反离子多，从而使平衡向非离解方向移动。

高分子离子分为聚阳离子、聚阴离子，以及具有正负两种离解性基团的高分子，即两性高分子电解质，如表 10-9。

聚电解质的溶液性质与所用溶剂关系很大。若采用非离子化溶剂，则其溶液性质与普通高分子相似。但是，在离子化溶剂中，它不仅和普通高分子溶液的性质不同，而且表现出在低分子电解质中也看不到的特殊行为。溶液中的聚电解质和中性聚合物一样，呈无规线团状，

表 10-9　高分子聚电解质

阳离子型聚电解质	阴离子型聚电解质	两性聚电解质
聚乙烯基亚胺盐酸盐 $\begin{array}{c} \text{Cl}^- \\ -\!\!\left[\text{CH}_2-\text{CH}_2-\overset{+}{\text{N}}\text{H}\right]_n \\ \text{H} \end{array}$	聚苯乙烯磺酸钠 $-\!\!\left[\text{CH}_2-\text{CH}-\text{CH}_2-\text{CH}\right]_n$（苯环—SO$_3^-$ Na$^+$）	丙烯酸-乙烯吡啶共聚物 $-\!\!\left[\text{CH}-\text{CH}_2\right]_n\!\!\left[\text{CH}-\text{CH}_2\right]_m$（COO$^-$，吡啶环 N$^+$H）
聚4-乙烯吡啶正丁基溴季铵盐 $-\!\!\left[\text{CH}_2-\text{CH}-\text{CH}_2-\text{CH}\right]_n$（吡啶环 N$^+$ Br$^-$ Bu）	聚丙烯酸钠 $-\!\!\left[\text{CH}_2-\text{CH}-\text{CH}_2-\text{CH}\right]_n$（COO$^-$ Na$^+$，COO$^-$ Na$^+$）	蛋白质
聚（N,N,N',N'-四甲基-N-对甲苯亚乙基二胺氯化物） $-\!\!\left[\text{CH}_2-\text{(苯环)}-\text{CH}_2-\overset{\text{CH}_3\text{Cl}^-}{\underset{\text{CH}_3}{\overset{+}{\text{N}}}}-(\text{CH}_2)_2-\overset{\text{CH}_3\text{Cl}^-}{\underset{\text{CH}_3}{\overset{+}{\text{N}}}}\right]_n$	海藻酸	核苷酸

离解作用所产生的反离子分布在高分子离子的周围。然而，随着溶液浓度与反离子浓度的不同，高分子离子的尺寸会发生变化。现以聚丙烯酸钠为例来看高分子离子链在水溶液中的形态。当浓度较稀时，由于许多钠阳离子远离高分子链，高分子链上的阴离子互相产生排斥作用，以致链的构象比中性高分子更为舒展，尺寸较大，如图 10-23（a）所示。当浓度增加（如大于 1%）时，则由于高分子离子链互相靠近，构象不太舒展，而且，钠阳离子的浓度增加，在聚阴离子链的外部与内部进行扩散，使部分阴离子静电场得到平衡，以致其排斥作用减弱，链发生卷曲，尺寸缩小，如图 10-23（b）。如果在溶液中添加食盐之类的强电解质，则增加了反离子的浓度，其中一部分渗入高分子离子中而遮蔽了有效电荷，由阴离子间的排斥引起的链的扩展作用减弱，强化了卷曲作用，使尺寸更为缩小［图 10-23（c）］。这样，当添加足够量的低分子电解质时，聚电解质的形态及其溶液性质几乎与中性高分子相同。

(a) 稀水溶液　　　(b) 浓水溶液　　　(c) 盐水溶液

图 10-23　溶液中的高分子离子

聚电解质在溶液中的特殊行为，导致与此有关的一系列溶液性质诸如黏度、渗透压和光散射等都出现反常现象。因此，在研究这些溶液性质时，必须考虑聚电解质的特殊规律。

10.5.2 性质

（1）聚电解质溶液的渗透压

当聚电解质溶液的浓度较大时（如大于 1%），由于高分子之间相互交叠，离子化后的迁移性反离子（如 Br^-）虽然脱离了原来的高分子向溶液扩散，但对高分子溶液性质的影响较小。当对溶液稀释时，高分子与高分子之间出现纯溶剂区，迁移性反离子从高分子区扩散到纯溶剂区，此时溶液的渗透压除了高分子本身的渗透压 π_p 以外，还有因离子分配不均匀所引起的渗透压 π_i，导致聚电解质溶液的渗透压大大增加（$\pi = \pi_p + \pi_i$），而且溶液越稀，迁移性反离子向纯溶剂区的扩散越多，π_i 越大，溶液的渗透压越大，如图 10-24 曲线 1。

若在聚电解质溶液中加入小分子强电解质，例如将聚（N-丁基-4-乙烯基吡啶溴化物）溶解在 0.6mol/L 溴化锂的乙醇溶液中，由于 Br^- 在高分子线团内和线团外的浓度相同，显示出高分子本身的渗透压 π_p，此时与通常的高分子溶液的渗透压行为一致（见图 10-24 曲线 3）。

（2）聚电解质溶液的黏度

聚电解质溶液的黏度不同于一般非聚电解质溶液的黏度，如图 10-25 所示。聚电解质溶液的比浓黏度与溶液的浓度成线性关系，当浓度降低时，比浓黏度 $\dfrac{\eta_{sp}}{c}$ 不是下降而是迅速地增加（图 10-25 曲线 1），因而不能用通常的黏度公式外推到浓度等于零时来求 $[\eta]$ 值。聚电解质溶液的黏度与聚电解质在溶液中的形态有密切关系。

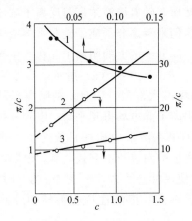

图 10-24　聚电解质的 $\dfrac{\pi}{c}$-c 图

1—聚（N-丁基-4-乙烯基吡啶溴化物）乙醇溶液；
2—聚（4-乙烯基吡啶）乙醇溶液；
3—聚（N-丁基-4-乙烯基吡啶溴化物）

图 10-25　聚（N-丁基-4-乙烯基吡啶溴化物）的溶液黏度

1—纯水溶液；2—利用曲线 1 数据，
按式（10-70）作图；3—0.001mol/L KBr
水溶液；4—0.0335mol/L KBr 水溶液

聚电解质溶液的浓度大于 1% 时，离子化并不引起高分子链构象的变化，溶液的 $\dfrac{\eta_{sp}}{c}$ 接近于正常情况。当对溶液稀释时，离子化产生的迁移性反离子脱离高分子链区向纯溶剂区扩散，致使高分子链上带有净电荷，静电斥力使高分子链扩展，浓度越稀高分子链上带有的净电荷数越多，高分子链越扩展。计算结果表明，若高分子链上每十个结构单元带有一个净电荷，则足以使分子链充分扩展，比浓黏度值大大增加。但当高分子链已经充分扩展时，若再继续稀释，比浓黏度值则随之降低。

聚电解质溶液的比浓黏度可用以下经验式表示：

$$\frac{\eta_{sp}}{c} = A/(1+Bc^{1/2}) \tag{10-70}$$

式中，A、B 是常数。用图 10-25 曲线 1 的数据，以 $\left(\dfrac{\eta_{sp}}{c}\right)^{-1}$ 对 $\sqrt{c}$ 作图得一直线（图 10-25 曲线 2）与式（10-70）相符。按照特性黏数的定义 $[\eta] = \left(\dfrac{\eta_{sp}}{c}\right)_{c\to 0}$，由曲线 2 外推到 $c\to 0$ 所求得的 A 值即为聚电解质分子的特性黏数，A 的数值与分子量的平方成正比，对应于充分扩展的分子链构象。

图 10-25 曲线 3、4 是聚（N-丁基-4-乙烯基吡啶溴化物）在不同浓度外加盐溶液时的黏度。从图可见，其黏度的大小与外加盐溶液浓度有关，这也是聚电解质溶液特性之一。当外加盐溶液浓度足够大时，聚离子上的电荷基本中和，静电斥力作用不明显，此时聚电解质的黏度与非聚电解质高聚物一样，符合 $\dfrac{\eta_{sp}}{c}$ 对 c 成直线关系，可应用通常的黏度公式计算 $[\eta]$ 值。

（3）强聚电解质凝胶在有机溶剂中的体积相转变

体积相转变是指聚电解质凝胶在溶剂、盐浓度和电场等外界条件微小变化的刺激下，平衡溶胀体积发生突变的现象，属一级相转变。聚电解质凝胶体积相转变具有科学和应用两个方面的意义。从科学角度看体积变化时，高分子链构象变化反映了体系相互作用的变化，从而可以找出它们之间的关系。从应用角度看，体积相转变时聚电解质凝胶对环境微小变化可做出明显响应，这种敏感性和能量转换表明，它们具有新型功能材料的应用前景。

例如，所有带磺酸基的 DS 凝胶（2-丙烯酰氨基-2-甲基丙磺酸与 N,N-二甲基丙烯酰胺的共聚物），当混合溶剂中丙酮体积达 80% 时（变化范围很窄）会发生体积相转变。导致磺酸基凝胶体积相转变的主要因素仍然是静电相互作用。当加入低极性溶剂（如丙酮）使介质的介电系数低于某一值时，磺酸基无法电离而形成束缚离子对，束缚离子对之间的偶极吸引导致高分子链之间的"交联"，产生网络收缩，在宏观上表现为体积相转变（图 10-26）。

图 10-26 强聚电解质溶液在有机溶剂中的体积相转变

只要介质的介电常数变化足够大，即使在有机混合溶剂中也会发生体积相转变。图 10-27 是不同反离子磺酸基凝胶（DS50）在二甲基亚砜（DMSO）/四氢呋喃（THF）混合溶剂中体积相转变的试验数据。

在溶液中收缩　　　　　　在溶液中溶胀

图 10-27　不同反离子的磺酸基凝胶（DS50）在 DMSO/THF 混合溶剂中的体积相转变

解答提示

习题与思考题

1. 简述聚合物的溶解过程，并解释为什么大多聚合物的溶解速度很慢？

2. 何谓溶度参数？高聚物的溶度参数如何测定？

3. 根据选择溶剂的规则，各举一例选择相应高聚物的适当溶剂。

4. 根据选择溶剂的原则，试判断下列高聚物-溶剂体系在常温下哪些可以溶解？哪些难溶或不溶？为什么？（括号内数字为其溶度参数）

有机玻璃（18.8）-苯（18.8）

涤纶树脂（21.8）-二氧六环（20.8）

聚氯乙烯（19.4）-氯仿（19.2）

聚四氟乙烯（12.6）-正癸烷（111.1）

聚碳酸酯（19.4）-环己酮（20.2）

聚乙酸乙烯酯（19.2）-丙酮（20.2）

5. 试说明无规聚苯乙烯、等规聚丙烯、尼龙-66 和硫化橡胶的溶解特点各是什么。

6. 增塑高聚物的目的、方法和机理是什么？如何选择增塑剂？

7. 哈金斯参数 χ_1 的物理意义是什么？当高聚物和温度选定以后，χ_1 值与溶剂性质有什么关系？当高聚物和溶剂选定后，χ_1 值与温度有什么关系？

8. 比较高分子在不良溶液、良溶液和 θ 溶液中的尺寸大小。

9. 第二维里系数的物理意义是什么？它们的大小由哪些因素决定？当 $T=\theta$、$T>\theta$、$T<\theta$ 时，A_2 的值如何？χ_1 的值如何？高分子在溶液中的形态如何？可以有哪些试验方法测出高聚物稀溶液的 A_2 值和 χ_1 值？

10. 何谓凝胶与冻胶？试从化学结构和物理性能两方面进行比较。

参 考 文 献

[1] 高炜斌，杨宗伟，熊煦. 高分子物理. 3版. 北京：化学工业出版社，2022.

[2] 何平笙. 新编高聚物的结构与性能. 2版. 北京：科学出版社，2021.

[3] 王槐三，张会旗，侯彦辉，寇晓康. 高分子物理教程. 2版. 北京：科学出版社，2021.

[4] 寇晓康，王槐三. 高分子物理教程. 北京：化学工业出版社，2006.

[5] 励杭泉，武德珍，张晨. 高分子物理. 2版. 北京：中国轻工业出版社，2020.

[6] 陈义旺. 高分子物理. 北京：科学出版社，2020.

[7] 华幼卿，金日光. 高分子物理. 5版. 北京：化学工业出版社，2019.

[8] 刘凤岐，汤心颐. 高分子物理. 2版. 北京：高等教育出版社，2004.

[9] 焦剑，雷渭媛. 高聚物结构、性能与测试. 北京：化学工业出版社. 2003.

[10] 殷敬华，莫志深. 现代高分子物理学（上、下册）. 北京：科学出版社，2001.

[11] 蓝立文. 高分子物理. 西安：西北工业大学出版社，1993.

[12] 何曼君，陈维孝，董西侠. 高分子物理. 修订版. 上海：复旦大学出版社，1990.

[13] 冯开才，李谷，符若文，刘振兴. 高分子物理实验. 北京：化学工业出版社，2004.

[14] 俞强，魏无际. 高分子化学与物理学习指导及习题集. 北京：化学工业出版社，2021.

[15] 华幼卿，李齐方. 高分子物理学习指导与习题集. 北京：化学工业出版社，2020.

[16] 朱平平，何平笙，杨海洋. 高分子物理重点难点释疑. 合肥：中国科学技术大学出版社，2011.

[17] 董炎明，胡晓兰. 高分子物理学习指导. 北京：科学出版社，2004.

[18] 徐世爱，张德震，余若冰. 高分子物理习题集. 上海：华东理工大学出版社，2007.

[19] 杨玉良，胡汉杰. 高分子物理（跨世纪的高分子科学）. 北京：化学工业出版社，2001.

[20] 彭建邦，何平笙. 高分子链构象统计学. 合肥：中国科技大学出版社，2006.

[21] 朱善农. 高分子链结构. 北京：科学出版社，1996.

[22] 吴大诚. 高分子构象统计理论导引. 成都：四川教育出版社，1985.

[23] 尼尔生 L E. 高聚物流变学. 范庆荣，宋家琪，译. 北京：科学出版社，1983.

[24] 孟跃中，邱廷模，王栓紧. 热塑弹性体. 北京：科学出版社，2020.

[25] 吴培熙，张留城. 聚合物共混改性. 北京：中国轻工业出版社，1996.

[26] 周其凤，王新久. 液晶高分子. 北京：科学出版社，1999.

[27] 钱保功，许观藩，余赋生. 高聚物的转变与松弛. 北京：科学出版社，1986.

[28] Nielsen L E. 高聚物的力学性能. 冯之榴，等，译. 上海：科学技术出版社，1965.

[29] 朱锡雄，朱国瑞. 高分子材料强度学. 杭州：浙江大学出版社，1992.

[30] 吕锡慈. 高分子材料的强度与破坏. 成都：四川教育出版社，1988.

[31] 特雷劳尔 L R G. 橡胶弹性物理学. 王梦蛟，等，译. 北京：化学工业出版社，1982.

[32] 阿克洛尼斯 J J. 聚合物黏弹性引论. 吴立衡，译. 北京：科学出版社，1986.

[33] 于同隐. 高聚物的黏弹性. 上海：上海科学技术出版社，1986.

[34] 过梅丽. 高聚物与复合材料的动态力学热分析. 北京：化学工业出版社，2002.

[35] 沈新元. 高分子材料加工原理. 北京：中国纺织出版社，2000.

[36] 林师沛. 高聚物加工流变学. 成都：成都科技大学出版社，1989.

[37] 周彦毫. 高聚物加工流变学基础. 西安：西安交通大学出版社，1988.

[38] 赵文元，赵文明，王亦军. 聚合物材料的电学性能及其应用. 北京：化学工业出版社，2006.

[39] 顾振军，王寿泰. 聚合物的电性和磁性. 上海：上海交通大学出版社，1990.

[40] 雀部博之. 导电高分子材料. 曹镛，叶成，朱道本，译. 北京：科学出版社，1989.

[41] 孙鑫. 高聚物中的孤子和极化子. 成都：四川教育出版社，1987.

[42] 彼得·赫德维格. 聚合物的介电谱. 第一机械工业部桂林电器科研所，译. 北京：机械工业出版社，1981.

［43］ 童真. 高分子溶液热力学. 北京：科学出版社，2021.

［44］ Flory P J. Principles of Polymer Chemistry. New York：Cornell University Press，1953.

［45］ Jenkins A D. Polymer Science. Amsterdam：North-Holland，1972.

［46］ Billmeyer F W. Textbook of Polymer Science. 2nd ed. New York：Interscience Publishers，1971.

［47］ Gedde U W. Polymer Physics. London：Chapman & Hall，1995.

［48］ Wunderlich B. Macromolecular Physics. New York/London：Academic Press，1973.

［49］ Bassett D C. Principles of Polymer Morphology. Cambrige London：Cambrige University Press，1981.

［50］ Mark J E，et al. Physical Properties of Polymers. 2nd ed. Baltimore：United Book Press，1993.

［51］ Li B. Fundamentals of Polymer Physics. 北京：化学工业出版社，1999.

［52］ David I B. An Introduction to Polymer Physics. 北京：化学工业出版社，2004.

［53］ Speling L H. Introduction to Physical Polymer Science. 4th ed. New York：John wiley & Sons Inc，2006.

［54］ Rubinstein M. Polymer Physics (Chemistry). Oxford：Oxford University Press，2011.

［55］ Rosen B. Fracture Processes in Polymeric Solids：Phenomena and Theory. Interscience Publishers，1964.

［56］ Folks M J. Processing Structure and Properties of Block Copolymers. London/New York：Elsevier Applied Science Publishers，1985.

［57］ Haward R N，Young R J. The Physical of Glass Polymer. New York：Halsted Press，1973.

［58］ Ward I W. Mechanical Properties of Solid polymer. 2nd ed. New York：John Wiley and Sons，1970.

［59］ Ferry J D. Viscoelastic Properties of Polymers. 2nd ed. New York：John Wiley and Sons，1983.

［60］ Brydson J A. Flow Proerties of Polymer Melts. 2nd ed. London：George Godwin Limited，1981.

［61］ Teralka I. Polymer Solutions：An Introduction to Physical Properties. New York：John Wiley & Sons Inc，2002.